全国高职高专给排水工程技术专业规划教材

建筑给水排水工程

主　编　侯根然

副主编　陈　旭　王东萍

黄河水利出版社

·郑州·

内容提要

本书是全国高职高专院校给排水工程技术专业规划教材，全书共分十章，主要内容包括建筑给水系统、建筑排水系统、建筑消防给水系统、屋面雨水排除、热水和饮水供应、居住小区给水排水工程、建筑中水系统、特殊建筑给水排水、设计案例、建筑给水排水施工图等。本书可作为高职高专院校给水排水工程技术、建筑环境与设备等专业的教学用书，也可作为给排水工程技术人员及相关人员的参考用书。

图书在版编目(CIP)数据

建筑给水排水工程/侯根然主编. —郑州：黄河水利出版社，2014.5

全国高职高专给排水工程技术专业规划教材

ISBN 978-7-5509-0808-6

Ⅰ.①建… Ⅱ.①侯… Ⅲ.①建筑-给水工程-高等职业教育-教材 ②建筑-排水工程-高等职业教育-教材 Ⅳ.①TU82

中国版本图书馆 CIP 数据核字(2014)第 103151 号

出 版 社：黄河水利出版社

地址：河南省郑州市顺河路黄委会综合楼 14 层　　邮政编码：450003

发行单位：黄河水利出版社

发行部电话：0371-66026940、66020550、66028024、66022620(传真)

E-mail：hhslcbs@126.com

承印单位：河南承创印务有限公司

开本：787 mm×1 092 mm　1/16

印张：22.25

字数：514 千字　　印数：1—3 100

版次：2014 年 6 月第 1 版　　印次：2014 年 6 月第 1 次印刷

定价：45.00 元

前　言

本书是高职高专院校给水排水工程技术专业、建筑环境与设备等专业系列规划教材之一，是根据教育部《高等职业教育给水排水工程技术专业教育标准和培养方案及主干课程教学大纲》对高职高专人才培养目标、培养规格、培养模式以及相适应的基本知识、关键技能和素质结构的要求，组织全国高职院校从事多年教学工作的教师参加编写的。

在编写过程中，内容紧密结合《建筑给水排水设计规范》（GB 50015—2003）（2009 年版），最新的《建筑设计防火规范》（GB 50016—2006）、《居住小区给水排水设计规范》（CECS57：94）等规范，力求做到理论联系实际，注重科学性、实用性和针对性，并能紧密结合工程实际，突出学生应用能力的培养。

本书由黄河水利职业技术学院侯根然担任主编，并负责全书统稿；由四川建筑职业技术学院陈旭、河南建筑职业技术学院王东萍担任副主编。第一章一至四节、第十章由王东萍编写，第一章五、六节由河南建筑职业技术学院魏思源编写，第二章、第九章由黑龙江建筑职业技术学院黄跃华、杨丽英编写，第三章由侯根然编写，第四章、第六章由黄河水利职业技术学院李永丽编写，第五章由陈旭编写，第七章、第八章由黄河水利职业技术学院孙斌编写。

限于编者水平，书中不足之处在所难免，敬请读者提出宝贵意见。

编　者

2014 年 3 月

目　录

第一章　建筑给水系统

第一节　给水系统分类与组成

建筑给水系统的任务，是根据各用户对水质、水量和水压的要求，经济合理地将市政给水管网或小区给水管网中的水引到建筑物内部，通过室内管道系统送到各用水设备处，满足建筑内部生活、生产和消防用水的要求。

一、给水系统分类

根据用水对象的不同，给水系统可分为生活给水系统、生产给水系统、消防给水系统。

（一）生活给水系统

生活给水系统是设在工业建筑或民用建筑内，供应人们日常生活的饮用、烹饪、盥洗、洗涤、沐浴等用水的给水系统。其水质必须符合国家现行的《生活饮用水卫生标准》。

（二）生产给水系统

生产给水系统是设在工矿企业生产车间内，供应生产过程用水的给水系统，如生产设备的冷却水、原料或产品的洗涤用水、锅炉用水，等等。生产给水因产品的种类及生产工艺的不同，对水质、水压、水量及安全性的要求也不同。

（三）消防给水系统

消防给水系统是设在多层或高层的工业或民用建筑内，供应消防用水的给水系统。消防用水对水质的要求不高，但必须按照现行《建筑设计防火规范》（GB 50016—2006）的要求保证足够的水量和水压。

在同一幢建筑物内，可以单独设置以上三种给水系统，也可以根据水质、水压、水量和安全方面的需要，结合室外给水系统的情况，经技术经济比较，设置成不同的共用给水系统。如生活、生产共用给水系统，生产、消防共用给水系统等。

给水系统还可根据供水用途的不同、系统功能的不同，设置成饮用水给水系统、杂用水给水系统、消火栓给水系统、自动喷水灭火给水系统、循环或重复使用的生产给水系统，等等。

二、给水系统组成

建筑给水系统主要由引入管、室内给水管网、给水附件、给水设备、计量仪表、配水设施等组成，如图 1-1 所示。

（一）引入管

对于一幢建筑物来说，引入管是指连接室外给水管网与室内给水管网的连接管段，也称为进户管，其作用是将室外的水引到室内。

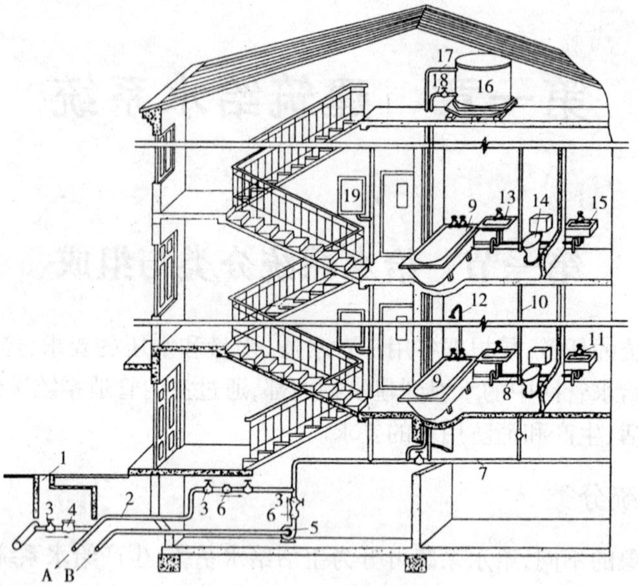

1—阀门井;2—引入管;3—闸阀;4—水表;5—水泵;6—止回阀;7—干管;8—支管;
9—浴盆;10—立管;11—水龙头;12—淋浴器;13—洗脸盆;14—大便器;15—洗涤池;
16—水箱;17—进水管;18—出水管;19—消火栓;A—进贮水池;B—来自贮水池

图 1-1　建筑给水系统

(二)室内给水管网

室内给水管网是室内给水干管、立管、支管的总称。

给水干管也称为横干管、总干管,其任务是将引入管或水箱中的水分配到各个立管。

给水立管也称为竖管,其任务是将干管送来的水送到有用水设备的每个楼层。

给水支管是连接各个用水点的管道,其任务是将立管中的水分配到各个用水点。

(三)给水附件

给水附件是用以控制、调节系统内水的流向、流量、压力,保证系统安全运行的。根据所起的作用不同,给水附件可分为调节附件、控制附件、安全附件。

给水附件种类繁多,如给水管道上的闸阀、截止阀、蝶阀、减压阀、安全阀、排气阀、水锤消除器、水泵多功能控制阀、管道倒流防止器、过滤器、减压孔板,等等。消防给水系统中的水泵接合器、报警阀组、水流指示器、信号阀、末端试水装置等均属于给水附件。

(四)给水设备

给水设备是指给水系统中用于稳压、升压、贮水和调节的设备。

当室外管网压力不足或室内对供水的安全性、水压的稳定性有特殊要求时,在建筑内设置的水池、水泵、水箱、吸水井、气压给水设备等。

(五)计量仪表

计量、显示给水系统的水量、流量、压力、温度、水位的仪表统称为计量仪表。如水表、流量计、压力表、真空表、温度计、水位计等。

需单独计量用水量的建筑物引入管上、住宅的入户管上、公用建筑物内需计量水量的管道上均应设置水表。

(六)配水设施

将给水系统中的水放出用于生活、生产、消防的设施称为配水设施。生活给水系统的配水设施主要指卫生器具的给水配件,如水龙头;生产给水系统的配水设施主要指与生产工艺有关的用水设备;消防给水系统的配水设施有室内消火栓,消防软管卷盘,自动喷水灭火系统的喷头等。

第二节　给水管材、附件和水表

室内给水系统是由管道、管件和各种附件连接而成的,管道材料及附件的合适与否,对于工程质量、工程造价及使用都会产生直接的影响。因此,应熟悉管材、附件的种类、规格和性能,以达到适用、经济和美观的要求。

一、给水管材

给水管材应根据给水系统的要求选用。建筑给水系统和热水供应系统常用的管材有塑料管、钢管、复合管、铸铁管。

(一)塑料管

塑料管作为一种化学管材,被广泛推广应用,在室内给水系统中已成为镀锌钢管、铸铁管的替代产品。其优点是化学性能稳定、耐腐蚀、重量轻、管内壁光滑、安装方便,可防止水在输送过程中的二次污染。缺点是线性变形大,不耐高温等。在选用塑料管时,应有质量检验部门的产品合格证书,有卫生部门的认证文件。常用的塑料管有以下几种。

1. 聚丙烯管(PPR 管)

普通聚丙烯材质的缺点是耐低温性能差,在 5 ℃以下因脆性太大而难以正常使用。通过共聚合的方式可以使聚丙烯性能得到改善。PPR 管即是无规共聚聚丙烯管,其优点是:化学稳定性好、耐腐蚀性强、不结垢;使用卫生,对水质基本无污染;抗老化,保温效果好,温度适应范围广(5~95 ℃);水流阻力小,材质轻,施工安装方便等,不仅可用于冷、热水系统,而且可用于纯净饮用水系统。

聚丙烯管采用热熔连接、电熔连接、过渡接头螺纹连接和法兰连接。当 DN≤110 mm 时,采用热熔连接;DN>110 mm、管道最后连接或热熔连接困难的场合,采用电熔连接;PPR 管道与小管径的金属管或卫生器具金属配件连接时,可采用带铜内丝或外丝嵌件的 PPR 过渡接头螺纹连接,PPR 管道与较大管径的金属附件或管道连接时,可采用法兰连接。管材规格用 De×t(公称外径×壁厚)表示,其公称外径、壁厚及其偏差见表 1-1。

2. 聚丁烯管(PB 管)

聚丁烯管是用高分子树脂制成的高密度塑料管,管材质软、耐磨、耐热、抗冻、无毒无害、耐久性好、重量轻、施工安装简单,适用于冷、热水系统。聚丁烯管与管件的连接有三种方式,即专用铜管件卡压式连接、热熔连接、电熔连接。

3. 交联聚乙烯管(PEX 管)

交联聚乙烯管具有良好的耐高温(70~110 ℃)、耐高压(爆破压力 6 MPa)、稳定性和持久性、无毒、不滋生细菌、安装维修方便、价格适中等优点。这种管材是目前比较理想的冷热水及饮用水塑料管材。

表 1-1 聚丙烯管规格尺寸及偏差

公称外径 De (mm)	平均允许偏差 (mm)	壁厚(mm) 公称压力(MPa)									
		PN1.0		PN1.25		PN1.6		PN2.0		PN2.5	
		基本尺寸	允许偏差	基本尺寸	允许偏差	基本尺寸	允许偏差	基本尺寸	允许偏差	基本尺寸	允许偏差
20	+0.30			2.3	+0.50	2.8	+0.50	3.4	+0.60	4.1	+0.70
25	+0.30	2.3	+0.50	2.8	+0.50	3.5	+0.60	4.2	+0.70	5.1	+0.80
32	+0.30	2.9	+0.50	3.6	+0.60	4.4	+0.70	5.4	+0.80	6.5	+0.90
40	+0.40	3.7	+0.60	4.5	+0.70	5.5	+0.80	6.7	+0.90	8.1	+1.10
50	+0.50	4.6	+0.70	5.6	+0.80	6.9	+0.90	8.4	+1.10	10.1	+1.30
63	+0.60	5.8	+0.80	7.1	+1.00	8.7	+1.10	10.5	+1.30	12.7	+1.50
75	+0.70	6.9	+0.90	8.4	+1.10	10.3	+1.30	12.5	+1.50	15.1	+1.70
90	+0.90	8.2	+1.10	10.1	+1.30	12.3	+1.50	15.0	+1.70	18.1	+2.10
110	+1.00	10.0	+1.20	12.3	+1.50	15.1	+1.80	18.3	+2.10	22.1	+2.50

交联聚乙烯管的连接可采用卡箍连接、卡压式连接、过渡连接。卡箍连接采用铜锻压件或不锈钢铸件，卡箍采用紫铜环，使用专用工具卡紧，适用于 DN≤32 mm 的热水管和 DN≥63 mm 的冷水管；卡压式连接采用不锈钢管件，专用工具压紧，不可拆卸，可用于各种规格的冷热水管道；过渡连接采用带内丝的过渡接头，管螺纹连接，适用于 PEX 管道与卫生器具金属管件或其他各类管道的连接。

4. 硬聚氯乙烯管（UPVC 管）

硬聚氯乙烯管是以聚氯乙烯树脂为主要原料，加入必要的添加剂，经注塑成型，具有质轻、不结垢、耐腐蚀、抗老化、耐火性能好、施工方便、造价低等优点，在正常的使用情况下寿命可达 50 年以上，但对热不稳定，不能输送热水，承压能力小，有脆性且易老化。

硬聚氯乙烯管一般采用胶粘剂承插连接，有特殊要求且管径较大时可用密封橡胶承插连接。在给水系统中，应考虑到管道连接所采用的胶粘剂不得影响供水水质，但目前尚未完全解决胶粘剂的毒性问题，且管道卫生性较差，这使得 UPVC 管在给水系统中的应用受到很大限制。

（二）钢管

钢管强度高，承受流体的压力大，抗震性能好，自重比铸铁管轻，接头少，加工安装方便；但成本高，抗腐蚀性能差，易造成水质污染。

钢管主要有焊接钢管和无缝钢管两种。

1. 焊接钢管

焊接钢管按表面质量又可分为镀锌钢管(白铁管)和非镀锌钢管(黑铁管)。根据镀锌工艺的不同可分为冷镀锌钢管和热镀锌钢管。可用于生产给水系统或消防给水系统中,建设部已明确规定:自 2000 年 6 月 1 日起,在城镇新建住宅中,禁止使用冷镀锌钢管用于室内生活给水管道,并根据当地实际情况逐步限时禁止使用热镀锌钢管。

2. 无缝钢管

无缝钢管由碳素结构钢或合金结构钢制造,有热轧或冷拔两种生产方法。无缝钢管在同一外径下可以有多种壁厚,与焊接钢管相比,它的强度高,内表面光滑,水力条件好,可在焊接钢管不能满足压力要求的情况下采用,用于生活给水管道时要专门镀锌。

钢管的连接方式分为螺纹连接、焊接连接、法兰连接和沟槽(或卡箍)连接。

螺纹连接是利用配件连接,连接配件的形式及其应用如图 1-2 所示。配件用可锻铸铁制成,抗蚀能力及机械强度均较大,也分镀锌和非镀锌两种,钢制配件较少。螺纹连接时,一般以油麻丝和白厚漆或生胶带为填料,增加连接严密性的同时便于日后拆卸。

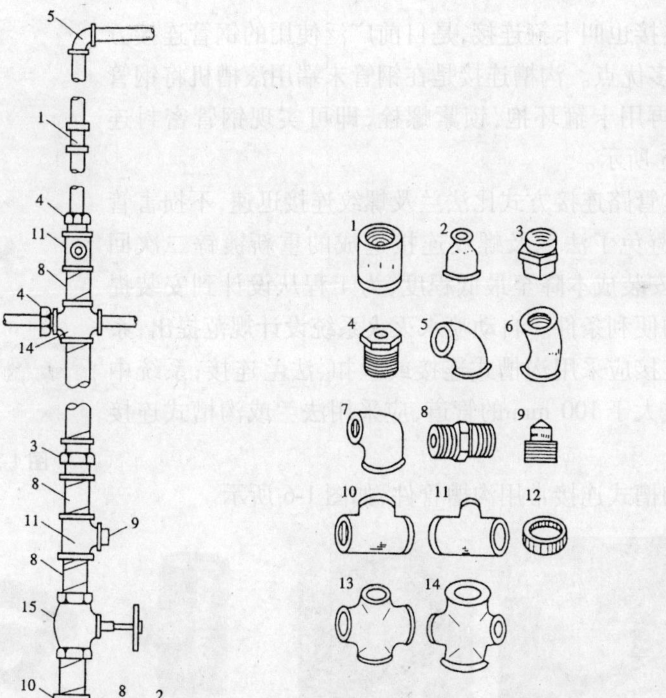

1—管箍;2—异径管箍;3—活接头;4—补心;5—90°弯头;6—45°弯头;7—异径弯头;
8—内管箍;9—管塞;10—等径三通;11—异径三通;12—根母;13—等径四通;
14—异径四通;15—阀门

图 1-2　钢管螺纹连接配件

钢管焊接的方法一般有电弧焊和气焊两种。焊接具有强度高、严密性好,节省管材、管件,安装方便,易于管理等优点,缺点是不能拆卸。管径大于 32 mm 的钢管宜用电焊连接,管径小于或等于 32 mm 时可用气焊连接,镀锌钢管不得采用焊接。

法兰有铸铁的和钢制的两类，在建筑内部给水工程中，以钢制圆形平焊法兰应用最为广泛，如图 1-3 所示。法兰连接具有强度高、严密性好和拆装方便等优点，常用于需要经常拆卸、检修的管道上。在连接时，将法兰盘焊接或用螺纹连接在管端，再以螺栓连接它，盘间应垫以垫片，以达到密封的目的，建筑内部给水工程中常用橡胶板或石棉橡胶板做法兰垫片，一副法兰只能垫一个垫片，如图 1-4 所示。

图 1-3　钢制圆形平焊法兰

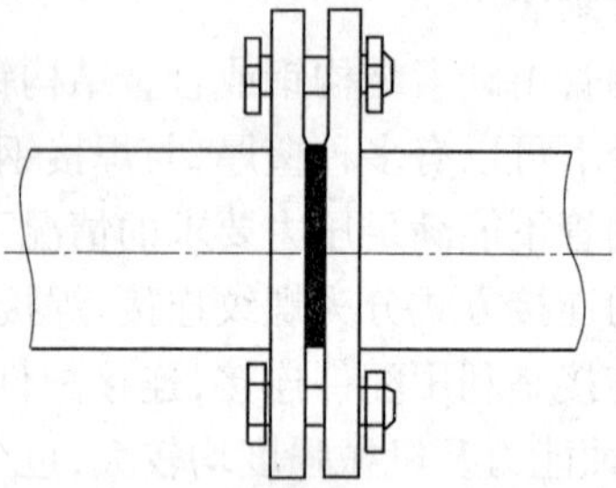

图 1-4　管道法兰连接

沟槽连接也叫卡箍连接，是目前广泛使用的钢管连接方式，具有很多优点。沟槽连接是在钢管末端用滚槽机将钢管压成沟槽，再用卡箍环抱，锁紧螺栓，即可实现钢管密封连接，如图 1-5 所示。

图 1-5　管道沟槽连接

沟槽式管路连接方式比法兰及螺纹连接迅速，不损害管道镀锌层，避免了法兰及螺纹连接造成的重新镀锌二次回装，使管道安装成本降至最低程度，为工程从设计到安装提供了巨大的便利条件。自动喷水灭火系统设计规范提出，系统管道的连接应采用沟槽式连接或丝扣、法兰连接；系统中直径等于或大于 100 mm 的管道，应采用法兰或沟槽式连接件连接。

管道沟槽式连接常用沟槽管件，如图 1-6 所示。

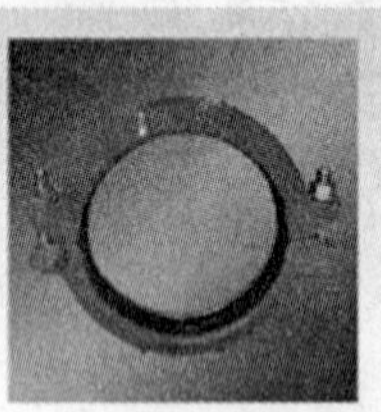

(a) 挠性卡箍

(b) 刚性卡箍

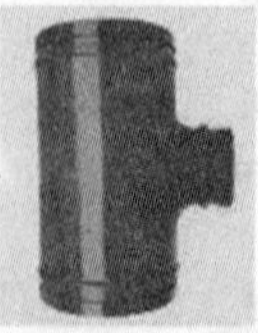

(c) 沟槽机械三通

(d) 沟槽异径三通

(e) 沟槽异径四通

(f) 沟槽机械四通

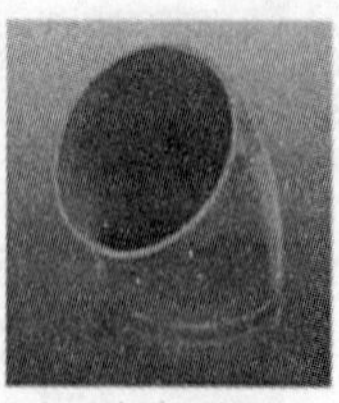

(g) 弯头

图 1-6　常用沟槽管件

(h) 沟槽法兰　　(i) 盲片　　(j) 沟槽异径管

续图 1-6

(三)复合管

1. 钢塑复合管

钢塑复合管是在钢管内壁衬(涂)一定厚度的塑料层复合而成的。钢塑复合管兼备了金属管材强度高、耐高压、能承受较强的外来冲击力和塑料管材的耐腐蚀性、不结垢、导热系数低、流体阻力小等优点。钢塑复合管可采用沟槽、法兰或螺纹连接的方式,同原有的镀锌钢管系统完全相容,应用方便,但需在工厂预制,不宜在施工现场切割。

2. 铝塑复合管

铝塑复合管是以焊接铝管为中间层,内外层均以聚乙烯塑料采用专用热熔胶,通过挤压成型方法复合成一体的管材。

铝塑复合管的连接可采用卡压式连接、卡套式连接、螺纹挤压式连接。卡压式连接是采用不锈钢接头,专用卡钳压紧,可用于各种规格的管道,不可拆卸;卡套式连接是采用铸铜接头,采用螺纹压紧,可拆卸,用于 DN≤32 mm 的管道连接;螺纹挤压式连接采用铸铜接头,接头与管道之间加密封层,锥形螺帽挤压形成密封,不能拆卸,适用于 DN≤32 mm 的管道连接。铝塑复合管与其他管材、卫生器具金属配件或阀门连接时,采用带铜内丝或外丝的过渡接头、螺纹连接。

(四)铸铁管

铸铁管按所用材质不同可分为灰铸铁管、球墨铸铁管、高硅铸铁管;按其工作压力的不同可分为低压管、中压管、高压管。铸铁管具有耐腐蚀性能强、使用寿命长、价格低等优点,适于埋地敷设。其缺点是性脆、质量大、长度小。当给水管管径大于 150 mm,或生活给水管埋地敷设管径大于 75 mm 时,宜采用铸铁管。

给水铸铁管与钢管相比具有耐腐蚀性强、使用寿命长、价格便宜等优点,适用于埋地敷设;但也有质地较脆、不耐震动和弯折、长度短、质量大、施工比钢管困难等缺点,适用于消防系统或生产给水系统的埋地管材。

给水铸铁管的连接多用承插方式连接,连接阀门等处也可用法兰盘连接。承插接口有柔性接口和刚性接口两类。柔性接口采用橡胶圈接口,刚性接口采用石棉水泥、膨胀性填料接口,重要场合可用铅接口。

二、给水附件、配水龙头

(一)给水附件

1. 截止阀

截止阀如图 1-7 所示,是利用闸杆下端的阀盘(或阀针)与阀孔的配合来启闭介质流的。截止阀具有开启高度小、关闭严密、在开闭过程中密封面的摩擦力小、耐磨等优点，但其水流阻力较大，安装时要注意方向，应使水低进高出，防止装反，允许的水流方向用箭头标示在外壳上。截止阀用于管径不大于 50 mm 或经常启闭的管段上。

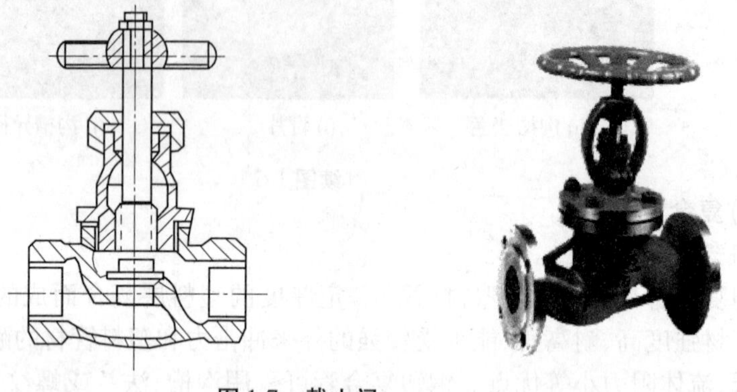

图 1-7　截止阀

2. 闸阀

闸阀如图 1-8 所示，闸阀内的闸板与水流方向垂直，是利用闸板的升降来控制闸门启闭的。闸阀全开时水流呈直线通过，阻力小，但水中有杂质沉积阀座后，容易造成阀门不能关闭到底，因而产生磨损和漏水。闸阀安装没有方向性，在管径大于 50 mm 或双向流动的管段上宜采用闸阀。

图 1-8　闸阀

3. 蝶阀

蝶阀如图 1-9 所示，此阀为盘状圆板启闭件，绕其自身中轴旋转改变管道轴线间的夹角，而控制水流通过的阀门。它具有结构简单、尺寸紧凑、启闭灵活、开启度指示清楚、水流阻力小等优点。安装时没有方向要求，可用于水双向流动的管道上或安装空间较小的管道上。

4. 止回阀

止回阀又称逆止阀、单向阀，是一种自动启闭的阀门，用于控制水流方向，只允许水流向一个方向流动，反向流动时则阀门自动关闭，可以有效地防止管道中介质的倒流。

止回阀按形式可分为升降式和旋启式，如图 1-10 所示。升降式止回阀的密封性能较好，水流阻力较大，常用于小口径的管道上；旋启式止回阀启闭迅速，易引起水击，不宜在压力较大的管道系统中使用，可用于阀前水压较小的部位。

图 1-9　蝶阀

安装止回阀时要注意必须使水流的方向与阀体上箭头的方向一致，不能装反。

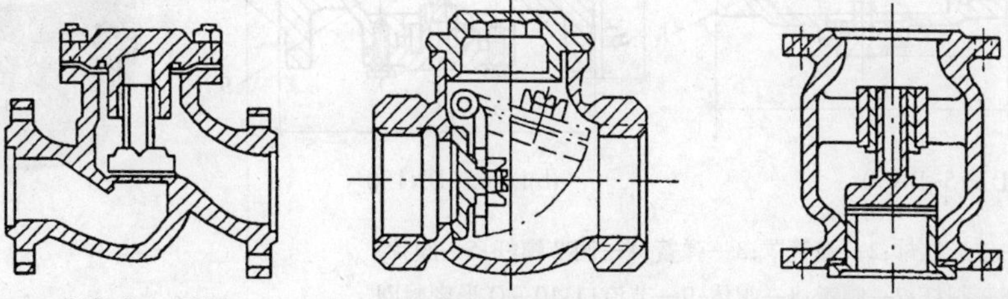

(a) 升降式止回阀　　(b) 旋启式止回阀　　(c) 立式升降式止回阀

图 1-10　止回阀

5. 浮球阀

浮球阀是一种利用液位变化而自动启闭的阀门，安装在水箱或水池内，用来控制水位，如图 1-11 所示。当水箱充水到设计最高水位时，浮球随水位浮起，关闭进水口；当水位下降时，浮球下落，进水口开启，于是自动向水箱充水。选用时注意规格应和管道一致。

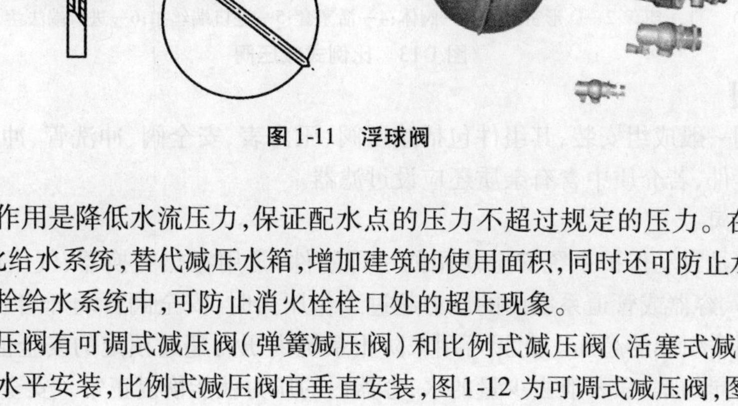

图 1-11　浮球阀

6. 减压阀

减压阀的作用是降低水流压力，保证配水点的压力不超过规定的压力。在高层建筑中，它可以简化给水系统，替代减压水箱，增加建筑的使用面积，同时还可防止水质的二次污染。在消火栓给水系统中，可防止消火栓栓口处的超压现象。

常用的减压阀有可调式减压阀（弹簧减压阀）和比例式减压阀（活塞式减压阀）。可调式减压阀宜水平安装，比例式减压阀宜垂直安装，图 1-12 为可调式减压阀，图 1-13 为比例式减压阀。

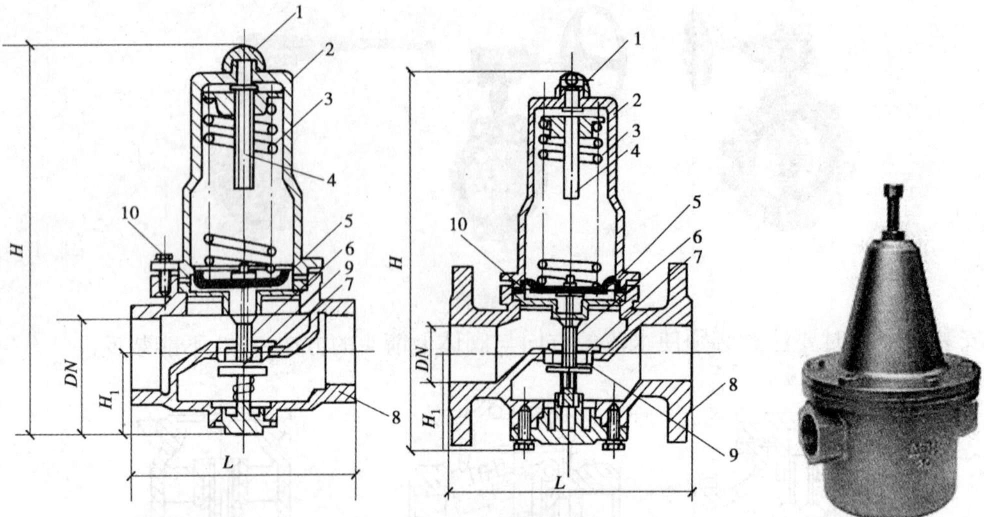

(a)DN15~DN50　　(b)DN65~DN150

1—盖形螺母;2—弹簧罩;3—弹簧;4—调节螺杆;5—膜片;
6—阀杆;7—阀瓣;8—阀体;9—节流口;10—O 形密封圈

图 1-12　可调式减压阀

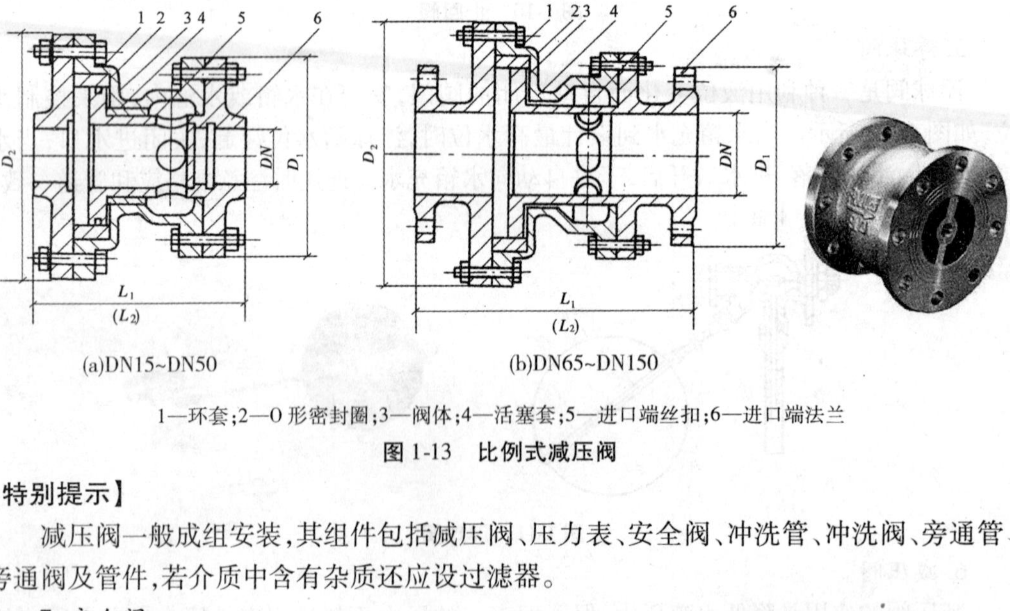

(a)DN15~DN50　　(b)DN65~DN150

1—环套;2—O 形密封圈;3—阀体;4—活塞套;5—进口端丝扣;6—进口端法兰

图 1-13　比例式减压阀

【特别提示】

减压阀一般成组安装,其组件包括减压阀、压力表、安全阀、冲洗管、冲洗阀、旁通管、旁通阀及管件,若介质中含有杂质还应设过滤器。

7. 安全阀

安全阀是自动保护系统安全使用的一种附件,常用在热交换器、气压罐等压力容器上。当设备、容器或管道系统内的压力超过工作压力时,安全阀自动开启后泄水,以降低因温度等因素引起的超压。此阀可用来防止系统内压力超过预定的安全值而受到破坏。与泄水阀不同的是,只要泄去少量的水,容器内的压力就能恢复正常。安全阀一般有弹簧式和杠杆式两种,如图 1-14 所示。

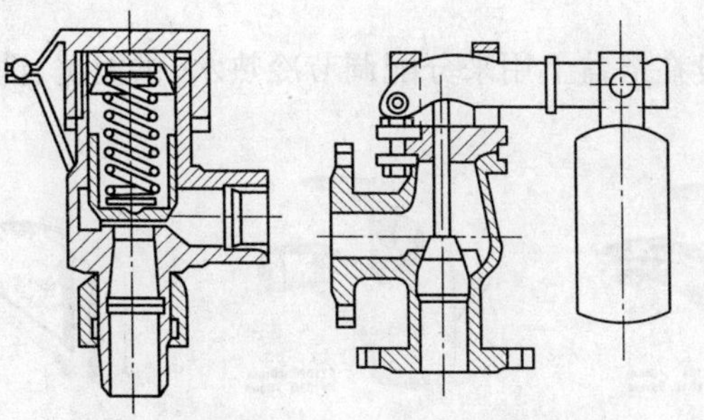

(a)弹簧式安全阀　　(b)杠杆式安全阀

图 1-14　安全阀

【特别提示】

设置阀门应考虑管道的使用和检修情况，一般给水管应设置阀门的部位为引入管上的起端，水表前或水表后，各立管起端，高位水箱或水池的进出水管、泄水管，从立管接出的支管，各用水设备的配水支管，水泵的进出水管等管道上。

选择阀门时，应考虑管径、水流方式、开闭要求和作用等因素。管径小于或等于 50 mm 时常用截止阀和球阀，管径大于 50 mm 时常用闸阀或蝶阀；水流动阻力要求小的部位，如水泵吸水管上应采用闸阀，有双向流动的管路，如环行管网等，应采用闸阀或蝶阀；不经常开闭且要求快速开闭的管路上应采用快开阀门；对流量和压力要进行调节的管路，应采用蝶阀或截止阀；安装在空间狭小的位置时，宜采用蝶阀或球阀；对调节性能要求高的场所，可采用手动调节阀。

(二)配水龙头

配水龙头是安装在各种卫生器具上的配水设施，又称水嘴，用来开启或关闭水流。常用水嘴有以下几种。

1. 普通龙头

普通龙头装设在厨房洗涤盆、污水池及盥洗槽上，由可锻铸铁或铜制成，直径有 15 mm、20 mm、25 mm 三种，如图 1-15 所示。

2. 感应龙头

感应龙头是利用光电元件控制启闭的。使用时手放在水龙头下，挡住光电元件即开启放水，使用完毕后手离开即关闭停水，节水且无接触操作，清洁卫生，如图 1-16 所示。

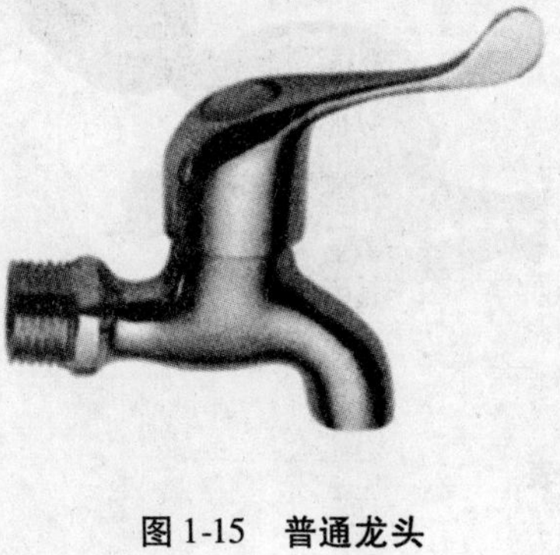

图 1-15　普通龙头

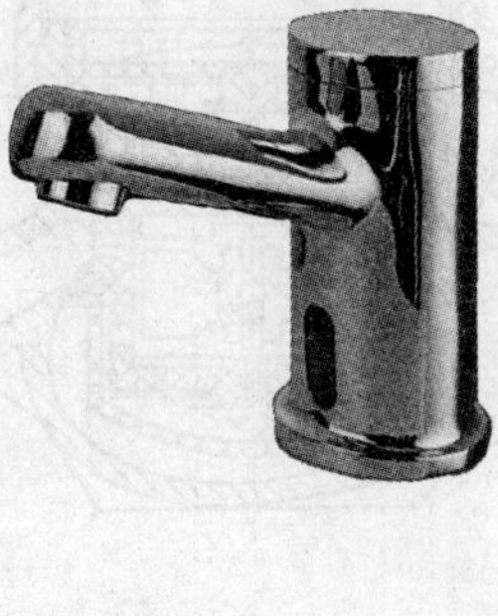

图 1-16　感应龙头

3. 混合龙头

混合龙头通常装设在浴盆上用来分配调节冷热水，供盥洗、洗涤、沐浴用等，样式很多，如图 1-17 所示。

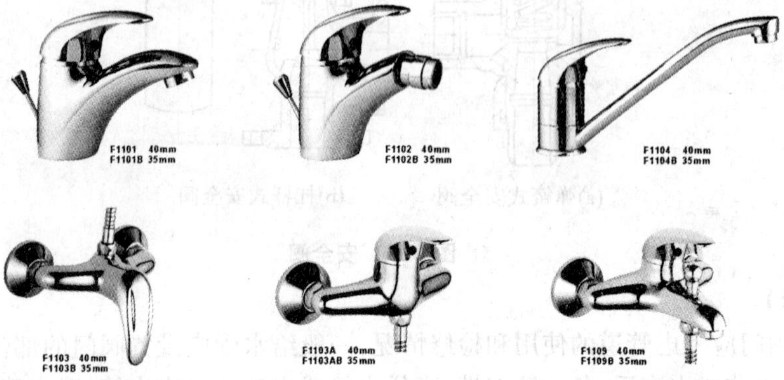

图 1-17 混合龙头

三、水表

(一) 流速式水表

1. 水表的构造

水表是计量建筑用水量的仪表，在建筑内部给水系统中，广泛采用的是流速式水表。按叶轮构造不同，流速式水表分旋翼式(又称叶轮式)和螺翼式两种。旋翼式水表的叶轮转轴与水流方向垂直，阻力较大，起步流量和计量范围较小，多为小口径水表，用来测量较小流量。螺翼式水表叶轮转轴与水流方向平行，阻力较小，起步流量和计量范围比旋翼式水表大，适用于测量大流量。如图 1-18 所示为旋翼式水表，如图 1-19 所示为螺翼式水表。流速式水表又分为干式和湿式两种。干式水表的计数机件用金属圆盘将水隔开，其构造复杂些；湿式水表的计数机件浸在水中，在计数盘上装有一块厚玻璃用以承受水压，机件简单，计量准确，不易漏水，但如果水质浊度高或水温高，将降低水表精度，产生磨损，缩短水表寿命，宜用于常温清洁水的计量。

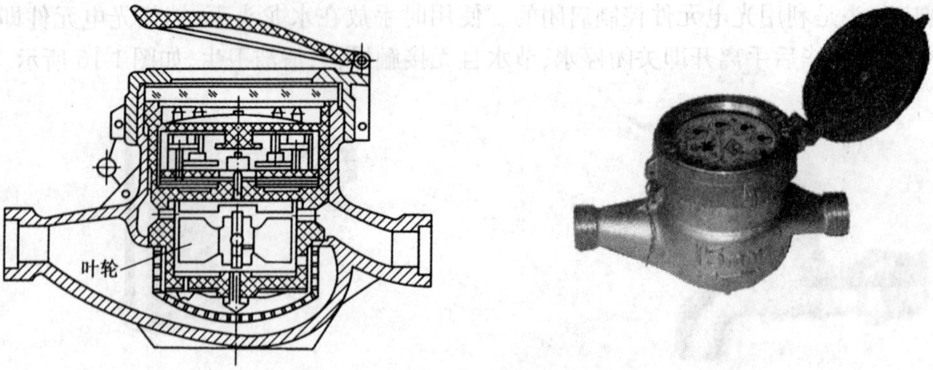

图 1-18 旋翼式水表

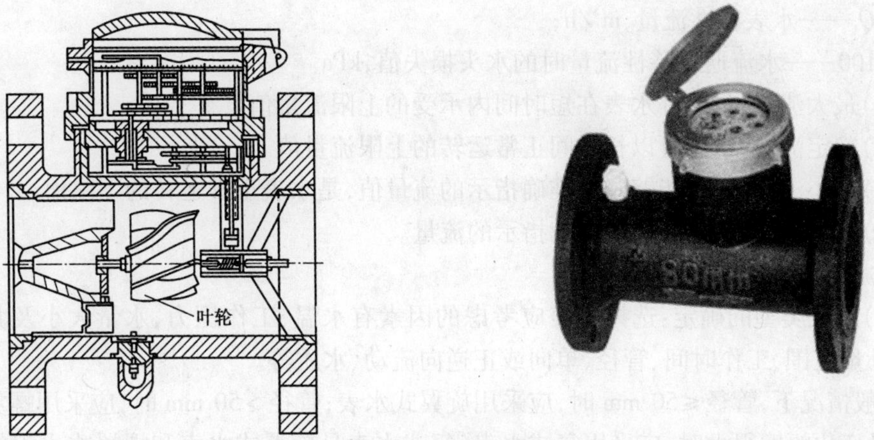

图 1-19　螺翼式水表

2. 水表的技术数据

旋翼湿式水表的规格、性能见表 1-2。螺翼式水表的技术数据参见相关书籍。

表 1-2　旋翼湿式水表技术数据

直径（mm）	特性流量	最大流量	额定流量	最小流量	灵敏度≤（m^3/h）	最大示值（m^3）
	m^3/h					
15	3	1.5	1.0	0.045	0.017	10^3
20	5	2.5	1.5	0.075	0.025	10^3
25	7	3.5	2.2	0.090	0.030	10^3
32	10	5	3.2	0.120	0.040	10^3
40	20	10	6.3	0.220	0.070	10^5
50	30	15	10.0	0.400	0.090	10^5
80	70	35	22.0	1.100	0.300	10^6
100	100	50	32.0	1.400	0.400	10^6
150	200	100	63.0	2.400	0.550	10^6

水表各性能参数的意义如下：

(1) 特性流量：水流通过水表产生 100 kPa 水头损失时的流量值。此值为水表的特性指标。

根据水力学原理有如下关系：

$$H_B = \frac{Q_B^2}{K_B} \tag{1-1}$$

$$K_B = \frac{Q_t^2}{100} \tag{1-2}$$

式中　H_B——水流通过水表的水头损失，kPa；

Q_B——通过水表的流量，m^3/h；

K_B——水表特性系数；

Q_t——水表特性流量，m^3/h；

100——水流通过特性流量时的水头损失值，kPa。

(2)最大流量：只允许水表在短时间内承受的上限流量值。

(3)额定流量：水表可以长时间正常运转的上限流量值。

(4)最小流量：水表能够开始准确指示的流量值，是水表正常运转的下限值。

(5)灵敏度：水表能够开始连续指示的流量。

3. 流速式水表的选用

(1)水表类型的确定：选择水表应考虑的因素有水温、工作压力、水量大小及其变化幅度、计量范围、工作时间、管径、单向或正逆向流动、水质等。

一般情况下，管径≤50 mm时，应采用旋翼式水表；管径>50 mm时，应采用螺翼式水表；流量变化幅度很大时，应采用复式水表（复式水表是旋翼式水表和螺翼式水表的组合形式）；计量热水时，宜采用热水水表。一般应优先选用湿式水表。

(2)水表口径的确定：一般以通过水表的设计流量不超过水表的额定流量来确定水表的公称直径。

当用水量均匀时，如工业企业生活间、公共浴室、洗衣房等，应按该系统的设计流量不超过水表的额定流量来确定水表口径。当用水不均匀时，如住宅、集体宿舍、旅馆等，且高峰流量每昼夜不超过3 h时，应按该系统设计流量不超过水表的最大流量来确定水表口径，同时水表的水头损失不应超过允许值。当设计对象为生活（生产）、消防共用的给水系统时，选定水表时不包括消防流量，但应加上消防流量校核，使其总流量不超过水表的最大流量限值（水头损失必须不超过允许水头损失值）。按最大小时流量选用水表时的允许水头损失值如表1-3所示。

表1-3　按最大小时流量选用水表时的允许水头损失值　（单位：kPa）

表型	正常用水时	消防时	表型	正常用水时	消防时
旋翼式	<25	<50	螺翼式	<13	<30

（二）电控自动流量计（TM卡智能水表）

随着科学技术的发展以及改变用水管理体制与节约用水意识的提高，传统的“先用水后收费”用水体制和人工进户抄表、结算水费的繁杂方式，已不适应现代管理方式与生活方式，用新型的科学技术手段改变自来水供水管理体制的落后状况已经提上议事日程。因此，电磁流量计、远程计量仪等自动水表应运而生。TM卡智能水表就是其中之一。它内部置有微计算机测控系统，通过传感器检测水量，用TM卡传递水量数据，主要用来计量（定量）经自来水管道供给用户的饮用冷水，适于家庭使用。

这种水表的特点和优越性是将传统的先用水后结算交费的用水方式改变为先预付水费后限额用水的方式，使供水部分可提前收回资金、减少拖欠水费的损失；将传统的人工进户抄表、人工结算水费的方式改变为无须上门抄表、自动计费、主动交费的方式，减轻了供水部门工作人员的劳动强度；用户无须接待抄表人员，减少计量纠纷，还能提示用户节约用水，保护和利用好水资源；供水部分可实现计算机全面管理，提高自动化程度，提高工作效率。

第三节　给水方式选择

一、给水系统的工作压力

室内给水系统所需水压可由下式确定：

$$H = H_1 + H_2 + H_3 + H_4 \tag{1-3}$$

式中　H——室内给水系统所需的供水压力，kPa；

H_1——引入管起点到管网最不利点位置高度所要求的静水压力，kPa；

H_2——计算管路的沿程水头损失和局部水头损失之和，kPa；

H_3——通过水表的水头损失，可按式(1-1)计算或按经验估算，kPa；

H_4——管网最不利点所需的最低工作压力，kPa。

对于居住建筑的生活给水系统，可按建筑物的层数估算其所需水压，自室外地面算起，一层建筑物为100 kPa，二层建筑物为120 kPa，三层及三层以上的建筑物，每增加一层增加40 kPa。

室外给水管道所供压力是指在引入管与室外给水管接管处，室外给水管道内所具有的压力，用 H_0 表示。室外给水管道的水压是变化的，用水高峰时段室外给水管道供水压力较低，非用水高峰时段室外给水管道供水压力较高，同时室外给水管道的水压也与水厂出水压力直接有关。

二、给水方式的选择

根据室外给水管道所供压力与室内给水系统所需水压的关系选择相应的给水方式。常用给水方式有以下几类。

(一)直接利用外网压力的给水方式

1. 直接给水方式

室外管网的水量、水压在一天内任何时间均能满足建筑物内用水要求时，可直接利用室外管网的压力向室内给水系统供水，这种供水方式为直接给水方式，如图1-20所示。这种给水方式可用于低层建筑或高层建筑的下部楼层。

由于室外管网可以满足建筑物内用水的各项要求，建筑物内不需要设置水箱、水泵等设备，因此投资少，施工方便，并且维护管理简单。

2. 设水箱的给水方式

室外管网的水量和水质能满足室内给水管网的要求，但水压在用水高峰时段出现不足，或建筑物要求水压稳定时，可采用设水箱的给水方式，如图1-21所示。这种给水方式一般用于多层建筑或公共浴室。

这种给水方式的工作过程是，当室外给水管网的压力能满足室内需要时，由室外管网向室内各用水设备供水，同时向水箱充水；当室外管网压力不足时，由水箱向室内给水系统供水。这种给水方式的水箱容积较大，应考虑水箱的二次污染问题。

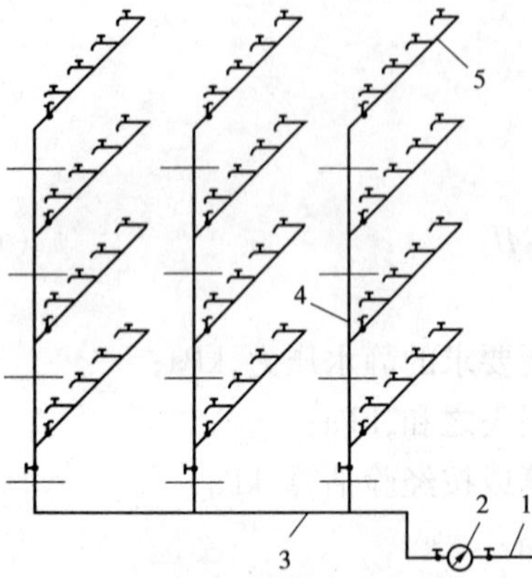

1—引入管;2—水表;3—横干管;
4—立管;5—横支管

图 1-20 直接给水方式

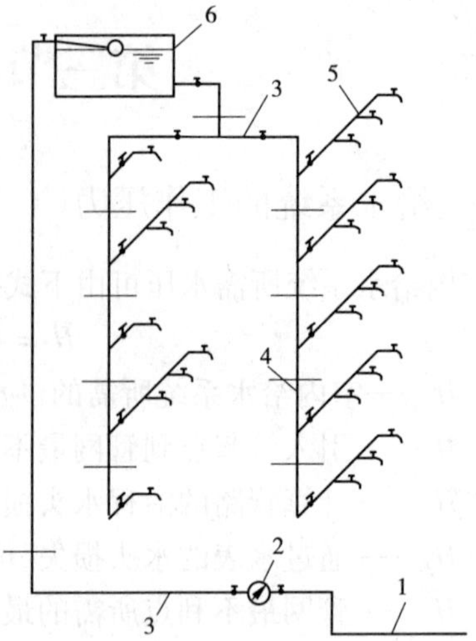

1—引入管;2—水表;3—横干管;
4—立管;5—横支管;6—水箱

图 1-21 设水箱的给水方式

(二)设升压设备的给水方式

室外管网的水质和水量能满足室内给水系统的需要,但水压经常不足,需设置升压设备提升来满足室内用水要求。升压设备可采用水泵、气压给水装置、变频调速给水装置等。

1. 设水池、水泵、水箱的给水方式

采用设水池、水泵、水箱的给水方式,如图 1-22 所示。依靠室外给水管网的压力,水进入贮水池,水泵将贮水池的水提升送至高位水箱,由水箱向室内给水管网供水,同时向水箱充水;水箱充满水后,水泵停止工作,水箱向室内给水系统供水。当水箱内的水位下降到最低设计水位时,水泵再次启动,开始一个新的循环。

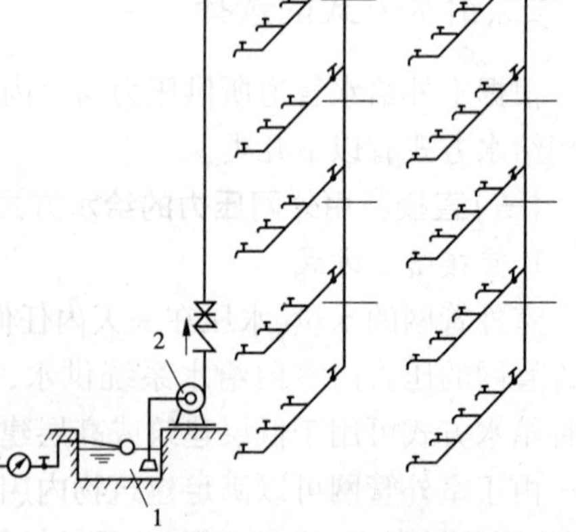

1—贮水池;2—水泵;3—水箱

图 1-22 设水池、水泵、水箱的给水方式

如果水泵直接从室外管网抽水而不影响其他建筑物的正常用水,可不设贮水池;如果室内用水量均匀,可不设高位水箱。

由于水泵能及时向水箱充水,水箱的容积大大减小;又因水箱有调节作用,水泵的出水量稳定,水泵可在高效率下工作;水池、水箱内贮存一定的水量,在停水、停电时可延时供水,供水安全可靠,供水压力稳定。

2. 设气压给水装置的给水方式

当室外给水管网压力低于或经常不能满足室内所需水压、室内用水不均匀,且不宜设置高位水箱时可采用这种给水方式,如图 1-23 所示。这种给水方式利用气压给水设备,其作用相当于高位水箱或水塔。

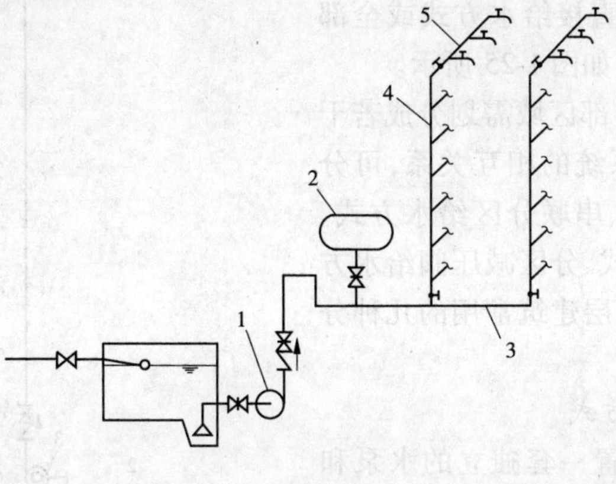

1—水泵;2—气压水罐;3—给水横干管;4—给水立管;5—给水横支管

图 1-23　气压给水方式

3. 设变频调速给水装置的给水方式

室外管网压力不足、建筑物内用水不均匀,且建筑物顶部不宜设高位水箱时,也可采用变频调速给水装置进行供水,如图 1-24 所示。这种给水系统一次投资较大,但可以省掉高位水箱,可避免水箱的一系列问题。

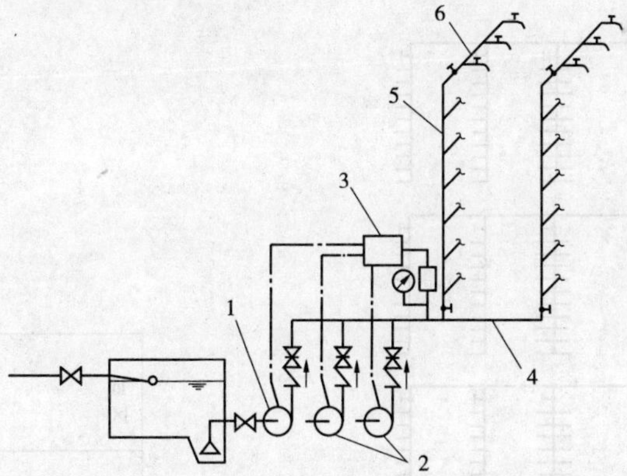

1—变频泵;2—工频泵;3—电控柜;4—给水横干管;5—给水立管;6—给水横支管

图 1-24　变频调速给水方式

(三)分区给水方式

在高层建筑中,室外管网的水压往往只能满足下部几个楼层的水压要求。为充分利用室外管网的压力,可将建筑物下部几个楼层设成一个区,采用直接供水方式,上部区域设升压设备。一般各分区最低卫生器具配水点处的静水压力不宜大于 0.45 MPa,最大不得大于 0.55 MPa。所以,如果建筑物层数较多,上部区域需再分成若干个区,以保证各配水点处的卫生器具不超压。

当建筑物层数不多时,下区采用直接给水方式,上区采用水池、水泵、水箱的给水方式，两区之间由一根或两根给水立管相连通，分区处装闸阀或蝶阀，必要时整个室内给水管网可全部采用直接给水方式或全部采用上区的给水方式，如图 1-25 所示。

在高层建筑中，上部区域需划分成若干个区，根据各区管网系统的相互关系，可分为并联分区给水方式、串联分区给水方式、分区减压水箱给水方式、分区减压阀给水方式，等等。下面介绍高层建筑常用的几种分区给水方式。

1. 并联分区给水方式

每一分区分别设置一套独立的水泵和高位水箱，向各区独立供水，如图 1-26 所示。其水泵一般集中设置在建筑的地下室或独立的水泵房。若将水泵改为变频调速给水装置，可省掉各区的高位水箱，原理如图 1-27 所示。各区的水泵也可采用气压给水设备代替，省掉各区的高位水箱。

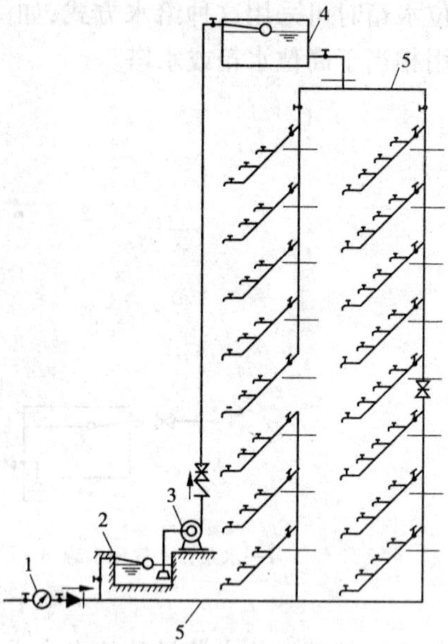

1—水表；2—贮水池；3—水泵；4—水箱；5—给水横干管

图 1-25　分区给水方式

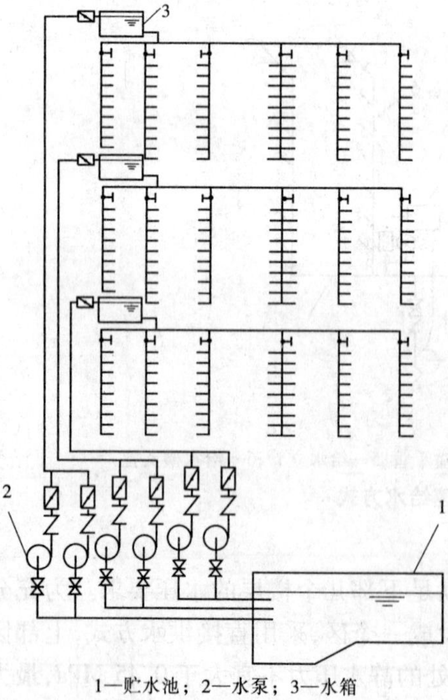

1—贮水池；2—水泵；3—水箱

图 1-26　并联分区给水方式

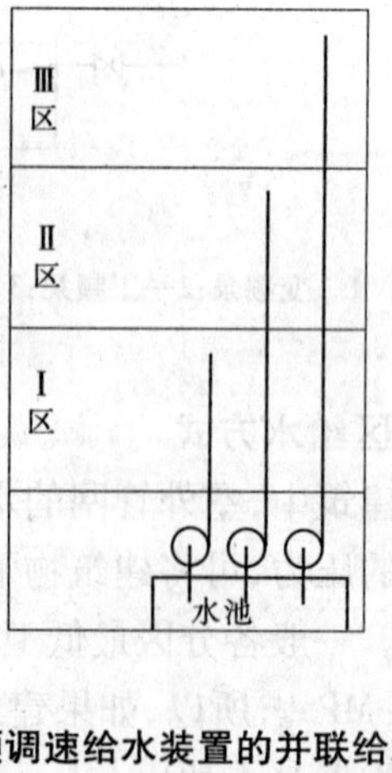

图 1-27　设变频调速给水装置的并联给水方式原理图

并联分区给水方式的特点是：各区相互独立，互不影响；升压设备集中，维护管理方便；但升压设备数量多，占用空间大；管材用量大，设备费用高；上区水泵的扬程大，有高压管道,在使用时应考虑水锤问题。因此,并联分区给水方式适用于100 m以下的高层建筑。

2. 串联分区给水方式

串联分区给水方式是水泵分散设置在各区的楼层之中,下一区的高位水箱兼作上一区的贮水池,如图1-28所示。如果各区泵组为变频调速泵组,则可省去各区的高位水箱,但在各区水泵前需设置管道倒流防止器,以防止水压回传。

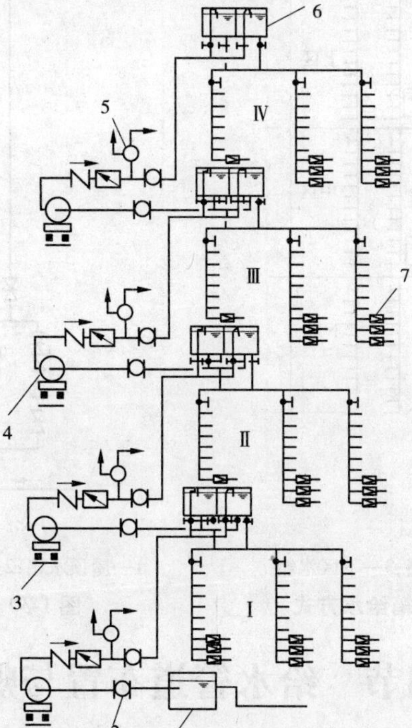

1—贮水池;2—可曲挠接头;3—减振台;4—加压水泵;

5—水锤消除器;6—水箱;7—减压阀

图1-28 串联分区给水方式

串联分区给水方式的特点是:各区水泵的扬程较小,没有高压水泵和高压管道,因此可用于100 m以上的高层建筑;水泵分散设置,维护管理不便;水泵设在各楼层,隔振、隔音处理复杂;水泵、水箱所占的楼层面积、空间较大;下区发生故障,将影响上部区域的供水。

3. 分区减压水箱给水方式

由设置在地下室(或底层)的水泵将整幢建筑的用水量提升至屋顶水箱,然后分送至各分区水箱,各分区水箱起到减压的作用,如图1-29所示。

分区减压水箱给水方式的特点是:水泵数量少,水泵房面积小,维护管理简单;屋顶水箱容积大,分区减压水箱容积小;建筑物高度大时,下区减压水箱中控制水位的装置承压大;水泵的扬程高,有高压管道,适用于100 m以下的建筑物;水泵的动力费用高;上区供水系统发生故障,将影响下部区域的供水。

4. 分区减压阀给水方式

分区减压阀给水方式的工作原理与分区减压水箱给水方式相同,不同的是用减压阀组代替减压水箱,如图 1-30 所示。为保证供水的安全性,宜采用两组减压阀,并联设置,一用一备,且不得设置旁通管。

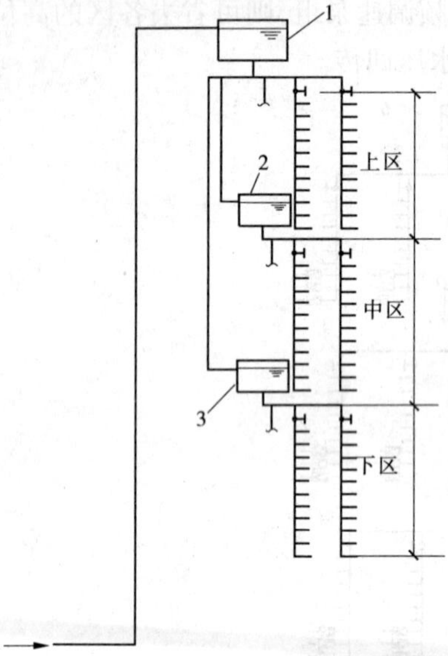

1—屋顶水箱;2—中区水箱;3—下区水箱

图 1-29　分区减压水箱给水方式

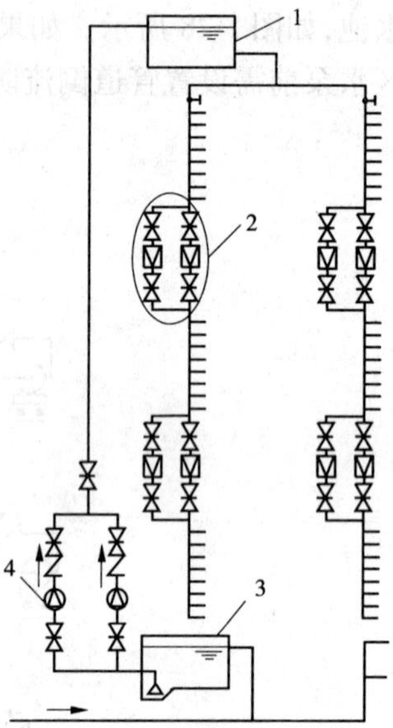

1—屋顶水箱;2—减压阀组;3—贮水池;4—水泵

图 1-30　分区减压阀给水方式

第四节　给水管道布置与敷设

建筑给水管道的布置与敷设,必须深入了解该建筑物的建筑和结构的设计情况、使用功能、其他建筑设备(电气、采暖、空调、通风、燃气、通信等)的设计方案,兼顾消防给水、热水供应、建筑中水、建筑排水等系统,进行综合考虑。

一、给水管道的布置

给水管道布置根据其形状不同,分为枝状管网和环状管网。室内生活给水管道宜布置成枝状管网,单向供水。

室内给水管道布置,一般应符合下列原则。

(一)给水管道的布置应力求短而直,兼顾美观

引入管宜布置在用水量最大处或尽量靠近不允许间断供水处,给水干管的布置也是如此。室内给水管道尽可能与墙、梁、柱平行布置。不允许间断供水的建筑,应从室外环状管网不同管段接出 2 条或 2 条以上引入管,在室内将管道连成环状或贯通枝状双向供水,若条件达不到,可采取设贮水池(箱)或增设第二水源等安全供水措施。

(二)保证建筑物的正常使用和生产的安全

给水管道不能妨碍生产操作、生产安全、交通运输和建筑物的使用。管道不应穿越配

电间，以免因渗漏造成电气设备故障或短路；不应穿越电梯机房、通信机房、大中型计算机房、计算机网络中心和音像库房等房间；不能布置在遇水易引起燃烧、爆炸、损坏的设备、产品和原料上方，还应避免在生产设备上面布置管道。

(三)保证给水管道的安全

建筑内埋地敷设的生活给水管道与排水管道之间的最小净距：平行埋设时不应小于0.5 m；交叉埋设时不应小于0.15 m，且给水管应在排水管上面。

埋地给水管道应避免布置在可能被重物压坏处。为防止振动，管道不得穿越生产设备基础，若必须穿越，应与有关专业人员协商处理并采取保护措施。管道不宜穿过伸缩缝、沉降缝，若必须穿过，应采取保护措施，如软接头法(使用橡胶管或波纹管)、丝扣弯头法、活动支架法等。为防止管道腐蚀，管道不得设在烟道、风道、电梯井和排水沟内；不宜穿越橱窗、壁柜；不得穿过大小便槽，且给水立管距大、小便槽端部不得小于0.5 m。

塑料给水管应远离热源，明设给水立管距灶边不得小于0.4 m，距燃气热水器边缘的净距不得小于0.2 m，达不到此要求，应有保护措施。塑料给水管道不得与水加热器或热水炉直接连接，应有不小于0.4 m的金属管段过渡。塑料管道在室内宜暗设，明设时立管应布置在不易受撞击处，若不能避免，应在管外加保护措施。

给水管道的伸缩补偿装置，应按直线长度、管材的线膨胀系数、环境温度和管内水温的变化、管道节点的允许位移量等因素经计算确定，应尽量利用管道自身的折角补偿温度变形。

(四)便于管道的安装与维修

敷设在找平层内或墙槽内的给水管材应采用塑料、塑料与金属复合管或耐腐蚀的金属管材。敷设在找平层或墙槽内的给水管道，若采用卡套或卡环式接口的管材，宜采用分水器向各卫生器具供水，中途不得有接口。地面应有管道位置的临时标志。

管道井中布置管道要排列有序，以满足安装维修的要求。需进人检修的管道井，其通道不宜小于0.6 m。管道井每层设外开的检修门。

(五)管道的布置形式

按水平干管的设置位置可分为下行上给式、上行下给式和中分式。下行上给式适用于上部不设高位水箱的给水系统，如图1-20、图1-23、图1-24所示。上行下给式适用于上部设有高位水箱的给水系统，如图1-21、图1-22所示。中分式适用于中间有技术层的高层建筑或屋顶用作露天茶座等建筑。

二、给水管道的敷设

(一)敷设形式

建筑内部给水管道的敷设，根据建筑对卫生、美观、工艺等方面的不同要求，可采用明设和暗设。

明设就是管道在建筑内部沿墙、梁、柱、顶棚、地板等处作暴露敷设。为求美观，管道应平行于梁、柱、墙等敷设。这种敷设方式安装维修方便，造价低；但由于管道表面积灰，产生凝结水而影响环境卫生，影响建筑内部整洁和美观。明设适用于一般民用建筑和厂房。

暗设就是把管道隐蔽起来安装，水平管可敷设在吊顶内、管道设备层内、地下室、地沟或直接埋地；立管和支管敷设在管道井或墙槽内。这种敷设方式不影响建筑内部的美观和整洁；但是安装复杂，维修不便，造价高。暗设适用于对装饰和卫生标准要求高以及生产工艺有特殊要求的建筑物，如宾馆、医院、高级住宅、精密仪表车间等。

(二)敷设要求

引入管的埋设深度主要根据城市给水管网的埋深及当地的气候、水文地质和地面荷载而定。管顶应敷设在土壤冰冻线以下 0.15 m，按照荷载要求，车行道下的管道其管顶覆土深度不宜小于 0.7 m。引入管的位置应考虑到便于水表的安装和维护管理，同时要注意和其他地下管线的协调。

引入管穿越承重墙或基础时，应配合土建预留孔洞或预埋套管，以保护引入管。预留洞尺寸见表 1-4，预埋套管尺寸应比引入管管径大两级。若基础埋深较浅，则管道可从基础底部穿过。管道穿越承重墙或基础时若采用预留洞，则敷设引入管时应保证引入管管顶上部净空不得小于建筑物的最大沉降量，一般不宜小于 0.1 m。对于有不均匀沉降、胀缩或受振动的构筑物且防水要求严格时（如管道穿越水池等），应采用柔性防水套管。遇到湿陷性黄土，引入管可从防水地沟内引入。

表 1-4　建筑内部给水排水管道穿越基础、楼板预留洞尺寸　（单位：mm）

序号	管道名称	管径 DN	明管 （长×宽）	暗管 （宽×深）
1	给水立管	≤25 32～50 70～100	100×100 150×150 200×200	130×130 150×150 200×200
2	给水引入管	≤40 50～100	200×200 300×300	—
3	排水立管	≤50 70～100 125～150	150×150 200×200 300×300	200×130 250×200 300×300
4	排出管	≤80 100～200	300×300 （DN+300）×（DN+300）	

给水横干管宜敷设在地下室、技术层、吊顶或管沟内，宜有 0.002～0.005 的坡度坡向泄水装置；立管可敷设在管道井内，冷水管应在热水管右侧。给水管道与其他管道同沟或共架敷设时，宜敷设在排水管、冷冻管的上面或热水管、蒸汽管的下面；给水管不宜与输送易燃、可燃或有害的液体或气体的管道同沟敷设；通过铁路或地下构筑物下面的给水管道，宜敷设在套管内。

管道在空间敷设时，必须采取固定措施，以保证施工方便与供水安全。固定管道常用的支、托架如图 1-31 所示。给水钢质立管一般每层须安装 1 个管卡，当层高大于 5 m 时，每层须安装 2 个管卡。水平钢管支、托架及其他管材的支、托架间距参见施工规程。

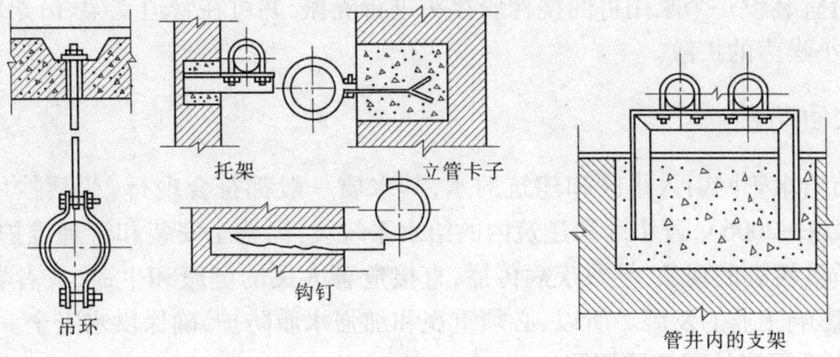

图 1-31　支、托架

三、给水管道的防护

(一)防腐

不论明设或暗设的金属管道和设备,都必须做防腐处理。

最简单的防腐方法为刷油法,即先除去管道及设备表面铁锈,然后按设计要求刷防锈漆、面漆,若管道需要装饰或标志,可刷调和漆。对质量要求较高的防腐方法是做管道防腐层,材料为冷底子油、沥青漆、防水卷材、玻璃丝布,等等。

(二)防冻

当管道及配件设置在温度低于 0 ℃以下的环境时,为保证使用安全,应采取保温措施。保温是在防腐做完后,外敷保温层、保护层,具体做法参见施工教材。

(三)防露

在湿热的气候条件下,或在空气湿度较高的房间内,给水管道内的水温低,空气中的水蒸气凝结成水附着在管道表面,严重时会产生滴水。这种管道结露现象,一方面会加速管道的腐蚀,另一方面会影响建筑物的使用,如使墙面受潮、粉刷层脱落等,有时还可能影响地面上的某些设备、设施的使用等,因此在这种场所就应采取防露措施。防露措施与保温做法相同。

(四)防漏

如果管道布置不当,或者是管材质量和敷设施工质量低劣,都可能导致管道漏水。这不仅造成水量的浪费,严重时还会损坏建筑,特别是湿陷性黄土地区,埋地管道漏水会造成土壤湿陷,影响建筑基础的稳固性。

防漏的方法,一是避免将管道布置在易受外力损坏的位置,或采取必要且有效的保护措施;二是要健全管理制度,加强管材质量和施工质量的检查监督;三是在湿陷性黄土地区,可将埋地管道设在防水性能良好的检漏管沟内,一旦漏水,水可沿沟排至检漏井内,便于及时发现和检修。

(五)防振

当管道中水流速度过大,关闭水嘴、阀门时,易出现水锤现象,会引起管道、附件的振动,不仅会损坏管道、附件造成漏水,还会产生噪声。为防止管道的损坏和噪声的污染,在设计时应控制管道的水流速度,尽量减少使用电磁阀或速闭型阀门、水嘴。住宅建筑进户支管阀门后宜装设一个家用可曲挠橡胶接头进行隔振，并可在管道支架、吊架内衬垫减振材料，以减小噪声的扩散。

四、水质防护

从城市给水管网引入小区和建筑的水，其水质一般都符合现行《生活饮用水卫生标准》(GB 5749—2006)，若小区和建筑内的给水系统设计、施工安装和管理维护不当，就可能造成水质被污染的现象，导致疾病传播，直接危害人民的健康和生命，或者导致产品质量不合格，影响工业的发展。所以，必须重视和加强水质防护，确保供水安全。

(一)水质污染的现象及原因

1. 与水接触的材料选择不当

若制作材料或防腐涂料中含有毒物质，逐渐溶于水中，将直接污染水质。金属管道内壁的氧化锈蚀亦会直接污染水质。

2. 水在贮水池(箱)中停留时间过长

如贮水池(箱)容积过大，其中的水长时间不用，或池(箱)中水流组织不合理，形成了死角，水停留时间太长，水中的余氯量耗尽后，有害微生物就会生长繁殖，使水腐败变质。

3. 管理不善

若水池(箱)的人孔不严密，通气口和溢流口敞开设置，尘土、蚊虫、鼠类、雀鸟等均可能通过以上孔口进入水中游动或溺死池(箱)中，造成污染。

4. 构造、连接不合理

配水附件安装不当，若出水口设在用水设备、卫生器具上沿或溢流口以下，当溢流口堵塞或发生溢流时，遇上给水管网因故供水压力下降较多，恰巧此时开启配水附件，污水即会在负压作用下吸入管道造成回流污染。饮用水管道与大便器冲洗管直接相连，并且普通阀门控制冲洗，当给水系统压力下降时，此时恰巧开启阀门也会出现回流污染。饮用水与非饮用水管道直接连接，当非饮用水压力大于饮用水压力且连接管中的止回阀(或阀门)密闭性差时，则非饮用水会渗入饮用水管道造成污染。埋地管道与阀门等附件连接不严密，平时渗漏，当饮用水断流，管道中出现负压时，被污染的地下水或阀门井中的积水即会通过渗漏处进入给水系统。

(二)水质污染的防止措施

随着社会的不断进步与发展，人们对生活的质量要求日益提高，对用水的质量要求也越来越高。当今市面上大大小小、各式各样的末端给水处理设备以及各种品牌的矿泉水、纯净水、太空水应运而生。但是，这些水不能从根本上来保证社会大量的、合格的民用与工业用水。因此，通过专业技术人员在设计、施工中采用合理的方案与方法，使社会上具有良好的保证供水水质的体系，具有重要的社会意义。除一些新的技术需要探讨、实施外，一般的常规技术措施有以下几种：

(1)饮用水管道与贮水池(箱)不要布置在易受污染处，设置水池(箱)的房间应有良好的通风设施，非饮用水管道不能从饮水贮水设备中穿过，亦不得将非饮用水接入。生活饮用水水池(箱)不得利用建筑本体结构(如基础、墙体、地板等)作为池底、池壁、池盖，其四周及顶盖上均应留有检修空间。生活饮用水水池(箱)与其他用水水池(箱)并列设置时，应有各自独立的分隔墙，不得共用一堵分隔墙，隔墙与隔墙之间应有排水措施。贮水池设在室外地下时，距污染源构筑物（如化粪池、垃圾堆放点）有不得小于 10 m 的净距（当净距不能保证时，可采取提高饮用水池标高或化粪池采取防漏材料等措施），周围 2 m 以内不得有污水管和污染物。室内贮水池不应在有污染源的房间下面。

（2）贮水池（箱）的本体材料和表面涂料，不得影响水质卫生。若需防腐处理，应采用无毒涂料。若采用玻璃钢制作，应选用食品级玻璃钢为原料；不宜采用内壁容易锈蚀、氧化以及释放其他有害物质的管材作为输、配水管道。不得在大便槽、小便槽、污水沟内敷设给水管道，不得在有毒物质及污水处理构筑物的污染区域内敷设给水管道。生活饮用水管道在堆放及安装中，应避免外界的污染，验收前应进行清洗和封闭。

（3）贮水池（箱）的人孔盖应是带锁的密封盖。水池的通气管和溢流管口要设铜（钢）丝网罩，以防杂物、蚊虫等进入，还应防止雨水、尘土进入。其溢流管、排水管不能与污水管直接连接，应采取间接排水的方式；生活饮用水管的配水出口，不允许被任何液体或杂质所淹没。生活饮用水的配水出口与用水设备（卫生器具）溢流水位之间，应有不小于出水口直径 2.5 倍的空气间隙；生活饮用水管道不得与非饮用水管道连接，城市给水管道严禁与自备水源的供水管道直接连接，必须连接时，必须保证生活饮用水管道的水压高于其他管道内的水压，并且在两种管道连接处装设防污空气隔断阀或在连接处设两个止回阀，同时中间加设排水口。生活饮用水管道在与加热设备连接时，应有防止热水回流使饮用水升温的措施；从给水管道上直接接出室内专用消防给水管道、直接吸水的管道泵、垃圾处理站的冲洗水管、动物养殖场的动物饮水管道等，其起端应设置管道倒流防止器或其他有效的防止倒流污染的装置；非饮用水管道工程验收时，应逐段检查，以防与饮用水管道误接在一起，其管道上的放水口应有明显标志，避免非饮用水被人误饮和误用。

（4）生活饮用水贮水池（箱）要加强管理，定期清洗。其水泵机组吸水口及池内水流组织应采取合理的技术措施，保证水流合理，使水不至于形成死角长期滞留池中而使水质变坏。当贮水 48 h 内不能得到更新时，应设置消毒处理装置。

第五节　给水系统设计流量与计算

一、用水定额及水压

建筑内用水包括消防用水、生产用水和生活用水三部分。

消防用水具有偶然性，其用水量视火灾情形而定。

生产用水在生产班期间内比较均匀且具有规律性，其用水量根据地区条件、工艺过程、设备情况、产品性质等因素，按消耗在单位产品上的水量或单位时间内消耗在生产设备上的水量计算确定。

生活用水是满足人们生活上各种需要所消耗的用水，其用水量受当地气候、建筑使用性质、卫生器具和用水设备的完善程度、使用者的生活习惯及水价等多种因素的影响，一般不均匀。

对于生活用水，应根据现行的《建筑给水排水设计规范》，进行计算。该规范规定的用水定额见表 1-5、表 1-6。

表 1-5　住宅最高日生活用水定额及小时变化系数

住宅类别		卫生器具设置标准	用水定额(L/(人·d))	小时变化系数 K_h
普通住宅	Ⅰ	有大便器、洗涤盆	85 ~ 150	3.0 ~ 2.5
	Ⅱ	有大便器、洗脸盆、洗涤盆、洗衣机、热水器和沐浴设备	130 ~ 300	2.8 ~ 2.3
	Ⅲ	有大便器、洗脸盆、洗涤盆、洗衣机、集中热水供应(或家用热水机组)和沐浴设备	180 ~ 320	2.5 ~ 2.0
别墅		有大便器、洗脸盆、洗涤盆、洗衣机、洒水栓、家用热水机组和沐浴设备	200 ~ 350	2.3 ~ 1.8

注:1. 当地主管部门对住宅生活用水定额有具体规定时,应按当地规定执行。
　　2. 别墅用水定额中含庭院绿化用水和汽车抹车用水。

表 1-6　宿舍、旅馆和公共建筑生活用水定额及小时变化系数

序号	建筑物名称	单位	最高日生活用水定额(L)	使用时数(h)	小时变化系数 K_h
1	宿舍				
	Ⅰ类、Ⅱ类	每人每日	150 ~ 200	24	3.0 ~ 2.5
	Ⅲ类、Ⅳ类	每人每日	100 ~ 150	24	3.5 ~ 3.0
2	招待所、培训中心、普通旅馆				
	设公用盥洗室	每人每日	50 ~ 100		
	设公用盥洗室、淋浴室	每人每日	80 ~ 130	24	3.0 ~ 2.5
	设公用盥洗室、淋浴室、洗衣室	每人每日	100 ~ 150		
	设单独卫生间、公用洗衣室	每人每日	120 ~ 200		
3	酒店式公寓	每人每日	200 ~ 300	24	2.5 ~ 2.0
4	宾馆客房				
	旅客	每床位每日	250 ~ 400	24	2.5 ~ 2.0
	员工	每人每日	80 ~ 100		
5	医院住院部				
	设公用盥洗室	每床位每日	100 ~ 200	24	2.5 ~ 2.0
	设公用盥洗室、淋浴室	每床位每日	150 ~ 250	24	2.5 ~ 2.0
	设单独卫生间	每床位每日	250 ~ 400	24	2.5 ~ 2.0
	医务人员	每人每班	150 ~ 250	8	2.0 ~ 1.5
	门诊部、诊疗所	每病人每次	10 ~ 15	8 ~ 12	1.5 ~ 1.2
	疗养院、休养所住房部	每床位每日	200 ~ 300	24	2.0 ~ 1.5
6	养老院、托老所				
	全托	每人每日	100 ~ 150	24	2.5 ~ 2.0
	日托	每人每日	50 ~ 80	10	2.0

续表 1-6

序号	建筑物名称	单位	最高日生活用水定额(L)	使用时数(h)	小时变化系数 K_h
7	幼儿园、托儿所				
	有住宿	每儿童每日	50 ~ 100	24	3.0 ~ 2.5
	无住宿	每儿童每日	30 ~ 50	10	2.0
8	公共浴室				
	淋浴	每顾客每次	100	12	
	浴盆、淋浴	每顾客每次	120 ~ 150	12	2.0 ~ 1.5
	桑拿浴(淋浴、按摩池)	每顾客每次	150 ~ 200	12	
9	理发室、美容院	每顾客每次	40 ~ 100	12	2.0 ~ 1.5
10	洗衣房	每千克干衣	40 ~ 80	8	1.5 ~ 1.2
11	餐饮业				
	中餐酒楼	每顾客每次	40 ~ 60	10 ~ 12	
	快餐店、职工及学生食堂	每顾客每次	20 ~ 25	12 ~ 16	1.5 ~ 1.2
	酒吧、咖啡馆、茶座、卡拉 OK 房	每顾客每次	5 ~ 15	8 ~ 18	
12	商场员工及顾客	每平方米营业厅面积每日	5 ~ 8	12	1.5 ~ 1.2
13	图书馆	每人每次	5 ~ 10	8 ~ 10	1.5 ~ 1.2
		员工	50	8 ~ 10	1.5 ~ 1.2
14	书店	员工每人每班	30 ~ 50	8 ~ 12	1.5 ~ 1.2
		每平方米营业厅	3 ~ 6	8 ~ 12	1.5 ~ 1.2
15	办公楼	每人每班	30 ~ 50	8 ~ 10	1.5 ~ 1.2
16	教学、实验楼				
	中小学校	每学生每日	20 ~ 40	8 ~ 9	1.5 ~ 1.2
	高等院校	每学生每日	40 ~ 50	8 ~ 9	1.5 ~ 1.2
17	电影院、剧院	每观众每场	3 ~ 5	3	1.5 ~ 1.2
18	会展中心(博物馆、展览馆)	员工每人每班	30 ~ 50	8 ~ 16	1.5 ~ 1.2
		每平方米展厅每日	3 ~ 6		
19	健身中心	每人每次	30 ~ 50	8 ~ 12	1.5 ~ 1.2
20	体育场(馆)				
	运动员淋浴	每人每次	30 ~ 40	—	3.0 ~ 2.0
	观众	每人每场	3	4	1.2
21	会议厅	每座位每次	6 ~ 8	4	1.5 ~ 1.2
22	航站楼、客运站旅客,展览中心观众	每人每次	3 ~ 6	8 ~ 16	1.5 ~ 1.2
23	菜市场地面冲洗及保鲜用水	每平方米每日	10 ~ 20	8 ~ 10	2.5 ~ 2.0
24	停车库地面冲洗水	每平方米每次	2 ~ 3	6 ~ 8	1.0

注:1. 除养老院、托儿所、幼儿园的用水定额中含食堂用水外,其他均不含食堂用水。

2. 除注明外,均不含员工生活用水,员工用水定额为每人每班 40 ~ 60 L。

3. 医疗建筑用水中已含医疗用水。

4. 空调用水应另计。

建筑物室内、外消防用水量，供水延续时间，供水水压等，应根据国家现行有关消防规范执行。

设计工业企业建筑时，管理人员的生活用水定额可取 30 ~ 50 L/(人·班)，车间工人的生活用水定额应根据车间性质确定，宜采用 30 ~ 50 L/(人·班)；用水时间宜取 8 h，小时变化系数宜取 2.5 ~ 1.5 。

工业企业建筑淋浴用水定额，应根据现行《工业企业设计卫生标准》中车间的卫生特征分级确定，可采用 40 ~ 60 L/(人·次)，延续供水时间宜取 1 h 。

汽车冲洗用水定额应根据冲洗方式，以及车辆用途、道路路面等级和沾污程度等确定，可按表 1-7 计算 。

表 1-7　汽车冲洗用水量定额　（单位：L/(辆·次)）

冲洗方式	高压水枪冲洗	循环用水冲洗补水	抹车、微水冲洗	蒸汽冲洗
轿车	40 ~ 60	20 ~ 30	10 ~ 15	3 ~ 5
公共汽车、载重汽车	80 ~ 120	40 ~ 60	15 ~ 30	—

注：当汽车冲洗设备用水量定额有特殊要求时，其值应按产品要求确定。

卫生器具的给水额定流量、当量、连接管公称管径和最低工作压力应按表 1-8 确定。

表 1-8　卫生器具的给水额定流量、当量、连接管公称管径和最低工作压力

序号	给水配件名称	额定流量（L/s）	当量	连接管公称管径（mm）	最低工作压力（MPa）
1	洗涤盆、拖布盆、盥洗槽				
	单阀水嘴	0.15 ~ 0.20	0.75 ~ 1.00	15	0.050
	单阀水嘴	0.30 ~ 0.40	1.5 ~ 2.00	20	
	混合水嘴	0.15 ~ 0.20(0.14)	0.75 ~ 1.00(0.70)	15	
2	洗脸盆				
	单阀水嘴	0.15	0.75	15	0.050
	混合水嘴	0.15 (0.10)	0.75(0.50)	15	
3	洗手盆				
	感应水嘴	0.10	0.50	15	0.050
	混合水嘴	0.15(0.10)	0.75(0.5)	15	
4	浴盆				
	单阀水嘴	0.20	1.00	15	0.050
	混合水嘴（含带淋浴转器）	0.24(0.20)	1.2(1.0)	15	0.050 ~ 0.070
5	淋浴器				
	混合阀	0.15(0.10)	0.75(0.50)	15	0.050 ~ 0.100
6	大便器				
	冲洗水箱浮球阀	0.10	0.50	15	0.020
	延时自闭式冲洗阀	1.20	6.00	25	0.100 ~ 0.150

续表 1-8

序号	给水配件名称	额定流量（L/s）	当量	连接管公称管径（mm）	最低工作压力（MPa）
7	小便器 手动或自动自闭式冲洗阀 自动冲洗水箱进水阀	 0.10 0.10	 0.50 0.50	 15 15	 0.050 0.020
8	小便槽穿孔冲洗管（每米长）	0.05	0.25	15～20	0.015
9	净身盆冲洗水嘴	0.10(0.07)	0.50(0.35)	15	0.050
10	医院倒便器	0.20	1.00	15	0.050
11	实验室化验水嘴（鹅颈） 单联 双联 三联	 0.07 0.15 0.20	 0.35 0.75 1.00	 15 15 15	 0.020 0.020 0.020
12	饮水器喷嘴	0.05	0.25	15	0.050
13	洒水栓	0.40 0.70	2.00 3.50	20 25	0.050 ～ 0.100 0.050 ～ 0.100
14	室内地面冲洗水嘴	0.20	1.00	15	0.050
15	家用洗衣机水嘴	0.20	1.00	15	0.050

注：1. 表中括弧内的数值是在有热水供应时，单独计算冷水或热水时使用。

2. 当浴盆上附设淋浴器，或混合水嘴有淋浴器转换开关时，其额定流量和当量只计水嘴，不计淋浴器，但水压应按淋浴器计。

3. 家用燃气热水器，所需水压按产品要求和热水供应系统最不利配水点所需工作压力确定。

4. 绿地的自动喷灌应按产品要求设计。

5. 当卫生器具给水配件所需额定流量和最低工作压力有特殊要求时，其值应按产品要求确定。

二、给水系统设计流量

(一) 最高日用水量

建筑内生活用水的最高日用水量可按式(1-4)计算：

$$Q_d = \frac{\sum m_i q_{di}}{1\ 000} \tag{1-4}$$

式中 Q_d——最高日用水量，m^3/d；

m_i——用水单位数(人数、床位数等)；

q_{di}——最高日生活用水定额，L/(人·d)、L/(床·d)等，见表 1-6。

最高日用水量一般在确定贮水池(箱)容积、计算设计秒流量等过程中使用。

(二) 最大小时用水量

根据最高日用水量，进而可算出最大小时用水量：

$$Q_h = \frac{Q_d}{T}K_h = Q_pK_h \tag{1-5}$$

式中 Q_h——最大小时用水量，m^3/h；

T——建筑物内每天用水时间，h；

Q_p——最高日平均小时用水量，m^3/h；

K_h——小时变化系数。

最大小时用水量一般用于确定水泵流量和高位水箱容积等。

(三)生活给水设计秒流量

给水管道的设计流量是确定各管段管径、计算管路水头损失，进而确定给水系统所需压力的主要依据。因此，设计流量的确定应符合建筑内的用水规律。建筑内的生活用水量在一定时间段(如24 h、1 h)里是不均匀的，为了使建筑内瞬时高峰的用水都得到保证，其设计流量应为建筑内卫生器具配水最不利情况组合出流时的瞬时高峰流量，此流量又称设计秒流量。

对于住宅、集体宿舍、旅馆、宾馆、医院、疗养院、办公楼、幼儿园、养老院、商场、客运站、会展中心、中小学教学楼、公共厕所等建筑，由于用水设备使用不集中，用水时间长，同时给水百分数随卫生器具数量增加而减少。为简化计算，将1个直径为15 mm的配水水嘴的额定流量0.2 L/s作为一个当量，其他卫生器具的给水额定流量与它的比值，即为该卫生器具的当量。这样，便可把某一管段上不同类型卫生器具的流量换算成当量值。

当前，我国生活给水管网设计秒流量的计算方法，按建筑的性质及用水特点分为三类。

(1)住宅建筑设计秒流量，按下列步骤和方法计算。

①根据住宅配置的卫生器具给水当量、使用人数、用水定额、使用时数及小时变化系数，按式(1-6)计算出最大用水时卫生器具给水当量平均出流概率。

$$U_0 = \frac{100q_dmK_h}{0.2N_gT \times 3\,600} \tag{1-6}$$

式中 U_0——生活给水管道的最大用水时卫生器具给水当量平均出流概率(%)；

q_d——最高用水日的用水定额，按表1-5取用；

m——每户用水人数；

K_h——小时变化系数，按表1-5取用；

N_g——每户设置的卫生器具给水当量数；

T——用水时数，h；

0.2——一个卫生器具给水当量的额定流量，L/s。

若某给水干管管段上有两条或两条以上具有不同最大用水时卫生器具给水当量平均出流概率的给水支管，则该给水干管管段的最大时卫生器具给水当量平均出流概率按公式(1-7)计算。

$$\overline{U_0} = \frac{\sum U_{0i}N_{gi}}{\sum N_{gi}} \tag{1-7}$$

式中 $\overline{U}_0$—— 给水干管的卫生器具给水当量平均出流概率(%);

U_{0i}—— 支管的最大用水时卫生器具给水当量平均出流概率(%);

N_{gi}—— 相应支管的卫生器具给水当量总数。

式(1-6)中 U_0 与式(1-7)中$\overline{U}_0$ 均为平均出流概率,其意义基本相同,只是针对情况不同的管段而已。

②根据计算管段上卫生器具的给水当量总数,按式(1-8)计算出该管段卫生器具给水当量的同时出流概率。

$$U = \frac{1 + \alpha_c (N_g - 1)^{0.49}}{\sqrt{N_g}} \tag{1-8}$$

式中 U——计算管段卫生器具给水当量的同时出流概率(%);

α_c——对应于 U_0 的系数,按表 1-9 取用。

表 1-9 $U_0 \sim \alpha_c$ 值对应表

U_0(%)	α_c	U_0(%)	α_c	U_0(%)	α_c
1.0	0.003 23	3.0	0.019 39	5.0	0.037 15
1.5	0.006 97	3.5	0.023 74	6.0	0.046 29
2.0	0.010 97	4.0	0.028 16	7.0	0.055 55
2.5	0.015 12	4.5	0.032 63	8.0	0.064 89

③根据计算管段上的卫生器具给水当量同时出流概率,按式(1-9)计算得计算管段的设计秒流量。

$$q_g = 0.2UN_g \tag{1-9}$$

式中 q_g——计算管段的设计秒流量,L/s。

为了计算快速、方便,在计算出 U_0 后,即可根据计算管段的 N_g 值从表 1-10 中直接查得给水设计秒流量。该表可用内插法。

当计算管段的卫生器具给水当量总数超过表 1-10 中的最大值时,其流量应取最大用水时的平均秒流量,即 $q_g = 0.2U_0N_g$。

表 1-10 给水管段设计秒流量计算表

U_0(%)	1.0		1.5		2.0		2.5	
N_g	U(%)	q_g(L/s)	U(%)	q_g(L/s)	U(%)	q_g(L/s)	U(%)	q_g(L/s)
1	100.00	0.20	100.00	0.20	100.00	0.20	100.00	0.20
2	70.94	0.28	71.20	0.28	71.49	0.29	71.78	0.29
3	58.00	0.35	58.30	0.35	58.62	0.35	58.96	0.35
4	50.28	0.40	50.60	0.40	50.94	0.41	51.32	0.41
5	45.01	0.45	45.34	0.45	45.69	0.46	46.06	0.46
6	41.10	0.49	41.45	0.50	41.81	0.50	42.18	0.51

续表 1-10

U_0(%)	1.0		1.5		2.0		2.5	
N_g	U(%)	q_g(L/s)	U(%)	q_g(L/s)	U(%)	q_g(L/s)	U(%)	q_g(L/s)
7	38.09	0.53	38.43	0.54	38.79	0.54	39.17	0.55
8	35.65	0.57	35.99	0.58	36.36	0.58	36.74	0.59
9	33.63	0.61	33.98	0.61	34.35	0.62	34.73	0.63
10	31.92	0.64	32.27	0.65	32.64	0.65	33.03	0.66
11	30.45	0.67	30.80	0.68	31.17	0.69	31.56	0.69
12	29.17	0.70	29.52	0.71	29.89	0.72	30.28	0.73
13	28.04	0.73	28.39	0.74	28.76	0.75	29.15	0.76
14	27.03	0.76	27.38	0.77	27.76	0.78	28.15	0.79
15	26.12	0.78	26.48	0.79	26.85	0.81	27.24	0.82
16	25.30	0.81	25.66	0.82	26.03	0.83	26.42	0.85
17	24.56	0.83	24.91	0.85	25.29	0.86	25.68	0.87
18	23.88	0.86	24.23	0.87	24.61	0.89	25.00	0.90
19	23.25	0.88	23.60	0.90	23.98	0.91	24.37	0.93
20	22.67	0.91	23.02	0.92	23.40	0.94	23.79	0.95
22	21.63	0.95	21.98	0.97	22.36	0.98	22.75	1.00
24	20.72	0.99	21.07	1.01	21.45	1.03	21.85	1.05
26	19.92	1.04	21.27	1.05	20.65	1.07	21.05	1.09
28	19.21	1.08	19.56	1.10	19.94	1.12	20.33	1.14
30	18.56	1.11	18.92	1.14	19.30	1.16	19.69	1.18
32	17.99	1.15	18.34	1.17	18.72	1.20	19.12	1.22
34	17.46	1.19	17.81	1.21	18.19	1.24	18.59	1.26
36	16.97	1.22	17.33	1.25	17.71	1.28	18.11	1.30
38	16.53	1.26	16.89	1.28	17.27	1.31	17.66	1.34
40	16.12	1.29	16.48	1.32	16.86	1.35	17.25	1.38
42	15.74	1.32	16.09	1.35	16.47	1.38	16.87	1.42
44	15.38	1.35	15.74	1.39	16.12	1.42	16.52	1.45
46	15.05	1.38	15.41	1.42	15.79	1.45	16.18	1.49
48	14.74	1.42	15.10	1.45	15.48	1.49	15.87	1.52
50	14.45	1.45	14.81	1.48	15.19	1.52	15.58	1.56
55	13.79	1.52	14.15	1.56	14.53	1.60	14.92	1.64
60	13.22	1.59	13.57	1.63	13.95	1.67	14.35	1.72
65	12.71	1.65	13.07	1.70	13.45	1.75	13.84	1.80
70	12.26	1.72	12.62	1.77	13.00	1.82	13.39	1.87

(2)宿舍(Ⅰ、Ⅱ类)、旅馆、宾馆、酒店式公寓、医院、疗养院、幼儿园、养老院、办公楼、商场、图书馆、书店、客运站、航站楼、会展中心、中小学教学楼、公共厕所等建筑的生活给水设计秒流量,应按式(1-10)计算:

$$q_g = 0.2\alpha\sqrt{N_g} \tag{1-10}$$

式中 q_g——计算管段的设计秒流量,L/s;

n_g——计算管段的卫生器具给水当量总数;

α——根据建筑物用途而定的系数,应按表1-11采用。

表1-11 根据建筑物用途而定的系数值

建筑物名称	α值	建筑物名称	α值
幼儿园、托儿所、养老院	1.2	学校	1.8
门诊部、诊疗所	1.4	医院、疗养院、休养所	2.0
办公楼、商场	1.5	酒店式公寓	2.2
图书馆	1.6	宿舍(Ⅰ、Ⅱ类)、旅馆、招待所、宾馆	2.5
书店	1.7	客运站、航站楼、会展中心、公共厕所	3.0

若计算值小于该管段上一个最大卫生器具给水额定流量,应采用一个最大的卫生器具给水额定流量作为设计秒流量。

若计算值大于该管段上按卫生器具给水额定流量累加所得流量值,应按卫生器具给水额定流量累加所得流量值采用。

有大便器延时自闭冲洗阀的给水管段,大便器延时自闭冲洗阀的给水当量均以0.5计,计算得到的q_g附加1.20 L/s的流量后,为该管段的给水设计秒流量。

综合楼建筑的α值应按加权平均法计算。

(3)宿舍(Ⅲ、Ⅳ类)、工业企业的生活间、公共浴室、职工食堂或营业餐馆的厨房、体育场馆、剧院、普通理化实验室等建筑的生活给水管道的设计秒流量,应按式(1-11)计算:

$$q_g = \sum(q_0 n_0 b) \tag{1-11}$$

式中 q_g——计算管段的给水设计秒流量,L/s;

q_0——同类型的一个卫生器具给水额定流量,L/s;

n_0——同类型卫生器具数;

b——卫生器具的同时给水百分数,按表1-12~表1-14采用。

若计算值小于该管段上一个最大卫生器具给水额定流量,应采用一个最大的卫生器具给水额定流量作为设计秒流量。

大便器自闭式冲洗阀应单列计算,当单列计算值小于1.2 L/s时,以1.2 L/s计;大于1.2 L/s时,以计算值计。

表 1-12　宿舍(Ⅲ、Ⅳ类)、工业企业生活间、公共浴室、影剧院、体育场馆等卫生器具同时给水百分数

(%)

卫生器具名称	宿舍(Ⅲ、Ⅳ类)	工业企业生活间	公共浴室	影剧院	体育场馆
洗涤盆(池)	30	33	15	15	15
洗手盆	—	50	50	50	70(50)
洗脸盆、盥洗槽水嘴	60 ~ 100	60 ~ 100	60 ~ 100	50	80
浴盆	—	—	50	—	—
无间隔淋浴器	100	100	100	—	100
有间隔淋浴器	80	80	60 ~ 80	60 ~ 80	60 ~ 100
大便器冲洗水箱	70	30	20	50(20)	70(20)
大便槽自动冲洗水箱	100	100	—	100	100
大便器自闭式冲洗阀	2	2	2	10(2)	15(2)
小便器自闭式冲洗阀	10	10	10	50(10)	70(10)
小便器(槽)自动冲洗水箱	—	100	100	100	100
净身盆	—	33	—	—	—
饮水器	—	30 ~ 60	30	30	30
小卖部洗涤盆	—	—	50	50	50

注: 1. 表中括号内的数值系电影院、剧院的化妆间,体育场馆的运动员休息室使用。

2. 健身中心的卫生间,可采用本表体育场馆运动员休息室的同时给水百分率。

表 1-13　职工食堂、营业餐馆厨房设备同时给水百分数

(%)

厨房设备名称	同时给水百分数	厨房设备名称	同时给水百分数
污水盆(池)	50	器皿洗涤机	90
洗涤盆(池)	70	开水器	50
煮锅	60	蒸汽发生器	100
生产性洗涤机	40	灶台水嘴	30

注: 职工或学生饭堂的洗碗台水嘴,按 100% 同时给水,但不与厨房用水叠加。

表 1-14　实验室化验水嘴同时给水百分数

(%)

化验水嘴名称	同时给水百分数	
	科研教学实验室	生产实验室
单联化验水嘴	20	30
双联或三联化验水嘴	30	50

三、给水系统的设计计算

(一)计算目的与类型

1. 计算目的

系统设计计算的目的,一是确定给水管网各管段的管径;二是求出计算管路通过设计秒流量时各管段产生的水头损失,进而确定管网所需水压。

2. 计算类型

(1)复合型。如直接给水方式的供水系统,除确定管径外,主要是校核室外给水管网的压力能否满足最不利点配水口或消火栓所需的水压要求。

(2)设计型。如设有升压、贮水设备等给水系统,除确定管径外,还要通过计算确定升压装置的扬程和高位水箱的高度。

(二)管径的确定方法

在计算出各管段的设计秒流量后,再选定适当的流速,即可用下式求出管径:

$$d = \sqrt{\frac{4q_g}{\pi v}} \tag{1-12}$$

式中 d —— 计算管段的管径,m;

q_g——管段的设计秒流量,m^3/s;

v—— 选定的管中流速,m/s。

管中流速的选定,可直接影响到管道系统技术、经济的合理性。若流速过大,会产生噪声,易引起水击而损坏管道或附件,并将增加管网的水头损失,提高建筑内给水系统所需的压力。若流速过小,又将造成管材投资偏大。

综合以上因素,给水管道的流速应确定在控制流速范围内,可参照表 1-15 中的数值采用。

表 1-15 生活给水管道的水流速度

公称直径(mm)	15 ~ 20	25 ~ 40	50 ~ 70	≥80
水流速度(m/s)	≤1.0	≤1.2	≤1.5	≤1.8

(三)给水管网水头损失的计算

1. 沿程水头损失

沿程水头损失可由下式计算:

$$h_y = iL \tag{1-13}$$

$$i = 105C_h^{-1.85}\,d_j^{-4.87}\,q_g^{1.85} \tag{1-14}$$

式中 h_y——管段的沿程水头损失,kPa;

L——管段的长度,m;

i——管道单位长度的水头损失,kPa/m;

d_j—— 管道计算内径,m;

q_g—— 给水设计流量,m^3/s;

C_h——海澄－威廉系数，各种塑料管、内衬（涂）塑管 $C_h = 140$，铜管、不锈钢管 $C_h = 130$，内衬水泥、树脂的铸铁管 $C_h = 130$，普通钢管、铸铁管 $C_h = 100$。

从前文所述的内容看，水力计算主要涉及 q_g, d, v, i 等参数，为使用方便，已经根据诸多因素，编制了各种管材的水力计算表，表中数据可供直接使用。使用时根据管段的 q_g 和控制流速，便可查出管径、i 值，用式(1-13)算出沿程水头损失即可。

2. *局部水头损失*

局部水头损失用下式计算：

$$h_j = \sum \xi \frac{v^2}{2g} \tag{1-15}$$

式中 h_j—— 管段中的局部水头损失之和，kPa；

$\sum\xi$—— 管段局部阻力系数之和；

v—— 管道部件下游的流速，m/s；

g —— 重力加速度，m/s^2。

给水管网中，管道部件很多，同类部件由于构造的差异，其 g 值也不同，故宜按管道的连接方式，采用管(配)件折算补偿长度法。由于详细计算较为烦琐，或当管道的管(配)件当量长度资料不足时，在实际工程中，一般按管网沿程水头损失的百分比或经验值计入即可。

生活给水管道的配水管的局部水头损失，宜按管道的连接方式，采用管(配)件当量长度法计算。当管道的管(配)件当量长度资料不足时，可按下列管件的连接状况，按管网的沿程水头损失的百分数取值。

(1)当管(配)件内径与管道内径一致，采用三通分水时，取25%～30%；采用分水器分水时，取15%～20%。

(2)当管(配)件内径略大于管道内径，采用三通分水时，取50%～60%；采用分水器分水时，取30%～35%。

(3)当管(配)件内径略小于管道内径，管(配)件的插口插入管口内连接，采用三通分水时，取70%～80%；采用分水器分水时，取35%～40%。

注：阀门和螺纹管件的摩阻损失的折算补偿长度见附录B。

(4)水表的水头损失，应按选用产品所给定的压力损失值计算。在未确定具体产品时，可按下列情况取用：

①住宅的入户管上的水表，宜取0.01 MPa。

②建筑物或小区引入管上的水表，在生活用水工况时，宜取0.03 MPa；在校核消防工况时，宜取0.05 MPa。

③比例式减压阀的水损失，阀后动水压宜按阀后静水压的80%～90%采用。

④管道过滤器的局部水头损失，宜取0.01 MPa。

⑤倒流防止器、真空破坏器的局部水头损失，应按相应产品测试参数确定。

(四)给水系统所需的供水压力

给水系统所需水压可由式(1-3)确定。

(五)管网水力计算的方法和步骤

建筑物室内给水管网通常采用列表查阅水力计算表的方法进行水力计算。现以下行上给式枝状管网为例，列出计算步骤。

(1)根据多方面的综合因素初定给水方式。

(2)根据建筑功能和建筑空间，以及建筑图中用水点分布情况，布置给水管道，并绘制出平面图和计算用轴测草图。

(3)绘制水力计算用表格，其目的是便于将每一步的计算结果填入表内，使计算明了清晰，并便于检查校核。

(4)对计算用轴测图中的节点进行编号，并将两节点间的管段长度记入计算表中。

(5)选择最不利点，确定计算管路。若在轴测图上能明确判定最不利点，从引入管起至最不利点则为计算管路。若在轴测图上难以明确判定最不利点，则应同时选择几条可能的计算管路，分别计算各管路所需压力，其值为最大者方为该给水系统所需的供水压力(如果是与消防共用的给水系统，其最不利点也可能是位置最高的消火栓或自动喷水喷头)。

(6)按建筑的性质选用设计秒流量公式，计算各管段的设计秒流量。

(7)根据设计秒流量，查水力计算表，进行管网的水力计算。在计算出管路的总水头损失时，若系统中有水表，则应算出水表的水头损失，进而求出给水系统所需压力 H。

(8)校核。当室外给水管网压力(也称资用水头) H_0 (也可能是水泵所提供的扬程)大于建筑所需压力 H 时，设计方案可行(在实际工程中，通常应使 H_0 略大于 H，其大于的幅度一般为5%～10%。H_0 较小时，宜接近高限，H_0 较大时，宜接近低限)。

当 H_0 大于 H 许多时，可将管网中部分管段的管径调小一些，以节约能源和投资。

当 H 略大于 H_0 时，可适当放大部分管段的管径，减小管道系统的水头损失，达到上述要求。

当 H 大于 H_0 许多时，则应修正原方案，在给水系统中增设增压设备。

(9)确定非计算管路各管段的管径。对于非计算管路，其管径也是根据管段的设计秒流量，查水力计算表确定。其水头损失就不必计算了。

(10)若给水系统中设有增压、贮水设备，还应对这些设备进行计算选型。

四、设计案例

【例1-1】 一幢3层高的男生集体宿舍，其给水平面布置图如图1-32所示，每一层卫生器具的设置与数量完全相同，管道采用塑料管。室外给水管在宿舍的东侧，管道埋深为 -0.90 m，室外管网的常年水压 H_0 为0.22 MPa(从引入管轴线算起)。试进行给水系统的水力计算。

解：(1)由于该建筑只有3层，所需水压经估算约为16 mH_2O，拟采用直接给水方式，管网布置成下行上给式。

(2)绘出轴测图(计算草图)，如图1-33所示。

(3)绘出水力计算用表格，见表1-16。

(4)在轴测图上进行节点编号，将各管段管长填入表1-16中。

(5)确定最不利点及计算管路。该计算管路一眼就能看出1点为最不利点。

(6)选用公式 $q_g = 0.2\alpha\sqrt{N_g}$，取 $\alpha = 2.5$，计算各管段设计秒流量，并填入表1-16中。

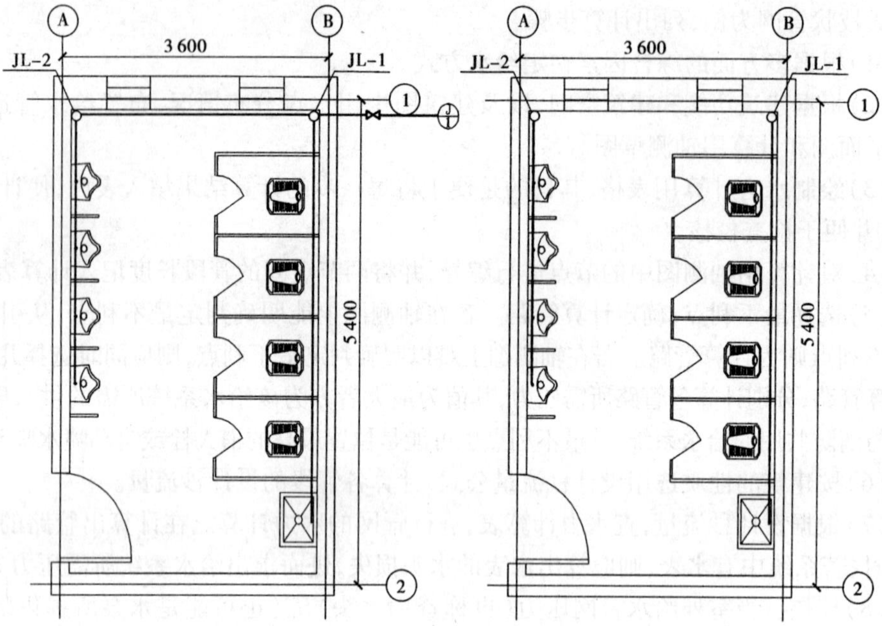

(a)底层平面图　　　　(b)二、三层平面图

图 1-32　给水平面布置图

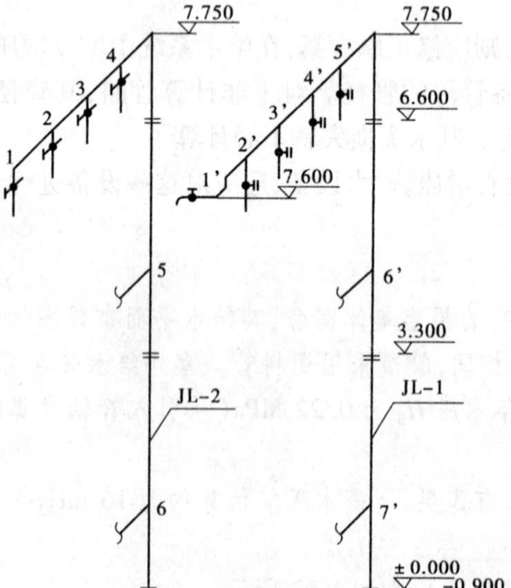

图 1-33　给水轴测图

表 1-16　给水管网水力计算表

顺序号	管段编号（自～至）	卫生器具名称、当量、数量：小便器 0.5	冲洗水箱浮球阀 0.5	污水盆 1.0	当量总数 N_g	流量 q_g (L/s)	管径 DN (mm)	流速 v (m/s)	单阻 i (kPa/m)	管长 L(m)	管段沿程水头损失 h_y (kPa)	说明
1	1～2	1			0.5	0.10	15	0.56	0.985	0.7	0.74	公式计算值>器具额定流量
2	2～3	2			1	0.20	20	0.64	0.772	0.7	0.58	公式计算值>器具额定流量
3	3～4	3			1.5	0.30	20	0.96	1.626	0.7	1.22	公式计算值>器具额定流量
4	4～5	4			2	0.40	25	0.82	0.879	4.1	3.56	公式计算值>器具额定流量
5	5～6	8			4	0.80	32	0.99	0.853	3.3	2.81	公式计算值>器具额定流量
6	6～7	12			6	1.20	40	0.95	0.663	2.1	1.36	公式计算值>器具额定流量
7	7～8	12			6	1.20	40	0.95	0.663	3.2	2.12	公式计算值>器具额定流量
12.39×1.3=16.11(kPa)											12.39	
8	1'～2'			1	1	0.20	15	1.13				公式计算值>器具额定流量附加 1.2 L/s
9	2'～3'		1	1	1.5	1.50	40	1.19				公式计算值>器具累加流量附加 1.2 L/s
10	3'～4'		2	1	2	1.60	50	0.82				公式计算值>器具额定流量附加 1.2 L/s
11	4'～5'		3	1	2.5	1.70	50	0.87				公式计算值>器具额定流量附加 1.2 L/s

续表 1-16

顺序号	管段编号		卫生器具名称、当量、数量			当量总数 N_g	流量 q_g (L/s)	管径 DN (mm)	流速 v (m/s)	单阻 i (kPa/m)	管长 L(m)	管段沿程水头损失 h_y (kPa)	备注
			小便器	冲洗水箱浮球阀	污水盆								
	自	至	0.5	0.5	1.0								
12	5'	6'		4	1	3	1.80	50	0.92				公式计算值>器具额定流量附加 1.2 L/s
13	6'	7'		8	2	6	2.40	70	0.62				公式计算值>器具额定流量附加 1.2 L/s
14	7'	8		12	3	9	2.70	70	0.70				器具额定流量附加 1.2 L/s>公式计算值
15	8	9	12	12	3	15	3.14	70	0.81	0.252	3	0.76	器具额定流量附加 1.2 L/s>公式计算值

(7)查塑料管水力计算表，进行水力计算，并将数据填入表 1-16 中(局部损失取沿程的 30%计)。

(8)确定 1 点为最不利点。计算管路为 1~2~3~4~5~6~7~8~9。

1 点所需水压：

$$7.75-(-0.90)+1.3\times(0.74+0.58+1.22+3.56+2.81+1.36+2.12+0.76)\times\frac{1}{10}+5.0=15.36(mH_2O)$$

(9)校核。由初步计算结果看出，该集体宿舍所需水压 H 略小于室外管网提供的压力 H_0，可以采用直接给水方式。

在实际工程设计中，建筑给水系统管网水力计算有相当多的重复性计算工作，人工计算既费时也费力。若编制出给水管网的计算程序，应用计算机代替手工计算的重复劳动，就能省时省力，同时提高计算精度。

第六节　给水压与调节设备

一、水泵

在建筑给水系统中，当现有水源的水压较小，不能满足给水系统对水压的需要时，常采用设置水泵进行增高水压来满足给水系统对水压的需求。

（一）适用建筑给水系统的水泵类型

在建筑给水系统中，一般采用离心式水泵。

为节省占地面积，可采用结构紧凑、安装管理方便的立式离心泵或管道泵；当采用设水泵、水箱的给水方式时，通常是水泵直接向水箱输水，水泵的出水量与扬程几乎不变，可选用恒速离心泵；当采用不设水箱而须设水泵的给水方式时，可采用调速泵组供水。

（二）水泵的选择

选择水泵除满足设计要求外，还应考虑节约能源，使水泵在大部分时间保持高效运行。要达到这个目的，正确地确定其流量、扬程至关重要。

1.流量的确定

当给水管网无调节设施时，宜采用调速泵组或额定转速泵编组运行供水。泵组的最大出水量不应小于小区生活给水设计流量，生活与消防合用给水管道系统还应按加上消防工况校核。

建筑物内采用高位水箱调节的生活给水系统时，水泵的最大出水量不应小于最大小时用水量。

生活给水系统采用调速泵组供水时，应按系统最大设计流量选泵，调速泵在额定转速时的工作点，应位于水泵高效区的末端。

在生活（生产）给水系统中，当无水箱（罐）调节时，其流量均应按设计秒流量确定；当有水箱调节时，水泵流量应按最大小时流量确定；当调节水箱容积较大，且用水量均匀时，水泵流量可按平均小时流量确定。

消防水泵的流量应按室内消防设计水量确定。

2.扬程的确定

水泵的扬程应根据水泵的用途、与室外给水管网连接的方式来确定。

当水泵从贮水池吸水向室内管网输水时，其扬程由下式确定：

$$H_b = H_z + H_s + H_c \tag{1-16}$$

式中 H_b——水泵扬程，kPa；

H_z——水泵吸入端最低水位至室内管网中最不利点所要求的静水压力，kPa；

H_s——水泵吸入口至室内最不利点的总水头损失（含水表的水头损失），kPa；

H_c——室内管网最不利点处用水设备的最低工作压力，kPa。

当水泵从贮水池吸水向室内管网中的高位水箱输水时，其扬程由下式确定：

$$H_b = H_{zl} + H_s + H_v \tag{1-17}$$

式中 H_{zl}——水泵吸入端最低水位至水箱最高水位要求的静水压力，kPa；

H_v——水泵出水管末端的流速水头，kPa。

（三）水泵的设置

水泵宜自灌吸水，卧式离心泵的泵顶放气孔，立式多级离心泵吸水端第一级（段）泵体可置于最低设计水位标高以下，每台水泵宜设置单独从水池吸水的吸水管。吸水管内的流速采用1.0～1.2 m/s；吸水管口应设置喇叭口。喇叭口宜向下，低于水池最低水位不宜小于0.3 m，当达不到此要求时，应采取防止空气被吸入的措施。

吸水管喇叭口至池底的净距，不应小于0.8倍吸水管管径，且不应小于0.1 m；吸水管喇叭口边缘与池壁的净距不宜小于 1.5 倍吸水管管径；吸水管与吸水管之间的净距，不宜小于 3.5 倍吸水管管径(管径以相邻两者的平均值计)。

注:当水池水位不能满足水泵自灌启动水位时,应有防止水泵空载启动的保护措施。

当每台水泵单独从水池吸水有困难时,可采用单独从吸水总管上自灌吸水,吸水总管应符合下列规定:

(1)吸水总管伸入水池的引水管不宜少于 2 条,当一条引水管发生故障时,其余引水管应能通过全部设计流量。每条引水管上应设闸门。注:水池有独立的两个及以上的分格,每格有一条引水管,可视为有两条以上引水管。

(2) 引水管宜设向下的喇叭口,喇叭口的设置应符合《建筑给水排水设计规范》(GB 50015—2003)(2009 年版)中吸水管喇叭口的相应规定,但喇叭口低于水池最低水位的距离不宜小于 0.3 m。

(3)吸水总管内的流速应小于 1.2 m/s。

(4)水泵吸水管与吸水总管的连接,应采用管顶平接,或高出管顶连接。

自吸式水泵每台应设置独立从水池吸水的吸水管 。水泵以水池最低水位计算的允许安装高度,应根据当地的大气压力、最高水温时的饱和蒸汽压、水泵的汽蚀余量 、水池最低水位和吸水管路的水头损失, 经计算确定,并应有不小于 0.3 m 的安全余量。

每台水泵的出水管上,应装设压力表、止回阀和阀门(符合多功能阀安装条件的出水管,可用多功能阀取代止回阀和阀门),必要时应设置水锤消除装置。自灌式吸水的水泵吸水管上应装设阀门,并宜装设管道过滤器。

小区独立设置的水泵房,宜靠近用水大户。水泵机组的运行噪声应符合现行的国家标准《噪声环境质量标准》的要求。

民用建筑物内设置的生活给水泵房不应毗邻居住用房或在其上层或下层,水泵机组宜设在水池的侧面、下方,单台泵可设于水池内或管道内,其运行的噪声应符合现行国家标准《民用建筑隔声设计规范》的规定。

建筑物内的给水泵房,应选用低噪声水泵机组, 吸水管和出水管上应设置隔振装置,水泵机组的基础应设置减振装置,管道支架、吊架和管道穿墙、楼板处,应采取防止固体传声措施,必要时,泵房的墙壁和天花板应采取隔音吸音措施,如图 1-34 所示。设置水泵的房间,应设排水设施;通风应良好,不得结冻。水泵机组的布置如图 1-35 所示,应符合表 1-17 的规定。

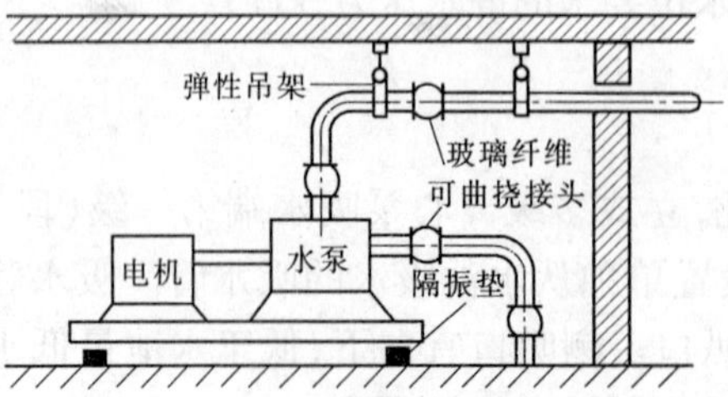

图 1-34　水泵隔振安装结构示意图

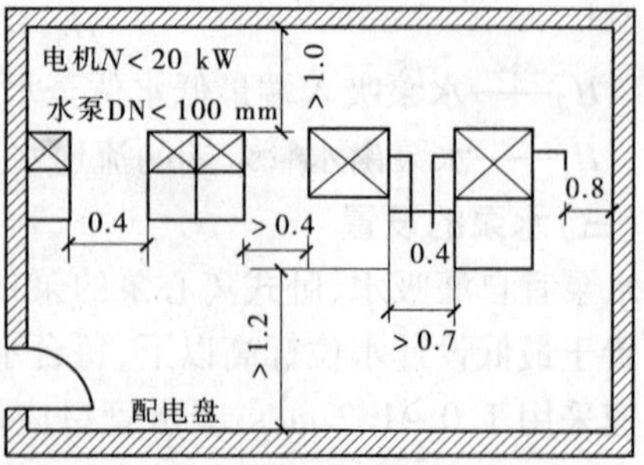

图 1-35　水泵机组的布置间距　(单位:m)

表 1-17 水泵机组外轮廓面与墙和相邻机组间的间距

电动机额定功率（kW）	水泵机组外轮廓面与墙面之间的最小间距(m)	相邻水泵机组外轮廓面之间的最小间距(m)
≤ 22	0.8	0.4
22 ~ 55	1.0	0.8
55 ~ 160	1.2	1.2

注:1. 水泵侧面有管道时,外轮廓面计至管道外壁面。

2. 水泵机组是指水泵与电动机的联合体,或已安装在金属座架上的多台水泵组合体。

水泵基础高出地面的高度应便于水泵安装,不应小于 0.10 m;泵房内管道管外底距地面或管沟底面的距离,当管径小于等于 150 mm 时,不应小于 0.20 m;当管径大于等于 200 mm 时,不应小于 0.25 m。泵房内宜有检修水泵的场地,检修场地尺寸宜按水泵或电机外形尺寸四周有不小于 0.7 m 的通道确定。泵房内靠墙安装的落地式配电柜和控制柜前面通道宽度不宜小于 1.5 m;挂墙式配电柜和控制柜前面通道宽度不宜小于 1.5 m。泵房内宜设置手动起重设备。

二、贮水池及吸水井

(一)贮水池

贮水池是贮存和调节水量的构筑物。当一幢(特别是高层建筑)或数幢相邻建筑所需的水量、水压明显不足,或者是用水量很不均匀(在短时间内特别大),城市供水管网难以满足时,应当设置贮水池。

贮水池可设置成生活用水贮水池、生产用水贮水池、消防用水贮水池等。贮水池的形状有圆形、方形、矩形和因地制宜的异形。小型贮水池可以是砖石结构,混凝土抹面,大型贮水池应该是钢筋混凝土结构。不管是哪种结构,必须牢固,保证不漏(渗)水。

1. 贮水池的容积

贮水池的容积与水源供水能力、生活(生产)调节水量、消防贮备水量和生产事故备用水量有关,可根据具体情况加以确定。

消防贮水池的有效容积应按消防的要求确定;生产用水贮水池的有效容积应按生产工艺、生产调节水量和生产事故用水量等情况确定;生活用水贮水池的有效容积应按进水量与用水量变化曲线经计算确定。当资料不足时,宜按建筑(小区)最高日用水量的 8% ~12% 确定。

2. 贮水池的设置

贮水池可布置在室内地下室或室外泵房附近,不宜毗邻电气用房和居住用房或在其上方。生活贮水池应远离化粪池、厕所、厨房等卫生环境不良的房间,应有防污染的技术措施;生活贮水池不得兼作他用。消防和生产事故贮水池可兼作喷泉池、水景池和游泳池等,贮水池宜分成容积基本相等的两格;消防贮水池中包括室外消防用水量时,应在室外设有供消防车取水用的吸水口;昼夜用水的建筑物贮水池和贮水池容积大于 500 m^3 时,应分成两格,以便清洗、检修。

池（箱）外壁与建筑本体结构墙面或其他池壁之间的净距，应满足施工或装配的要求。无管道的侧面，净距不宜小于 0.7 m；安装有管道的侧面，净距不宜小于 1.0 m，且管道外壁与建筑本体墙面之间的通道宽度不宜小于 0.6 m；设有人孔的池顶，顶板面与上面建筑本体板底的净空不应小于 0.8 m。贮水池的设置高度应利于水泵自灌式吸水，且宜设置深度≥1.0 m 的集（吸）水坑，以保证水泵的正常运行和水池的有效容积；贮水池应设进水管、出（吸）水管、溢流管、泄水管、人孔、通气管和水位信号装置。溢流管应比进水管大一级；通气管直径应为 200 mm，其设置高度应距覆盖层 0.5 m 以上；水位信号应反映到泵房和操纵室；必须保证污水、尘土、杂物不得通过人孔、通气管、溢流管进入池内；贮水池进水管和出水管应布置在相对位置，以便贮水经常流动，避免滞留和死角，以防池水腐化变质。

（二）吸水井

当室外给水管网水压不足但能够满足建筑内所需水量时，可不需设置贮水池，若室外管网不允许直接抽水，即可设置仅满足水泵吸水要求的吸水井。

吸水井的容积应大于最大一台水泵 3 min 的出水量。吸水井可设在室内底层或地下室，也可设在室外地下或地上，对于生活用吸水井，应有防污染的措施。

吸水井的尺寸应满足吸水管的布置、安装和水泵正常工作的要求，吸水管在井内布置的最小尺寸如图 1-36 所示。

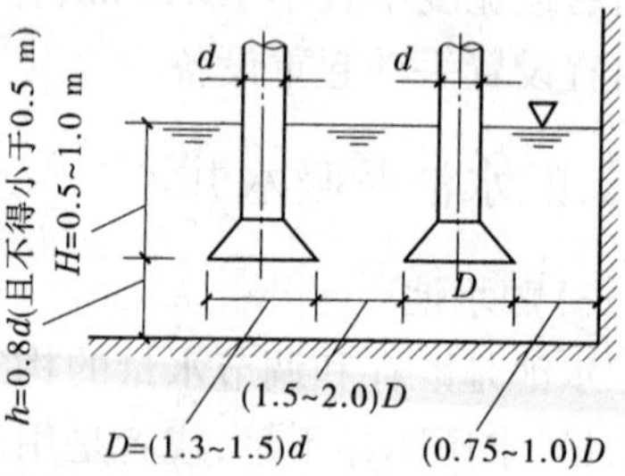

图 1-36　吸水管在吸水池中布置的最小尺寸

三、水箱

按不同用途，水箱可分为高位水箱、减压水箱、冲洗水箱等多种类型。其形状多为矩形和圆形，制作材料有钢板（包括普通、搪瓷、镀锌、复合与不锈钢板等）、钢筋混凝土、玻璃钢和塑料等。这里主要介绍在给水系统中使用较广的、起到保证水压和贮存、调节水量的高位水箱。

（一）水箱的有效容积

水箱的有效容积，在理论上应根据用水和进水流量变化曲线确定。但变化曲线难以获得，故常按经验确定。

对于生活用水的调节流量，由城镇给水管网夜间直接进水的高位水箱的生活用水调节容积，宜按用水人数和最高日用水定额确定；由水泵联动提升进水的水箱的生活用水调节容积，不宜小于最大用水时水量的 50%。生产事故备用水量应按工艺要求确定。当生活和生产调节水箱兼作消防用水贮备时，水箱的有效容积除生活或生产调节水量外，还应包括 10 min 的室内消防设计流量（这部分水量平时不能动用）。

水箱内的有效水深一般采用 0.70 ~ 2.50 m。水箱的保护高度一般为 200 mm。

（二）水箱设置高度

水箱设置高度可由下式计算：

$$H \geq H_s + H_c \tag{1-18}$$

式中　H——水箱最低水位至配水最不利点位置高度所需的静水压力，kPa；

H_s——水箱出口至最不利点管路的总水头损失，kPa；

H_c——最不利点用水设备的最低工作压力，kPa。

贮备消防水量的水箱，满足消防设备所需压力有困难时，应采取设置增压泵等措施。

（三）水箱的配管与附件

水箱的配管与附件如图 1-37 所示。

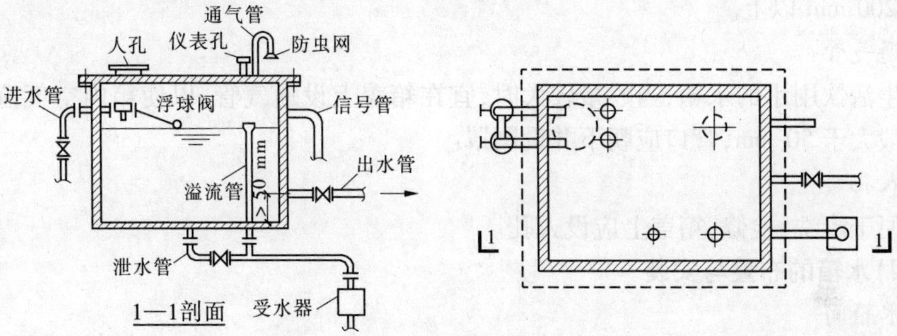

图 1-37　水箱配管、附件示意图

1. 进水管

进水管一般由水箱侧壁接入，也可从顶部或底部接入。进水管的管径由水泵出水量或管网设计秒流量计算确定。

当水箱直接利用室外管网压力进水时，进水管出口应装设液压水位控制阀（优先采用，控制阀的直径应与进水管管径相同）或浮球阀，进水管上还应装设检修用的阀门，当管径≥50 mm 时，控制阀（或浮球阀）不少于 2 个。从侧壁进入的进水管的中心距箱顶应有 150 ~ 200 mm 的距离。

当水箱由水泵供水，并利用水位升降自动控制水泵运行时，不得装水位控制阀。

2. 出水管

出水管可从侧壁或底部接出，出水管内底或管口应高出水箱内底且应大于 50 mm；出水管管径应按设计秒流量计算；出水管不宜与进水管在同一侧面。为便于维修和减小阻力，出水管上应装设阻力较小的闸阀，不允许安装阻力大的截止阀。水箱进出水管宜分别设置，若进水、出水合用一根管道，则应在出水管上装设阻力较小的旋启式止回阀，止回阀的标高应低于水箱最低水位 1.0 m 以上。消防和生活合用的水箱除确保消防贮备水量不作他用的技术措施外，还应尽量避免产生死水区。

3. 溢流管

水箱溢流管可从底部或侧壁接出，溢流管的进水口宜采用水平喇叭口集水（若溢流管从侧壁接出，喇叭口下的垂直距离不宜小于溢流管径的 4 倍）并应高出水箱最高水位 50 mm，溢流管上不允许设置阀门，溢流管出口应设网罩，管径应比进水管大一级。

4. 泄水管

水箱泄水管应自底部接出，管上应装设闸阀，其出口可与溢水管相接，但不得与排水系统直接相连，其管径应大于 50 mm。

5. 水位信号装置

水位信号装置是反映水位控制阀失灵报警的装置。可在溢流管口(或内底)齐平处设信号管,一般自水箱侧壁接出,常用管径为 15 mm,其出口接至经常有人值班房间内的洗涤盆上。

若水箱液位与水泵联锁,则应在水箱侧壁或顶盖上安装液位继电器或信号器,并应保持一定的安全容积。最高电控水位应低于溢流水位 100 mm,最低电控水位应高于最低设计水位 200 mm 以上。

6. 通气管

供生活饮用水的水箱,当贮量较大时,宜在箱盖上设通气管,以使箱内空气流通。其管径一般大于 50 mm,管口应朝下并设网罩。

7. 人孔

为便于清洗、检修,箱盖上应设人孔。

(四)水箱的布置与安装

1. 水箱间

水箱间的位置应结合建筑、结构条件和便于管道布置来考虑,能使管线尽量简短,同时应有良好的通风、采光和防蚊蝇条件,室内最低气温不得低于 50 ℃。水箱间的净高不得低于 2.20 m,并能满足布管要求。水箱间的承重结构应为非燃烧材料。

2. 水箱的布置

水箱布置间距要求见表 1-18。对于大型公共建筑和高层建筑,为保证供水安全,宜将水箱分成两格或设置两个水箱。

表 1-18 水箱布置间距 (单位:m)

箱外壁至墙面的距离		水箱之间的距离	箱顶至建筑最低点的距离
有阀一侧	无阀一侧		
1.0	0.7	0.7	0.8

注:1. 水箱旁连接管道时,表中所规定的距离应从管道外表面算起。

2. 当水箱按表中布置有困难时,允许水箱之间或水箱与墙壁之间的一面不留检修通道。

3. 表中有阀或无阀指有无液压水位控制阀或浮球阀。

水箱底距地面宜有不小于 800 mm 的净空高度,以便安装管道和进行检修。

有些建筑对抗震和隔音减振有要求时,水箱的安装方法参见《给水排水设计手册》第 2 册。

四、气压给水设备

气压给水设备是利用密闭贮罐内空气的可压缩性,进行贮存、调节、压送水量和保持水压的装置,其作用相当于高位水箱或水塔。

(一)分类与组成

气压给水设备按罐内水、气接触方式,可分为补气式和隔膜式两类。按输水压力的稳定状况,可分为变压式和定压式两类。

1. 补气变压式气压给水设备

补气变压式气压给水设备如图 1-38 所示。

当罐内压力较小(如为 P_1)时,水泵向室内给水系统加压供水,水泵出水除供用户外,多余部分进入气压罐,罐内水位上升,空气被压缩。当压力较大(如 P_2)时,水泵停止工作,用户所需的水由气压罐提供。随着罐内水量的减少,空气体积膨胀,压力将逐渐降低,当压力降至 P_1 时,水泵再次启动。如此往复,实现供水的目的。用户对水压允许有一定波动时,常采用这种方式。

2. 补气定压式气压给水设备

补气定压式气压给水设备如图 1-39 所示。

目前常见的做法,是在上述变压式供水管道上安装压力调节阀 7,将调节阀出口水压控制在要求范围内,使供水压力稳定。当用户要求供水压力稳定时,宜采用这种方式。

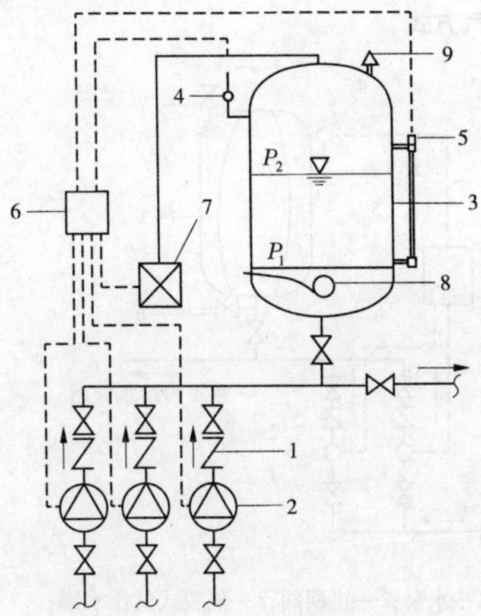

1—止回阀;2—水泵;3—气压水罐;4—压力信号器;
5—液位信号器;6—控制器;7—补气装置;
8—排气阀;9—安全阀

图 1-38　单罐变压式气压给水设备

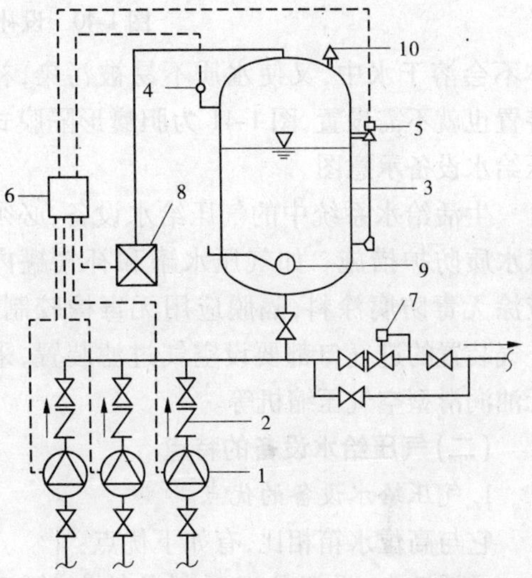

1—水泵;2—止回阀;3—气压水罐;4—压力信号器;
5—液位信号器;6—控制器;7—压力调节阀;
8—补气装置;9—排气阀;10—安全阀

图 1-39　定压式气压给水设备

上述两种方式的气压罐内还设有排气阀,其作用是防止罐内水位下降至最低水位以下后,罐内空气随水流泄入管网。这种气压给水设备,罐中水、气直接接触,在运行过程中,部分气体会溶于水中,气体将逐渐减少,罐内压力随之下降,时间稍长,就不能满足设计要求。为保证系统正常工作,需设补气装置。补气的方法很多,如采用空气压缩机补气、在水泵吸水管上安装补气阀、在水泵出水管上安装水射器或补气罐等,这里介绍设补气罐的补气方式,如图 1-40 所示。当气压罐中压力达到 P_2 时,电接点压力表指示水泵停止工作,补气罐内水位下降,形成负压,进气止回阀自动开启进气。当气压罐内水位下降使压力降至 P_1 时,电接点压力表指示水泵开启,补气罐中水位上升,压力升高,进气止回阀自动关闭,补气罐中的空气随着水流进入气压水罐。当补入空气过量时,可通过自动排气阀排除部分空气。

3. 隔膜式气压给水设备

在气压水罐中设置帽形或胆囊形(胆囊形优于帽形)弹性隔膜,将气水分离,既使气

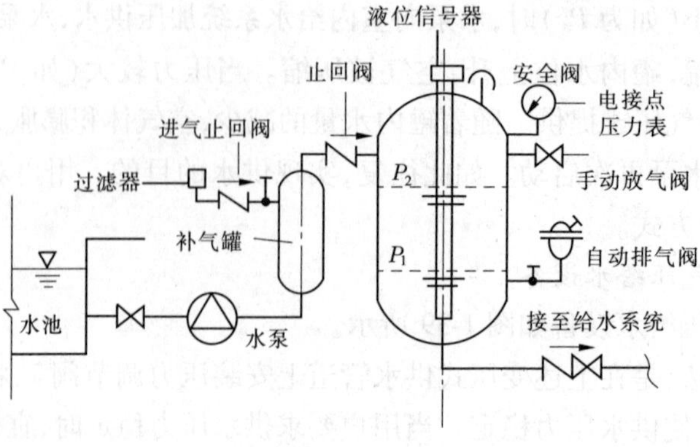

图 1-40　设补气罐的补气方式

体不会溶于水中，又使水质不易被污染，补气装置也就不需设置，图 1-41 为胆囊形隔膜式气压给水设备示意图。

生活给水系统中的气压给水设备，必须注意水质防护措施。如气压水罐和补气罐内壁应涂无毒防腐涂料，隔膜应用无毒橡胶制作，补气装置的进气口都要设空气过滤装置，采用无油润滑型空气压缩机等。

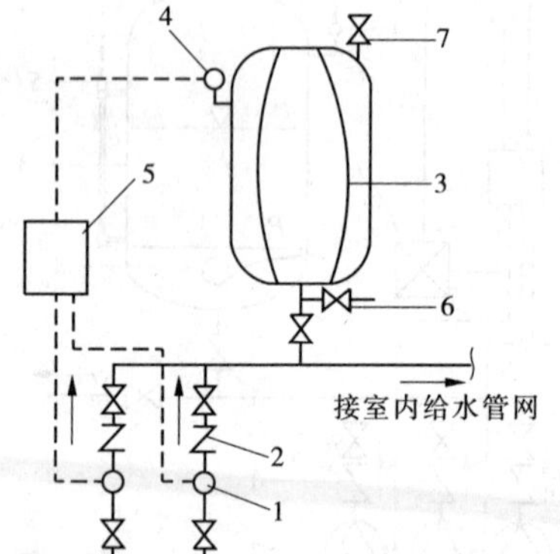

1—水泵；2—止回阀；3—隔膜式气压水罐；
4—压力信号器；5—控制器；6—泄水阀；7—安全阀

图 1-41　隔膜式气压给水设备示意图

(二) 气压给水设备的特点

1. 气压给水设备的优点

它与高位水箱相比，有如下优点：

灵活性大，设置位置限制条件少，便于隐蔽；便于安装、拆卸、搬迁、扩建、改造，便于管理维护；占地面积少，施工速度快，土建费用低；水在密闭罐之中，水质不易被污染；具有消除管网系统中水击的作用。

2. 气压给水设备的缺点

贮水量少，调节容积小，一般调节水量为总容积的 15% ~35%；给水压力不太稳定，变压式气压给水压力变化较大，可能影响给水配件的使用寿命；供水可靠性较差。由于有效容积较小，一旦因故停电或自控失灵，断水的概率较大；与其容积相对照，钢材耗量较大；因是压力容器，对用材、加工条件、检验手段均有严格要求；耗电较多，水泵启动频繁，启动电流大；水泵不是都在高效区工作，平均效率低；水泵扬程要额外增加 $\Delta P = P_2 - P_1$ 的电耗，这部分是无用功但又是必须的，一般增加 15% ~20% 的电耗。因此，推荐采用 2 台以上水泵并联工作的气压给水系统。

(三) 气压给水设备的计算

气压给水设备的计算内容主要是：确定气压水罐的总容积和调节容积，确定配套水泵的流量和扬程。

1. 气压水罐容积的计算

气压水罐容积的计算简图如图 1-42 所示。

气压水罐的调节容积应按下式计算：

$$V_{q2} = \frac{\alpha_a q_b}{4n_q} \tag{1-19}$$

式中 V_{q2}——气压水罐的调节容积，m^3；

q_b——水泵（或泵组）的出流量，m^3/h；

α_a——安全系数，宜取 1.0 ~ 1.3；

n_q——水泵在 1 h 内的启动次数，宜采用 6 ~ 8 次。

气压水罐的总容积应按下式计算：

$$V_q = \frac{\beta V_{q1}}{1 - \alpha_b} \tag{1-20}$$

式中 V_q——气压水罐总容积，m^3；

V_{q1}——气压水罐的水容积，m^3，应不小于调节容量；

α_b——气压水罐内的工作压力比（以绝对压力计），宜采用 0.65 ~ 0.85；

β——气压水罐的容积系数，隔膜式气压水罐取 1.05。

气压水罐内的最低工作压力，应满足管网最不利处的配水点所需水压；气压水罐内的最高工作压力，不得使管网最大水压处配水点的水压大于 0.55 MPa。

2. 水泵的选型

在气压给水系统中，为尽量提高水泵的平均工作效率，一般应选择流量—扬程特性曲线较陡的 W 型旋涡泵、DA 型多级离心泵或 MS 型离心泵。

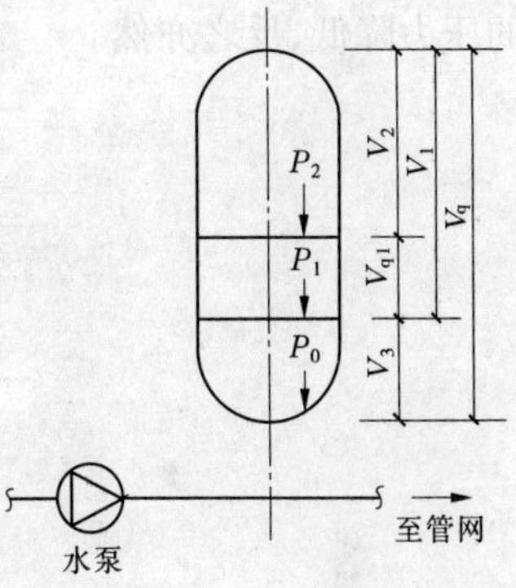

图 1-42 气压水罐容积计算

对于变压式气压给水设备，应根据 P_1（给水系统所需压力）和采用的 α 值确定 P_2，其出水压力(扬程)在 P_1 与 P_2 之间变化。要尽量使水泵在压力为 P_1 时，其流量接近设计秒流量；当压力为 P_2 时，水泵流量接近最大小时流量；水泵（或泵组）的流量（以气压水罐内的平均压力计，其对应的水泵扬程的流量）不应小于给水系统最大小时用水量的 1.2 倍。

五、变频调速设备

在实际给水系统中，为提高供水的可靠性，用于增压的水泵都是根据管网最不利工况下的流量、扬程而选定的，但管网中高峰用水量时间不长，用水量在大多数时间里都小于最不利工况时的流量，其扬程将随流量的下降而上升，使水泵经常处于扬程过剩的情况下运行。因此，势必形成水泵能耗增高、效率降低的运行工况。为了解决供需不相吻合的矛盾，提高水泵的运行效率，又由于现代电子技术、自动化控制技术的快速发展，变频调速供水设备应运而生，它能够根据管网中的实际用水量及水压，通过自动调节水泵的转速而达到供需平衡。

就一台变频调速水泵而言，它只能在一定的转速范围内变化，才能保持高效率运行。为了扩大应用范围，变频调速供水设备一般都采用变频调速泵与恒速泵组合供水方式。

在用水极不均匀的情况下，为避免在给水系统小流量用水时降低水泵机组的效率，还可并联配备小型水泵或小型气压罐与变频调速装置共同工作，在小流量用水时，大型水泵均停止工作，仅利用小泵或小气压罐向系统供水。

变频调速供水设备的主要优点是：效率高、耗能低；运行稳定可靠，自动化程度高；设备紧凑，占地面积少（省去了水箱、大气压罐）；对管网系统中用水量变化适应能力强。适用于不便设置其他水量调节设备的给水系统。但造价高，所需管理水平亦高些，且要求电源可靠。

（一）工作原理和节能分析

1. 工作原理

如图 1-43 所示，供水系统中扬程发生变化时，压力传感器即向微机控制器输入水泵出水管压力的信号，若出水管压力值大于系统中设计供水量对应的压力，微机控制器即向变频调速器发出降低电源频率的信号，水泵转速随即降低，使水泵出水量减少，水泵出水管的压力降低，反之亦然。

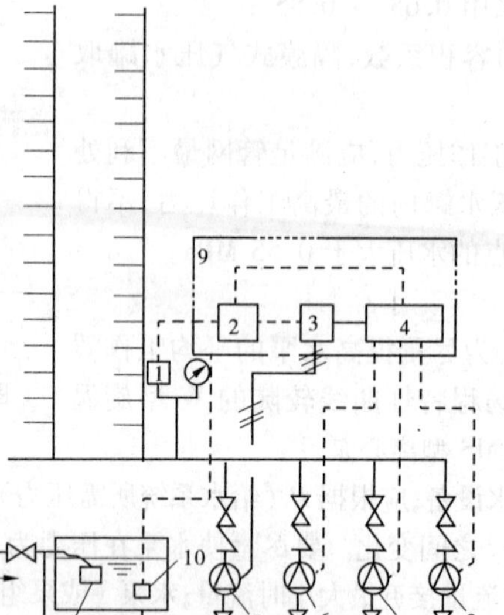

1—压力传感器；2—微机控制器；3—变频调速器；4—恒速泵控制器；5—变频调速器；6、7、8—恒速泵；9—电控柜；10—水位传感器；11—液位自动控制阀

图 1-43 变频调速给水装置原理图

2. 节能分析

目前变频调速设备中水泵的运行方式，按水泵出口工况常分为两种：水泵变频调速恒压变流量运行和水泵变频调速变压变流量运行。两种运行方式的能量消耗与水泵恒速运行时能量消耗的比较，可用图 1-44 水泵能耗分析图解释。

从图 1-44 可以看出，水泵在恒速运行时，当管网中流量 Q_S 降为 Q_A 时，根据水泵恒速（转速为 n）运行特性曲线，则此时水泵的供水压力将从设计供水压力 H_S 升高至 H'_S，理论上水泵此时需要输出功率 $Q_AH'_S$（再乘以 γ，下同）。但从图上管网特性曲线分析，此时管网需要消耗的功率则只为 Q_AH_A。水泵多消耗的功率 $Q_AH'_S - Q_AH_A$ 实际上是无效地消耗

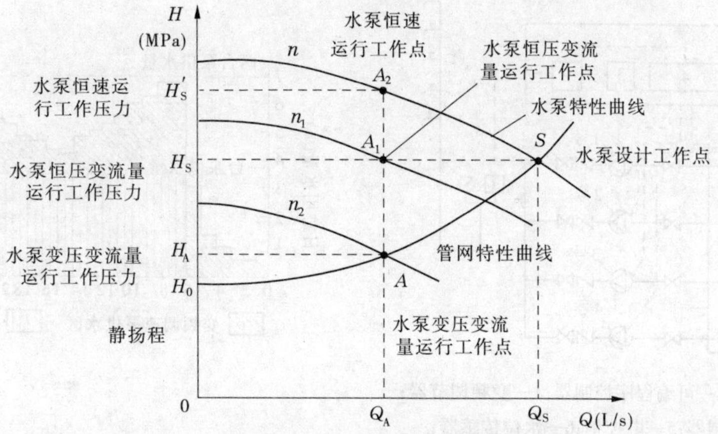

图 1-44　水泵能耗分析图

于管网之中的。

如果采用水泵变频调速出口恒压（压力为 H_S）运行，当管网中流量从设计流量 Q_S 降为 Q_A 时，由于水泵变频调速使转速从 n 变为 n_1，水泵的供水压力仍维持在 H_S，理论上水泵此时要输出功率 Q_AH_S，此功率将小于恒速运行时消耗的功率 $Q_AH'_S$，但仍大于管网需要消耗的功率 Q_AH_A。同理，多消耗的功率 $Q_AH_S - Q_AH_A$ 仍然是无效地消耗于管网之中。

如果采用变频调速变压变流量运行，当管网中的流量从设计流量 Q_S 降为 Q_A 时，由于水泵变频调速使转速从 n 变为 n_2，并使水泵的供水压力刚好等于 H_A，此时理论上水泵输出功率为 Q_AH_A，刚好等于管网需要消耗的功率 Q_AH_A。所以，应该说这种运行方式是最节能的。

（二）设备分类与构造

1. 恒压变流量供水设备

该设备可单泵运行，亦可几台水泵组合运行，组合运行其中一台为变频调速泵，其他为恒速泵（含一台备用泵）。设备中除水泵机组外，还有电气控制柜（箱）、测量和传感仪表、管路和管路附件、底盘等。控制柜（箱）内有电气接线、开关、保护系统、变频调速系统和信息处理自动闭合控制系统等。该设备示意图如图 1-45 所示，运行图见图 1-46。

恒压变流量供水设备，它的控制参数的设定一般设置为设备出口恒压。所以，自动控制系统比较简单，容易实现，运行调试工作量较少。当给水管网中动扬程比静扬程所占比例较小时，可以采用恒压变流量供水设备。

2. 变压变流量供水设备

变压变流量供水设备是指设备的出口按给水管网运行要求变压变流量供水。设备的构造和恒压变流量供水设备基本相同，只是控制信号的采集和处理及传感系统与恒压变流量设备不一致。

变压变流量供水设备的控制参数的设定，可以在给水管网最不利点（控制点）恒压控制，亦可以在设备出口按时段恒压控制，还可在设备出口按设定的管网运行特性曲线变压控制。所以，变压变流量供水设备关键是解决好控制参数的设定和传感问题。

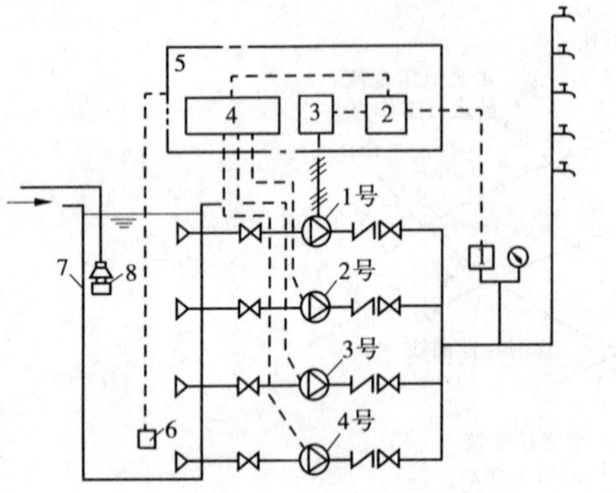

1—压力传感器;2—可编程序控制器;3—变频调节器;
4—恒速泵控制器;5—电控柜;6—水位传感器;
7—水池;8—液位自动控制阀

图 1-45 恒压变流量供水系统示意图

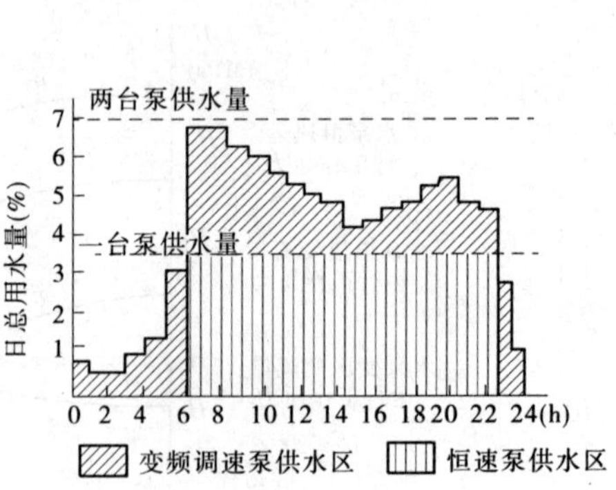

图 1-46 三台主泵(其中一台备用)运行图

变压变流量供水设备节能效果好,同时可改善给水管网对流量变化的适应性,提高了管网的供水安全可靠性。并且,管道和设备的保养、维修工作量与费用大大减少。但这种设备控制信号的采集和传感系统比较复杂,调试工作量大,设计时必须有一定的管网基本技术资料。

3. 带有小水泵或小气压罐的变频调速变压(恒压)变流量供水设备

该设备是为了解决小流量或零流量供水情况下耗电量大的问题,在系统中加设了小流量供水小泵或小型气压罐(也可以不设气压罐),由流量传感器或可编程序控制器进行控制,可以进一步降低耗电量。该装置示意图如图 1-47 所示,其运行图见图 1-48。

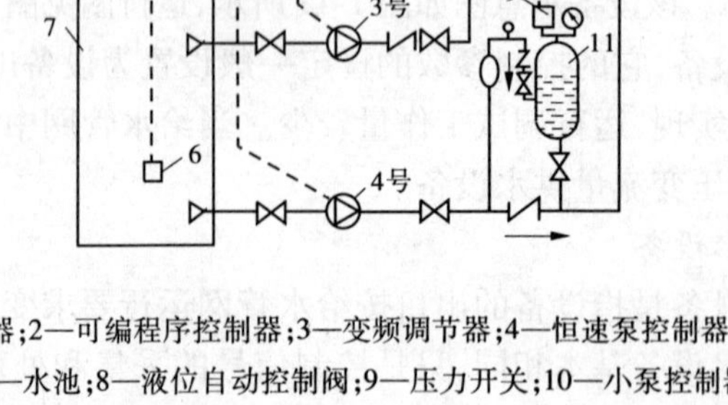

1—压力传感器;2—可编程序控制器;3—变频调节器;4—恒速泵控制器;5—电控柜;
6—水位传感器;7—水池;8—液位自动控制阀;9—压力开关;10—小泵控制器;11—小气压罐

图 1-47 恒压变流量系统(带小流量供水设备)示意图

(三)设计计算与设备的选型

变频调速供水设备电气控制柜一般是定型标准系列产品,设备选型时,只要根据给水

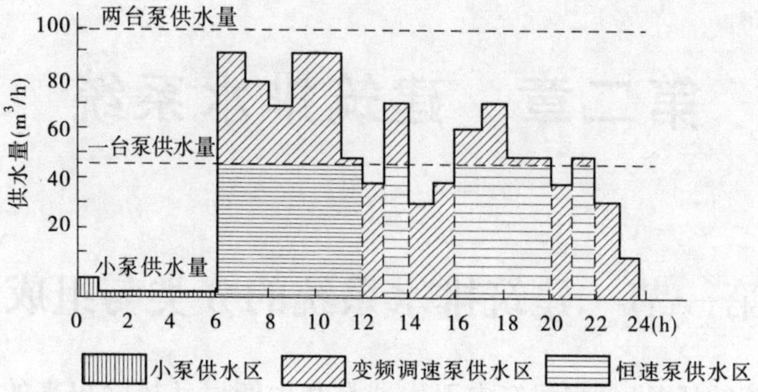

图 1-48　三台主泵(其中一台备用)一台小泵运行图

管网系统提出的设计流量和扬程,确定设备的类型(恒压与变压),选择合适的控制柜,选泵组装即可。

1. 设计流量的计算

设备若用于建筑内,其出水量应按管网无调节装置以设计秒流量作为设计流量。设备若用于建筑小区内,其出水量应与给水管网的设计流量相同(如果加压的服务范围为居住小区干管网,应取小区最大小时流量作为设计流量;如果加压服务范围为居住组支管网,应按其担负的卫生器具当量总数计算得出的设计秒流量作为设计流量)。

2. 设计扬程的计算

如果设备确定为变频调速恒压变流量供水设备,可根据管网设计流量时管网中最不利供水点的要求,计算出设备的供水扬程,此扬程即为设计扬程(H_S),取设备出口的设计恒压等于 H_S 即可。

如果设备确定为变频调速变压变流量供水设备,可根据管网设计流量时管网中最不利点的要求,计算出设备的供水扬程(H_S),以 H_S 作为设备出口变压的上限值,再根据管网运行的特性设定出口分时段变压,或按管网特性曲线数学模型设定变压变流量供水。变压变流量供水设备也可用管网最不利点恒压供水压力进行设定,控制设备操作运行。

变频调速供水设备尚无国家统一标准,生产厂家的设备各具特点,选用时需认真查阅厂家的产品样本,按其产品说明书选定。

采用变频调速供水设备时,应有双电源或双回路供电;电机应有过载、短路、过压、缺相、欠压过热等保护功能;水泵的工作点应在水泵特性曲线最高效率点附近,水泵最不利工况点尽量靠近水泵高效区右端。

第二章　建筑排水系统

第一节　建筑排水系统的分类与组成

建筑排水系统的任务，是将建筑内卫生器具和生产设备排除出来的污(废)水，以及降落在屋顶上的雨雪水，通过建筑内排水管道排到室外排水管道中去。

一、排水系统分类

建筑排水系统按所排除的污、废水性质，通常可分为以下几类。

(一)生活污水排水系统

生活污水排水系统是用以排除大、小便器(槽)以及与此相似的卫生设备产生的含有粪便和纸屑等杂物的粪便污水的排水系统。

(二)生活废水排水系统

生活废水排水系统是用以排除洗涤设备、淋浴设备、盥洗设备及厨房等卫生器具排出的含有洗涤剂和细小悬浮颗粒杂质，污染程度较轻的废水的排水系统。

(三)生活排水系统

生活排水系统是用以将生活污水与生活废水合流排出的排水系统。

(四)工业废水排水系统

工业废水排水系统是用以排除生产污水和生产废水的排水系统。

1. 生产污水排水系统

生产污水排水系统是用以排除在生产过程中被化学杂质和有机物污染较重的水，如含氰、铬、酸、碱污水，还包括水温过高，排放后造成热污染的工业用水的排水系统。

2. 生产废水排水系统

生产废水排水系统是用以排除未受污染或受轻微污染以及水温稍有升高的工业用水，如机械设备冷却水、滤料洗涤水的排水系统。

(五)屋面雨水排水系统

屋面雨水排水系统是用以收集排除降落到屋面的雨水和融化雪水的排水系统。

二、排水系统组成

建筑内部排水系统的组成应能满足以下三个基本要求：

(1)系统能迅速畅通地将污废水排到室外。

(2)排水管道系统气压稳定，有毒有害气体不能进入室内，保持室内环境卫生。

(3)管线布置合理，简短顺直，工程造价低。

为满足上述要求，建筑内部排水系统一般由以下几部分组成，见图 2-1。

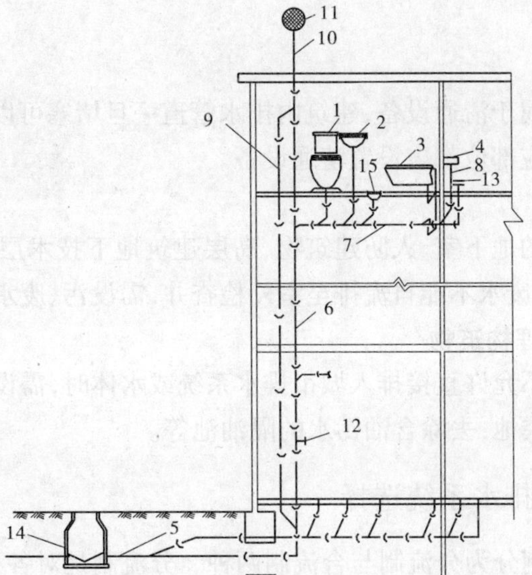

1—大便器；2—洗脸盆；3—浴盆；4—洗涤盆；5—排出管；6—立管；

7—横支管；8—支管；9—通气立管；10—伸顶通气管；11—网罩；

12—检查口；13—清扫口；14—检查井；15—地漏

图 2-1　建筑内部排水系统的组成

(一)污(废)水收集器

用来收集污(废)水的器具，如室内的卫生器具、生产设备受水器。

卫生器具和生产设备受水器应满足人们在日常生活和生产过程中的卫生和工艺要求。卫生器具又称卫生设备或卫生洁具，是供水并接受、排出人们在日常生活中产生的污废水或污物的容器或装置，如洗脸盆、污水盆、浴盆、淋浴器、大便器、小便器等。生产设备受水器是接受、排出工业企业在生产过程中产生的污废水或污物的容器或装置。

(二)排水管道

排水管道系统由器具排水管、有一定坡度的横支管、立管、横干管和排出到室外的排出管等组成。

(1)器具排水管是连接卫生器具和排水横支管之间的短管，除坐式大便器等自带水封装置的卫生器具外，均应设水封装置。

(2)排水横支管用来将器具排水管送来的污水转输到立管中去。

(3)排水立管用来收集其上所接的各横支管排来的污水，然后把这些污水送入排出管。

(4)排出管是从建筑物内至室外检查井等的排水横管段，用来收集一根或几根立管排来的污水，并将其排至室外排水管网中去。

(三)通气管道系统

通气管的作用是把管道内产生的有害气体排至大气中去，以免影响室内的环境卫生，管道内经常有新鲜空气流通，可减轻管道内废气对管道的锈蚀，延长使用寿命，在排水时向排水管道补给空气，使水流畅通，更重要的是减小排水管道内的气压变化幅度，防止卫生器具水封破坏。

(四)清通设备

检查口和清扫口属于清通设备,建筑内排水管道一旦堵塞可以方便疏通,因此在排水立管和横支管上的相应部位都应设置清通设备。

(五)提升设备

工业与民用建筑的地下室、人防建筑物、高层建筑地下技术层、工厂车间的地下室和地铁等地下建筑的污、废水不能自流排至室外检查井,需设污、废水提升设备,如污水泵。

(六)污水局部处理构筑物

当建筑内部污水不允许直接排入城市排水系统或水体时,需设置局部污水处理设施。如处理生活污水的化粪池,去除含油污水的隔油池等。

三、排水体制及排水系统选择

建筑内部排水体制分为分流制与合流制两种。分流制是对各种污水分别设单独的管道系统输送和排放的排水制度;合流制即在同一排水管道系统中可以输送和排放两种或两种以上污水的排水制度。对于居住建筑和公共建筑采用"合流"与"分流"。"合流"与"分流"是指粪便污水与生活废水的合流与分流;对工业建筑来说,"合流"与"分流"是指生产污水和生产废水的合流与分流。

在确定建筑内部排水系统的体制和选择建筑内部排水系统时,应保证排水畅通和良好的生活环境,建筑内部是采用"合流"还是"分流"的排水体制,应根据污废水性质、污染程度、水量的大小,并结合室外排水体制和污水处理设施的完善程度,以及有利于综合利用与处理的要求等情况确定。

(一)建筑物内部可采用合流制排水系统情况

(1)当生活废水不考虑回收,城市有污水处理厂时,粪便污水与生活废水可以合流排出。

(2)与生活污水性质相似的生产污水可以合流排放。

(二)建筑内部需设单独的排水系统情况

(1)公共食堂、肉食品加工车间、餐饮业洗涤废水中含有大量油脂。

(2)锅炉、水加热器等设备排水温度超过40 ℃。

(3)医院污水中含有大量致病菌或含有放射性元素超过排放标准规定的浓度。

(4)汽车修理间或洗车废水中含有大量机油。

(5)工业废水中含有有毒、有害物质需要单独处理。

(6)生产污水中含有酸碱,以及行业污水必须处理回收利用。

(7)对卫生标准要求较高,建筑中水系统中需要回用的生活废水。

(8)可重复利用的生产废水。

(9)室外仅设雨水管道而无生活污水管道时,生活污水可单独排入化粪池处理,而生活废水可直接排入雨水管道。

(10)建筑物雨水管道应单独排出。

第二节　卫生器具及冲洗设备的设置

一、卫生器具的选用

卫生器具是用于收集和排除建筑内部污废水的专用设备，主要用来满足生活和生产过程中的卫生要求。它是建筑内部排水系统的起点。各种卫生器具的用途不同，因而其设置的地点、结构、形式、材料及安装维护的条件也不相同。在材质和技术方面，均应符合现行的有关产品标准规定。为满足卫生清洁的要求：①卫生器具的材质应采用耐腐蚀、耐磨损、耐老化、耐冷热，具有一定强度，不含对人体有害的成分，一般采用陶瓷、搪瓷、塑料、不锈钢、水磨石、复合材料等制作；②设备表面光滑、不易积污纳垢、易清洗、使用方便；③便于安装和维修；④在完成卫生器具冲洗功能的基础上，节约用水，减少噪声；⑤当卫生器具内设有存水弯时，存水弯内应保持规定的水封深度。

随着人们生活水平和卫生标准的逐步提高，对卫生器具的功能、造型、消声、节水及色彩提出了更高的要求，以求得舒适、卫生的生活环境。

（一）便溺用卫生器具

便溺用卫生器具设置在卫生间和公共厕所，用来收集和排除粪便与尿液，包括便器和冲洗设备两部分。

1. 大便器

大便器是排除粪便的卫生器具，其作用是把粪便和便纸快速排入下水道，同时要防臭。常用的大便器有坐式大便器、蹲式大便器和大便槽三种。坐式大便器按冲洗的水力原理分为冲洗式和虹吸式两种，见图 2-2。按安装方式分为落地式和悬挂式，按排出口的

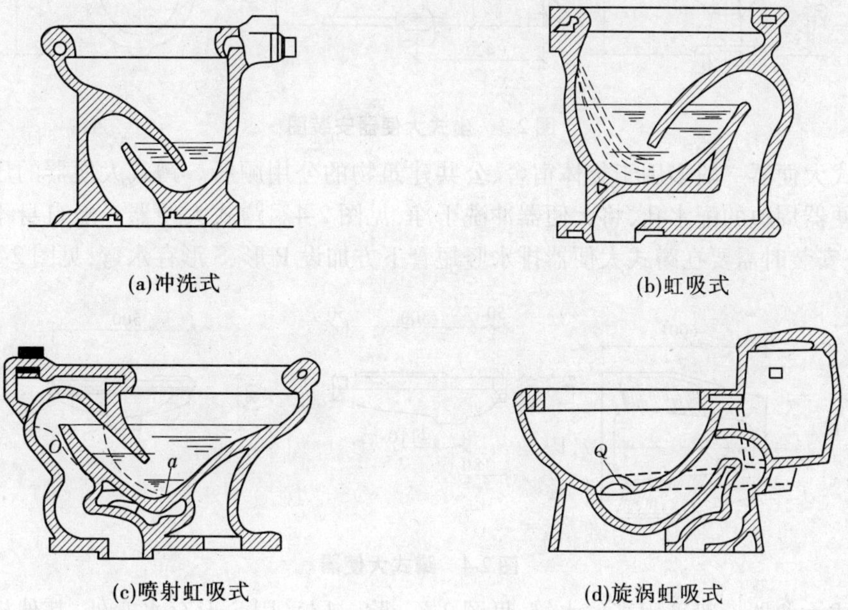

(a)冲洗式　(b)虹吸式　(c)喷射虹吸式　(d)旋涡虹吸式

图 2-2　坐式大便器

位置分为下出口和后出口。

冲洗式坐便器环绕便器上口是一圈开有很多小孔口的冲水槽。冲洗开始时,水进入冲洗槽,经小孔沿便器内表面冲下,便器内水面涌高,将粪便冲出存水弯边缘。冲洗式坐便器的缺点是受污面积大,水面面积小,每次冲洗不一定能保证将污物冲洗干净。

虹吸式坐便器是靠虹吸作用,把粪便全部吸出。在冲水槽进水口处有一个冲水缺口,部分水从这里冲射下来,加快虹吸作用。虹吸式坐便器为使冲洗水冲下时有力,流速很大,所以会发生较大噪声。虹吸式坐便器又有两种新类型,一种叫喷射虹吸式坐便器,一种叫旋涡虹吸式坐便器。为了尽快造成强有力的虹吸作用,喷射虹吸式坐便器除部分水从空心边沿孔口流下外,另一部分水从大便器边部的通道 O 冲下,由 a 口中向上喷射,见图 2-2(c)。其特点是冲洗作用快,噪声较小。

由于构造特点,旋涡虹吸式坐便器上圈下来的水量很小,其旋转已不起作用,因此在水道冲水出口 Q 处,做成弧形水流成切线冲出,形成强大的旋涡,将漂浮的污物借助于旋涡向下旋转的作用,迅速下到水管入口处,在入口底反作用力的影响下,很快进入排水管道,从而大大加强了虹吸能力,降低了噪声。

坐式大便器安装图见图 2-3。

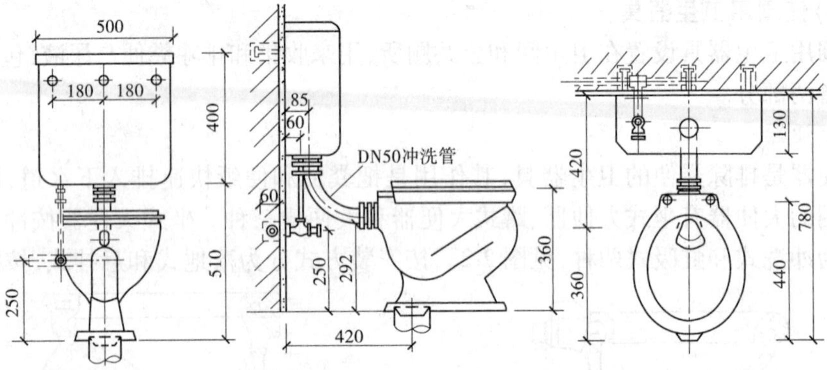

图 2-3　坐式大便器安装图

蹲式大便器一般多用于集体宿舍、公共建筑物的公用厕所。蹲式大便器的压力冲洗水经大便器周边的配水孔,将大便器冲洗干净,见图 2-4。蹲式大便器一般自身不带存水弯,管道安装时需要在蹲式大便器排水竖短管下方加设 P 形、S 形存水弯,见图 2-5。

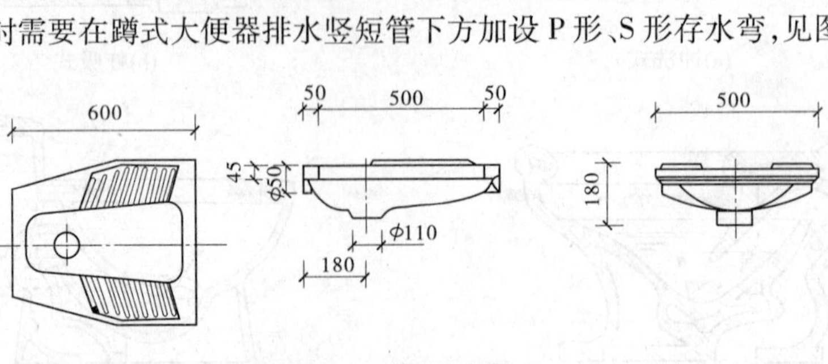

图 2-4　蹲式大便器

蹲式大便器一般采用高位水箱,见图 2-6。除一层采用 S 形存水弯外,其他楼层均采用 P 形存水弯,见图 2-7。为了节约用水,应尽可能采用延时自闭式冲洗阀直接连接给水

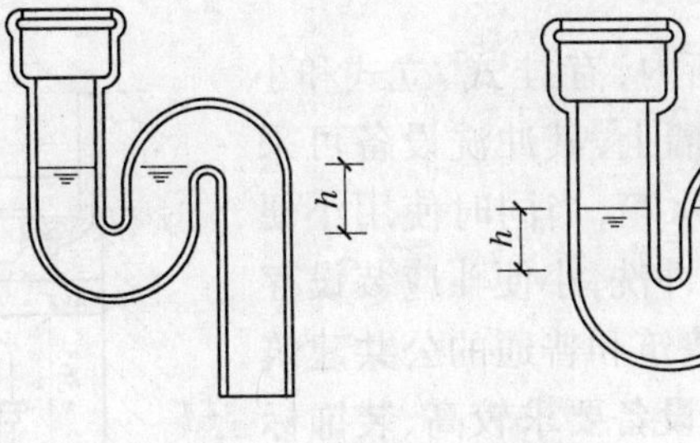

图 2-5　存水弯

管进行冲洗。

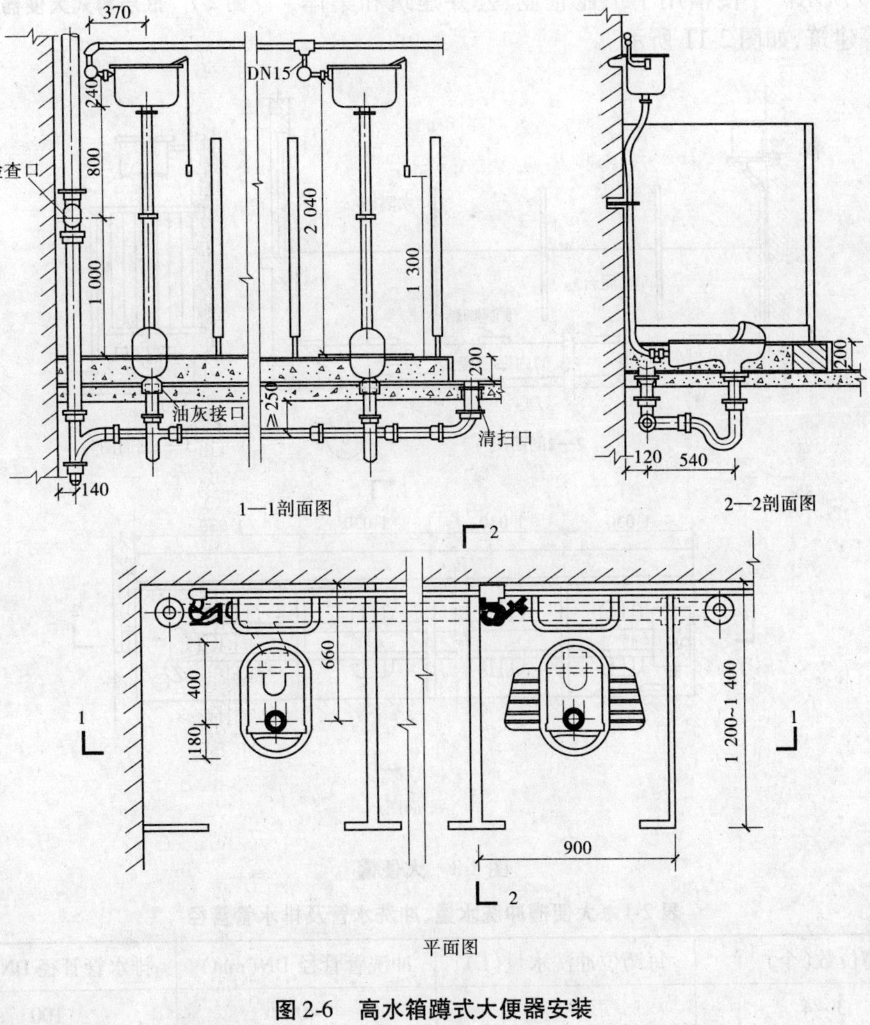

图 2-6　高水箱蹲式大便器安装

大便槽用于学校、火车站、汽车站、游乐场等人员较多的场所,代替成排的蹲式大便器。大便槽造价低,便于采用集中自动冲洗水箱和红外线数控冲洗装置,既节水又卫生,见图 2-8。大便槽冲洗水量、冲洗水管及排水管管径见表 2-1。

2. 小便器

小便器设于公共建筑男厕所内，有挂式、立式和小便槽三类。挂式小便器悬挂在墙上，其冲洗设备可采用延时自闭冲洗阀或自动冲洗水箱，当同时使用小便器人数少时，宜采用手动冲洗阀冲洗，小便斗应装设存水弯。挂式小便器多设于住宅建筑和普通的公共建筑中；立式小便器大多设在对卫生设备要求较高、装饰标准高的公共建筑（如展览馆、写字楼、宾馆等男卫生间）内，多为成组安装。挂式和立式小便器安装如图 2-9、图 2-10 所示。小便槽用于工业企业、公共建筑和集体宿舍等建筑，如图 2-11 所示。

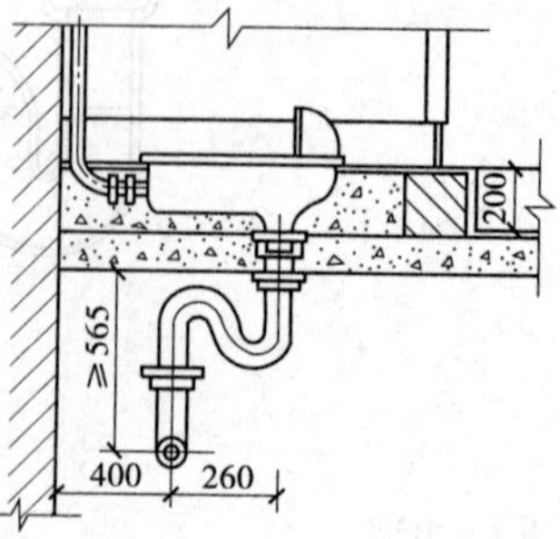

图 2-7　底层蹲式大便器安装

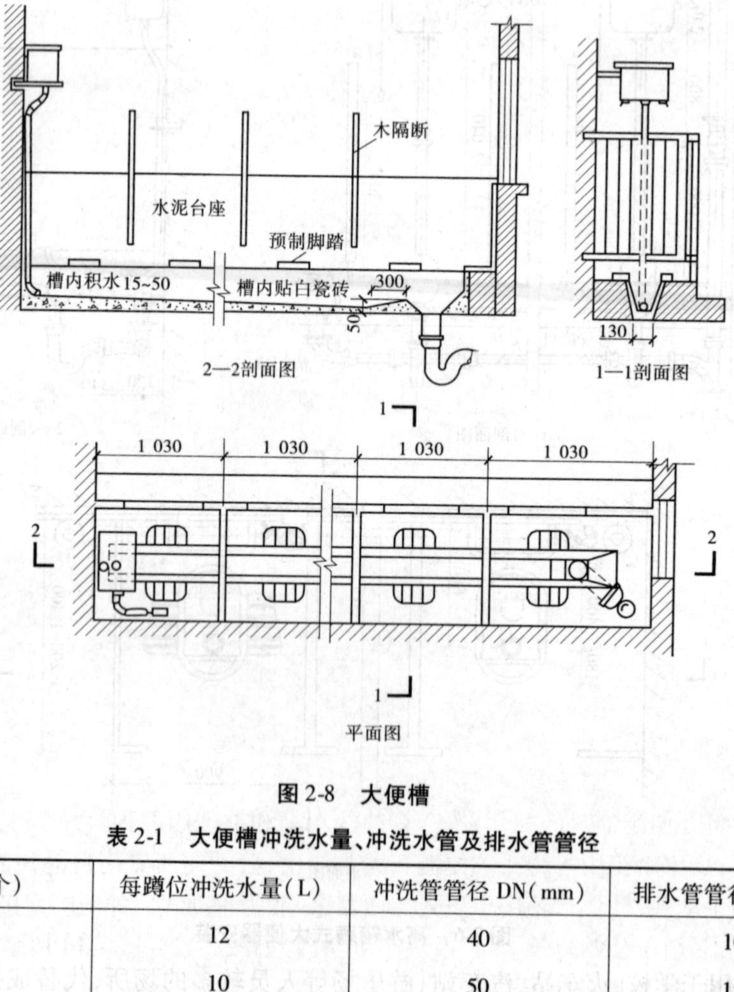

图 2-8　大便槽

表 2-1　大便槽冲洗水量、冲洗水管及排水管管径

蹲位数（个）	每蹲位冲洗水量（L）	冲洗管管径 DN（mm）	排水管管径 DN（mm）
3～4	12	40	100
5～8	10	50	150
9～12	9	70	150

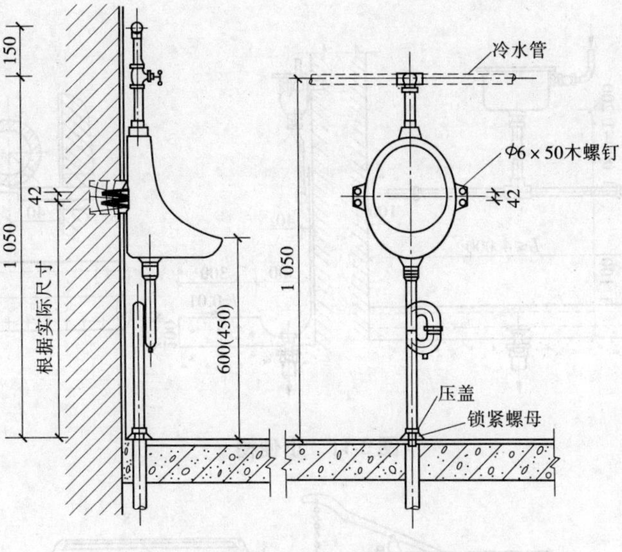

图 2-9　挂式小便器安装

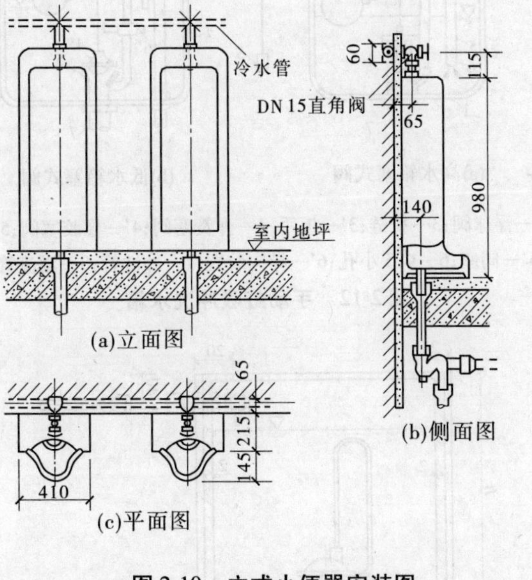

图 2-10　立式小便器安装图

3. 冲洗设备

冲洗设备是便溺器具的配套设备，有冲洗水箱和冲洗阀两种。冲洗水箱分高位水箱和低位水箱，高位水箱用于蹲式大便器和大小便槽，公共厕所宜用自动式冲洗水箱，住宅和旅馆多用手动式，低位水箱用于坐式大便器，一般为手动式。冲洗阀直接安装在大小便器冲洗管上，多用于公共建筑、工厂及火车厕所内，如图 2-12 ~ 图 2-14 所示。

(二) 盥洗、沐浴用卫生器具

1. 洗脸盆

洗脸盆一般用于洗脸、洗手和洗头，设置在盥洗室、浴室、卫生间及理发室内。洗脸盆

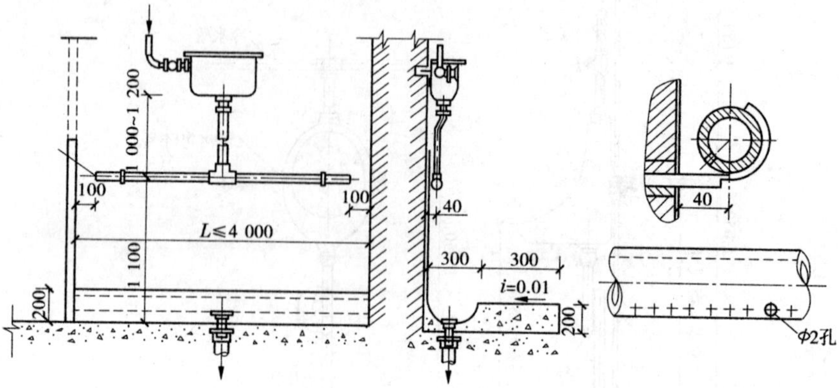

图 2-11　小便槽

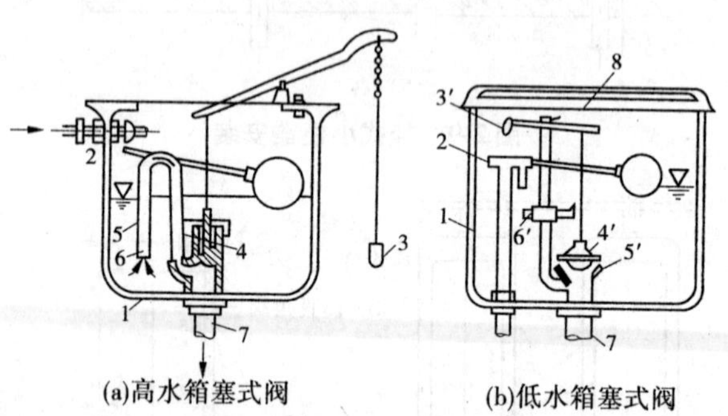

1—水箱;2—浮球阀;3—拉链;3′—扳手;4—弹簧塞阀;4′—橡胶塞阀;5—虹吸管;

5′—阀座;6—Φ5 小孔;6′—导向装置;7—冲洗管;8—溢流管

图 2-12　手动虹吸冲洗水箱

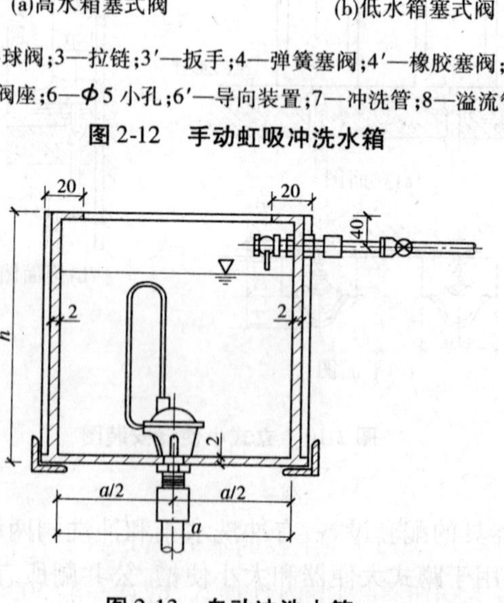

图 2-13　自动冲洗水箱

的高度及深度适宜,盥洗不用弯腰较省力,使用时不溅水,可用流动水盥洗比较卫生。洗脸盆有长方形、椭圆形和三角形,安装方式有墙架式、柱脚式和台式,图 2-15 为墙架式洗脸盆安装图。

2. 盥洗槽

盥洗槽多为瓷砖、水磨石类现场建造的卫生设备,有单面、双面之分,通常设置在同时

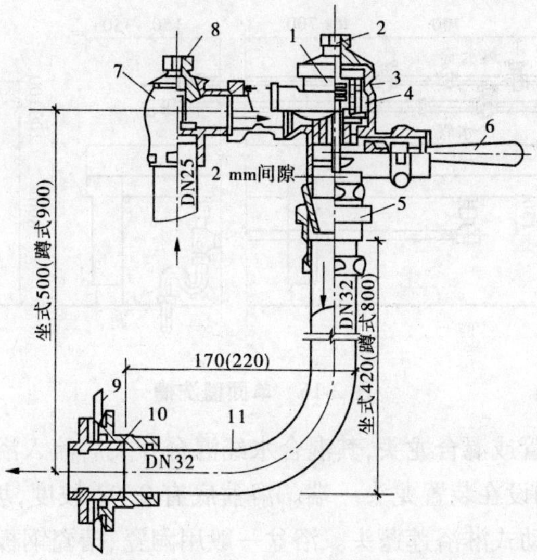

1—冲洗阀;2—调时螺栓;3—小孔;4—滤网;5—防污器;6—手柄;
7—直角截止阀;8—开闭螺栓;9—大便器;10—大便器卡;11—弯管

图 2-14　延时自闭式冲洗阀的安装

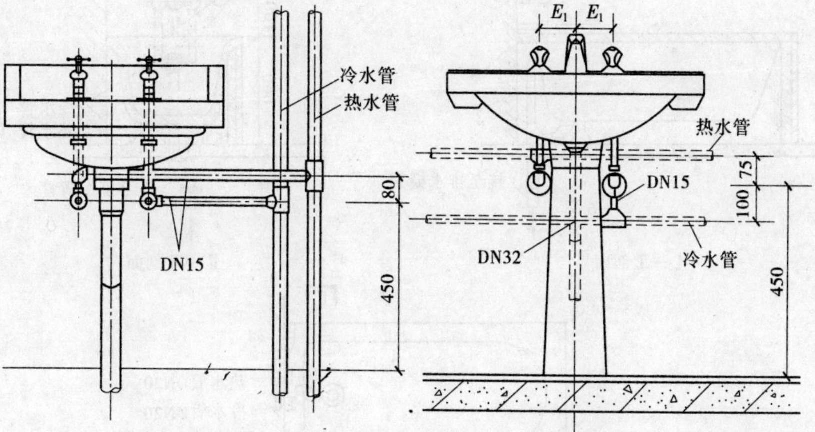

(a)普通型　　(b)柱型

图 2-15　洗脸盆

有多人需要使用盥洗的地方,如工厂、学校的集体宿舍、工厂生活间等,它比洗脸盆的造价低,使用灵活。盥洗槽有长条形和圆形两种形式,槽宽一般 500 ~ 600 mm,槽长 4.2 m 以内可采用一个排水栓,超过 4.2 m 设置两个排水栓。槽下用砖垛支撑,如图 2-16 所示为单面盥洗槽。

3. 浴盆

浴盆设在住宅、宾馆、医院等卫生间及公共浴室内,有长方形、方形和任意形等多种形式,供人们沐浴使用。浴盆颜色在浴室内需与其他用具色调协调。

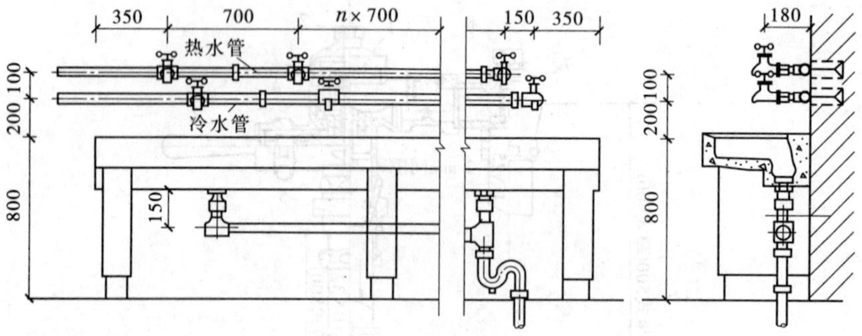

图 2-16　单面盥洗槽

浴盆配有冷热水管或混合龙头,其混合水经混合开关后流入浴盆,管径为 20 mm。浴盆的排水口、溢水口均设在装置龙头一端。浴盆底有 0.02 坡度,坡向排水口。有的浴盆还配置固定或软管活动式淋浴莲蓬头。浴盆一般用陶瓷、搪瓷钢板、塑料、复合材料制成,如图 2-17 所示。

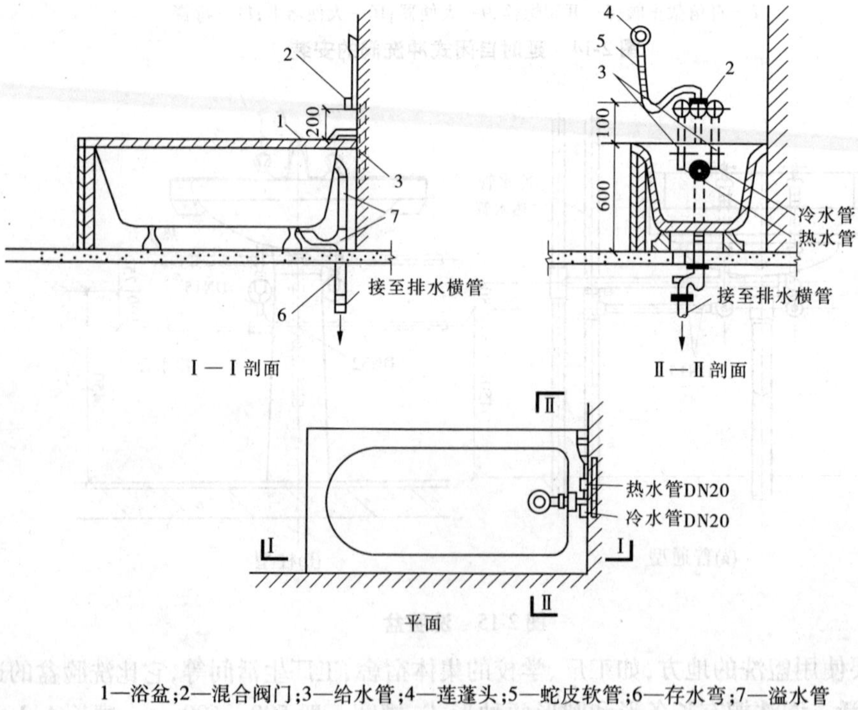

1—浴盆;2—混合阀门;3—给水管;4—莲蓬头;5—蛇皮软管;6—存水弯;7—溢水管

图 2-17　浴盆安装

4. 淋浴器

淋浴器多用于工厂、学校机关、部队公共浴室和集体宿舍、体育馆内。与浴盆相比,淋浴器具有占地面积小,设备费用低,耗水量小,清洁卫生,避免疾病传染的优点。淋浴器有成品的,也有现场安装的。图 2-18 为现场安装的淋浴器。

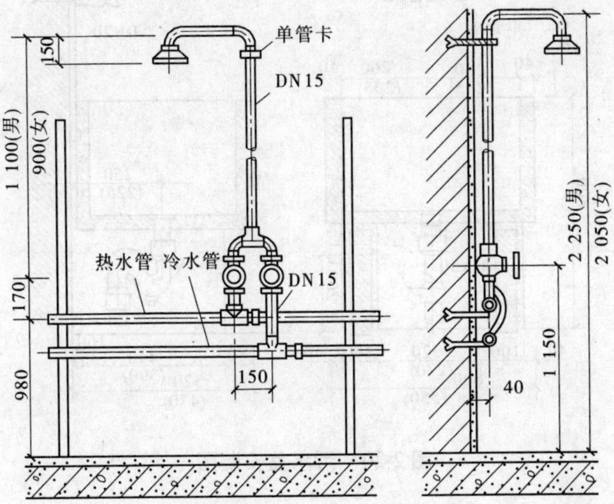

图 2-18　淋浴器安装

(三)洗涤用卫生器具

1. 洗涤盆

洗涤盆装设在厨房或公共食堂内,用来洗涤碗碟、蔬菜等。洗涤盆有单格和双格之分,双格洗涤盆一格洗涤,另一格泄水。图 2-19 为双格洗涤盆安装图。

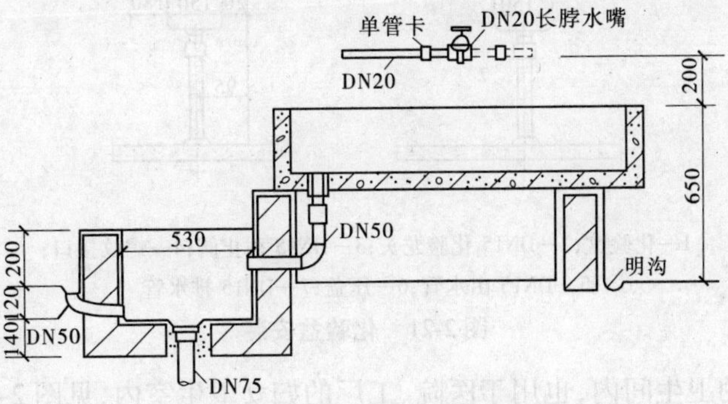

图 2-19　双格洗涤盆安装图

2. 污水盆

污水盆设置在公共建筑的厕所、盥洗室内,供洗涤拖把、打扫厕所或倾倒污水用。图 2-20为污水盆安装图。

(四)专用卫生器具

1. 化验盆

化验盆设置在工厂、科研机关和学校的化验室或实验室内,盆内已带水封,根据需要,可装置单联、双联、三联鹅颈龙头,见图 2-21。

2. 净身盆

净身盆与大便器配套安装,供便溺后洗下身用,更适合妇女和痔疮患者使用。一般用

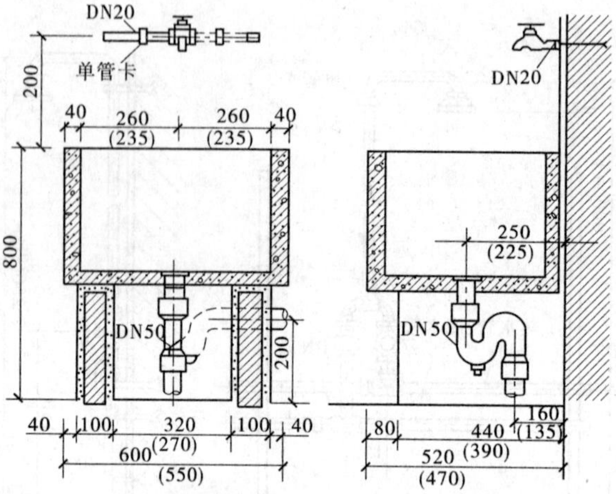

图 2-20　污水盆安装图

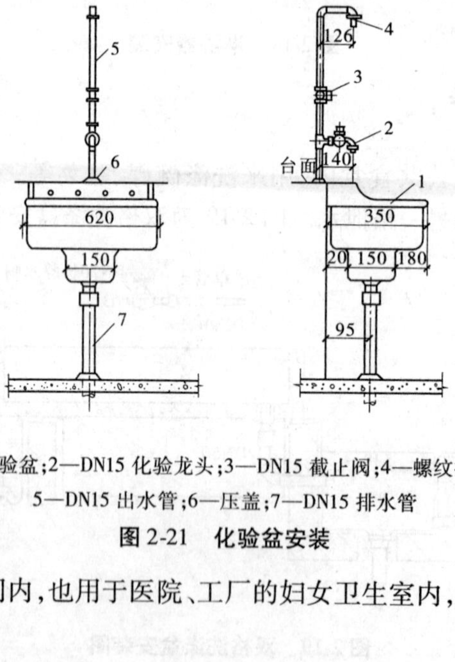

1—化验盆;2—DN15 化验龙头;3—DN15 截止阀;4—螺纹接口;
5—DN15 出水管;6—压盖;7—DN15 排水管

图 2-21　化验盆安装

于宾馆高级客房的卫生间内,也用于医院、工厂的妇女卫生室内,见图 2-22。

二、卫生间的布置

卫生间应根据选用的卫生器具类型、数量合理布置,还应考虑排水立管的位置、管道井和通气立管的公用等问题。要满足使用方便、容易清洁,也要充分考虑给管道布置创造好的条件。使给水、排水管道尽量做到少转弯、管线短、排水通畅、水力条件好。因此,卫生器具应顺着一面墙布置。如卫生间、厨房相邻,应在该墙两侧设置卫生器具,有管道竖井时,卫生器具应紧靠管道竖井的墙布置,这样会减少排水横管的转弯或减少管道的接入根数。常用的宾馆、住宅卫生间及管道井平面布置,如图 2-23 所示。为使卫生器具使用方便,使其功能正常发挥,常用卫生器具的安装高度按表 2-2 确定。卫生器具给水配件的安装高度按表 2-3 的规定。

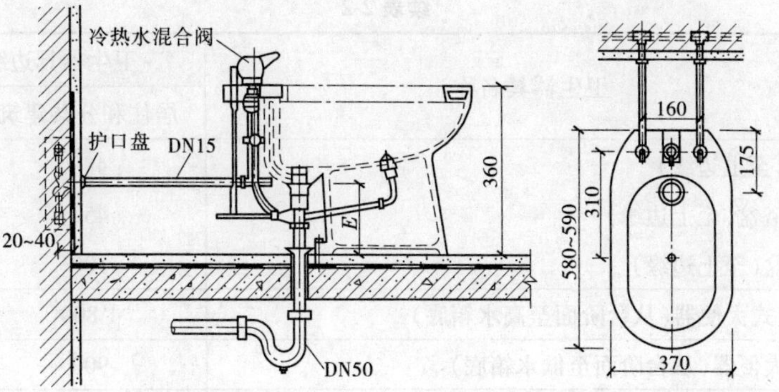

侧立面图　平面图

图 2-22　净身盆安装

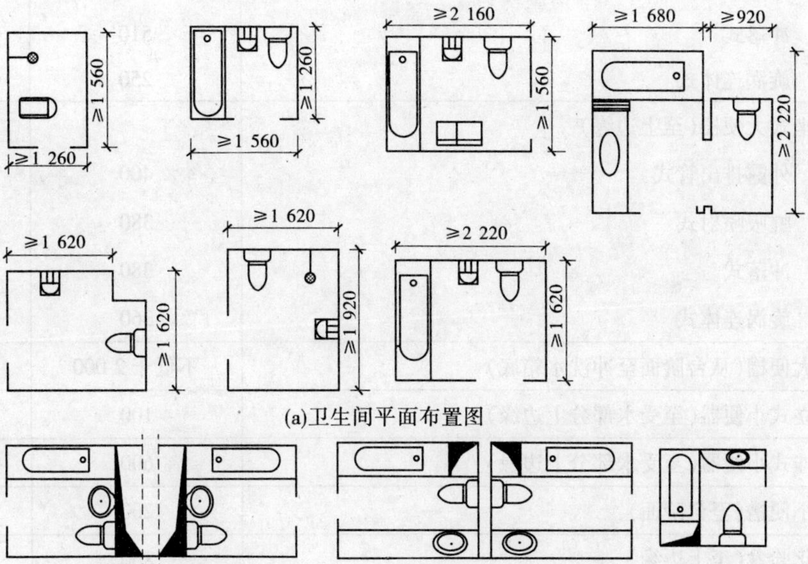

(a)卫生间平面布置图

(b)卫生器具背靠背　(c)卫生器具横列式　(d)管井较窄布置

图 2-23　常用宾馆、住宅卫生间及管道井平面布置

表 2-2　卫生器具的安装高度　（单位:mm）

序号	卫生器具名称	卫生器具边缘离地高度	
		居住和公共建筑	幼儿园
1	架空式污水盆(池)(至上边缘)	800	800
2	落地式污水盆(池)(至上边缘)	500	500
3	洗涤盆(池)(至上边缘)	800	800
4	洗手盆(至上边缘)	800	500
5	洗脸盆(至上边缘)	800	500
6	盥洗槽(至上边缘)	800	500

续表 2-2

序号	卫生器具名称	卫生器具边缘离地高度	
		居住和公共建筑	幼儿园
7	浴盆(至上边缘)	480	—
	按摩浴盆(至上边缘)	450	—
	淋浴盆(至上边缘)	100	—
8	蹲、坐式大便器(从台阶面至高水箱底)	1 800	1 800
9	蹲式大便器(从台阶面至低水箱底)	900	900
10	坐式大便器(至低水箱底)		
	外露排出管式	510	—
	虹吸喷射式	470	370
	冲落式	510	—
	旋涡连体式	250	—
11	坐式大便器(至上边缘)		
	外露排出管式	400	—
	虹吸喷射式	380	—
	冲落式	380	—
	旋涡连体式	360	—
12	大便槽(从台阶面至冲洗水箱底)	不低于 2 000	—
13	立式小便器(至受水部分上边缘)	100	—
14	挂式小便器(至受水部分上边缘)	600	450
15	小便槽(至台阶面)	200	150
16	化验盆(至上边缘)	800	—
17	净身器(至上边缘)	360	—
18	饮水器(至上边缘)	1 000	—

表 2-3　卫生器具给水配件的安装高度　(单位:mm)

项次	给水配件名称	配件中心距地面高度	冷热水龙头距离
1	架空式污水盆(池)水龙头	1 000	—
2	落地式污水盆(池)水龙头	800	
3	洗涤盆(池)水龙头	1 000	150
4	住宅集中给水龙头	1 000	—
5	洗手盆水龙头	1 000	—

续表 2-3

项次	给水配件名称		配件中心距地面高度	冷热水龙头距离
6	洗脸盆	水龙头(上配水)	1 000	150
		水龙头(下配水)	800	150
		角阀(下配水)	450	—
7	盥洗槽	水龙头	1 000	150
		冷热水管　其中热水龙头上热下冷并行	1 100	150
8	浴盆	水龙头(上配水)	670	150
9	淋浴器	截止阀	1 150	95
		混合阀	1 150	
		淋浴喷头下沿	2 100	—
10	蹲式大便器(从台阶面算起)	高水箱角阀及截止阀	2 040	—
		低水箱角阀	250	—
		手动式自闭冲洗阀	6 500	—
		脚踏式自闭冲洗阀	150	—
		拉管式冲洗阀(从地面算起)	1 600	—
		带防污助冲器阀门(从地面算起)	900	—
11	坐式大便器	高水箱角阀及截止阀	2 040	—
		低水箱角阀	150	—
12	大便槽冲洗水箱截止阀(从台面算起)		≥2 400	—
13	立式小便器角阀		1 130	—
14	挂式小便器角阀及截止阀		1 050	—
15	小便槽多孔冲洗管		1 100	—
16	实验室化验水龙头		1 000	—
17	妇女卫生盆混合阀		360	—

注:装设在幼儿园内的洗手盆、洗脸盆和盥洗槽水嘴中心离地面安装高度应为 700 mm,其他卫生器具给水配件的安装高度,应按卫生器具实际尺寸相应减少。

不同建筑内卫生间由于使用情况、设置卫生器具的数量均不相同,除住宅和客房卫生间在设计时可统一设置外,各种用途的工业和民用建筑内公共卫生间卫生器具设置定额可按表 2-4 选用。

表 2-4　每一个卫生器具使用人数

建筑物名称		大便器		小便器	洗脸盆	盥洗水嘴	淋浴器
		男	女				
集体宿舍	职工	≥10 时 20 人增 1 个	≥8 时 15 人增 1 个	20	每间至少设 1 个	≥8 时 12 人增 1 个	
集体宿舍	中小学	70	12	20	同上	12	
旅馆、公共卫生间		18	12	18	同上	8	30
中小学教学楼	中师、中学、幼师	40 ~ 45	20 ~ 25	20 ~ 25	同上		
中小学教学楼	小学	40	20	20	同上		
医院	疗养院	15	12	15	同上	6 ~ 8	8 ~ 20
医院	综合医院 门诊 综合医院 病房	120 16	75 12	60 16		12 ~ 15	12 ~ 15
办公楼		50	25	50	同上		
图书阅览楼	成人	60	30	30	60		
图书阅览楼	儿童	50	25	25	60		
剧场		75	50	25 ~ 40	100		
电影院	<600 座位 600 ~ 1 000 座位 >1 000 座位	150 200 300	75 100 150	75 100 150	每间至少 1 个且每 4 个蹲位设 1 个		
商店	顾客用 百货、自选专业商店 顾客用 联营商场、菜场	200 400	100 200	100 200			
商店	店员内部用	50	30	50			
公共食堂厨房炊事员用(职工数)		500	500	>500	每间至少设 1 个		
餐厅	顾客用 <400 座 顾客用 400 ~ 650 座 顾客用 >650 座	100 125 250	100 100 100	50 50 50	同上		
餐厅	炊事员卫生间	100	100	100			
公共浴室	工业企业生活间 卫生特征 Ⅰ Ⅱ Ⅲ Ⅳ	50 个衣柜	30 个衣柜	50 个衣柜	按人浴人数 4% 计		3 ~ 4 5 ~ 8 9 ~ 12 13 ~ 24
公共浴室	商业用浴室	50 个衣柜	30 个衣柜	50 个衣柜	5 个衣柜		40

续表 2-4

建筑物名称			大便器		小便器	洗脸盆	盥洗水嘴	淋浴器
			男	女				
体育场	运动员		50	30	50	每间至少设1个		20
	观众	小型	500	100	100			
		中型	750	150	150			
		大型	1 000	200	200			
体育馆的游泳池(按游泳人数计)	运动员		30	20	30	30(女20)		10~15
	观众		100	50	50	每间至少设1个		
	更衣间		50~75	75~100	25~40			
	游泳池旁		100~150	100~150	50~100			
	观众		100	50	50			
幼儿园			5~8		5~8		3~5	10~12
工业企业车间	≤100人		25	20	25			
	>100人		25,每增50人增1具	20,每增35人增1具				

注:1. 0.5 m长小便槽可折算成1个小便器。

2. 1个蹲位的大便槽相当于1个大便器。

3. 每个卫生间至少设1个污水池。

第三节 排水管材、附件

一、排水管材及管件

(一)常用的排水管材

1. 塑料管

塑料管具有耐腐蚀、重量轻、施工简单、容易切割、水力条件好、不易堵塞、投资省和节能等优点,但有强度低、易老化、耐温性差、普通UPVC管噪声大、防火性能差等缺点。目前最常用的是UPVC(硬聚氯乙烯)管。塑料管包括UPVC管、UPVC隔音空壁管、UPVC芯层发泡管、螺旋消声管等多种管道,适用于建筑高度不大于100 m、连续排放温度不大于40 ℃、瞬时排放温度不大于80 ℃的生活污水系统、雨水系统,也可用作生产排水管。常用胶粘剂承插连接,或弹性密封圈承插连接。

在使用UPVC排水管时,应注意下面几个问题。

UPVC管的水力条件比铸铁管好,泄流能力大,确定管径时,应使用塑料排水管的参数进行水力计算或查看相应的水力计算表。

受环境温度或污水温度变化引起的伸缩长度,可按式(2-1)计算:

$$\Delta L = La\Delta t \tag{2-1}$$

式中 ΔL——管道温升长度,m;

L——管道计算长度,m;

a——线性膨胀系数,一般采用$(6\sim8)\times10^{-5}$,m/(m · ℃);

Δt——温差,℃。

式(2-1)中的温差由两方面因素影响,即管道周围空气的温度变化和管道内水温的变化,可按式(2-2)计算:

$$\Delta t = 0.65\Delta t_s + 0.1\Delta t_g \qquad (2\text{-}2)$$

式中 Δt_s——管道内水的最大变化温度差,℃;

Δt_g——管道外空气的最大变化温度差,℃。

消除 UPVC 管道受温度影响引起的伸缩量,通常采用设置伸缩节的办法予以解决。排水立管、通气立管应每层设一个伸缩节;横支管上汇流配件至立管的直线管段大于2 m时应设置伸缩节,但伸缩节之间最大间距不得超过4 m;伸缩节应设置在汇合配件处,横干管伸缩节应设置在汇合配件上游端;横管伸缩节应采用承压橡胶密封圈或横管专用伸缩节。硬聚氯乙烯排水塑料管的规格见表2-5。

表2-5 硬聚氯乙烯排水塑料管的规格 (单位:mm)

公称外径		50	75	90	110	125	160	200	250	315
Ⅰ型	壁厚	2.0	2.3	3.2	3.2	3.2	4.0	4.9	6.2	7.7
	内径	46	70.4	83.6	103.6	118.6	152.0	190.2	237.6	299.6
Ⅱ型	壁厚					3.7	4.7	5.9	7.3	9.2
	内径					117.6	150.6	188.2	235.4	296.6
管长		4 000～6 000								

2. 排水铸铁管

排水铸铁管的管壁较给水铸铁管薄,不能承受高压,常用作建筑生活污水管、雨水管等,也可用作生产排水管。排水铸铁管的优点是耐腐蚀、具有一定的强度、使用寿命长和价格便宜等;缺点是性脆、自重大,每根管的长度短,管接口多,施工复杂。

排水铸铁管连接方式多为承插式,常用的接口材料有普通水泥接口、石棉水泥接口、膨胀水泥接口等。

为使管道在内水压下具有良好的伸缩性和曲挠性,来适应建筑楼层间变位而导致轴向位移和横向曲挠变形,以防止管道发生裂缝、折断,建筑内部排水管道应采用柔性接口机制排水铸铁管。

柔性接口机制排水铸铁管有两种,一种是连续铸造工艺制造,承口带法兰,管壁较厚,采用法兰压盖、橡胶密封圈、螺栓连接,如图2-24(a)所示;另一种是水平旋转离心铸造工艺制造,无承口,管壁薄而均匀,重量轻,采用不锈钢带、橡胶密封圈、卡紧螺栓连接,如图2-24(b)所示。

柔性接口机制排水铸铁管具有强度大,使用寿命长,抗震性能好,较好的挠曲性、伸缩性、密封性,噪声低,耐腐蚀,防火性能好,膨胀系数小,安装施工方便,美观(不带承口),耐磨合、耐高温性能好的优点。缺点是造价较高。适用于防火要求高的建筑物和高层、超高层建筑排水。

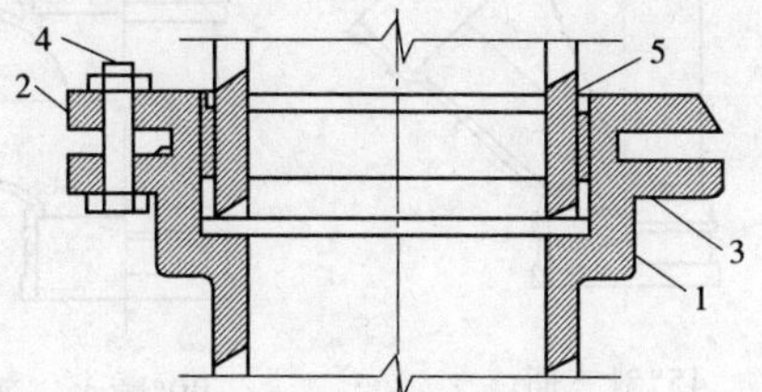

1—排水铸铁管承口;2—法兰压盖;3—密封橡胶圈;
4—紧固螺栓;5—插口接口处

(a)K 型柔性接口

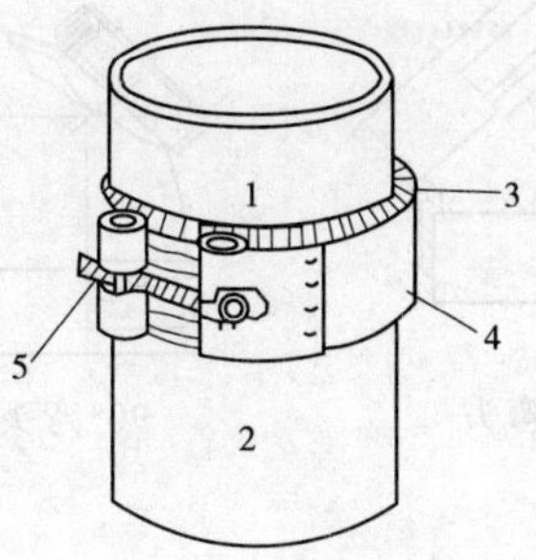

1,2—平口排水铸铁管;3—密封橡胶套;
4—不锈钢管箍;5—紧固螺栓

(b)卡紧螺栓柔性接口

图 2-24　排水铸铁管柔性接口

3. 钢管

钢管用作卫生器具排水支管及生产设备震动较大的地点、非腐蚀性排水支管上,管径小于或等于 50 mm 的管道,可采用焊接或配件连接。

建筑内部排水管材选择时,应综合考虑建筑物的使用性质、建筑高度、抗震的要求、防火要求及当地管材供应条件,因地制宜选用。

(二)管件

建筑内部排水管道是通过各种管件来连接的,排水管件用来改变排水管道的直径、方向,连接交汇管道,检查和清通管道,管件种类很多,常用的有以下几种。

1. 弯头

弯头用在管道转弯处,使管道改变方向。常用弯头的角度有 90°和 45°两种。

2. 乙字管

排水立管在室内距墙比较近,但基础比墙要宽,为了到下部绕过基础需设乙字管,或高层排水系统为消能而在立管上设置乙字管。

3. 三通或四通

三通或四通用在两条管道或三条管道的汇合处。三通有正三通、顺流三通和斜三通。四通有正四通和斜四通。

4. 管箍

管箍,也叫套袖,它的作用是将两段排水铸铁直管连在一起。

各种塑料排水管件,如图 2-25 所示;各种铸铁排水管件,如图 2-26 所示,连接如图 2-27所示。

二、附件

(一)存水弯

存水弯,也叫水封管,设置在卫生器具排水支管上及生产污(废)水受水器泄水口下

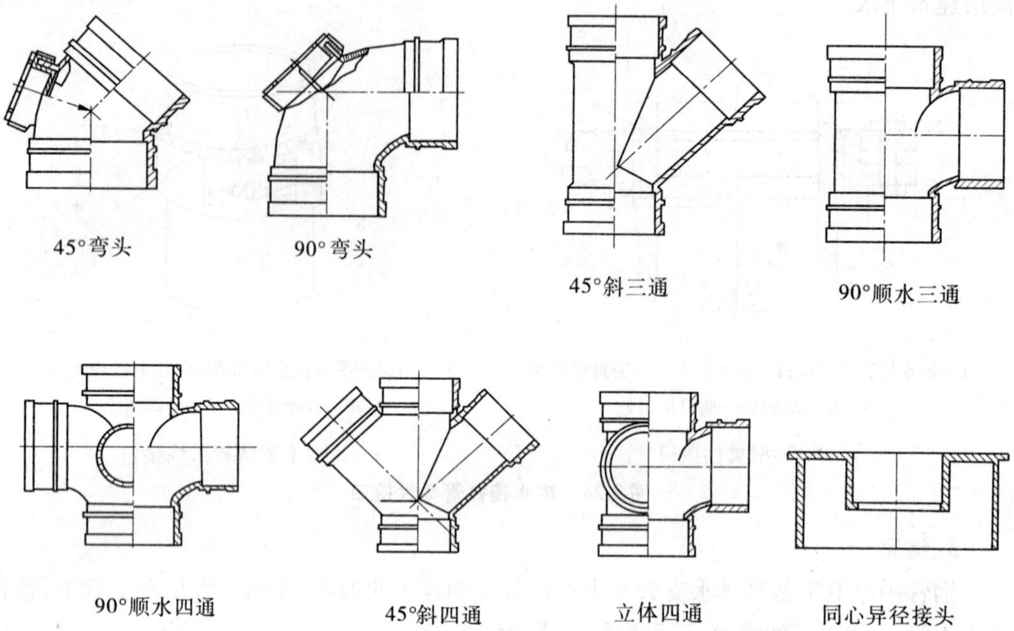

图 2-25　常用塑料排水管件

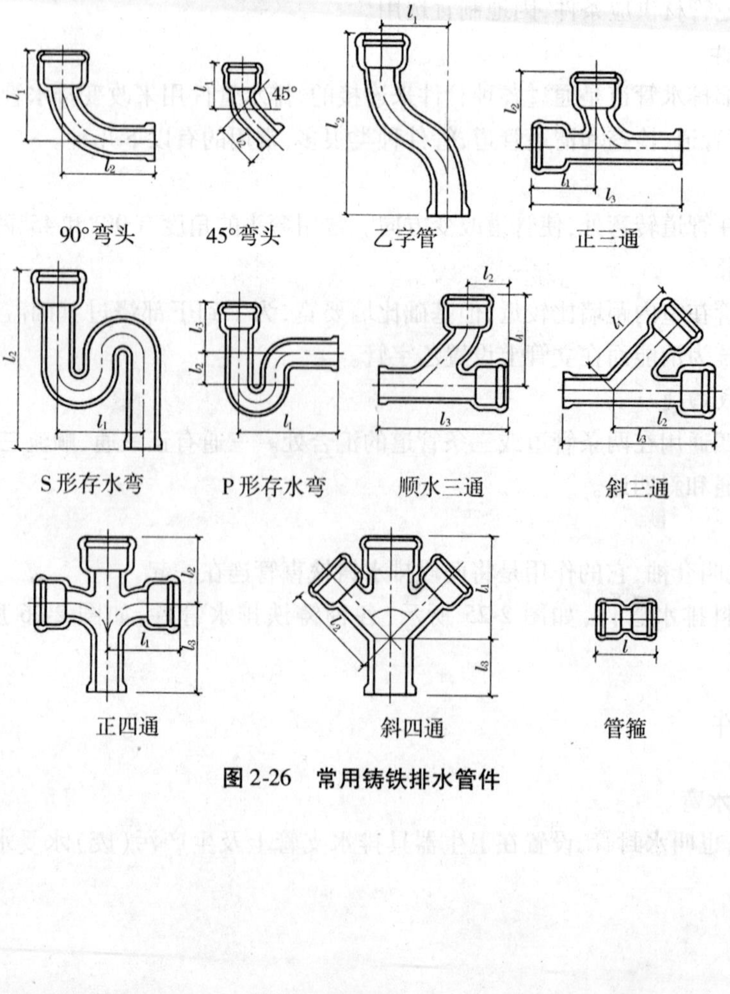

图 2-26　常用铸铁排水管件

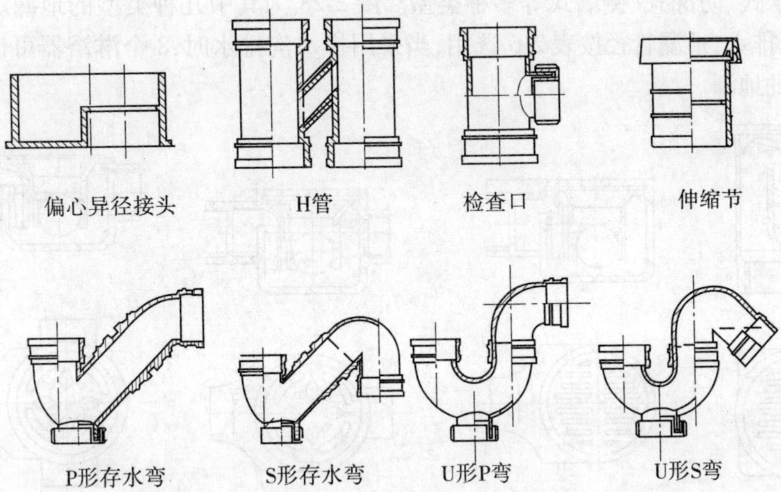

续图 2-26

方的排水附件，其构造有 S 形和 P 形两种，见图 2-26。在弯曲段内存有 50～100 mm 高度的水柱，称作水封，其作用是阻隔排水管道内的气体或虫类通过卫生器具进入建筑内而污染环境卫生。

《建筑给水排水设计规范》（GB 50015—2003）（2009 年版）规定：卫生器具和工业废水受水器与生活污水管道或其他可能产生有害气体的排水管道连接时，应在排水口以下设存水弯。存水弯的最小水封深度不得小于 50 mm。当卫生器具的构造已有存水弯时，在排水口以下可不设存水弯。

（二）地漏

地漏是排水的一种特殊装置。地漏一般设置在经常有水溅出的地面、有水需要排除的地面和经常需要清洗的地面最低处（如淋浴间、盥洗室、厕所、卫生间等），其地漏箅子应低于地面 5～10 mm。带水封的地漏水封深度不得小于 50 mm。

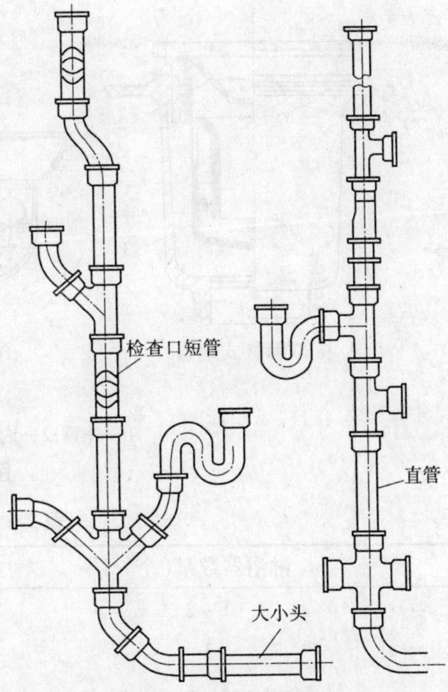

图 2-27　常用铸铁排水管件连接示意图

地漏的选择应符合下列要求：

（1）应优先采用直通式地漏，直通式地漏下必须设置存水弯。

（2）卫生要求高或非经常使用地漏排水的场所，应设置密闭地漏。

（3）食堂、厨房和公共浴室等排水宜设置网框式地漏。

家庭还可把地漏用作洗衣机排水口。地漏有扣碗式、多通道式、双箅杯式、防回流式、密闭式、无水式、防冻式、侧墙式等多种类型。图 2-28 为其中几种类型的地漏。淋浴室内一般用地漏排水，地漏管径按表 2-6 选用，当采用排水沟排水时，8 个淋浴器可设 1 个直径为 100 mm 的地漏。

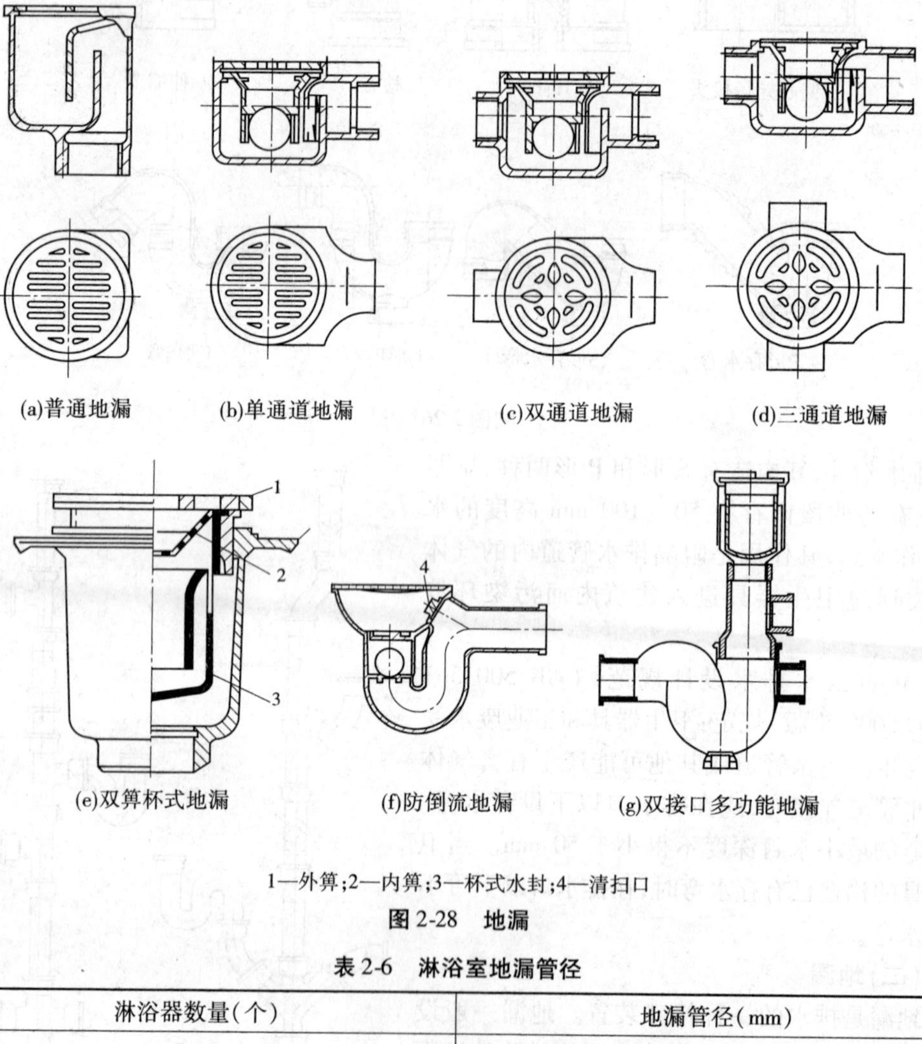

(a)普通地漏　(b)单通道地漏　(c)双通道地漏　(d)三通道地漏

(e)双箅杯式地漏　(f)防倒流地漏　(g)双接口多功能地漏

1—外箅；2—内箅；3—杯式水封；4—清扫口

图 2-28　地漏

表 2-6　淋浴室地漏管径

淋浴器数量(个)	地漏管径(mm)
1～2	50
3	75
4～5	100

三、清通设备和提升设备

(一)检查口和清扫口

检查口和清扫口属于清通设备，室内排水管道一旦堵塞可以方便疏通，因此在排水立管和横支管上的相应部位都应设置清通设备。

检查口设置在立管上，铸铁排水立管上检查口之间的距离不宜大于 10 m，塑料排水立管宜每六层设置一个检查口。但在立管的最低层和设有卫生器具的二层以上建筑的最高层应设置检查口,当立管水平拐弯或有乙字管时,在该层立管拐弯处和乙字管的上部应设检查口。检查口设置高度一般距地面 1 m,检查口向外,方便清通。

清扫口一般设置在横管上,横管上连接的卫生器具较多时,横管起点应设清扫口(有时用可清掏的地漏代替)。在连接 2 个或 2 个以上的大便器或 3 个及 3 个以上的卫生器具的铸铁排水横管上,宜设置清扫口。在连接 4 个及 4 个以上的大便器塑料排水横管上宜设置清扫口。在水流偏转角大于 45°的排水横管上,应设检查口或清扫口。从排水立管或排出管上的清扫口至室外的检查井中心的最大长度,大于表 2-7 的数值时应在排水管上设清扫口。排水横管的直线管段上检查口或清扫口之间的最大距离,按表 2-8 确定。室内埋地横干管上设检查口井。检查口、清扫口、检查口井见图 2-29。

表 2-7　排水立管或排出管上的清扫口至室外检查井中心的最大长度

管径(mm)	50	75	100	100 以上
最大长度(m)	10	12	15	20

表 2-8　排水横管直线段上清扫口或检查口之间的最大距离

管道管径(mm)	清扫设备种类	距离(m)	
		生活废水	生活污水
50 ~ 75	检查口	15	12
	清扫口	10	8
100 ~ 150	检查口	20	15
	清扫口	15	10
200	检查口	25	20

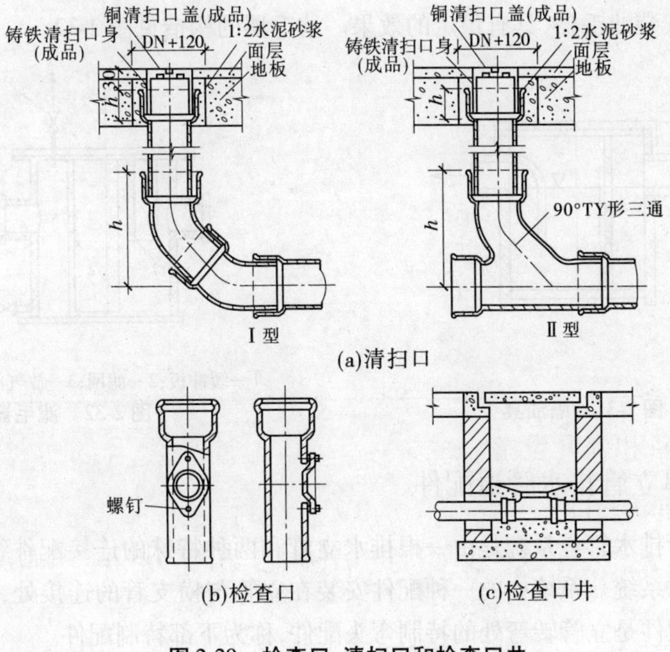

图 2-29　检查口、清扫口和检查口井

(二)通气帽

在通气管顶端应设通气帽,以防止杂物进入管内。其形式一般有两种,见图2-30。甲型通气帽采用20号铁丝编绕成螺旋形网罩,可用于气候较暖和的地区;乙型通气帽采用镀锌铁皮制成,适用于冬季室外温度低于 -12 ℃的地区,它可避免因潮气结冰霜封闭网罩而堵塞通气口的现象发生。

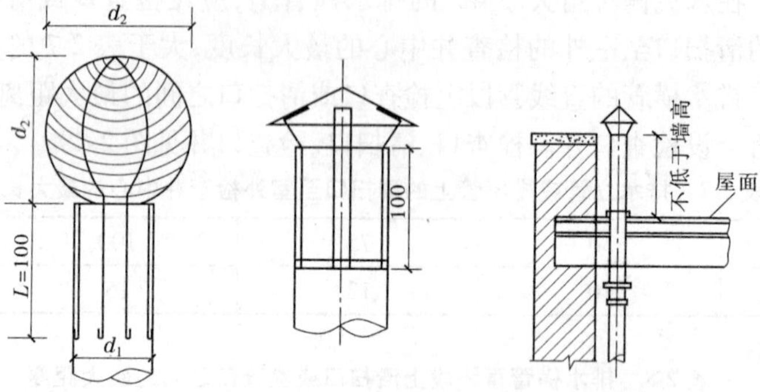

(a)甲型通气帽　　(b)乙型通气帽　　(c)通气帽的固定方式

图2-30　通气帽

(三)隔油具

隔油具见图2-31,通常用于厨房等场所。隔油具对排入下水道前的含油脂污水进行初步处理。隔油具装在水池的底板下面,亦可设在几个小水池的排水横管上。

(四)滤毛器

理发室、游泳池、浴池的排水中往往挟带毛发等,易造成管道堵塞,所以在以上场所的排水支管上应安装滤毛器,具有稳定的效果。滤毛器的构造见图2-32。

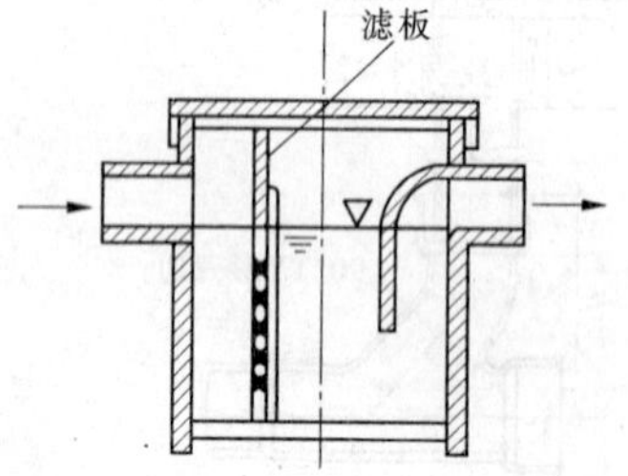

图2-31　隔油具

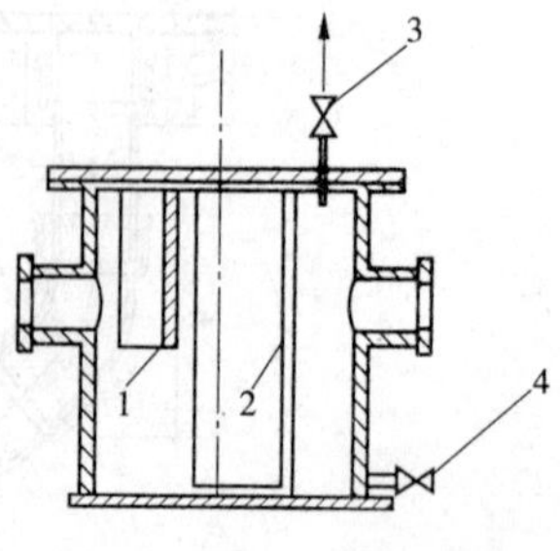

1—缓冲板;2—滤网;3—放气阀;4—排污阀

图2-32　滤毛器

四、特殊单立管排水管道配件

特殊单立管排水管道系统是由一根排水立管和两种特殊的连接配件组成的,所以又称为单立管排水系统。系统中的一种配件安装在立管与横支管的连接处,称为上部特制配件。另一种配件是立管转弯处的特制弯头配件,称为下部特制配件。

这种系统具有良好的排水性能和通气性能。与普通排水系统相比,该系统管道简单、占地及空间小、造价低。但是,该系统的配件较大、构造较复杂、安装质量要求严格。

特殊单立管排水系统具有多种形式,其中较典型的有混流式排水系统(苏维脱单立管排水系统)、旋流式排水系统(塞克斯蒂阿单立管排水系统)和环流式排水系统(小岛德原配件排水系统)三种。图 2-33 为苏维脱单立管排水系统。

五、新型排水系统设计与安装

(1)排水立管管径应根据立管所承担的卫生器具排水总量确定。

(2)每层排水横支管与立管接入处,应设混流器。

(3)排水立管需在中间层拐弯或立管底部与总排水横管连接处设置跑气器。

混流器和跑气器的安装,见图 2-34。

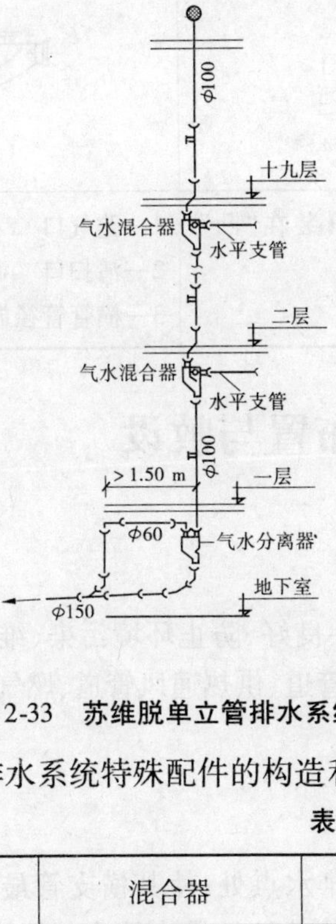

图 2-33　苏维脱单立管排水系统

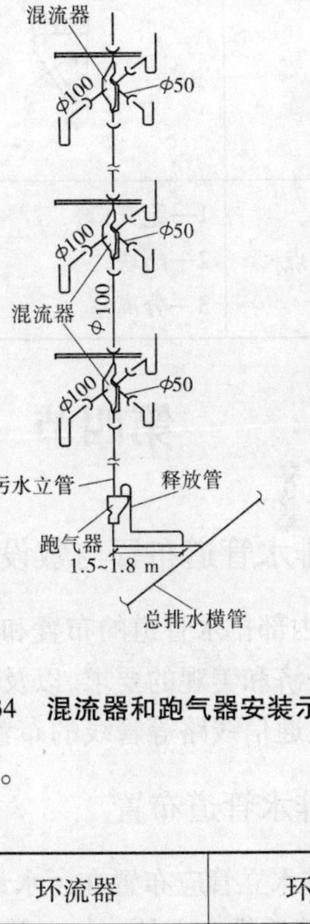

图 2-34　混流器和跑气器安装示意图

新型排水系统特殊配件的构造和连接方式,见表 2-9。

表 2-9　单立管特殊配件

特殊接头	混合器	旋流器	环流器	环旋器
简图	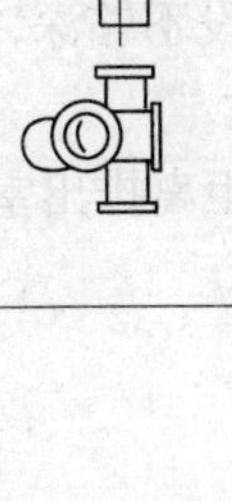	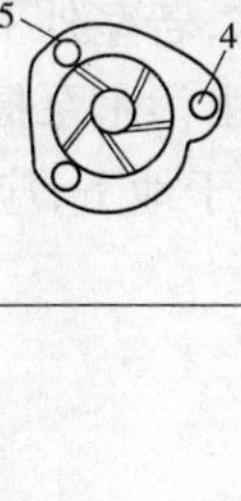	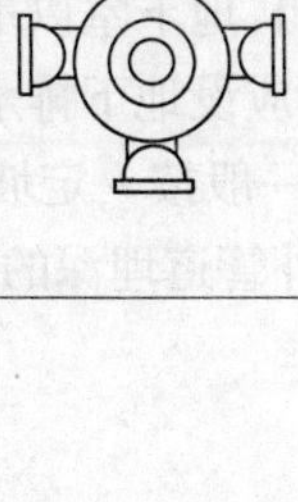	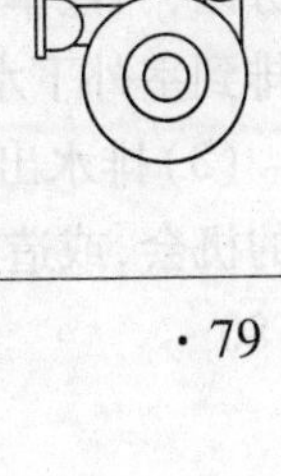

续表 2-9

特殊接头	混合器	旋流器	环流器	环旋器
构造特点	1—乙字弯 2—缝隙 3—隔板	1—盖板 2—叶片 3—隔板 4—侧管(污水) 5—侧管(废水)	1—内管 2—扩大室	1—内管 2—扩大室
横管接入方式	三向平接入	垂直方向接入	环向正对接入	环向旋切接入

特殊弯头	跑气器	导流弯	角笛弯
简图	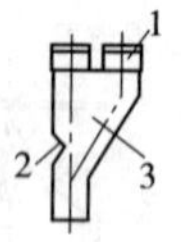		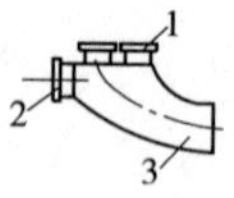
构造特点	1—跑气口 2—凸块 3—分离室	1—导向叶片(装在“凸”岸)	1—跑气口 2—清扫口 3—横管管径放大一级

第四节　排水管道的布置与敷设

一、排水管道布置与敷设原则

建筑内部排水管道的布置和敷设应具备水力条件良好、防止环境污染、维修方便、使用可靠、经济和美观的要求，以及兼顾给水管道、热水管道、供热通风管道、燃气管道、电力照明线路、通信线路等管线的布置和敷设要求。

二、排水管道布置

(1)排水立管应布置在污水最集中，水质最差的排水点处，使其横支管最短，以便尽快转入立管后排出室外。如立管附近设大便器，以尽快地接纳横支管来的污水而减少管道堵塞的可能性。

(2)排水管应尽量作直线布置，力求减少不必要的转角和曲折。受条件限制必须偏置时，宜用乙字管或两个45°弯头连接来实现。设在地下室或转换层时，排水横干管可敷设在转换层内或地下室顶板下。根据室外下水道高程情况划分排水分区，一层以上为一个分区，一层单独排出，地下室以下的排水，若室外下水道埋设不够深，按其排出管高程无法排到室外下水道时应设地下排水泵房，由污水泵提升排出。

(3)排水出户管一般按一定坡度埋设于地下，应以最短距离排出室外，否则会增加堵塞的机会，或造成室外管道埋深的增加。

(4)排出管和室外排水管衔接时,排出管管顶标高应大于或等于室外排水管管顶标高,以防止室外排水管道超负荷运行时,影响排出管的排水量,导致室内卫生器具冒泡或满溢。为保证畅通的水力条件,避免水流相互干扰,在衔接处水流转角不得小于90°,但当落差大于0.3 m时,水流转弯角的影响已不明显,可不受此限制。高层建筑排水系统一般不分区敷设,污水立管按一根管道布置贯穿上下。

(5)排水管道不允许布置在有特殊生产工艺和卫生要求的厂房,以及食品和贵重商品仓库、通风室和配电间内,也不得布置在食堂,尤其是锅台、炉灶、操作主副食烹调处。

三、排水管道的敷设

(1)排水管应尽量避免穿过伸缩缝、沉降缝,若必须穿越,应采取相应的技术措施,如用橡胶管连接等。

(2)排水立管穿楼层时,预埋套管,套管比通过的管径大50~100 mm。

(3)根据建筑功能的要求,几根通气立管可以汇合成一根,通过伸顶通气总管排出屋面。

(4)单根排水立管的排出管管径与排水立管相同。

(5)横支管接入横干管竖直转向管段时,连接点距转弯处以下不得小于0.6 m。

(6)排水管穿过承重墙或基础时,应预留管洞,使管顶上部净空不得小于建筑物的沉降量,一般不小于0.15 m。

(7)塑料排水立管每层均设置伸缩器,一般设在楼板下排水支管汇合处三通以下。

(8)塑料排水立管穿楼层应设置阻燃圈,横管穿越防火墙、防火隔墙时在穿越处两侧应设阻燃圈。

(9)污水管经常发生堵塞的部位一般在管道的接口和转弯处,卫生器具排水管与排水支管连接时,可采用90°斜三通;排水管道的横管与横管(或立管)的连接,宜采用45°或90°斜三(四)通,直角顺水三(四)通;排水立管与排出管端部的连接,宜采用两个45°弯头或弯曲半径不小于4倍管径的90°弯头,如图2-35所示。

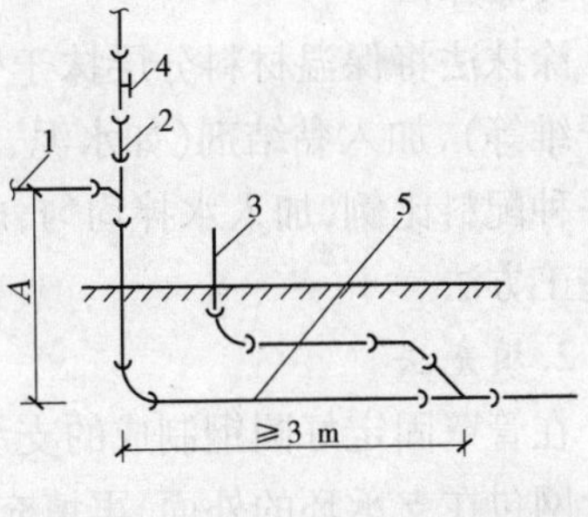

1—排水横管;2—排水立管;3—排水立管支管;4—检查口;5—排水横干管(或排出管)

图2-35 排水立管与排出管端部的连接

(10)接有大便器的污水管道系统中,若无专用通气管或主通气管,在排水横干管管底以上0.70 m的立管管段内,不得连接排水支管,在接有大便器的污水管道系统中,距立管中心线3 m范围内的排水横干管上不得连接排水管道。

(11)布置在高层建筑管道井内的排水立管,必须每层设置支撑支架,以防整根立管重量下传至最低层。高层建筑(如旅馆、公寓、商业楼等)管井内的排水立管,不应每根单独排出,可在技术层内用水平管加以连接,分几路排出,连接多根排水立管的总排水横管必须按坡度要求并以支架固定。

(12)靠近排水立管底部的排水支管连接,应符合下列要求:排水立管仅设置伸顶通气管时,最低排水横支管与立管连接处距排水立管管底垂直距离,不得小于表2-10的规定。如果与排水管连接的立管底部放大一号管径或横干管比与之连接的立管大一号管径,可将表中距离缩小一档;排水支管连接在排出管或排水横干管上时,连接点距立管底部水平距离,不宜小于3.0 m;当靠近排水立管底部的排水支管的连接,不能满足上述要求时,排水支管应单独排出室外。

表2-10 最低横支管与立管连接处至立管管底的距离

立管连接卫生器具的层数(层)	垂直距离(m)	立管连接卫生器具的层数(层)	垂直距离(m)
≤4	0.45	13~39	3.00
5~6	0.75	≥20	6.00
7~12	1.20		

四、管道保温、防腐与防堵

(一)管道保温

保温又称绝热,是由保温层与保护层组成的,其目的是减少热能损失。这样一来,排水管道保温就可以减少热媒在输送过程中的损伤以及防止管道结露与结冻。排水管道的保温方法很多,有将保温材料分层抹于管道的涂抹法;有将散状保温材料填充在支承环与镀锌铁丝网等构成的空间内的填充法;有利用毡、布等保温材料在排水管道上包扎一层或几层的捆扎法;有将保温材料制成瓦块,拼装组成管壳的管道预制装配法;还有将聚氨酯泡沫原料现场喷于管道上的喷涂法。

1. 涂抹法

涂抹法将保温材料分层抹于管道,采用不定型保温材料(膨胀珍珠岩、膨胀蛭石、石棉纤维等),加入黏结剂(如水泥、水玻璃、耐火黏土等),或再加入促凝剂(氟硅酸钠),选定一种配料比例,加入水拌均匀,成为塑性泥团,徒手或用工具涂抹到保温管道和设备上的施工方法。

2. 填充法

在管壁固定好圆钢制成的支承环,环的厚度和保温层厚度相同,然后用铁皮、铝皮或铁丝网包在支承环的外面,再填充保温材料。填充保温结构宜采用金属保护壳。这种施工方法麻烦,保温材料易飞扬,影响工人健康,另外这样的结构密度不易达到设计规定的装填密度,在实际工程中较少采用。

3. 管道预制装配法

一般DN<80 mm时,采用半圆形管壳;DN>100 mm时,采用扇形瓦(弧形瓦)或梯形瓦。预制品所用的材料主要有泡沫混凝土、石棉、硅藻土、矿渣棉、玻璃棉、岩棉、膨胀珍珠岩等。

4. 喷涂法

喷涂法所用的保温材料、黏结剂或水均匀地沿各自的输送管路送至喷枪,在喷嘴处干料与液体进行膛内混合或膛外混合,形成正压射流,喷向保温管道的管壁。喷涂前,先在管段的外壁装好一副装配式的保温胎具,然后可喷涂成形。

(二)排水管道防腐

1. 排水管道内防腐

排水管道内防腐常采用水泥砂浆内衬防腐,这是因为水泥砂浆相对其他材质的用料显得更为牢固和耐用,作为排水管道养护中的重要一环,管道内防腐的处理措施如下:

(1)涂衬前,应清除管内壁铁垢、锈斑、油污、泥沙与沥青涂层等杂质。

(2)把管子置于离心装置上,由涂衬厚度与管长,求出水泥与沙子用量。

(3)拌和配置材料,将拌和料均匀倒入管中。

(4)启动离心涂管机,速度由慢渐快。

(5)离心涂管之后,运往养护场养护,养护时间由气温决定。

(6)根据管道内径和管内壁表面情况确定涂层厚度。

2. 排水管道外防腐

管道防腐是为了防止金属管道及设备的锈蚀,延长管道使用寿命。排水管道外层防腐的方法往往被人们所忽略,但是事实上,外层防腐是排水管道养护的一项重要举措。管道外防腐的处理措施针对不同管道有所不同。

1)明装管道

明装管道是指刷防锈漆一道,待交工前刷面漆两道,同时,如果有保温和防结露要求的排水管道应刷两道防锈漆。

2)暗装管道

所谓暗装管道,是要刷两道防锈漆,第一道防锈漆干透后再刷第二道,且防锈漆稠度要适宜。

3)埋地管道

埋地管道要特殊一些,需要采用石油沥青防腐层,当然也可采用环氧煤沥青防腐层、环氧粉末防腐层、聚乙烯胶带防腐层。

(三)排水管道防堵

排水管道内的杂物较多,堵塞的概率较大,因此要做好排水管道的防堵工作。避免排水系统管道堵塞,应注意几方面的因素,首先是管道布置时尽量成直线,少转弯,靠近立管的大便器可直接接入;其次是尽量采用带检查口的弯头、存水弯;最后是要按规范要求在立管、横支管上设置检查口,并应经常维护管理。

第五节　建筑排水系统的设计计算

建筑内部排水系统计算是在排水管道平面布置完成及绘出管道系统计算草图后进行的,计算的目的在于经济合理地确定排水系统中各管段的管径、横向管道的坡度、通气管的管径和各控制点的标高,从而保证排水系统的正常工作。

一、建筑排水定额及设计流量

(一)建筑排水定额

建筑内部的排水定额有两个:一个是以每人每日为标准,另一个是以卫生器具为标准。每人每日排放的污水量和时变化系数与气候、建筑物内卫生设备完善程度有关。从用水设备流出的生活给水使用后损失很小,绝大部分被卫生器具收集排放,所以生活排水定额和时变化系数与生活给水相同。生活排水平均时排水量和最大时排水量的计算方法与建筑内部的生活给水量计算方法相同,计算结果主要用来设计污水泵和化粪池等。

卫生器具排水定额是经过实测得来的,主要用来计算建筑内部各个管段的管径。某管段的设计流量与其接纳的卫生器具类型、数量及使用频率有关。为了便于累加计算,与建筑内部给水相似,以污水盆排水量 0.33 L/s 为一个排水当量,将其他卫生器具的排水量与 0.33 L/s 的比值作为该种卫生器具的排水当量。由于卫生器具排水具有突然、迅速、流量大的特点,所以一个排水当量的排水流量是一个给水当量额定流量的 1.65 倍。各种卫生器具的排水流量、当量和排水管的管径见表 2-11。

表 2-11　各种卫生器具排水流量、当量和排水管的管径

序号	卫生器具名称	卫生器具类型	排水流量（L/s）	排水当量	排水管管径（mm）
1	洗涤盆、污水盆(池)		0.33	1.00	50
2	餐厅、厨房洗菜盆(池)	单格洗涤盆(池)	0.67	2.00	50
		双格洗涤盆(池)	1.00	3.00	50
3	盥洗槽(每个水嘴)		0.33	1.00	50~75
4	洗手盆		0.10	0.30	32~50
5	洗脸盆		0.25	0.75	32~50
6	浴盆		1.00	3.00	50
7	淋浴器		0.15	0.45	50
8	大便器	冲洗高水箱	1.50	4.50	100
		自闭式冲洗阀	1.20	3.60	100
9	医用倒便器		1.50	4.50	100
10	小便器	感应式冲洗阀	0.10	0.30	40~50
		自闭式冲洗阀	0.10	0.30	40~50
11	大便槽	≤4 个蹲位	2.50	7.50	100
		>4 个蹲位	3.00	9.00	150
12	小便槽(每米)	自动冲洗水箱	0.17	0.50	
13	化验盆(无塞)		0.20	0.60	40~50
14	净身器		0.10	0.30	40~50
15	饮水器		0.15	0.15	25~50
16	家用洗衣机		0.50	1.50	50

(二)排水设计秒流量

建筑内部排水管道的设计流量是确定各管段管径的依据,因此排水设计流量的确定应符合建筑内部排水规律。建筑内部排水流量与卫生器具的排水特点和同时排水的卫生器具数量有关,具有历时短、瞬时流量大、两次排水时间间隔长、排水不均匀的特点。为保证最不利时刻的最大排水量能迅速、安全地排放,某管段的排水设计流量应为该管段的瞬时最大排水流量,又称为排水设计秒流量。

按建筑物的类型,我国生活排水设计秒流量计算公式有以下两个:

(1)住宅、集体宿舍、旅馆、医院、疗养院、幼儿园、养老院、办公楼、商场、会展中心、中小学校教学楼等建筑用水设备使用不集中,用水时间长,同时排水百分数随卫生器具数量增加而减少,其设计秒流量计算公式为

$$q_p = 0.12\alpha\sqrt{N_p} - q_{max} \tag{2-3}$$

式中 q_p——计算管段排水设计秒流量,L/s;

N_p——计算管段的卫生器具排水当量总数;

q_{max}——计算管段上排水量最大的一个卫生器具的排水流量,L/s;

α——根据建筑物用途而定的系数,按表 2-12 确定。

表 2-12 根据建筑物用途而定的系数 α 值

建筑物名称	集体宿舍、旅馆和其他公共建筑的公共盥洗室和厕所间	住宅、宾馆、医院、疗养院、幼儿园、养老院的卫生间
α 值	2.0~2.5	1.5

当按式(2-3)计算排水量时,若计算所得流量值大于该管段上按卫生器具排水流量累加值,应按卫生器具排水流量累加值确定设计秒流量。

(2)工业企业生活间、公共浴室、洗衣房、职工食堂或营业餐厅的厨房、实验室、影剧院、体育场、候车(机、船)厅等建筑的卫生设备使用集中,排水时间集中,同时排水百分数大,其排水设计秒流量计算公式为

$$q_p = \sum q_0 N_0 b \tag{2-4}$$

式中 q_p——计算管段排水设计秒流量,L/s;

q_0——计算管段上同类型的一个卫生器具排水流量,L/s;

N_0——计算管段上同类型卫生器具数;

b——卫生器具的同时排水百分数(%),冲洗水箱大便器的同时排水百分数按 12% 计算,其他卫生器具的同时排水百分数同给水。

对于有大便器接入的排水管网起端,因卫生器具较少,大便器的同时排水百分数较小(如冲洗水箱大便器仅定为 12%),按以上公式计算的排水设计秒流量可能会小于一个大便器的排水流量,这时应按一个大便器的排水量作为该管段的排水设计秒流量。

二、排水管网水力计算

(一)横管的水力计算

为保证管道系统有良好的水力条件,稳定管内气压,防止水封破坏,保证良好的室内环境卫生,在设计计算横支管和横干管时,须满足下列规定。

1. 最大设计充满度

建筑内部排水横管按非满流设计,以便使污废水释放出的气体能自由流动排入大气,调节排水管道系统内的压力,接纳意外的高峰流量。建筑内部排水横管的最大设计充满度见表2-13。

表2-13 排水横管的最大设计充满度

排水管道类型	管径(mm)	最大设计充满度
生活排水管道	≤125	0.5
	150~200	0.6
生产废水管道	50~75	0.6
	100~150	0.7
	≥200	1.0
生产污水管道	50~75	0.6
	75~100	0.7
	≥200	0.8

2. 管道坡度

污水中含有固体杂质,如果管道坡度过小,污水的流速慢,固体杂物会在管内沉淀淤积,减小过水断面面积,造成排水不畅或堵塞管道,为此对管道坡度作了规定。建筑内部生活排水管道的坡度有标准坡度和最小坡度两种,见表2-14。标准坡度是指正常条件下应予以保证的坡度,最小坡度为必须保证的坡度。一般情况下应采用标准坡度,当横管过长或建筑空间受限制时,可采用最小坡度。塑料排水横管的标准坡度均为0.026。

表2-14 生活污水排水横管的标准坡度和最小坡度

管材	管径(mm)	坡度	
		标准坡度	最小坡度
塑料管	50	0.026	0.012
	75	0.026	0.007
	90	0.026	0.005
	110	0.026	0.004
	125	0.026	0.003 5
	160	0.026	0.003
	200	0.026	0.003

续表 2-14

管材	管径(mm)	坡度	
		标准坡度	最小坡度
铸铁管	50	0.035	0.025
	75	0.025	0.015
	100	0.020	0.012
	125	0.015	0.010
	150	0.010	0.007
	200	0.008	0.005

工业废水的水质与生活污水不同,其排水横管的标准坡度和最小坡度见表 2-15。

表 2-15　工业废水排水横管的标准坡度和最小坡度

管径(mm)	生产废水		生产污水	
	标准坡度	最小坡度	标准坡度	最小坡度
50	0.025	0.020	0.035	0.030
75	0.020	0.015	0.025	0.020
100	0.015	0.008	0.020	0.045
125	0.010	0.006	0.015	0.040
150	0.008	0.005	0.010	0.006
200	0.006	0.004	0.007	0.004
250	0.005	0.003 5	0.006	0.003 5
300	0.004	0.003	0.005	0.003

3. 最小管径

室内排水管的管径和管道坡度在一般情况下是根据卫生器具的类型和数量,按经验资料确定其最小管径的。

为了排水通畅,防止管道堵塞,保障室内环境卫生,规定了建筑内部排水管的最小管径为 50 mm。医院、厨房、浴室以及大便器排放的污水水质特殊,其最小管径应大于 50 mm。

医院洗涤盆和污水盆内往往有一些棉花球、纱布、玻璃碴和竹签等杂物落入,为防止管道堵塞,管径不小于 75 mm。

厨房排放的污水中含有大量的油脂和泥沙,容易在管道内壁附着聚集,减小管道的过水面积。为防止管道堵塞,多层住宅厨房间的排水立管管径最小为75 mm,公共食堂厨房排水管实际选用的管径应比计算管径大一号,且干管管径不小于100 mm,支管管径不小于75 mm。浴室泄水管的管径宜为100 mm。

小便槽或连接3个及3个以上的小便器排水管,应考虑冲洗不及时而结尿垢的影响,管径不得小于75 mm。

大便器具是唯一没有十字栏栅的卫生器具,瞬时排水量大,污水中的固体杂质多。凡连接大便器的支管,即使仅有1个大便器,其最小管径也为100 mm。

大便槽的排水管管径最小应为150 mm。

浴池的泄水管管径宜采用100 mm。

(二)立管水力计算

排水立管的通水能力与管径、系统是否通气、通气的方式和管材有关,不同管径、不同通气方式、不同管材排水立管的最大允许排水流量见表2-16。

表2-16　排水立管最大排水能力

通气情况	管材	立管工作高度(m)	不同管径(mm)通水能力(L/s)							
			50	75	90	100	110	125	150	160
仅设伸顶通气管	铸铁管	—	1.00	2.50	—	4.50	—	7.00	10.00	—
	塑料管	—	1.20	3.00	3.80	—	5.40	7.50	—	12.00
	螺旋管	—	—	3.00	—	6.00	—	—	13.00	—
设有通气立管	铸铁管	—	—	5.00	—	9.00	—	14.00	25.00	—
	塑料管	—	—	—	—	—	10.00	16.00	—	28.00
特制配件单立管	混合器	—	—	—	—	6.00	—	9.00	13.00	—
	旋流器	—	—	—	—	7.00	—	10.00	15.00	—
不通气单立管		≤2	1.00	1.70	—	3.80	3.80	5.00	7.00	7.00
		3	0.64	1.35	—	2.40	2.40	3.40	5.00	5.00
		4	0.50	0.92	—	1.76	1.76	2.70	3.50	3.50
		5	0.40	0.70	—	1.36	1.36	1.90	2.80	2.80
		6	0.40	0.50	—	1.00	1.00	1.50	2.20	2.20
		7	0.40	0.50	—	0.76	0.76	1.20	2.00	2.00
		≥8	0.40	0.50	—	0.64	0.64	1.00	1.40	1.40

(1)DN100的塑料排水管公称外径为110 mm,DN150的塑料排水管公称外径为160 mm。

(2)塑料管、螺旋管、特制配件单立管的排出管、横干管以及与之连接的立管底部(最低排水横支管以下)应放大一号管径。

(3)排水立管工作高度,按最高排水横支管和立管连接点至排出管中心线间的距离计算。

(4)若排水立管工作高度在表中列出的两个高度值之间,可用内插法求得排水立管的最大排水能力数值。

(5)排水立管管径不得小于横支管管径。

三、经验法确定排水管道管径

根据建筑物的性质、设置通气管的情况、排水管段负荷当量总数,可按表 2-17 估算排水管管径。

表 2-17　排水管道允许负荷卫生器具当量值

建筑物的性质	排水管道名称		不同管径管道允许负荷当量总数			
			50 mm	75 mm	100 mm	150 mm
住宅、公共居住建筑的小卫生间	横支管	无器具通气管	4	8	25	
		有器具通气管	8	14	100	
		底层单独排出	3	6	12	
	横干管			14	100	1 200
	立管	仅有伸顶通气管	5	25	70	1 000
		有通气立管			900	
集体宿舍、旅馆、医院、办公楼、学校等公共建筑的盥洗间、厕所	横支管	无环形通气管	4.5	12	36	
		有环形通气管			120	
		底层单独排出	4	8	36	
	横干管			18	120	2 000
	立管	仅有伸顶通气管	6	70	100	2 500
		有通气立管			1 500	
工业企业生活卫生间、公共浴室、洗衣房、公共食堂、实验室、影剧院、体育场	横支管	无环形通气管	2	6	27	
		有环形通气管			100	
		底层单独排出	2	4	27	
	横干管			12	80	1 000
	立管(仅有伸顶通气)		3	35	60	800

注:将计算管段上卫生器具排水当量数相叠加查本表即得管径。

【例 2-1】　某学校有一栋六层学生宿舍楼,每层设厕所间、盥洗间各一个。厕所间内设有高位蹲式大便器 4 套,手动冲洗小便器 3 个,洗脸盆 1 个;盥洗间内设有 5 个水龙头的盥洗槽 2 个、污水池 1 个;厕所间设地漏 1 个,盥洗间设地漏 2 个。排水管道平面图布置见图 2-36，排水管道系统见图 2-37。管材采用排水铸铁，试进行水力计算，确定管道管径和坡度。

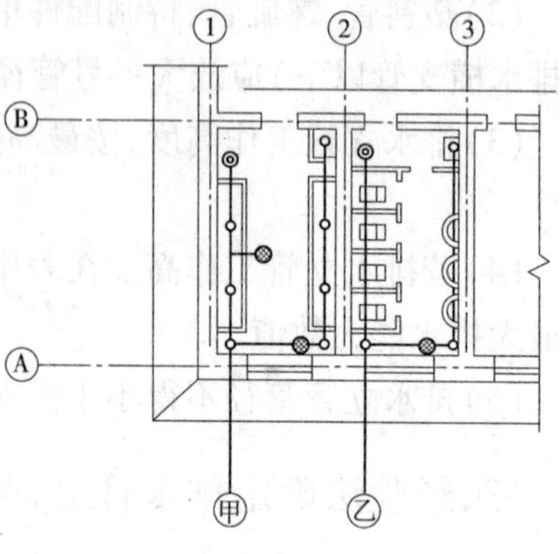

图 2-36　排水管道平面布置图

解：1. 甲系统水力计算

甲系统排水当量总数 $N_p = 1 \times 60 + 1 \times 6 = 66$，未超过表 2-17 中有关规定，因此可按表 2-17 确定该系统管道直径和坡度。

1）卫生器具支管管径的确定

由表 2-11 查得污水池排水支管管径 DN = 50 mm。每个盥洗槽采用两个排水栓，每个支管采用 DN = 50 mm 的管径，采用规格 DN = 50 mm 的地漏。

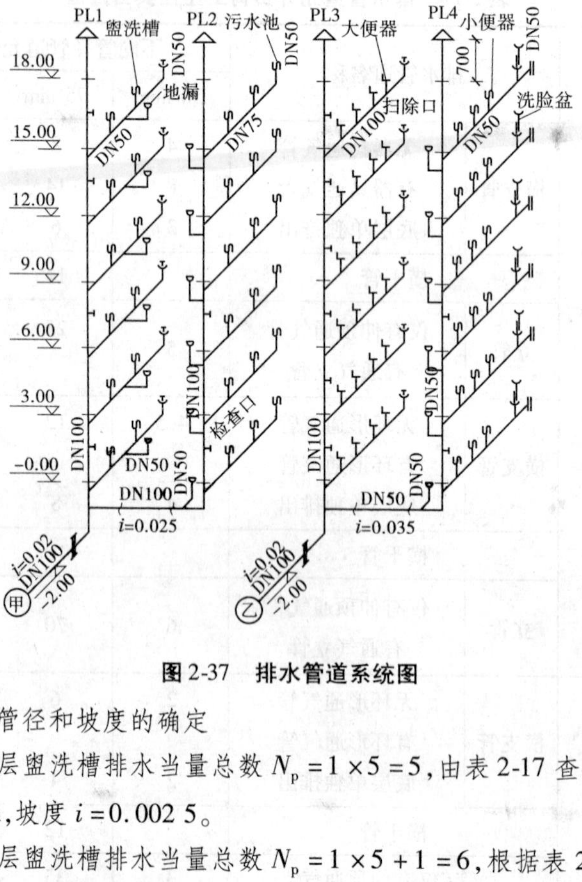

图 2-37　排水管道系统图

2）排水横支管管径和坡度的确定

立管 PL1 上每层盥洗槽排水当量总数 $N_p = 1 \times 5 = 5$，由表 2-17 查得，盥洗槽排水横支管管径 DN = 75 mm，坡度 $i = 0.002\,5$。

立管 PL2 上每层盥洗槽排水当量总数 $N_p = 1 \times 5 + 1 = 6$，根据表 2-17，盥洗槽排水横支管管径 DN = 75 mm，坡度 $i = 0.002\,5$。

3）立管管径的确定

立管 PL1 从 6 层至 1 层，各段排水当量分别为 5、10、15、20、25、30，由表 2-17 查得，相应管径为 50 mm、75 mm、75 mm、75 mm、75 mm、75 mm，为方便施工和管理，故采用同一管径为宜。因此,PL1 管径确定为 DN = 75 mm。

立管 PL2 排水当量总数 $N_p = 36$,由表 2-17 查得,确定 PL2 立管管径 DN = 75 mm。

4)排出管管径及坡度的确定

甲系统排出管排水总当量为 66,PL1 ~ PL2 立管间排水管总当量数为 30,由表 2-17 查得,此段排水横管管径 DN = 100 mm,$i = 0.020$,排出管管径 DN = 100 mm,$i = 0.020$。

5)通气管管径的确定

伸顶通气管的管径采用同立管管径相同,即 DN = 100 mm。

2. 乙系统水力计算

乙系统排水当量总数 $N_p = 111.3$,未超过表 2-17 中有关规定,因此可由此表确定该系统管道管径和坡度,其方法同甲系统;水力计算结果见图 2-37。

第六节 排水通气管

一、排水通气管的作用与类型

为使生活污水管道和产生有毒有害气体生产污水管道内的气体流通,管道内的气压稳定,排水立管顶端应设伸顶通气管,在通气管的顶端应装有网罩或风帽,以避免杂物落入排水立管。通气管系统分为伸顶通气管、专用通气系统和辅助通气系统,见图 2-38。

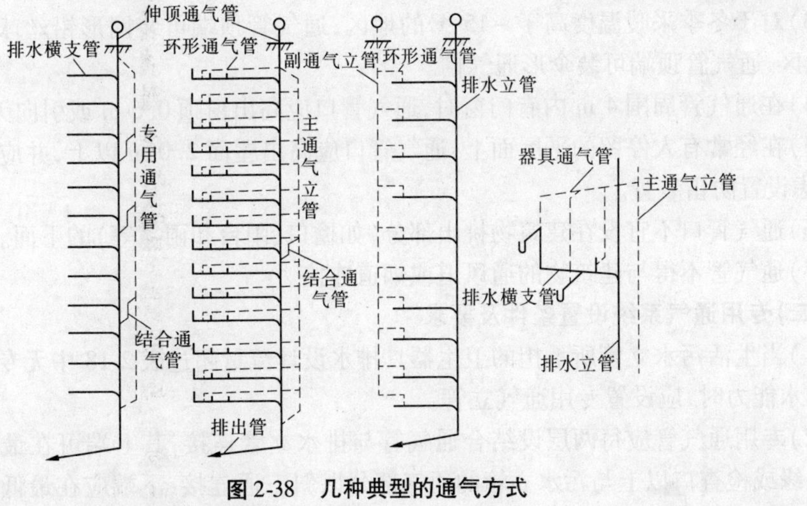

图 2-38　几种典型的通气方式

二、设置条件、布置及敷设要求

(一)伸顶通气管布置及敷设要求

污水立管顶端延伸出屋面的管段称为伸顶通气管,用来通气和排除有害气体,是排水管道系统最简单、最基本的通气方式,如图 2-38 所示。当污水量较小且排水支管距排出管垂直距离不大,污水在管道内流动可以通过管道内空隙自行平衡正负压时,可不设通气管。我国规定不设伸顶管的条件是，建筑物内至少有一根污水立管延伸至屋面以上进行通气。

(1)生活污水管道或散发有害气体的生产污水管道均应设置伸顶通气管。当无条件设置伸顶通气管时，可设置不通气立管。不通气立管的排水能力，不能超过表2-18规定。

表2-18　不通气的排水立管的最大排水能力

排水立管工作高度(m)	不同排水立管管径(mm)排水能力(L/s)		
	50	75	100
2	1.00	1.70	3.80
≤3	0.64	1.35	2.40
4	0.50	0.92	1.76
5	0.40	0.70	1.36
6	0.40	0.50	1.00
7	0.40	0.50	0.76
≥8	0.40	0.50	0.64

注：1. 排水立管工作高度，是指最高排水横支管和立管连接点至排出管中心线间的距离。

2. 排水立管高度在表中列出的两个高度值之间时，可用内插法求得排水立管的最大排水能力数值。

(2)通气管应高出屋面0.3 m以上，但必须大于最大积雪厚度。通气管顶端应装设风帽或网罩。

(3)对于冬季采暖温度高于－15 ℃的地区，通气管顶端可装网形铅丝球。低于－15 ℃的地区，通气管顶端可装伞形通气帽。

(4)在通气管周围4 m内有门窗时，通气管口应高出窗顶0.6 m或引向无门窗一侧。

(5)在经常有人停留的平屋面上，通气管口应高出屋面2.0 m以上，并应根据防雷要求，考虑设置防雷装置。

(6)通气管口不宜设在建筑物挑出部分(如檐口、阳台和雨篷等)的下面。

(7)通气管不得与建筑物的通风道或烟道连接。

(二)专用通气系统设置条件及要求

(1)当生活污水立管所承担的卫生器具排水设计流量超过表2-18中无专用通气立管最大排水能力时，应设置专用通气立管。

(2)专用通气管应每两层设结合通气管与排水立管连接，其上端可在最高层卫生器具上边缘或检查口以上与污水立管的通气部分以斜三通连接，下端应在最低污水横支管以下与污水立管以斜三通相连接，见图2-38。

(三)辅助通气系统设置条件及要求

辅助通气系统由主通气立管或副通气立管、伸顶通气管、环形通气管、器具通气管和结合通气管组成，其通气标准高于专用通气系统。

(1)下列污水管段应设环形通气管。

①连接4个及4个以上卫生器具并与立管的距离大于12 m的污水横支管。

②连接6个及6个以上大便器的污水横支管。

(2)对卫生、安静要求较高的建筑物，其生活污水管道宜设置器具通气管。

(3)通气管与污水管连接，应遵守下列规定：

①器具通气管应设在存水弯出口端；环形通气管应在横支管上最始端的两个卫生器具间接出，并应在排水支管中心线以上与排水支管呈垂直或45°连接。

②器具通气管、环形通气管应在卫生器具上边缘之上不小于0.15 m处，以不小于0.01的上升坡度与通气立管相连。

③专用通气立管和主通气立管的上端可在最高层卫生器具上边缘或检查口以上与污水立管的通气部分以斜三通相连，下端应在最低污水横支管以下与污水立管以斜三通相连。

④主通气立管每8~10层设结合通气管与污水立管连接。

⑤结合通气管可用H管件替代，H管与通气管的连接点应设在卫生器具上边缘以上不小于0.15 m处。

⑥当污水立管与废水立管合用一根通气立管时，H管配件可隔层分别与污水立管和废水立管连接，但最低横支管连接点以下应装设结合通气管。

三、通气管道计算

单立管排水系统的伸顶通气管管径可与污水管相同，但在最冷月平均气温低于-13 ℃的地区，为防止伸顶通气管口结霜，减小通气管断面，应在室内平顶或吊顶以下0.3 m处将管径放大一级。

通气管的管径应根据排水能力、管道长度来确定，一般不宜小于排水管管径的1/2，通气管最小管径可按表2-19确定。

表2-19 通气管最小管径

管材	通气管名称	排水管管径(mm)									
		32	40	50	75	90	100	110	125	150	160
铸铁管	器具通气管	32	32	32			50		50		
	环形通气管			32	40		50		50		
	通气立管			40	50		75		100	100	
塑料管	器具通气管		40	40				50			
	环形通气管			40	40	40		50	50		
	通气立管							75	90		110

双立管排水系统中，当通气立管长度小于等于50 m时，通气管最小管径可按表2-19确定。当通气立管长度大于50 m时，空气在管内流动时阻力损失增加，为保证排水立管内气压稳定，通气立管管径应与排水立管相同。

通气立管长度小于等于50 m时，两根或两根以上排水立管共用一根通气立管，应按最大一根排水立管管径查表确定共用通气立管管径，但同时应保持共用通气立管的管径不小于其余任何一根排水立管管径。

结合通气管管径不宜小于通气立管管径。

汇合通气管和总伸顶通气管的断面面积应不小于最大一根通气立管断面面积与0.25倍的其余通气立管断面面积之和,可按式(2-5)计算。

$$d_e \geqslant \sqrt{d_{max}^2 + 0.25 \sum d_i^2} \tag{2-5}$$

式中 d_e——汇合通气管和总伸顶通气管管径,mm;

d_{max}——最大一根通气立管管径,mm;

d_i——其余通气立管管径,mm。

通气管管材可采用塑料管、排水铸铁管、镀锌钢管等。

第七节 污水泵房及局部处理装置

一、污废水提升

民用和公共建筑的地下室、人防建筑、消防电梯底部集水坑内以及工业建筑内部标高低于室外地坪的车间和其他用水设备房间排放的污废水,若不能自流排至室外检查井,必须提升排出,以保持室内良好的环境卫生。建筑内部污废水提升包括污水泵的选择,污水集水池容积确定和排水泵房设计。

(一)排水泵房

排水泵房应设在地下室或底层单独具有良好通风装置的房间内,并靠近集水池,以控制和减少对环境的污染。对卫生环境有特殊要求的生产厂房和公共建筑内,有安静和防振要求房间的邻近和下面不得设置排水泵房。排水泵房的位置应使室内排水管道和水泵出水管尽量简洁,并考虑维修检测的方便。当排水泵房设在建筑物内时,应有隔振防噪声措施。

(二)排水泵

建筑物内使用的排水泵有潜水排污泵、液下排污泵、立式污水泵和卧式污水泵等。因潜水排污泵和液下排污泵在水面以下运行,无噪声和振动,水泵在集水池内,不占场地,自灌问题也自然解决,所以应优先选用,其中液下排污泵一般在重要场所使用。当潜水排污泵电机功率大于等于7.5 kW或出水口管径大于等于100 mm时,可采用固定式;当潜水排污泵电机功率小于7.5 kW或出水口管径小于100 mm时,可设软管移动式。立式和卧式污水泵因占用场地,要设隔振装置,必须设计成自灌式,所以使用较少。

排水泵的流量与水泵启动方式有关,当水泵自动启动时,应按生活排水设计秒流量选定;当水泵手动启动时,可按生活排水最大小时流量选定。消防电梯集水池内的排水泵流量不小于10 L/s。排水泵的扬程按提升高度、管道水头损失和0.02~0.03 MPa的附加自由水头确定。排水泵吸水管和出水管流速应在0.7~2.0 m/s。

公共建筑内应以每个生活排水集水池为单元设置一台备用泵,平时宜交替运行。设有两台及两台以上排水泵排除地下室、设备机房、车库冲洗地面的排水时可不设备用泵。

为使水泵各自独立、自动运行，各水泵应有独立的吸水管。当提升带有较大杂质的污、废水时，不同集水池内的潜水排污泵出水管不应合并排出。当提升一般废水时，可按实际情况考虑不同集水池的潜水排污泵出水管合并排出。排水泵较易堵塞，其部件易磨损，需要经常检修，所以当两台或两台以上的水泵共用一条出水管时，应在每台水泵出水管上装设阀门和止回阀；单台水泵排水有可能产生倒灌时，应设止回阀。不允许压力排水管与建筑内重力排水管合并排出。

如果集水池不设事故排出管，水泵应有不间断的动力供应；如果能关闭排水进水管，可不设不间断动力供应，但应设置报警装置。

排水泵应能自动启闭或现场手动启闭。多台水泵可并联交替运行，也可分段投入运行。

(三)集水池

由于污水、废水来水量一般是不均匀的，所以必须设置集水池来收集和调节污水量，以便使抽升设备能够经济运行。集水池应设在地下室最底层卫生间和淋浴间的底板下、地下室水泵房和地下车库内、地下厨房和消防电梯井的附近，消防电梯集水池池底低于电梯井底不小于0.7 m。为防止生活饮用水受到污染，集水池与生活给水贮水池的距离应在10 m以上。

在集水池前，一般要设置格栅，目的是用来拦截污水中大块悬浮物，以保护水泵安全运行及防止吸水管堵塞。格栅由一组平行的金属栅条组成，倾斜放置在污水流经的渠道上。在污水泵站中，一般采用格栅和集水池合建的形式，见图2-39，将格栅设置在集水池污水进口处。格栅间隙的大小可按污水泵型号确定，见表2-20。格栅栅条形状一般为圆形、矩形、方形等。

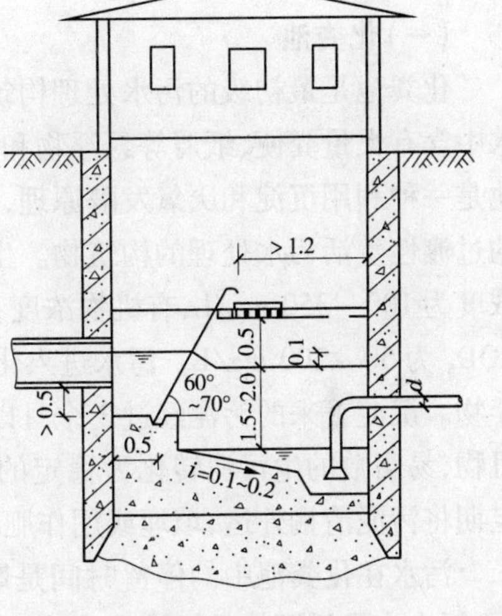

图2-39　集水池的布置　(单位:m)

表2-20　格栅栅条间距与截留污物数量

栅条间距(mm)	截留污物/每人每天(L)	格栅后可安装的水泵型号
≤20	4~6	$2\frac{1}{2}$PWA
≤40	2.7	4PWA
≤70	0.8	6PWA
≤90	0.5	8PWA

集水池容积不宜小于最大一台水泵5 min的出水量，且水泵一小时内启动次数不宜超过6次。设有调节容积时，有效容积不得大于6 h生活排水平均小时流量。消防电梯

井集水池的有效容积不得小于2.0 m^3。工业废水集水池的有效容积按工艺要求确定。

为保持泵房内的环境卫生,防止管理和检修人员中毒,设置在室内地下室的集水池池盖应密闭并设与室外大气相连的通气管;汇集地下车库、泵房、空调机房等处地面排水的集水池和地下车库坡道处的雨水集水井可采用集水池的有效水深,一般取1~1.5 m,保护高度取0.3~0.5 m。因生活污水中有机物分解成酸性物质,腐蚀性大,所以生活污水集水池内壁应采取防腐防渗漏措施。池底应坡向吸水坑,坡度不小于0.05,并在池底设冲洗管,利用水泵出水进行冲洗,防止污泥沉淀。为防止堵塞水泵,收集含有大块杂物排水的集水池入口处应设格栅,敞开式集水池(井)顶应设置格栅盖板,否则潜水排污泵应带有粉碎装置。为便于操作管理,集水池应设置水位指示装置,必要时应设置超警戒水位报警装置,将信号引至物业管理中心。污水泵、阀门、管道等应选择耐腐蚀、大流通量、不易堵塞的设备器材。

二、局部处理装置

(一)化粪池

化粪池是最初级的污水处理构筑物,民用和公共建筑物以及工业企业建筑排出的污水中含有大量粪便、纸屑等悬浮物和病原体,易使管道堵塞、细菌繁殖而影响环境。化粪池是一种利用沉淀和厌氧发酵原理,去除生活污水中悬浮性有机物的处理设施,属于初级的过渡性生活污水处理的构筑物。生活污水中含有大量粪便、纸屑、病原虫,悬浮物固体浓度为100~350 mg/L,有机物浓度BOD_5为100~400 mg/L,其中悬浮性的有机物浓度BOD_5为50~200 mg/L。污水进入化粪池经过12~24 h的沉淀,可去除50%~60%的悬浮物。沉淀下来的污泥经过3个月以上的厌氧消化,使污泥中的有机物分解成稳定的无机物,易腐败的生污泥转化为稳定的熟污泥,改变了污泥的结构,降低了污泥的含水率。定期将污泥清掏外运,填埋或用作肥料。

污水在化粪池中的停留时间是影响化粪池出水的重要因素。在一般平流式沉淀池中,污水中悬浮固体的沉淀效率在2 h内最显著。但是,因为化粪池服务人数较少,排水量少,进入化粪池的污水不连续、不均匀;矩形化粪池的长宽比和宽深比很难达到平流式沉淀池的水力条件;化粪池的配水不均匀,容易形成短流;同时,池底污泥厌氧消化产生的大量气体上升,破坏了水流的层流状态,干扰颗粒的沉降。所以,化粪池的停留时间取12~24 h,污水量大时取下限;生活污水单独排入时取上限。

污泥清掏周期是指污泥在化粪池内平均停留时间。污泥清掏周期与新鲜污泥发酵时间有关。而新鲜污泥发酵时间又受污水温度的控制,其关系见表2-21,也可用式(2-6)计算:

$$T_h = 482 \times 0.87^t \tag{2-6}$$

式中 T_h——新鲜污泥发酵时间,d;

t——污水温度,℃,可按冬季平均给水温度再加上2~3 ℃计算。

为安全起见,污泥清掏周期应稍长于污泥发酵时间,一般为3~12个月。清掏污泥后应保留20%的污泥量,以便为新鲜污泥提供厌氧菌种,保证污泥腐化分解效果。

表 2-21 污水温度与污泥发酵时间关系

污水温度(℃)	6	7	8.5	10	12	15
污泥发酵时间(d)	210	180	150	120	90	60

化粪池多设于建筑物背向大街一侧靠近卫生间的地方。应尽量隐蔽,不宜设在人们经常活动之处。化粪池距建筑物的净距不小于5 m,因化粪池出水处理不彻底,含有大量细菌,为防止污染水源,化粪池距地下取水构筑物不得小于30 m。

化粪池的设计主要是计算化粪池容积,按相关给水排水国家标准图集选用化粪池标准图。化粪池总容积由有效容积 V 和保护层容积 V_3 组成,保护层容积根据化粪池大小确定,保护层高度一般为250~450 mm。有效容积由污水所占容积 V_1 和污泥所占容积 V_2 组成。

$$V = V_1 + V_2 \tag{2-7}$$

$$V = \frac{\alpha N q t}{24 \times 1\,000} + \frac{\alpha N a T(1-b)Km}{(1-c) \times 1\,000} \tag{2-8}$$

式中 V——化粪池有效容积,m^3;

N——设计总人数(或床位数、座位数);

α——使用卫生器具人数占总人数的百分比,与人们在建筑内停留时间有关,医院、疗养院、养老院、有住宿的幼儿园取100%,住宅、集体宿舍、旅馆取70%,办公楼、教学楼、实验楼、工业企业生活间取40%,职工食堂、餐饮业、影剧院、体育场(馆)、商场和其他场所(按座位)取10%;

q——每人每日排水量,L/(人·d),当生活污水与生活废水合流时,同生活用水量标准,分开排放时,生活污水量取20~30 L/(人·d);

a——每人每日污泥量,L/(人·d),生活污水与生活废水合流排放时取0.7 L/(人·d),分流排放时取0.4 L/(人·d);

t——污水在化粪池内停留时间,h,取12~24 h,当化粪池作为医院污水消毒前的预处理时,停留时间不小于36 h;

T——污泥清掏周期,d,取90~360 d,当化粪池作为医院污水消毒前的预处理时,污泥清掏周期宜为1年;

b——新鲜污泥含水率,取95%;

c——化粪池内发酵浓缩后污泥含水率,取90%;

K——污泥发酵后体积缩减系数,取0.8;

m——清掏污泥后遗留的熟污泥量容积系数,取1.2。

将 b,c,K,m 值代入式(2-8),化粪池有效容积计算公式简化为

$$V = \alpha N\left(\frac{qt}{24} + 0.48aT\right) \times 10^{-3} \tag{2-9}$$

化粪池有13种规格,容积从2 m^3 到100 m^3 不等,设计时可根据各种规格化粪池的最大允许实际使用人数,选用化粪池。

化粪池有矩形和圆形两种,对于矩形化粪池,当日处理污水量小于等于10 m^3 时,采

用双格，其中第一格占容积的75%；当日处理水量大于10 m^3 时，采用3格，第一格容积占总容积的60%，其余2格各占20%。

化粪池具有结构简单、便于管理、不消耗动力和造价低的优点，在我国已推广使用多年。但是，实践中发现化粪池有许多致命的缺点，如有机物去除率低，仅为20%左右；沉淀和厌氧消化在一个池内进行，污水与污泥接触，使化粪池出水呈酸性，有恶臭。另外，化粪池距建筑物较近，清掏污泥时臭气扩散，影响环境卫生。

对于没有污水处理厂的城镇，居住小区内的生活污水是否采用化粪池作为分散或过渡性处理设施，应按当地有关规定执行；而新建居住小区若远离城镇，或其他原因污水无法排入城镇污水管道，污水应处理达标后才能向水体排放时，是否选用化粪池作为生活污水处理设施应根据各地区具体情况慎重进行技术经济比较后确定。

（二）隔油池

公共食堂和饮食业排放的污水中含有植物油脂和动物油脂。污水中含油量的多少与地区、生活习惯有关，一般在50～150 mg/L。厨房洗涤水中含油约750 mg/L。据调查，含油量超过400 mg/L的污水进入排水管道后，随着水温的下降，污水中夹带的油脂颗粒开始凝固，并黏附在管壁上，使管道过水断面减小，最后完全堵塞管道。汽车洗车台、汽车库及其他类似场所排放的污水中含有汽油、煤油、柴油等矿物油。汽油等轻油进入管道后挥发并聚集于检查井和管道空间，达到一定浓度后会发生爆炸引起火灾，破坏管道，危害维护管理人员的人身安全。

所以，对上述含油污水在排入城市排水管网前，应去除污水中的可浮油（占总含油量的65%～70%），目前一般采用隔油池进行处理。设置隔油池还可以回收废油脂，制造工业用油，变废为宝。

为了保证隔油池具有良好的除油效果，使积留下来的油脂有重复利用的条件，粪便污水和其他污水不得排入隔油池内。图2-40为隔油井示意图。污水中的油类多以悬浮状或乳浊状存在，隔油池的工作原理是降低含油污水的流速，使水流方向改变，油类浮在水面上，将其收集并排除。

隔油池设计的控制条件是污水在隔油池内停留时间 t 和污水在隔油池内水平流速 v，隔油池的设计计算可按下列公式进行。

隔油池（井）有效容积可按下式计算：

$$V = 60Q_{\max}t \tag{2-10}$$

污水设计秒流量按以下公式计算：

$$Q_{\max} = Av \tag{2-11}$$

$$L = \frac{V}{A} \tag{2-12}$$

$$b = \frac{A}{h} \tag{2-13}$$

$$V_1 \geq 0.25V \tag{2-14}$$

式中 V——隔油池（井）有效容积，m^3；

$Q_{\max}$——含油污水设计秒流量，m^3/s；

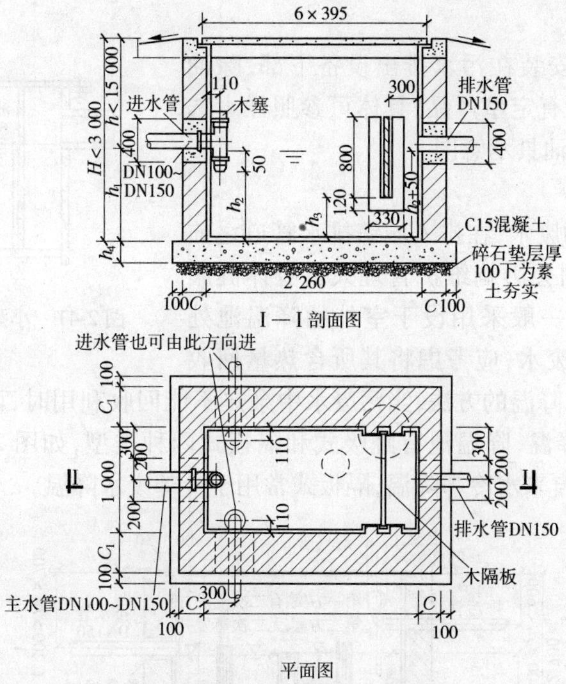

图2-40　隔油池(井)示意图

L——隔油池(井)有效池长,m;

t——污水在池内停留时间(含食用油污水采用2～10 min,含汽油、柴油、煤油等污水采用0.5～1.0 min),min;

A——隔油池(井)有效部分的过水断面面积,m^2;

v——池内污水流速(含食用油污水流速不大于0.005 m/s,含汽油、柴油、煤油等污水采用0.002～0.01 m/s,具体应视含油量大小及各种油类体积、质量而定),m/s;

b——隔油池宽,m;

h——隔油池有效水深,即隔油池出水管底至池底的高度,m,取大于0.6 m;

V_1——贮油部分容积隔油池出水管底至水面油水分离室的容积,m。

隔油池(井)内存油部分的容积不得小于该池(井)有效容积的25%,清掏周期不宜大于6 d,以免污水中有机物因发酵产生臭味而影响环境卫生。

对挟带杂质的含油污水,应在隔油池(井)内设有沉淀部分容积,以保证隔油池(井)的隔油效果,其沉淀容积的大小应据水质使用情况、管理条件等确定,沉淀部分污水流速要求小于0.3 m/s。

含有轻质油的污水隔油池(井)的排出管至井底深度不宜小于0.6 m。隔油池(井)应有活动盖板以便维修,进水管应考虑清通条件。截留下来的油脂应考虑回收利用,以变害为利。对处理水水质要求较高时,可设两级隔油池(井)。

当含有汽油、煤油等易挥发油类时,隔油池不得设在室内;污水中含食用油、重油等油类时,隔油池宜设在室内的地下,并以盖板封闭。砖砌隔油井及构造可参阅相关给水排水标准图集。

采用小型隔油具安装在污水排出设备下部,除油效果也很理想,目前已有定型产品,具体可参照样本选用。图 2-41 为小型隔油具示意图。

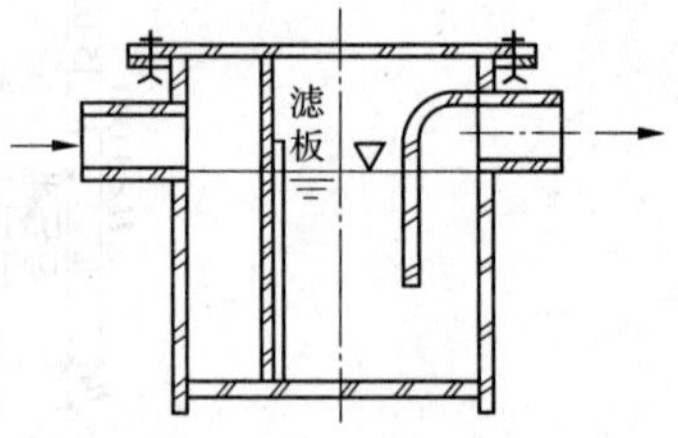

图 2-41　小型隔油具示意图

(三)降温池

温度高于 40 ℃的废水,在排入城镇排水管道之前应采取降温处理,否则会影响维护管理人员身体健康和管材的使用寿命。一般采用设于室外的降温池处理。对温度较高的污废水,应考虑将其所含热量回收利用,然后采用冷却水降温的方法,当污废水中余热不能回收利用时,可以采用常压下先二次蒸发,然后冷却降温,降温池有虹吸式和隔板式两种类型,如图 2-42、图 2-43 所示。虹吸式适用于主要靠自来水冷却降温,隔板式常用于冷却废水降温。

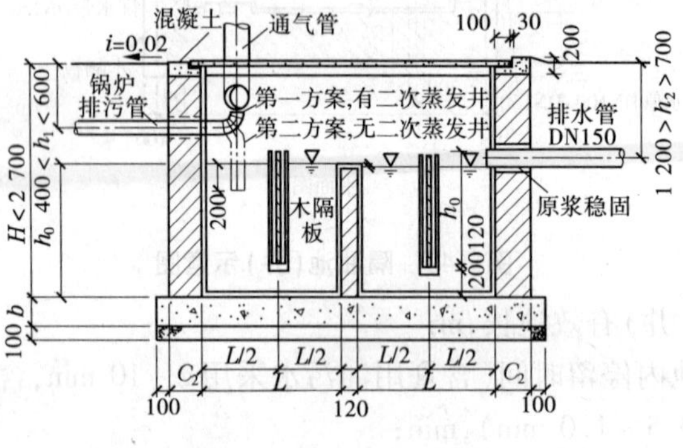

图 2-42　隔板式降温池

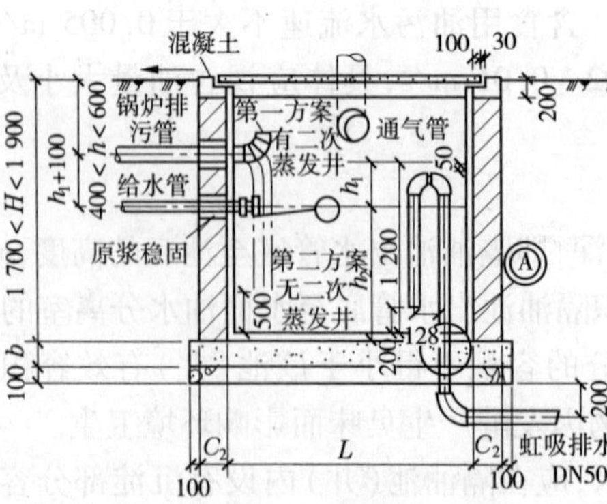

图 2-43　虹吸式降温池

降温池降温的方法主要有二次蒸发,水面散热和加冷水降温。以锅炉排污水为例,当锅炉排出的污水由锅炉内的工作压力骤然减到大气压力时,一部分热污水汽化蒸发(二次蒸发),减少了排污水量和所带热量,再将冷却水加入剩余的热污水混合,使污水温度降至 40 ℃后排放。降温采用的冷却水应尽量利用低温废水。

降温池的容积与废水的排放形式有关,若废水是间断排放的,按一次最大排水量与所需冷却水量的总和计算有效容积;若废水连续排放,应保证废水与冷却水能够充分混合。

降温池总容积 V 由三部分组成:

$$V = V_1 + V_2 + V_3 \tag{2-15}$$

式中 V——降温池总容积,m^3;

V_1——进入降温池的热水量,m^3;

V_2——冷却水量,m^3;

V_3——保护层容积(一般按保护高度 0.3~0.5 m 计算),m^3。

进入降温池的热水量 V_1 按下式计算:

$$V_1 = \frac{Q - kq}{r} \tag{2-16}$$

式中 Q——最大一次排出的污水量,kg;

q——二次蒸发带走的水量,kg;

k——安全系数,一般采用 0.8;

r——最高压力下水的体积质量,kg/m^3。

其中

$$q = \frac{Q(i_1 - i_2)}{i - i_2} = \frac{Q(t_1 - t_2)}{r} \tag{2-17}$$

式中 i_1——锅炉工作压力下排污水的热焓,kJ/kg;

t_1——锅炉工作压力下排污水的温度,℃;

i_2——大气压力下排污水的热焓,kJ/kg;

t_2——大气压力下排污水的温度,℃,一般按 100 ℃采用;

i,r——大气压力下过饱和蒸汽的热焓和汽化潜热,kJ/kg;

其他符号意义同前。

进入降温池冷却水量 V_2 按下式计算:

$$V_2 = \frac{t_2 - 40}{40 - t_e} V_1 \tag{2-18}$$

式中 V_2——需掺入的冷却水量,m^3;

t_e——冷却水的温度,℃;

其他符号意义同前。

对于间断排水的降温池,其容积应按最大排水量与所需冷却水量的总和计算。连续排水的降温池,其容积应保证冷热水充分混合。一般小型锅炉房均为定期排污,应按间断排水的降温池计算。

降温池一般设于室外,若设于室内,水池应密闭,并应设置人孔和通向室外的通气管。

(四)小型沉淀池

汽车库冲洗废水中含有大量的泥沙,为防止堵塞和淤积管道,在污废水排入城市排水管网之前应进行沉淀处理,一般宜设小型沉淀池。

小型沉淀池的有效容积包括污水和污泥两部分,应根据车库存车数、冲洗水量和设计参数确定。

三、小型沉淀池与沉砂池

某些工业企业(如水泥厂、混凝土预制构件厂、洗煤厂、铸造厂等)排出的污水中含有大量的悬浮物质,这类污水在排入城市地下水道之前应设置沉砂池或沉淀池。

(一)沉淀池

水中悬浮颗粒依靠重力作用从水中分离出来的过程称为沉淀。沉淀的方法简单易行,效果好,得到广泛应用。

小型沉淀池常用的有平流式和竖流式两种形式。

1. 平流式沉淀池

平流式沉淀池呈长方形,污水从池子首端流入,从末端流出,污水在池内按水平方向流动。图 2-44 为常见的平流式沉淀池构造简图。污水流入进水槽、进水堰,流入沉淀池中,水中悬浮物在重力作用下逐渐沉入底部,并滑入底部的污泥斗中,经排泥管道排出池外,澄清水在池的末端经出水堰溢入出水槽中。

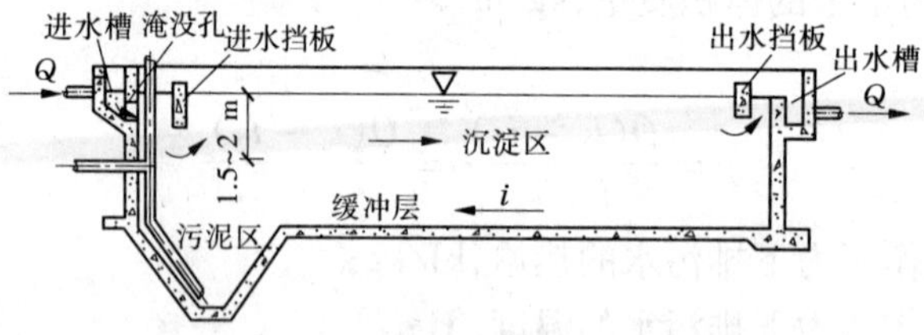

图 2-44　常见的平流式沉淀池构造简图

2. 竖流式沉淀池

竖流式沉淀池外表多为圆形,也有方形和多边形,图 2-45为圆形竖流式沉淀池。污水由中心管流入,由下部流出,经反射板的阻挡导向四周,分布于整个池子水平断面上,水流缓缓向上流动,澄清水通过设在池子表面四周的溢流堰流入集水槽排出,悬浮颗粒在重力作用下下沉至池底的污泥斗中,经排泥管道排除。

有关沉淀池的设计计算可参见《给水排水设计手册》第 2 册。

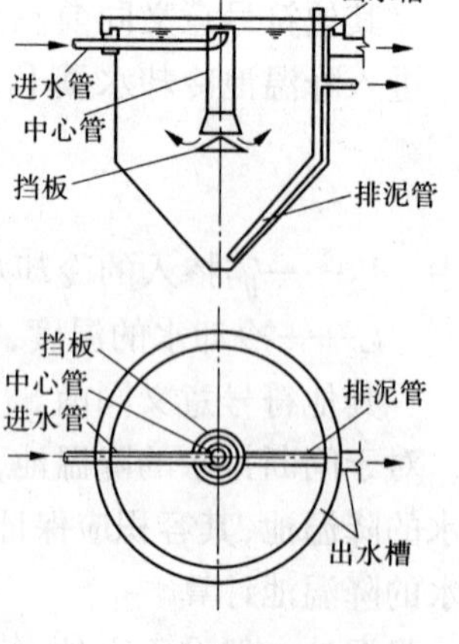

图 2-45　圆形竖流式沉淀池

(二)沉砂池

沉砂池的主要作用是去除污水中密度较大的无机性悬浮物,如砂粒、煤渣等。沉砂池的工作原理与沉淀池相同,为重力分离,即悬浮物在本身重力的作用下下沉至池底,从而从水中分离出来。沉砂池的基本形式有平流式和竖流式两种。以平流式最为常用,图 2-46 为平流式沉砂池构造简图,这种沉砂池的上部实际上是一加宽的明渠,两端设有闸板,以控制水流速度,在池子底部设 1 ~ 2 个沉砂斗,排砂可采用斗底带闸门的排砂管的重力排砂法,也可以采用射流泵、螺旋泵排砂的机械排砂法。

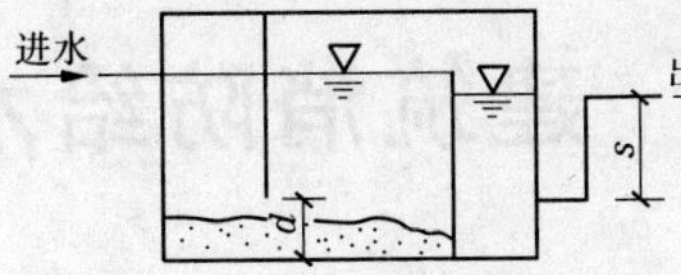

图 2-46　平流式沉砂池构造简图

污水在沉砂池中停留时间不小于 30 s,一般采用 30 ~ 60 s。污水在池内最大流速为 0.3 m/s,最小流速为 0.15 m/s。有关沉砂池设计计算可参见《给水排水设计手册》第 2 册。

第三章　建筑消防给水系统

火灾统计资料表明，建筑物内的一般性初起火灾，主要是由建筑内部消防给水系统来控制和扑灭的。为了及时扑灭火灾，减少火灾造成的损失，工业和民用建筑内应根据建筑物的性质、高度，按照《建筑设计防火规范》(GB 50016—2006)的要求，设置消防给水管道和消防设备。

建筑消防灭火系统根据灭火剂的种类和灭火方式可分为以下三种灭火系统：消火栓消防给水系统、自动喷水灭火系统和其他非水灭火剂的固定灭火系统。

消火栓消防给水系统和自动喷水灭火系统是指以水为主要灭火剂的消防系统，是用于扑灭建筑一般性火灾的、目前最经济有效的消防系统。它具有使用方便、器材简单、价格便宜等优点，因此在国内外建筑中得到广泛的应用。除此两大类外还有水喷雾灭火系统。

消火栓给水系统由于建筑高度和消防车扑灭火灾能力的限制，又分为低层建筑消防灭火系统和高层消防灭火系统。建筑层数少于或等于 9 层的住宅、建筑高度小于或等于 24 m 的公共建筑和建筑高度小于 24 m 的单层工业建筑属于低层建筑，在低层建筑中设置的消防灭火系统称为低层建筑消防灭火系统。对于低层建筑，可以依靠消防车的供水能力直接进行灭火。建筑层数大于或等于 10 层的住宅、建筑高度大于 24 m 的公共建筑以及建筑高度大于 24 m 且层数不少于 2 层的工业建筑属于高层建筑，在高层建筑中设置的消防灭火系统称为高层建筑消防灭火系统。对于高层建筑高层部分的火灾，一般消防车的供水能力已达不到，应立足于自救。

其他非水灭火剂的固定灭火系统主要有二氧化碳灭火系统和干粉灭火系统及其他气体灭火系统等。

第一节　室外消防给水系统

一、室外消防用水量

(一)城市、居住区室外消防用水量

城市、居住区的室外消防用水量应按同一时间内的火灾次数和一次灭火用水量确定。同一时间内的火灾次数和一次灭火用水量不应小于表 3-1 的规定。同一时间内火灾次数是根据我国不同人口规模的城市进行多年统计的结果。

随着城市人口的增加，而相应增大一次消防用水量正是建筑密度、建筑规模的增加和灭火难度增加所导致的，并以 100 L/s 作为一次消防用水量的上限值，基本能满足城镇消防要求，其室外消防用水量为同一时间内的火灾次数和一次灭火用水量的乘积，一般情况下由市政管网供应，超出上述上限用水量时，采用贮水池解决。

表 3-1　城市、居住区同一时间内的火灾次数和一次灭火用水量

人数 N(万人)	同一时间的火灾次数(次)	一次灭火用水量(L/s)
$N \leqslant 1.0$	1	10
$1.0 < N \leqslant 2.5$	1	15
$2.5 < N \leqslant 5.0$	2	25
$5.0 < N \leqslant 10.0$	2	35
$10.0 < N \leqslant 20.0$	2	45
$20.0 < N \leqslant 30.0$	2	55
$30.0 < N \leqslant 40.0$	2	65
$40.0 < N \leqslant 50.0$	3	75
$50.0 < N \leqslant 60.0$	3	85
$60.0 < N \leqslant 70.0$	3	90
$70.0 < N \leqslant 80.0$	3	95
$80.0 < N \leqslant 100.0$	3	100

(二)工厂、仓库和民用建筑的室外消防用水量

对工业企业,在规定的基地面积范围内有一定人口数量的居住建筑、工业建筑、仓库和民用建筑(公共建筑)的外部,经过统计,同一时间的火灾次数和建筑物室外消火栓用水量,见表 3-2 和表 3-3。

表 3-2　工厂、仓库、堆场、储罐(区)和民用建筑在同一时间内的火灾次数

名称	基地面积(hm^2)	附近居住区人数(万人)	同一时间内火灾次数(次)	说明
工厂	≤100	≤1.5	1	按需水量最大的一座建筑物(或堆场、储罐)计算
		>1.5	2	工厂、居住区各一次
	<100	不限	2	按需水量最大的两座建筑物(或堆场、储罐)之和计算
仓库、民用建筑	不限	不限	1	按需水量最大的一座建筑物(或堆场、储罐)计算

城镇室外消防用水量包括居住区、工厂、仓库(包括堆场、储罐)和民用建筑室外消防用水量。当工厂、仓库、民用建筑的室外消防用水量超过相应表中规定时,仍应确保其室

外消防用水量。

表 3-3 工厂、仓库和民用建筑一次灭火的室外消火栓用水量 （单位：L/s）

耐火等级	建筑物类别		建筑物体积 $V(m^3)$					
			$V\leqslant1\ 500$	$1\ 500<V\leqslant3\ 000$	$3\ 000<V\leqslant5\ 000$	$5\ 000<V\leqslant20\ 000$	$20\ 000<V\leqslant50\ 000$	$V>50\ 000$
一、二级	厂房	甲、乙类	10	15	20	25	30	35
		丙类	10	15	20	25	30	40
		丁、戊类	10	10	10	15	15	20
	仓库	甲、乙类	15	15	25	25	—	—
		丙类	15	15	25	25	35	45
		丁、戊类	10	10	10	15	15	20
	民用建筑		10	15	15	20	25	30
三级	厂房（仓库）	乙、丙类	15	20	30	40	45	—
		丁、戊类	10	10	15	20	25	35
	民用建筑		10	15	20	25	30	—
四级	丁、戊类厂房（仓库）		10	15	20	25	—	—
	民用建筑		10	15	20	25	—	—

注：1. 室外消火栓用水量应按消防需水量最大的一座建筑物或一个防火分区计算，成组布置的建筑物应按消防需水量较大的相邻两座计算。

2. 火车站、码头和机场的中转库房，其室外消火栓用水量应按相应耐火等级的丙类物品库房确定。

3. 国家级文物保护单位的重点砖木结构的建筑物室外消防用水量，按三级耐火等级民用建筑物消防用水量确定。

（三）堆场、储罐的室外消火栓用水量

堆场、储罐的室外消火栓用水量见表 3-4。

表 3-4 可燃材料堆场、可燃气体储罐（区）的室外消防用水量

名称		总储量或总容量	消防用水量（L/s）
粮食 W(t)	土圆囤	$30<W\leqslant500$	15
		$500<W\leqslant5\ 000$	25
		$5\ 000<W\leqslant20\ 000$	40
		$W>20\ 000$	45
	席穴囤	$30<W\leqslant500$	20
		$500<W\leqslant5\ 000$	35
		$5\ 000<W\leqslant20\ 000$	50
棉、麻、毛、化纤百货 W(t)		$10<W\leqslant500$	20
		$500<W\leqslant1\ 000$	35
		$1\ 000<W\leqslant5\ 000$	50

续表 3-4

名称	总储量或总容量	消防用水量
稻草、麦秸、芦苇等易燃材料 W(t)	$50 < W \leq 500$	20
	$500 < W \leq 5\ 000$	35
	$5\ 000 < W \leq 10\ 000$	50
	$W > 10\ 000$	60
木材等可燃材料 V(m^3)	$50 < V \leq 1\ 000$	20
	$1\ 000 < V \leq 5\ 000$	30
	$5\ 000 < V \leq 10\ 000$	45
	$V > 10\ 000$	55
煤和焦炭 W(t)	$100 < W \leq 5\ 000$	15
	$W > 5\ 000$	20
可燃气体储罐(区)V(m^3)	$500 < V \leq 10\ 000$	15
	$10\ 000 < V \leq 50\ 000$	20
	$50\ 000 < V \leq 100\ 000$	25
	$100\ 000 < V \leq 200\ 000$	30
	$V > 200\ 000$	35

城镇室外消防用水量表 3-1 中应包括居住区、工厂、仓库(堆场、储罐)和民用建筑的室外消防用水量。

如果在中小城镇、居住区,也建设了工厂和民用建筑,由城镇室外管网供给消防用水,工厂、仓库(堆场)的消防用水超出表 3-1 规定,在这种情况下,应按表 3-2、表 3-3 或表 3-4 的规定值确保消防用水量。

二、室外消防水压

室外消防给水通常可采用低压管道、高压管道和临时高压管道系统供水。

(一)室外消防低压给水系统

通常情况下,消防管网内水压较低,由消防车或其他移动式消防泵加压提供,但应保障室外消火栓栓口处的水压从室外设计地面算起不应小于 0.1 MPa。在计算水压时,应采用喷嘴口径 19 mm 的水枪和直径 65 mm、长度 120 m 的有衬里消防水带的参数,每支水枪的计算流量不应小于 5 L/s。

(二)消防高压给水系统

消防管网内经常保持足够的压力,火场上不需使用消防车或其他移动式水泵加压,直接由消火栓接出水带、水枪灭火。

消防高压给水系统最不利点处消火栓的压力可按下式计算:

$$H_{xh} = 10H_1 + h_d + h_q \tag{3-1}$$

式中 H_{xh}——管网最不利点处消火栓应保持的压力,kPa;

H_1——消火栓与站在最不利点水枪手的标高差,m,不应超过 24 m;

h_d——6 条直径 65 mm 麻质水带的水头损失之和，kPa；

h_q——充实水柱不小于 10 m，流量不小于 5 L/s 时，口径 19 mm 水枪所需的压力，kPa。

（三）临时高压给水系统

消防管网设有固定高压消防水泵，当接到火警时，高压消防水泵开启后，使管网内的压力达到高压给水管道的压力要求。

城镇、居住区、企业事业单位的室外消防给水管道，在有可能利用地势设置高位水池时，或设置集中高压水泵房，可采用高压给水管道。一般情况下多采用临时高压消防给水系统。

常采用区域（即数幢建筑物）合用泵房加压或独立的临时高压给水系统，保证数幢建筑的室内消火栓或一幢建筑物的室内消火栓的水压要求。区域高压或临时高压的消防给水系统，可以采用室外或室内均为高压或临时高压的消防给水系统，也可以采用室内为高压或临时高压，而室外为低压的消防给水系统。

室内采用高压或临时高压消防给水系统时，一般情况下，室外采用低压消防给水系统。气压给水装置只能形成临时高压。

三、室外消防给水系统组成

（一）消防水源

消防用水一般可由市政给水管网、天然水源或消防水池供给。

1. 市政给水管网供消防用水

室外消火栓通常与室外市政给水管网相连接，以满足低压消防供水的消防用水量的要求。

2. 天然水源作为消防水源

天然水源一般有湖泊、河流等地表水体，水质及水量能满足消防用水量的要求。

3. 消防水池

储有消防用水的水池均称为消防水池，除独立设置外，也可以合建。

（1）下列情况应设置消防水池：

①当生产、生活用水量达到最大，因市政给水管的管径小或区域进水管管径小，以及天然水源不能保证供水，室内外消防用水量无保障时。

②市政给水管道为树状或只有一条区域进水管，且消防用水量超过 20 L/s。

③消防水池的消防贮存水量应按下式计算：

$$V_f = 3.6(Q_f - Q_L)T_x \tag{3-2}$$

式中 V_f——消防水池贮存消防水量，m^3；

Q_f——室内消防用水量与室外消防用水量之和，L/s；

Q_L——市政管网可连续补充水量，L/s；

T_x——火灾延续时间，h。

（2）消防水池设置要求：

①消防水池的容量应满足在火灾延续时间内室内外消防用水总量不足部分的要求。

居住区，工厂和丁、戊类仓库的火灾延续时间应按 2 h 计算；甲、乙、丙类物品仓库，可燃气体储罐和煤、焦炭露天堆场的火灾延续时间应按 3 h 计算；易燃、可燃材料露天、半露天堆场（不包括煤、焦炭露天堆场）应按 6 h 计算；甲、乙、丙类流体储罐和液化石油气储罐的火灾延续时间参见相关规范规定；高层建筑一二类的商业楼、展览楼、综合楼、商住楼、一类建筑的财贸金融楼、重要的档案楼、图书楼和高级旅馆的火灾延续时间应按 3 h 计算；其他高层建筑可按 2 h 计算；自动喷水灭水设备的用水量可按火灾延续时间 1 h 计算。

②在发生火灾时，能保证延续供水的条件下，计算消防水池容量时，可减去火灾延续时间内补充的水量。消防水池的补水时间不宜超过 48 h。

③消防水池容量超过 1 000 m^3 时，应分设成两个，并能独立供水。

④供消防车取水的消防水池，其保护半径不应大于 150 m。

⑤供消防车取水的消防水池应设取水口，其取水口与建筑物（水泵房除外）的距离不宜小于 1.5 m；与甲、乙、丙类液体储罐的距离不宜小于 40 m；与液化石油气储罐的距离不宜小于 60 m。若有防止辐射热的保护设施，可减为 40 m。消防水池应保证消防车的吸水高度不超过 6 m。

⑥消防用水与生产、生活用水合并的水池，应有确保消防用水不作他用的技术设施。

⑦寒冷地区的消防水池应有防冻设施。

⑧两幢或两幢以上的高层建筑在同一时间内火灾次数为一次时，可共用消防水池，其容量应按消防用水量最大的一幢建筑物的需求确定。

（二）室外消防管道

室外消防给水管是指从市政给水干管接往居住小区、工厂区和公共建筑物的消防给水管道。其布置要求如下：

（1）室外消防给水管网应布置成环状，以提高供水的可靠性；在建设初期或室外消防水量不超过 15 L/s 时，可布置成枝状，但高层建筑室外消防给水管道应布置成环状。

（2）环状管网的输水干管及向环状管网输水的输水管均不小于两条，其中一条发生故障后，其余输水管仍应保证供应 100% 的消防用水量。

（3）管网上应设消防分隔阀门。阀门应设在管道的三通、四通处，三通处设两个，四通处设三个，皆设在下游侧，当两阀门之间消火栓的数量超过 5 个时，在管网上应增设阀门。

（4）室外消防给水管道的直径不应小于 100 mm；火场供水实践证明，DN100 的管道只能勉强供应一辆消防车用水，条件许可时，宜采用较大的直径。

（5）室外消防给水管道设置的其他要求应符合现行国家标准《室外给水设计规范》（GB 50013—2006）的有关规定。

（三）室外消火栓

室外消火栓的布置应满足以下要求：

（1）室外消火栓应沿道路设置，道路宽度超过 60 m 时，宜在道路两侧设置消火栓，并宜靠近十字路口；消火栓距车行道边不大于 2.0 m；距建筑物外墙不宜小于 5.0 m。

（2）甲、乙、丙类液体储罐区和液化石油气储罐区的消火栓，应设在防火堤或防火墙外。距罐壁 15 m 范围内的消火栓，不应计算在该罐可使用的数量内。

（3）室外消火栓的间距不应超过 120 m；其保护半径不应超过 150 m；为了确保消火

栓的可靠性,已考虑到相邻一个消火栓若受火灾威胁不能使用,其他消火栓仍能保护任何部位。在市政消火栓保护半径 150 m 以内,当室外消防用水量小于等于 15 L/s 时,可不设置室外消火栓。

(4)室外消火栓的数量应按其保护半径和室外消防用水量等综合计算确定,每个室外消火栓的用水量应按 10 ~ 15 L/s 计算;与保护对象的距离在 5 ~ 40 m 范围内的市政消火栓,可计入室外消火栓的数量内。

(5)室外消火栓宜采用地上式消火栓。地上式消火栓应有 1 个 DN150 或 DN100 和 2 个 DN65 的栓口。采用室外地下式消火栓时,应有 DN100 和 DN65 的栓口各 1 个。寒冷地区设置的室外消火栓应有防冻措施,有明显的标志。

(6)工艺装置区内的消火栓应设置在工艺装置的周围,其间距不宜大于 60 m。当工艺装置区宽度大于 120 m 时,宜在该装置区内的道路边设置消火栓。

第二节　低层建筑消火栓给水系统

一、消火栓给水设置范围

(1)下列建筑应设置 DN65 的室内消火栓:

①建筑占地面积大于 300 m^2 的厂房(仓库)。

②体积大于 5 000 m^3 的车站、码头、机场的候车(船、机)楼、展览建筑、商店、旅馆建筑、病房楼、门诊楼、图书馆建筑等。

③特等、甲等剧场,超过 800 个座位的其他等级的剧场和电影院等,超过 1 200 个座位的礼堂、体育馆等。

④超过 5 层或体积大于 10 000 m^3 的办公楼、教学楼、非住宅类居住建筑等其他民用建筑。

⑤超过 7 层的住宅应设置室内消火栓系统,当确有困难时,可只设置干式消防竖管和不带消火栓箱的 DN65 的室内消火栓。消防竖管的直径不应小于 DN65。

注:耐火等级为一、二级且可燃物较少的单层、多层丁、戊类厂房(仓库),耐火等级为三、四级且建筑体积小于等于 3 000 m^3 的丁类厂房和建筑体积小于等于 5 000 m^3 的戊类厂房(仓库)、粮食仓库、金库可不设置室内消火栓。

(2)国家级文物保护单位的重点砖木或木结构的古建筑,宜设置室内消火栓。

(3)设有室内消火栓的人员密集公共建筑以及低于相应规范规定规模的其他公共建筑宜设置消防软管卷盘;建筑面积大于 200 m^2 的商业服务网点应设置消防软管卷盘或轻便消防水龙。

(4)存有与水接触能引起燃烧爆炸的物品的建筑物和室内没有生产、生活给水管道,室外消防用水取自贮水池且建筑体积小于等于 5 000 m^3 的其他建筑可不设置室内消火栓。

二、消火栓给水组成

建筑消火栓给水系统一般由水枪、水带、消火栓、消防管道、消防水箱、消防水池、水泵接合器及增压水泵等组成。

(一)消火栓灭火设备

灭火设备由水枪、水带和消火栓组成,通常安装在消火栓箱内,如图 3-1、图 3-2 所示。消火栓箱有明装、暗装、半明半暗装三种安装形式。如果供水方式中采用水泵,消火栓箱内还应有直接启动水泵的按钮,按钮应设保护措施。有的消火栓箱中还设有消防卷盘,称为共用消火栓箱。

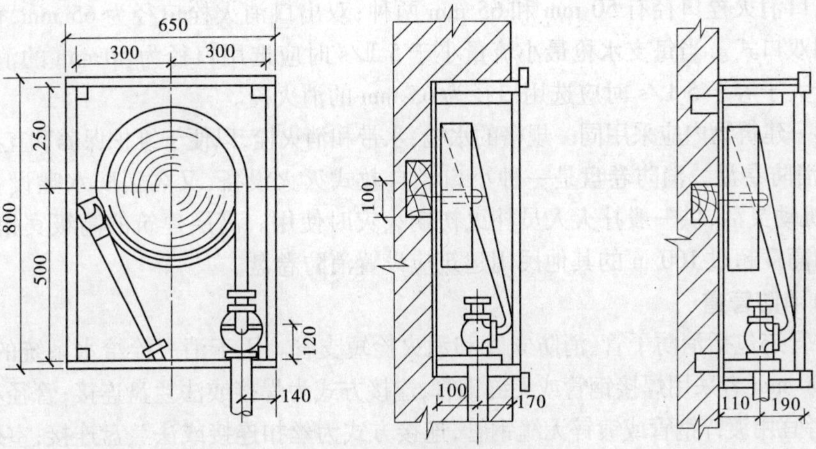

图 3-1　消火栓、软管组合安装图

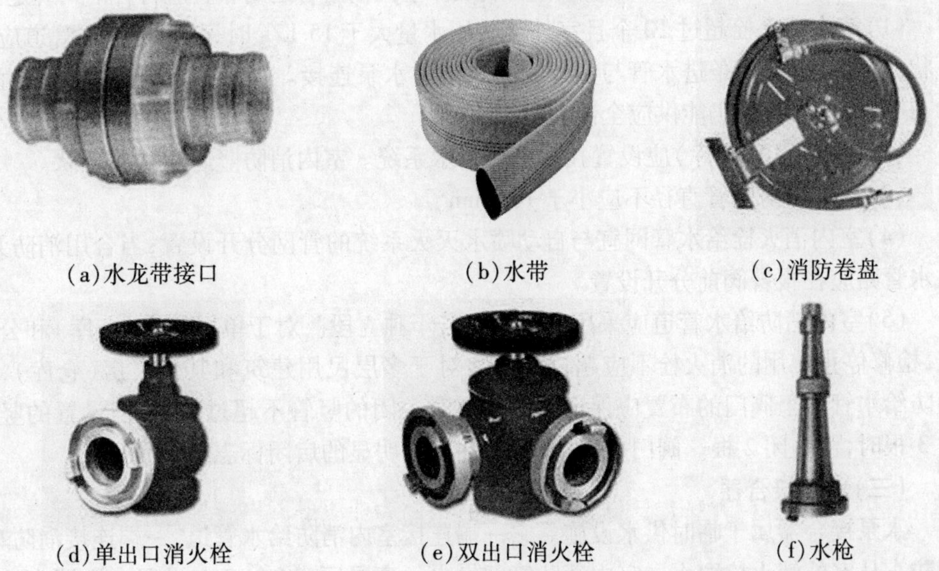

图 3-2　消火栓设备

(1)水枪。水枪是灭火的主要工具,其作用是收缩水流,增大流速,在灭火处产生能击灭火焰的充实水柱。

建筑内部一般采用直流水枪,喷嘴口径有 13 mm、16 mm、19 mm 三种规格。直流水枪配 50 mm 或 65 mm 水带,喷嘴口径为 13 mm 的水枪配 50 mm 的水带;喷嘴口径为 16

mm 的水枪配 50 mm 或 65 mm 的水带；喷嘴口径为 19 mm 的水枪配 65 mm 的水带。

(2)水带。水带一端连接水枪，一端连接室内消火栓。常用的水带是由帆布、化纤、橡胶等制成的输水软管，有衬胶与不衬胶之分。衬胶水带的水力阻力较小，应用最为广泛。常用水带的口径有 50 mm 和 65 mm 两种，水带长度有 15 m、20 m、25 m、30 m 等四种规格。民用建筑中配备水带长度不应超过 25 m。

(3)消火栓。消火栓是具有内扣接口的球形阀式水龙头，有单出口和双出口两种形式。单出口消火栓口径有 50 mm 和 65 mm 两种；双出口消火栓口径为 65 mm，使用时应采用双阀双口式。当每支水枪最小流量小于 5 L/s 时应选用口径为 50 mm 的消火栓，当最小流量大于等于 5 L/s 时应选用口径为 65 mm 的消火栓。

在同一建筑物内应采用同一规格的水枪、水带和消火栓，以便于维护保养和互换使用。

(4)消防卷盘。消防卷盘是一种小口径自救式灭火设备，又名消防水喉设备。它操作简单、机动灵活，供一般扑火人员扑灭初期火灾时使用。高层建筑的高级宾馆、重要的办公楼和高度超过 100 m 的其他民用建筑应设置消防卷盘。

(二)消防管道

消防管道包括消防干管、消防立管和消火栓短支管。用于消火栓给水系统的管材，管径大于 100 mm 者采用焊接钢管或无缝钢管，连接方式为焊接或法兰盘连接；管径小于等于 100 mm 者宜用镀锌钢管或镀锌无缝钢管，连接方式为丝扣连接或法兰盘连接；室外埋地消防给水管管径大于 100 mm 者，工作压力不大于 0.8 MPa 时宜采用给水铸铁管，工作压力大于 0.8 MPa 时采用钢管，内外壁必须作防腐层。室内消防管道的布置应符合下列规定：

(1)室内消火栓超过 10 个且室外消防用水量大于 15 L/s 时，其消防给水管道应连成环状，且至少应有两条进水管与室外管网或消防水泵连接。当其中一条进水管发生事故时，其余的进水管应仍能供应全部消防用水量。

(2)高层厂房(仓库)应设置独立消防给水系统。室内消防竖管应连成环状。

(3)室内消防竖管直径不应小于 100 mm。

(4)室内消火栓给水管网宜与自动喷水灭火系统的管网分开设置；当合用消防泵时，供水管路应在报警阀前分开设置。

(5)室内消防给水管道应采用阀门分成若干独立段。对于单层厂房(仓库)和公共建筑，检修停止使用的消火栓不应超过 5 个。对于多层民用建筑和其他厂房(仓库)，室内消防给水管道上阀门的布置应保证检修管道时关闭的竖管不超过 1 根，但设置的竖管超过 3 根时，可关闭 2 根。阀门应保持常开，并应有明显的启闭标志或信号。

(三)水泵接合器

水泵接合器属于临时供水设施。它一端连接室内消防给水管道，一端连接消防车，由消防车从室外消火栓取水向室内消防管网供水。高层厂房(仓库)、设置室内消火栓且层数超过 4 层的厂房(仓库)、设置室内消火栓且层数超过 5 层的公共建筑，其室内消火栓给水系统应设置消防水泵接合器。水泵接合器应设在室外便于消防车使用的地点，距室外消火栓或消防水池的距离宜为 15 ~ 40 m。水泵接合器的数量，应按室内消防用水量经计算确定，每个水泵接合器的流量按 10 ~ 15 L/s 计算。水泵接合器宜采用地上式；当采用地下式水泵接合器时，应有明显标志。图 3-3 为水泵接合器安装图，图 3-4 为地上式消防水泵接合器，如图 3-5 所示为地下式消防水泵接合器。其设计参数和尺寸见表 3-5 和表 3-6。

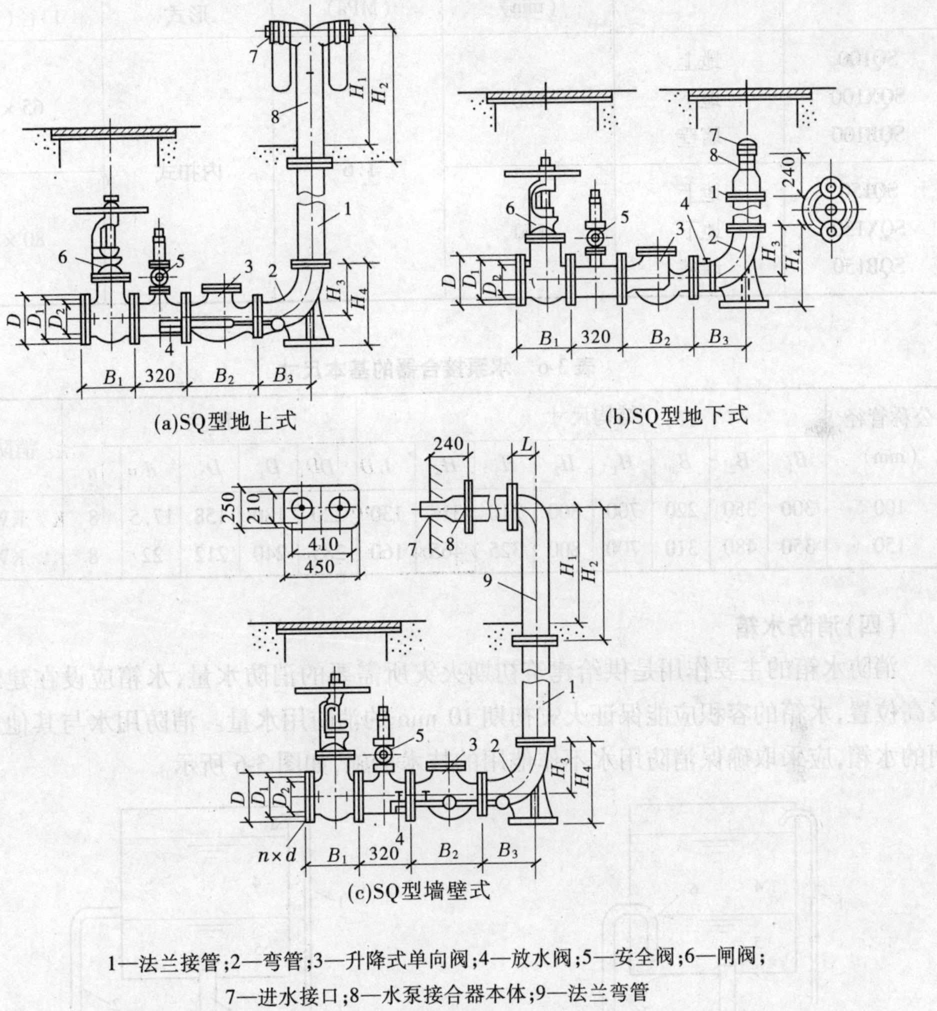

1—法兰接管；2—弯管；3—升降式单向阀；4—放水阀；5—安全阀；6—闸阀；
7—进水接口；8—水泵接合器本体；9—法兰弯管

图 3-3　水泵接合器安装图

图 3-4　地上式消防水泵接合器

图 3-5　地下式消防水泵接合器

表 3-5　水泵接合器型号及其基本参数

型号规格	形式	公称直径（mm）	公称压力（MPa）	进水口	
				形式	口径（mm）
SQ100 SQX100 SQB100	地上 地下 墙壁	100	1.6	内扣式	65×65
SQ150 SQX150 SQB150	地上 地下 墙壁	150			80×80

表 3-6　水泵接合器的基本尺寸

公称管径（mm）	结构尺寸								法兰					消防接口
	B_1	B_2	B_3	H_1	H_2	H_3	H_4	L	D	D_1	D_2	d	n	
100	300	350	220	700	800	210	318	130	220	180	158	17.5	8	KWS65
150	350	480	310	700	800	325	465	160	285	240	212	22	8	KWS80

（四）消防水箱

消防水箱的主要作用是供给建筑初期火灾所需要的消防水量，水箱应设在建筑物的最高位置，水箱的容积应能保证火灾初期 10 min 的消防用水量。消防用水与其他用水合用的水箱，应采取确保消防用水不作他用的技术措施，如图 3-6 所示。

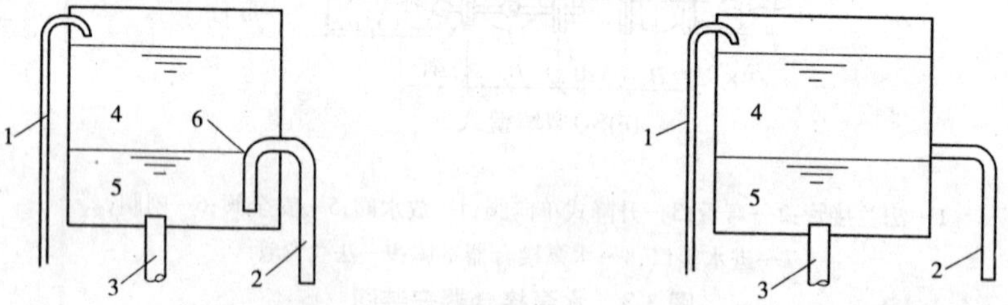

(a)U型管顶端开小孔保证水箱水位　　(b)生活给水管位置高于消防水管保证水箱水位

1—进水管；2—生活供水管；3—消防水管；4—生活调节水量；
5—消防储水量；6—小孔

图 3-6　确保消防用水的技术措施

（五）消防水池

消防水池的作用是储水和供消防水泵吸水用。消防水池可设于室内地下室或与室内游泳池、水景水池兼用。消防水池的容量应满足在火灾持续时间内室内外消防用水量的要求。消防水池可与生活或生产贮水池合用，也可单独设置。若消防水池与其他贮水池合用，必须有保证消防水量不被动用的技术措施。

三、给水方式

(一)无水箱水泵的直接给水方式

建筑物外部给水管网的水压、水量可满足建筑内部消火栓给水系统的要求,由室外给水管网直接供水。在直接给水方式中有两种布置形式:一种是消防管道和生活给水管网或者生产管网共用,如图 3-7 所示,其优点是系统简单、经济,但随着人们对给水水质要求不断的提高,生活、消防共用系统中,在消防立管内长期滞留的死水对生活用水的影响已不容忽视;另一种是消防管道单独布置,在住宅设计中宜单独设置。

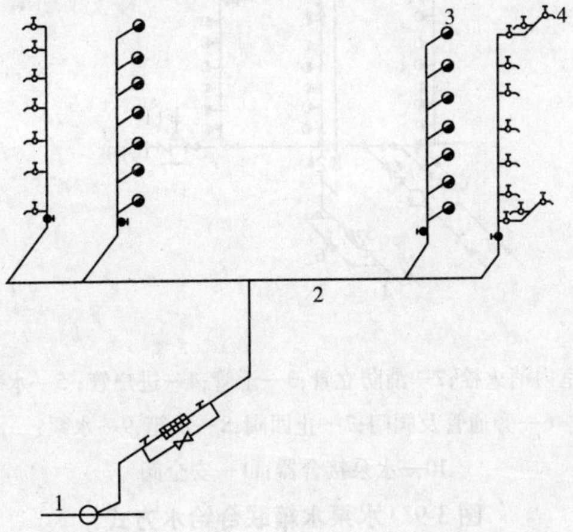

1—室外给水管网;2—室内管网;3—消火栓及立管;4—给水立管及支管

图 3-7 直接供水的消防和生活共用给水方式

(二)单设水箱的给水方式

室外给水管网的压力在一天内变化较大、周期性不能满足室内消火栓的压力和流量时可采用这种方式,如图 3-8 所示。

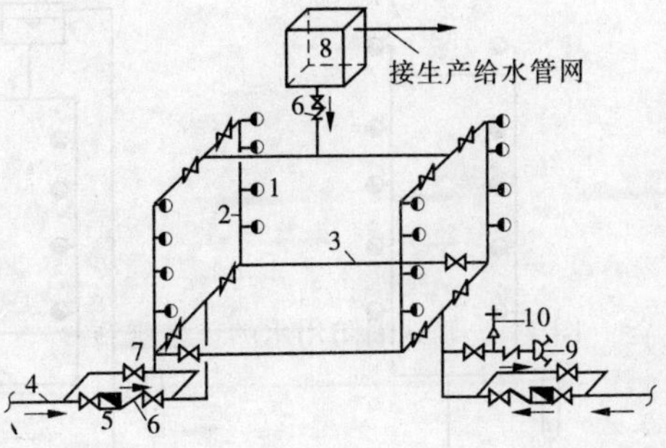

1—室内消火栓;2—消防立管;3—干管;4—进户管;5—水表;
6—止回阀;7—旁通管及阀门;8—水箱;9—水泵接合器;10—安全阀

图 3-8 单设水箱的室内消火栓给水方式

(三)水泵水箱联合给水方式

水泵水箱联合给水方式是临时高压给水系统中应用的一种形式,当室外给水管网的压力不能满足建筑内部消防所需压力时可用该形式,如图 3-9 所示。水箱的作用是保证 10 min 的消防水量和维持一定水压,水箱水量可由生活泵补充。消防水泵有两种吸水形式,即从贮水池吸水和与外网管道直连。当采用与外网直连时须征得当地有关主管部门的同意。

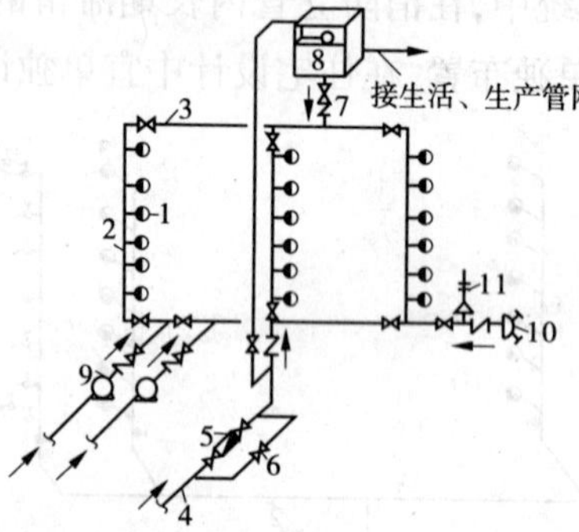

1—室内消火栓;2—消防立管;3—干管;4—进户管;5—水表;
6—旁通管及阀门;7—止回阀;8—水箱;9—水泵;
10—水泵接合器;11—安全阀

图 3-9　水泵水箱联合给水方式

(四)水泵—稳压装置给水方式

水泵—稳压装置给水方式用于临时高压给水系统中,适用于室外给水管网的压力不能满足建筑内部消防所需压力的情况。在给水系统中设置专用的稳压泵或气压水罐装置。平时由稳压设施保持系统中的压力,灭火时由压力联动启动消防水泵工作,如图 3-10 所示为气压给水方式。

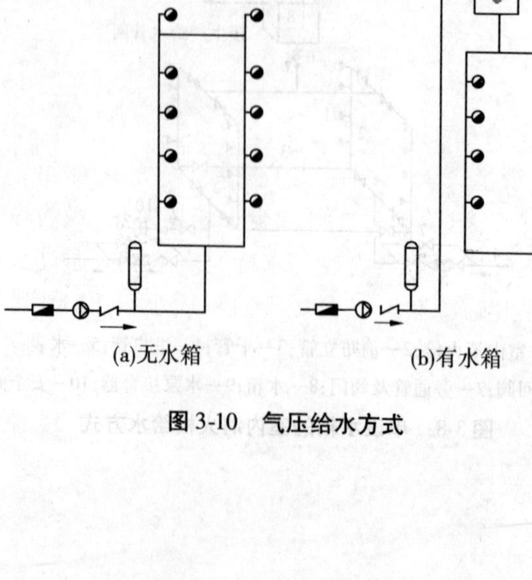

(a)无水箱　　(b)有水箱

图 3-10　气压给水方式

四、消火栓给水系统布置

(一)消防管道布置

建筑内消火栓给水管道布置应满足下列要求:

(1)室内消火栓超过10个,且室外消防用水量大于15 L/s时,室内消防给水管道至少两条进水管与室外环状管网连接,并应将室内管道连成环状或将进水管与室外管道连成环状。室内消防竖管直径不应小于100 mm。单元式、塔式住宅的消火栓宜设置在楼梯间的首层和各层楼层休息平台上,当设2根消防竖管确有困难时,可设1根消防竖管,但必须采用双口双阀型消火栓。

(2)高层厂房(仓库)应设置独立的消防给水系统。室内消防竖管应连成环状。

(3)高层厂房(仓库)、设置室内消火栓且层数超过4层的厂房(仓库)、设置室内消火栓且层数超过5层的公共建筑,其室内消火栓给水系统应设置消防水泵接合器。消防水泵接合器应设置在室外便于消防车使用的地点,与室外消火栓或消防水池取水口的距离宜为15~40 m。消防水泵接合器的数量应按室内消防用水量计算确定。每个消防水泵接合器的流量宜按10~15 L/s计算。

(4)室内消火栓给水管网宜与自动喷水灭火系统的管网分开设置;当合用消防泵时,供水管路应在报警阀前分开设置;室内消防给水管道应采用阀门分成若干独立段。对于单层厂房(仓库)和公共建筑,检修停止使用的消火栓不应超过5个。对于多层民用建筑和其他厂房(仓库),室内消防给水管道上阀门的布置应保证检修管道时关闭的竖管不超过1根,但设置的竖管超过3根时,可关闭2根。阀门应保持常开,并应有明显的启闭标志或信号。

(5)严寒和寒冷地区非采暖的厂房(仓库)及其他建筑的室内消火栓系统,可采用干式系统,但在进水管上应设置快速启闭装置,管道最高处应设置自动排气阀。

(二)消火栓布置

1. 水枪充实水柱长度

如图3-11所示,从水枪喷嘴算起,到有75%~90%水量穿过直径26~38 mm圆环处的射流水柱长度称为充实水柱长度(H_m)。根据实验数据统计,充实水柱长度小于7 m时,火场的辐射热使消防人员无法接近着火点,达不到有效灭火的目的;但达到15 m时,因射流的反作用而使消防人员无法控制水枪灭火。充实水柱应具有一定长度和冲击力,以便有效地射到并扑灭火焰,同时还可减少火场辐射热、烤灼等对消防人员的影响,保护人员安全。消火栓的水枪充实水柱应通过水力计算确定,且建筑高度不超过100 m的高层建筑不应小于10 m,建筑高度超过100 m的高层建筑不应小于13 m。充实水柱长度不能过小,否则不能有效扑灭火焰。充实水柱长度越大,水枪对操作者的反作用力也越大。表3-7为各类建筑物要求的水枪充实水柱长度,设计时可参照选用。

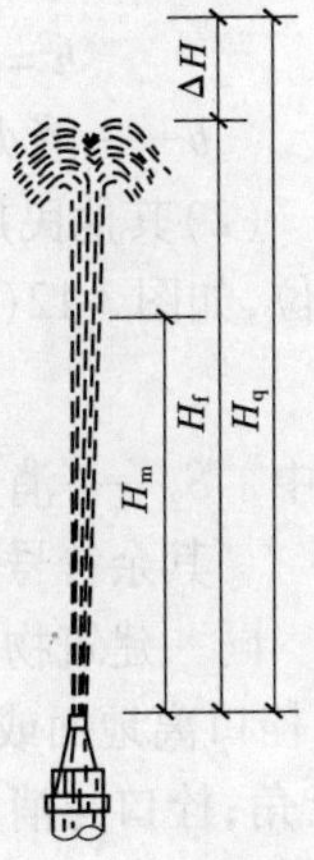

图3-11 充实水柱

表 3-7　各类建筑物要求的水枪充实水柱长度

建筑物类别	充实水柱长度(m)
一般建筑	≥7
甲、乙类厂房,大于6层公共建筑,大于4层公共建筑(仓库)	≥10
高层厂房(库房)、高架仓库、体积大于25 000 m^3 的商店、体育馆、影剧院、会堂、展览建筑、车站、码头、机场建筑等	≥13
民用建筑高度>100 m	≥13
民用建筑高度≤100 m	≥10
高层工业建筑	≥13
人防工程内	≥10
停车库、修车库内	≥10

2. 消火栓布置

根据规范要求设消火栓消防给水系统的建筑内,每层(除无可燃物的设备层内)均应设置消火栓。消火栓的间距布置应满足下列要求。

(1)建筑高度小于等于24 m且体积小于等于5 000 m^3 的多层仓库,可采用1支水枪充实水柱到达室内任何部位。如图3-12(a)、(c)所示,其布置间距按下列公式计算:

$$S_1 \leqslant 2\sqrt{R^2 - b^2} \tag{3-3}$$

$$R = CL_d + h \tag{3-4}$$

式中　S_1——消火栓间距,m;

R——消火栓保护半径,m;

C——水带展开时的弯曲折减系数,一般取0.8~0.9;

L_d——水带长度,m,每条水带长度不应大于25 m;

h——水枪充实水柱倾斜45°时的水平投影长度,m,$h=0.71H_m$,H_m 为水枪的充实水柱长度,m,对一般建筑(层高为3~3.5 m),由于两楼板间的限制,一般取 $h=3.0$ m;

b——消火栓的最大保护宽度,应为一个房间的进深加走廊的宽度,m。

(2)其他民用建筑应保证每一个防火分区同层有2支水枪的充实水柱同时到达任何部位,如图3-12(b)、(d)所示,其布置间距按下列公式计算:

$$S_2 \leqslant \sqrt{R^2 - b^2} \tag{3-5}$$

式中　S_2——消火栓间距(2股水柱到达同层任何部位),m;

其余符号意义同前。

同一建筑物内应采用统一规格的消火栓、水枪和水带。每条水带的长度不应大于25 m;栓口离地面或操作基面高度宜为1.1 m,其出水方向宜向下或与设置消火栓的墙面成90°角;栓口与消火栓箱内边缘的距离不应影响消防水带的连接。

(3)高层厂房(仓库),高架仓库和甲、乙类厂房中室内消火栓的间距不应大于30 m;其他单层和多层建筑中室内消火栓的间距不应大于50 m;高层厂房(仓库)和高位消防水箱静压不能满足最不利点消火栓水压要求的其他建筑,应在每个室内消火栓处设置直接

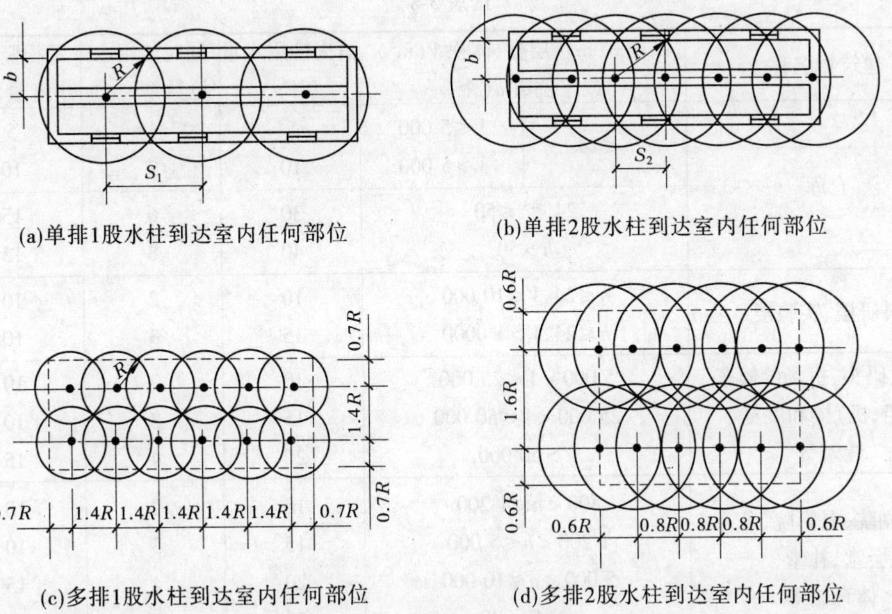

(a)单排1股水柱到达室内任何部位　(b)单排2股水柱到达室内任何部位

(c)多排1股水柱到达室内任何部位　(d)多排2股水柱到达室内任何部位

图 3-12　消火栓布置间距

启动消防水泵的按钮,并应有保护设施。

(4)室内消火栓应设置在位置明显且易于操作的部位。消防电梯间前室内应设置消火栓。冷库内的消火栓应设置在常温穿堂或楼梯间内。干式消火栓竖管应在首层靠出口部位设置便于消防车供水的快速接口和止回阀。

(5)设有室内消火栓的建筑,若为平屋顶,宜在平屋顶上设置试验和检查用的消火栓。

五、消防管道系统水力计算

(一)室内消火栓用水量

消火栓给水系统水力计算的主要任务是根据规范规定的消防用水量及要求使用的水枪数量和水压,确定管的直径,系统所需的压力,水池、水箱的容积和水泵的型号等。

室内消火栓用水量应根据同时使用水枪数量和充实水柱长度,由计算确定,但不应小于表 3-8、表 3-9 的规定。

表 3-8　低层建筑物室内消火栓用水量

建筑物名称	高度 h(m)、层数、体积 V(m^3)或座位数 n(个)		消火栓用水量(L/s)	同时使用水枪数量(支)	每根竖管最小流量(L/s)
厂房	$h \leqslant 24$	$V \leqslant 10\ 000$	5	2	5
		$V > 10\ 000$	10	2	10
	$24 < h \leqslant 50$		25	5	15
	$h > 50$		30	6	15

续表 3-8

建筑物名称	高度 h(m)、层数、体积 V(m^3)或座位数 n(个)		消火栓用水量(L/s)	同时使用水枪数量(支)	每根竖管最小流量(L/s)
仓库	$h≤24$	$V≤5\ 000$	5	1	5
		$V>5\ 000$	10	2	10
	$24<h≤50$		30	6	15
	$h>50$		40	8	15
科研楼、实验楼	$h≤24, V≤10\ 000$		10	2	10
	$h≤24, V>1\ 0000$		15	3	10
车站、码头、机场的候车(船、机)楼和展览建筑等	$5\ 000<V≤25\ 000$		10	2	10
	$25\ 000<V≤50\ 000$		15	3	10
	$V>50\ 000$		20	4	15
剧院、电影院、会堂、礼堂、体育馆等	$800<n≤1\ 200$		10	2	10
	$1\ 200<n≤5\ 000$		15	3	10
	$5\ 000<n≤10\ 000$		20	4	15
	$n>10\ 000$		30	6	15
商店、旅馆等	$5\ 000<V≤10\ 000$		10	2	10
	$10\ 000<V≤25\ 000$		15	3	10
	$V>25\ 000$		20	4	15
病房楼、门诊楼等	$5\ 000<V≤10\ 000$		5	2	5
	$10\ 000<V≤25\ 000$		10	2	10
	$V>25\ 000$		15	3	10
办公楼、教学楼等其他民用建筑	层数≥5 层或 $V>10\ 000$		15	3	10
国家级文物保护单位的重点砖木或木结构的古建筑	$V≤10\ 000$		20	4	10
	$V>10\ 000$		25	5	15
住宅	层数≥8		5	2	5

注:1. 丁、戊类高层厂房(仓库)室内消火栓的用水量可按本表减少 10 L/s,同时使用水枪数量可按本表减少 2 支。
2. 消防软管卷盘或轻便消防水龙及住宅楼梯间中的干式消防竖管上设置的消火栓,其消防用水量可不计入室内消防用水量。

表 3-9 汽车库室内消防用水量

防火分类			消火栓用水量(L/s)	同时使用水枪数量(支)	每支水枪最小流量(L/s)
名称	类别	数量(辆)			
停车库	Ⅰ	>200	10	2	5
	Ⅱ	101~200	10	2	5
	Ⅲ	26~100	10	2	5
	Ⅳ	≤25	5	1	5

续表 3-9

防火分类			消火栓用水量	同时使用水枪数量	每支水枪最小流量
名称	类别	数量(辆)	(L/s)	(支)	(L/s)
修车库	Ⅰ	>15	10	2	5
	Ⅱ	6~15	10	2	5
	Ⅲ	3~5	5	1	5
	Ⅳ	≤2	5	1	5

(二)消火栓口所需水压

(1)消火栓口所需的水压按下列公式计算(参见图 3-11):

$$H_{xh} = H_q + h_d + H_k \tag{3-6}$$

式中 H_{xh}——消火栓口的水压,kPa;

H_q——水枪喷嘴处的压力,kPa;

h_d——水带的水头损失,kPa;

H_k——消火栓栓口水头损失,按 20 kPa 计算。

(2)水枪喷嘴处压力 H_q 与充实水柱高度、水枪喷嘴口径有关,可按下列公式计算:

$$H_q = \frac{a_f H_m \times 10}{1 - \varphi a_f H_m} \tag{3-7}$$

式中 a_f——充实水柱高度与充实水柱长度关系的实验系数,可查表 3-10;

φ——与水枪喷嘴口径有关的阻力系数,可查表 3-11;

H_m——充实水柱长度,m,可按表 3-7 选取。

表 3-10 系数 a_f 值

H_m(m)	6	7	8	9	10	11	12	13	14	15
a_f	1.19	1.19	1.19	1.20	1.20	1.20	1.21	1.21	1.22	1.23

表 3-11 系数 φ 值

水枪口径(mm)	13	16	19
φ	0.016 5	0.012 4	0.009 7

(3)水带的水头损失可按下列公式计算:

$$h_d = A_z L_d q_{xh}^2 \times 10 \tag{3-8}$$

式中 A_z——水带的阻力系数,见表 3-12;

L_d——水带长度,m;

q_{xh}——水枪的射流量,L/s,一般按 $q_{xh} = \sqrt{BH_q}$ 计算,B 为水枪的流量特性系数,与水枪喷嘴口有关,可查表 3-13。

表 3-12　水带阻力系数 A_z 值

水带材料	水带直径(mm)		
	50	65	80
衬胶	0.006 77	0.007 12	0.000 75
麻织	0.015 01	0.004 30	0.001 50

表 3-13　水枪水流特性系数 B 值

水枪喷口直径(mm)	13	16	19	22
B	0.346	0.793	1.577	2.834

为了方便计算,根据式(3-7)、水枪射流量 q_{xh} 制成表 3-14,根据水枪的喷嘴口径和充实水柱长度可直接查出水枪的射流量和压力值。

表 3-14　水枪的充实水柱长度、压力和流量技术数据

充实水柱长度(m)	不同水枪直径(mm)的压力和流量					
	13		16		19	
	H_q(mH_2O)	q_{xh}(L/s)	H_q(mH_2O)	q_{xh}(L/s)	H_q(mH_2O)	q_{xh}(L/s)
6	8.1	1.7	7.8	2.5	7.7	3.5
7	9.7	1.8	9.3	2.7	9.1	3.8
8	11.3	2.0	10.8	2.9	10.5	4.1
9	13.1	2.1	12.5	3.1	12.1	4.4
10	15.0	2.3	14.1	3.3	13.6	4.6
11	16.9	2.4	15.8	3.5	15.1	4.9
12	19.1	2.6	17.1	3.7	16.9	5.2
13	21.2	2.7	19.5	3.9	18.6	5.4
14	23.8	2.9	21.7	4.1	20.5	5.7
15	26.5	3.0	23.9	4.4	22.5	6.0
16	29.5	3.2	26.3	4.6	24.6	6.2

(三)消防水箱的贮存容积

1. 消防水箱

按照我国《建筑设计防火规范》(GB 50016—2006)规定,设置临时高压给水系统的建筑物应设置消防水箱(包括气压水罐、水塔、分区给水系统的分区水箱)。消防水箱应贮存 10 min 的消防用水量,以供扑救初期火灾之用。其计算公式如下:

$$V_x = 0.6Q_x \tag{3-9}$$

式中 V_x——消防水箱贮存消防水量，m^3，当室内消防用水量小于等于 25 L/s，经计算消防水箱所需消防储水量大于 12 m^3 时，仍可采用 12 m^3，当室内消防用水量大于 25 L/s，经计算消防水箱所需消防储水量大于 18 m^3 时，仍可采用 18 m^3；

Q_x——室内消防用水总量，L/s；

0.6——单位换算系数，$V_x = \frac{Q_x \times 10 \times 60}{1\ 000} = 0.6Q_x$。

消防水箱可分区设置，重力自流的消防水箱应设置在建筑的最高部位，消防用水与其他用水合用的水箱应采取消防用水不作他用的技术措施；发生火灾后，由消防水泵供给的消防用水不应进入消防水箱。

2. 消防水泵的选择

水泵的流量和扬程是选择水泵的主要参数指标，根据建筑物的特征确定室内消防总用水量和消防管网的水力计算即可。

(1)水泵的流量可按下式计算：

$$Q_{xb} = \frac{3.6Q_x}{N_x} \tag{3-10}$$

式中 Q_{xb}——消防水泵流量，m^3/h；

Q_x——室内消防用水总量，L/s；

N_x——消防水泵台数。

(2)消防水泵的扬程可按下式计算：

$$H_{xb} = H_{xh} + h_{xg} + 10H_z$$

式中 H_{xb}——消防水泵的扬程，kPa；

H_{xh}——最不利点处消火栓口的水压，kPa；

h_{xg}——计算管路的水头损失，kPa；

H_z——消防水池最低水位与最不利点消火栓的高差，m。

(3)消防水泵的设置要求如下：

消防水泵房应有不少于两条的出水管直接与消防给水管网连接。当其中一条出水管关闭时，其余的出水管应仍能通过全部用水量。一组消防水泵的吸水管不应少于 2 条。当其中一条关闭时，其余的吸水管应仍能通过全部用水量。

消防水泵应采用自灌式吸水，并应在吸水管上设置检修阀门。出水管上应设置试验和检查用的压力表及 DN65 的放水阀门。当存在超压可能时，出水管上应设置防超压设施。

当消防水泵直接从环状市政给水管网吸水时，消防水泵的扬程应按市政给水管网的最低压力计算，并以市政给水管网的最高水压校核。

消防水泵应设置备用泵，其工作能力不应小于最大一台消防工作泵。当工厂、仓库、堆场和储罐的室外消防用水量小于等于 25 L/s 或建筑的室内消防用水量小于等于 10 L/s时，可不设置备用泵。

(四)消防管网的水力计算

消防管网水力计算的主要目的是确定消防给水管网的管径,计算和校核消防水箱的设置高度,选择消防水泵。

在进行消防管网计算时,对于枝状管网应选择最不利立管和最不利消火栓,来确定计算管路。然后根据防火规范规定的室内消防用水量进行流量分配,在确定管网中各管段的流量后,选定流速即可计算出管径和单位管长沿程水头损失值,再根据局部水头损失占沿程水头损失的百分数定出局部水头损失值,则可计算出管网系统的总水头损失。若资料充足,局部水头损失可按管(配)件当量长度法计算。

消火栓给水管道内流速一般控制在 1.4 ~ 1.8 m/s,不允许大于 2.5 m/s。沿程水头损失的计算方法与给水管道计算方法相同, 其局部水头损失可按沿程水头损失的百分数确定,如下所示:

(1)金属管道:消火栓系统给水管网为 10%,生产、消防共用给水管网为 15%,生活、消防或生活、消防、生产共用给水管网为 20%。

(2)钢塑复合管:消火栓消防给水管道为 30%。

设有消防水箱时,要以水箱的最低水位作为起点选择计算管路,计算管径水头损失,确定消防水箱的设置高度或补压装置。当有消防水泵时,应以消防水池最低水位作为起点选择计算管路,计算管径水头损失,确定消防水泵的扬程。

对于环状管网,可假定某段发生故障,按支状管网进行计算。

为保证消防车通过水泵接合器向消火栓给水系统供水灭火,对于低层建筑,消火栓给水管网消防竖管的管径不得小于 100 mm。

第三节　高层建筑消火栓给水系统

《高层民用建筑设计防火规范》(GB 50045—95)(2005 年版)中规定:凡 10 层及 10 层以上的居住建筑(包括首层设置商业服务网点的住宅)和建筑高度超过 24 m 的公共建筑,都属于高层建筑。

一、高层建筑室内消防特点

(一)高层建筑火灾的特点

(1)火势蔓延快。高层建筑的楼梯间、电梯井、管道井、风道、电缆井等竖向井道多,如果防火分隔处理不好,发生火灾时就好像一座座高耸的烟囱,成为火势迅速蔓延的途径,尤其是高级宾馆、综合楼和图书馆、办公楼等高层建筑,一般室内可燃物较多,一旦起火,燃烧猛烈,蔓延迅速。据测定,在火灾初期阶段,因空气对流,在水平方向烟气扩散速度为 0.3 m/s,在火灾燃烧猛烈阶段,各管井烟气扩散速度则可达 3 ~ 4 m/s。假如一座高度为 100 m 的高层建筑发生火灾,在无阻挡的情况下,半分钟左右,烟气就能顺竖向管井扩散到顶层,其扩散速度是水平方向的 10 倍以上。

(2)疏散困难。高层建筑的特点:一是层数多,垂直距离长,疏散到地面或其他安全场所的时间长;二是人员集中;三是发生火灾时由于各竖井空气流动畅通,火势和烟雾向上蔓延快,增加了疏散的难度。我国有些经济较发达城市的消防部门购买了少量的登高消防车,但大多数有高层建筑的城市尚无登高消防车,而且其高度也不能满足安全疏散和扑救的需要。普通电梯在火灾时因不防烟火或停电等原因而无法使用。因此,多数高层建筑安全疏散主要是靠楼梯。而楼梯间内一旦窜入烟气,就会严重影响疏散。这些都是高层建筑发生火灾时进行疏散的不利条件。

(3)扑救难度大。高层建筑高达数十米,甚至达数百米,发生火灾时从室外进行扑救相当困难。一般要立足于自救,即主要靠室内消防设施。但由于目前我国经济技术条件所限,高层建筑内部的消防设施还不可能很完善,尤其是二类高层建筑仍以消火栓系统扑救为主。因此,扑救高层建筑火灾往往遇到较大困难,例如热辐射强、火势蔓延迅速、高层建筑的消防用水量不足等。

由此可见,高层建筑一旦发生火灾,会造成重大的人员伤亡和财产损失,后果是十分严重的。因此,高层建筑的防火设计,必须遵循"预防为主,防消结合"的消防工作方针,针对高层建筑发生火灾的特点,立足自防自救,采用可靠的防火措施,做到安全适用、技术先进、经济合理。

(二)高层建筑消防技术要求

(1)高层建筑消防给水设计应立足"自救",即立足于室内消防设施来扑救火灾。高层发生火灾后,应充分利用和发挥消防设施的救火能力,"外救"、"自救"协同工作,提高灭火效率。一般高度在 24 m 以下的裙房在"外救"的能力范围内,应以"外救"为主;高度在 24 ~ 50 m 的部位,室外消防设施仍可通过水泵接合器升压送水,应立足"自救"并借助"外救",二者同时发挥作用;50 m 以上部位,已超过了室外消防设施的供水能力,则应完全依靠"自救"灭火。

(2)为确保高层建筑消防安全,满足"自救"的要求,高层建筑必须设置独立的消防给水系统。通过设置高压或临时高压消防给水系统来满足高层建筑消防给水压力问题。

二、给水方式

(一)按管网的服务范围分

(1)独立消火栓给水系统:每幢高层建筑设置一个单独加压的室内消防给水系统。这种系统安全性高,但管理比较分散,投资也较大。在地震区、人防要求较高的建筑物以及重要的建筑物宜采用独立的室内消火栓给水系统。

(2)区域集中的室内消火栓给水系统:近年来高层建筑发展较快,有些城市出现高层建筑群,因而采用了区域集中的室内高压(或临时高压)消防给水系统,即数幢或数十幢高层建筑物共用一个加压泵房的消防给水系统。这种系统便于集中管理,节省投资,但在地震区可靠性较低。在规划合理的高层建筑区,可采用区域集中的高压或临时高压消防给水系统。

(二)按建筑高度分

按高层建筑的高度来考虑,室内消防给水系统有不分区给水和分区给水两种室内消防给水系统。

1. 不分区消火栓给水系统

如图 3-13 所示，建筑高度在 50 m 以内或建筑内最低消火栓处静水压力不超过 1.0 MPa 时，整个建筑物组成一个消防给水系统。发生火灾时，消防队使用消防车，从室外消火栓（或消防水池）取水，通过水泵接合器往室内管网供水，协助扑灭火灾。设计中可根据具体条件确定分区高度，配备高压消防水泵向管网系统供水灭火。

2. 分区消火栓给水系统

建筑高度超过 50 m 的高层建筑或消火栓处静水压力大于 1.0 MPa 时，室内消火栓给水系统难以得到一般消防车的供水支援，宜采用分区给水系统。

并联供水分区系统如图 3-14 所示，水泵集中布置，便于管理。它适用于建筑高度不超过 100 m 的情况。串联供水分区系统如图 3-15 所示，串联分区的设置中转水箱和加压泵站，设备分散布置，不利于管理。

若消防给水系统采用高压供水系统，高层建筑消防供水系统不设置水箱，有室外高压管网直接供水。若为临时高压消防供水系统，为确保消防初期灭火用水，均

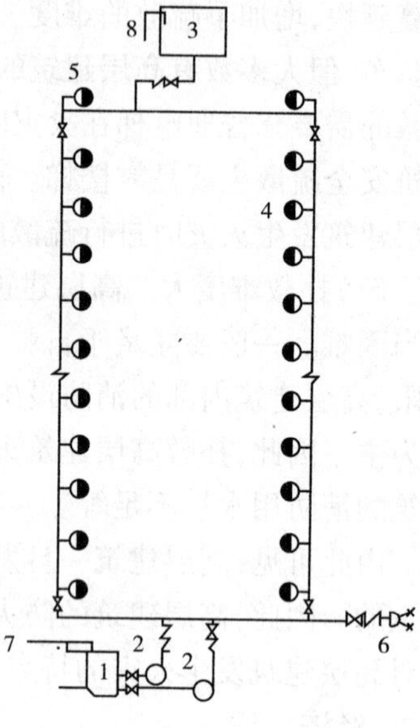

1—水池；2—消防水泵；3—水箱；4—消火栓；5—试验消火栓；6—水泵接合器；7—水池进水管；8—水箱进水管

图 3-13　不分区的消防给水系统

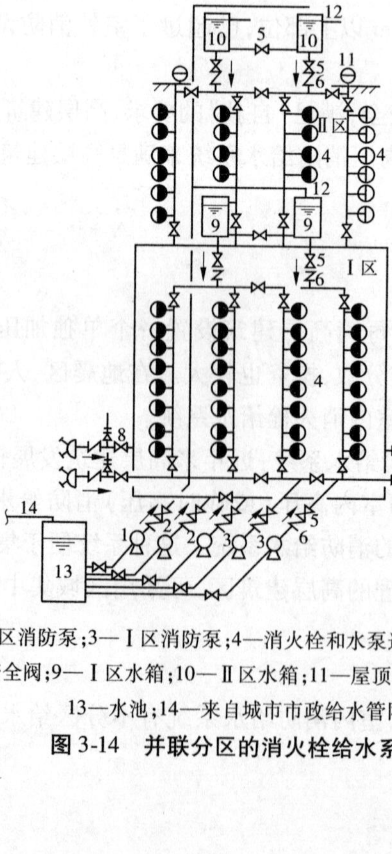

1—生活、生产水泵；2—Ⅱ区消防泵；3—Ⅰ区消防泵；4—消火栓和水泵远距离启按钮；5—阀门；6—止回阀；7—水泵接合器；8—安全阀；9—Ⅰ区水箱；10—Ⅱ区水箱；11—屋顶消火栓；12—去生活、生产管网；13—水池；14—来自城市市政给水管网

图 3-14　并联分区的消火栓给水系统

设置高位水箱，储存 10 min 室内消防用水量，按《高层民用建筑设计防火规范》(GB 50045—95)(2005 年版)规定，高位消防水箱的消防储水量，一类公共建筑不应小于 18 m^3；二类公共建筑和一类居住建筑不应小于 12 m^3；二类居住建筑不应小于 6 m^3。

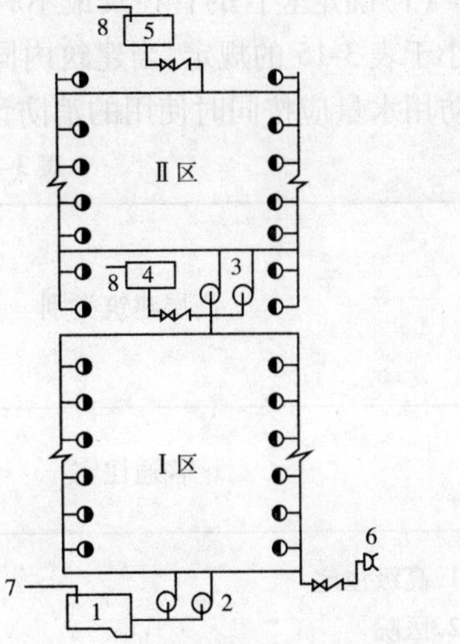

1—消防水池；2—Ⅰ区消防水泵；3—Ⅱ区消防水泵；4—Ⅰ区水箱；5—Ⅱ区水箱；6—水泵接合器；7—水池进水管；8—水箱进水管

图 3-15　串联分区消防给水系统

三、室内消火栓给水系统布置

(一)消防管道布置要求

(1)室内消防给水系统应与生活、生产给水系统分开独立设置。室内消防给水管道应布置成环状。室内消防给水环状管网的进水管和区域高压或临时高压给水系统的引入管不应少于两根，当其中一根发生故障时，其余的进水管或引入管应能保证消防用水量和水压的要求。

(2)消防竖管的布置，应保证同层相邻两个消火栓的水枪的充实水柱同时达到被保护范围内的任何部位。每根消防竖管的直径应按通过的流量经计算确定，但不应小于 100 mm。

(3)室内消火栓给水系统应与自动喷水灭火系统分开设置，有困难时，可合用消防泵，但在自动喷水灭火系统的报警阀前(沿水流方向)必须分开设置。

(4)室内消防给水管道应采用阀门分成若干独立段。阀门的布置，应保证检修管道时关闭停用的竖管不超过一根。当竖管超过 4 根时，可关闭不相邻的两根。

(5)管道宜采用热浸锌工艺镀锌钢管，法兰连接、丝扣或线沟槽式连接。

(二)消火栓设置要求

(1)消火栓应设在走道、楼梯附近等明显易于取用的地点。消火栓的间距应保证同层任何部位有两个消火栓的水枪充实水柱同时到达；消火栓的间距应由计算确定，且高层建筑不应大于 30 m，裙房不应大于 50 m。

(2)消火栓栓口离地面高度宜为 1.1 m，栓口出水方向宜向下或与设置消火栓的墙面相垂直；消火栓应采用同一型号规格。消火栓的栓口直径应为 65 mm，水带长度不应超过 25 m，水枪喷嘴口径不应小于 19 mm；临时高压给水系统的每个消火栓处应设直接启动消防水泵的按钮，并应设有保护按钮的设施；消防电梯间前室应设消火栓。

(3)高层建筑的屋顶应设一个装有压力显示装置的检查用的消火栓，采暖地区可设在顶层出口处或水箱间内。

(4)在 18 层及 18 层以下的单元式住宅或每层不超过 8 户、建筑面积不超过 650 m^2 的塔式住宅，当设两根消防竖管有困难时，可设一根竖管，但必须采用双阀双出口型消火栓。

四、消防管道系统水力计算

高层建筑消火栓给水系统水力计算应包括下面内容：

(1)确定竖管的管径及最不利点消火栓的流量。但消火栓给水系统的消防用水量应不小于表3-15的规定，当建筑内同时设有消火栓给水系统和自动喷水灭火系统时，室内消防用水量应按同时使用的消防设备用水量之和计算。

表3-15　消火栓给水系统的用水量

<table>
<tr><th rowspan="2">高层建筑类别</th><th rowspan="2">建筑高度(m)</th><th colspan="2">消火栓用水量(L/s)</th><th rowspan="2">每根竖管最小流量(L/s)</th><th rowspan="2">每支水枪最小流量(L/s)</th></tr>
<tr><th>室内</th><th>室外</th></tr>
<tr><td rowspan="2">普通住宅</td><td>≤50</td><td>15</td><td>10</td><td>10</td><td>5</td></tr>
<tr><td>>50</td><td>15</td><td>20</td><td>10</td><td>5</td></tr>
<tr><td rowspan="2">1. 高级住宅
2. 医院
3. 二类建筑的商业楼、展览楼、综合楼、财贸金融楼、电信楼、商住楼、图书馆、书库
4. 省级以下的邮政楼、防灾指挥调度楼、广播电视楼、电力调度楼
5. 建筑高度不超过50 m的教学楼和普通的旅馆、办公楼、科研楼、档案楼等</td><td>≤50</td><td>20</td><td>20</td><td>10</td><td>5</td></tr>
<tr><td>>50</td><td>20</td><td>30</td><td>15</td><td>5</td></tr>
<tr><td rowspan="2">1. 高级旅馆
2. 建筑高度超过50 m或每层建筑面积超过1 000 m²的商业楼、展览楼、综合楼、财贸金融楼、电信楼
3. 建筑高度超过50 m或每层建筑面积超过1 500 m²的商住楼
4. 中央和省级(含计划单列市)广播电视楼
5. 网局级和省级(含计划单列市)电力调度楼
6. 省级(含计划单列市)邮政楼、防灾指挥调度楼
7. 藏书超过100万册的图书馆、书库
8. 重要的办公楼、科研楼、档案楼
9. 建筑高度超过50 m的教学楼和普通的旅馆、办公楼、科研楼、档案楼等</td><td>≤50</td><td>30</td><td>30</td><td>15</td><td>5</td></tr>
<tr><td>>50</td><td>30</td><td>40</td><td>15</td><td>5</td></tr>
</table>

注：建筑高度不超过50 m，室内消火栓用水量超过20 L/s，且设有自动喷水灭火系统的建筑物，其室内、外消防用水量可按本表减少5 L/s。

(2)求出消火栓出口所需水压力及流量，其方法同前。高层建筑消火栓的栓口直径应为65 mm，水带长度不应超过25 m，水枪喷嘴口径不应小于19 mm；消火栓的水枪充实水柱应通过水力计算确定，且建筑高度不超过100 m的高层建筑不应小于10 m，建筑高度超过100 m的高层建筑不应小于13 m。

(3)计算消火栓给水管道的总水头损失，设有水箱的应确定水箱的设置高度或增压设备，确定消防水泵的扬程。

五、增压、稳压及减压节流装置

(一)增压、稳压设置

临时高压供水的高层建筑消防系统,应设置高位水箱,水箱设置高度应保证最不利点消火栓的静水压力。当建筑高度不超过 100 m 时,高层建筑最不利点消火栓静水压力不应低于 0.07 MPa;当建筑高度超过 100 m 时,高层建筑最不利点消火栓静水压力不应低于 0.15 MPa。当高位消防水箱不能满足上述静压要求时,应设增压设施,以保证火灾初期消防水泵开启前,消防系统水压的要求。增压设备可采用稳压泵(见图 3-16),也可采用气压给水设备。增压水泵的出水量,对消火栓给水系统不应大于 5 L/s;对自动喷水灭火系统不应大于 1 L/s。即火灾发生初期,稳压水泵出水只保证 2 支水枪、5 个喷头工作。气压水罐的调节水量一般按水泵启动 30 s 计算,不宜超过 450 L。

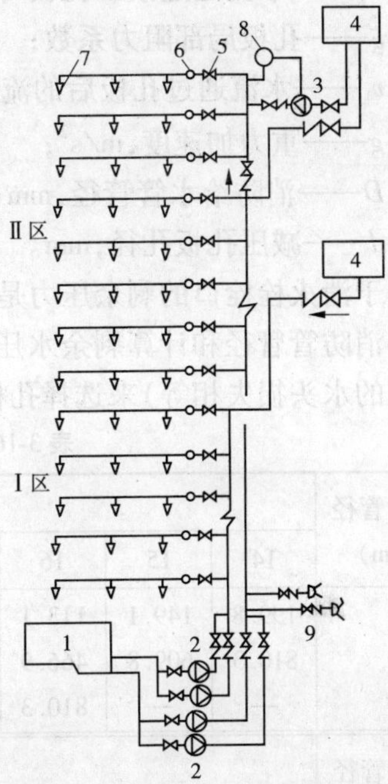

1—水池;2—消防水泵;3—稳压泵;4—水箱;
5—阀门;6—水流指示器;7—喷头;
8—压力开关;9—水泵接合器

图 3-16　设稳压泵的分区消防给水方式

(二)减压节流装置

当消火栓栓口的压力大于 0.5 MPa 时,宜采取减压措施。减压措施一般采取减压阀或减压孔板,用以减少消火栓口前的剩余压力,使消防水量合理分配系统均衡供水,避免高位水箱中的消防水量在短时间里用完。

各层消火栓口处的剩余水压可按下式计算:

$$H_S = H_b - (10h_1 + h_2 + H_{xh}) \tag{3-11}$$

式中 H_S——计算层消火栓栓口处的剩余压力,kPa;

H_b——消防水泵扬程,kPa;

h_1——消防水池最低水位或消防水泵与室外管网连接点与计算层消火栓的高差,m;

h_2——消防水泵自水池或外管网吸水至计算层消火栓的消防管道的沿程与局部水头损失之和,kPa;

H_{xh}——消火栓栓口处压力,见式(3-6),kPa。

水流通过减压孔板时的水头损失可按下列公式计算:

$$h_k = \xi \frac{v_k^2}{2g} \times 10 \tag{3-12}$$

$$\xi = \left[1.75\frac{D^2}{d^2} \cdot \frac{\left(1.1 - \frac{d^2}{D^2}\right)}{\left(1.175 - \frac{d^2}{D^2}\right)} - 1\right]^2 \tag{3-13}$$

式中 h_k——水流通过减压孔板时的水头损失，kPa；

ξ——孔板局部阻力系数；

v_k——水流通过孔板后的流速，m/s；

g——重力加速度，m/s^2；

D——消防给水管管径，mm；

d——减压孔板孔径，mm。

由于消火栓栓口的剩余压力是由水流通过减压孔板产生的水流阻力来消减的，所以在已知消防管管径和计算剩余水压后，就可以根据消火栓栓口处的剩余水压（与减压节流孔板的水头损失相等）来选择孔板孔径。表 3-16 为减压节流孔板的水头损失。

表 3-16 减压节流孔板的水头损失 （单位：kPa）

消防管管径 D(mm)	孔板孔径(mm)									
	14	15	16	17	18	19	20	21	22	23
50	199.8	149.1	113.1	87.1	67.9	53.4	42.5	34.1	27.5	22.4
70	810.3	609.8	466.9	363.0	285.9	227.8	183.5	149.1	122.2	101.0
80	—	—	810.3	631.3	498.4	398.3	321.6	262.2	215.6	178.7
消防管管径 D(mm)	孔板孔径(mm)									
	24	25	26	27	28	29	30	31	32	33
50	18.3	15.1	12.4	10.3	8.5	7.1	5.9	5.0	4.2	3.5
70	84.0	70.3	59.1	50.0	42.5	36.3	31.1	26.7	23.1	19.9
80	149.1	125.3	105.8	89.9	76.0	65.8	56.7	49.0	42.5	37.0

第四节　自动喷水灭火系统

自动喷水灭火系统是一种在火灾发生时，能自动打开喷头喷水灭火并同时发出火警信号的消防灭火设施。据资料统计，该系统扑灭初期火灾的效率在 97% 以上，因此在国外一些国家的公共建筑都要设置自动喷水灭火系统。

一、自动喷水灭火系统设置原则

下列场所应设置自动灭火系统，除不宜用水保护或灭火者以及相关规范另有规定者外，宜采用自动喷水灭火系统：

（1）大于等于 50 000 纱锭的棉纺厂的开包、清花车间，大于等于 5 000 锭的麻纺厂的分级、梳麻车间，火柴厂的烤梗、筛选部位，泡沫塑料厂的预发、成型、切片、压花部位，占地面积大于 1 500 m^2 的木器厂房，占地面积大于 1 500 m^2 或总建筑面积大于 3 000 m^2 的单层、多层制鞋、制衣、玩具及电子等厂房，高层丙类厂房，飞机发动机试验台的准备部位，建筑面积大于 500 m^2 的丙类地下厂房。

（2）每座占地面积大于 1 000 m^2 的棉、毛、丝、麻、化纤、毛皮及其制品的仓库，每座占地面积大于 600 m^2 的火柴仓库，邮政楼中建筑面积大于 500 m^2 的空邮袋库，建筑面积大于500 m^2 的可燃物品地下仓库；可燃、难燃物品的高架仓库和高层仓库（冷库除外）。

（3）特等、甲等或超过1 500个座位的其他等级的剧院；超过2 000个座位的会堂或礼堂，超过3 000个座位的体育馆，超过5 000人的体育场的室内人员休息室与器材间等。

（4）任一楼层建筑面积大于1 500 m^2 或总建筑面积大于3 000 m^2 的展览建筑、商店、旅馆建筑以及医院中同样建筑规模的病房楼、门诊楼、手术部，建筑面积大于500 m^2 的地下商店。

（5）设置有送回风道（管）的集中空气调节系统且总建筑面积大于3 000 m^2 的办公楼等。

（6）设置在地下、半地下或地上四层及四层以上，或设置在建筑的首层、二层和三层且任一层建筑面积大于300 m^2 的地上歌舞娱乐放映游艺场所（游泳场所除外）。

（7）藏书量超过50万册的图书馆。

下列部位宜设置水幕系统：

（1）特等、甲等或超过1 500个座位的其他等级的剧院和超过2 000个座位的会堂或礼堂的舞台口，以及与舞台相连的侧台、后台的门窗洞口。

（2）应设防火墙等防火分隔物而无法设置的局部开口部位。

（3）需要冷却保护的防火卷帘或防火幕的上部。

下列场所应设置雨淋喷水灭火系统：

（1）火柴厂的氯酸钾压碾厂房，建筑面积大于100 m^2 生产、使用硝化棉、喷漆棉、火胶棉、赛璐珞胶片、硝化纤维的厂房。

（2）建筑面积超过60 m^2 或储存量超过2 t的硝化棉、喷漆棉、火胶棉、赛璐珞胶片、硝化纤维的仓库。

（3）日装瓶数量超过3 000瓶的液化石油气储配站的灌瓶间、实瓶库。

（4）特等、甲等或超过1 500个座位的其他等级的剧院和超过2 000个座位的会堂或礼堂的舞台的葡萄架下部。

（5）建筑面积大于等于400 m^2 的演播室，建筑面积大于等于500 m^2 的电影摄影棚。

（6）乒乓球厂的轧坯、切片、磨球、分球检验部位。

下列场所应设置自动灭火系统，且宜采用水喷雾灭火系统：

（1）单台容量在40 MVA及以上的厂矿企业油浸电力变压器、单台容量在90 MVA及以上的油浸电厂电力变压器，或单台容量在125 MVA及以上的独立变电所油浸电力变压器。

（2）飞机发动机试验台的试车部位。

二、自动喷水灭火系统的类型

（一）湿式自动喷水灭火系统

湿式自动喷水灭火系统由闭式喷头、配水管网、水流指示器、湿式报警阀、延迟器、压力继电器、电器自控箱、火灾收信机、火灾报警装置及消防水泵和水箱等组成，如图3-17所示。平时系统内充满水，当闭式喷头1打开后，配水管8内压力降低，从供水管网中流来的水把湿式报警阀2（见图3-18）内的阀芯顶起，向配水管网供水，并经信号管流入延迟器 3，又经压力继电器 4 向火灾收信机 10 报警，同时启动消防水泵 14，水力警铃 7 同时发出报警。该系统适于安装在冬季室内温度高于 0 ℃的建筑物或房间内，这种系统结构简单，使用可靠，比较经济，故应用广泛。

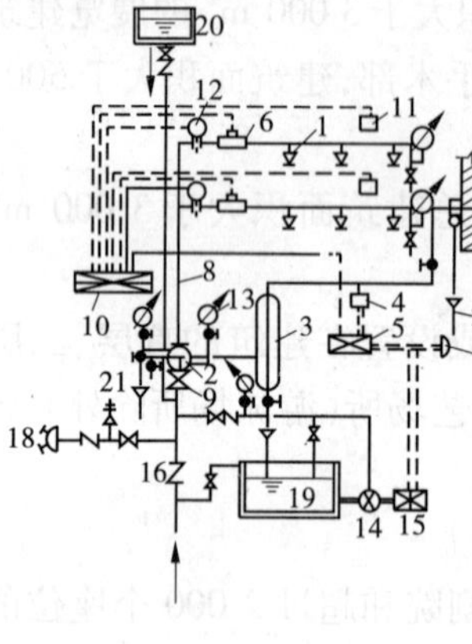

1—闭式喷头；2—湿式报警阀；3—延迟器；4—压力继电器；5—电器自控箱；6—水流指示器；7—水力警铃；8—配水管；9—阀门；10—火灾收信机；11—感温、感烟火灾探测器；12—火灾报警装置；13—压力表；14—消防水泵；15—电动机；16—止回阀；17—按钮；18—水泵接合器；19—水池；20—高位水箱；21—安全阀；22—排水漏斗

图 3-17　湿式自动喷水灭火系统

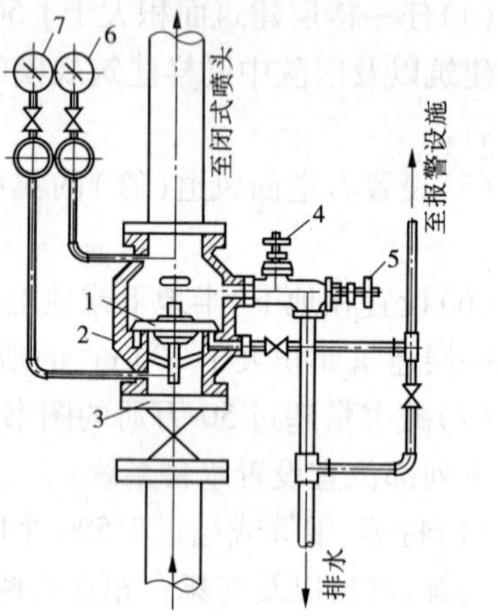

1—阀芯；2—底座凹槽；3—阀门；4—试铃阀；5—排水阀；6—阀后压力表；7—阀前压力表

图 3-18　湿式报警阀原理

（二）干式自动喷水灭火系统

干式自动喷水灭火系统由闭式喷头、配水管网、气压保持器、干式报警阀、压力继电器、电气自控箱和报警装置等组成，如图 3-19 所示。该系统内平时充有压缩空气，使水源的水不能进入配水管网，适于布置在室内温度低于 0 ℃的不采暖房间或建筑物内，其喷头宜向上设置。

如图 3-19 所示，发生火灾时闭式喷头 1 打开，首先喷出压缩空气，配水管网内气压降低，利用压力差的原理，干式报警阀 2 被打开，水流入配水管 8，再从喷头里流出。同时水流到达压力继电器 3，令火灾收信机 9 及水力警铃 5 报警。在大型系统中还可设置快开器 6，以加快打开报警阀的速度。干式报警阀如图 3-20 所示。

（三）预作用喷水灭火系统

管网中平时不充水，平时预作用阀后管道内充满有压气体，如图 3-21 所示，发生火灾时，火灾探测器报警后，自动控制系统控制阀门排气、充水，由干式变为湿式系统，只有当着火点温度达到开启闭式喷头时，才开始喷水灭火。该系统兼容了湿式和干式系统的优点。

该系统适用于以下几种情况：严禁系统误喷，严禁管道漏水，一般应用于不允许有水渍损失的建筑物内（如高级宾馆、重要办公楼、大型商场、珍贵文物储藏室等）。

（四）雨淋喷水灭火系统

雨淋喷水灭火系统由火灾探测系统、开式喷头、雨淋阀、报警装置、管道系统和供水装置组成。如图 3-22 所示，发生火灾时，火灾报警装置自动开启雨淋阀，使整个保护区域所有喷头喷水灭火，灭火及时，出水量大，适用于火灾蔓延快、危险性大的建筑或部位。如剧院舞台，以及火灾危险性较大的工业车间、库房等场合。

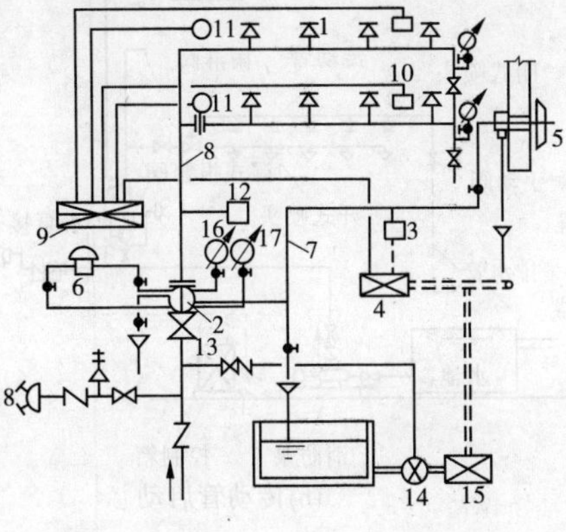

1—闭式喷头；2—干式报警阀；3—压力继电器；
4—电气自控箱；5—水力警铃；6—快开器；7—信号管；
8—配水管；9—火灾收信机；10—感温、感烟火灾探测器；
11—报警装置；12—气压保持器；13—阀门；
14—消防水泵；15—电动机；16—阀后压力表；
17—阀前压力表；18—水泵接合器

图 3-19　干式自动喷水灭火系统

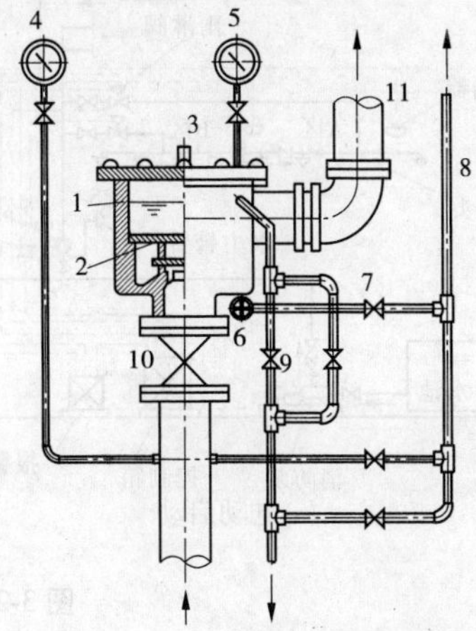

1—阀体；2—差动双盘阀板；3—充气塞；
4—阀前压力表；5—阀后压力表；6—角阀；
7—止回阀；8—信号管；9—截止阀；
10—总闸阀；11—配水管

图 3-20　干式报警阀原理

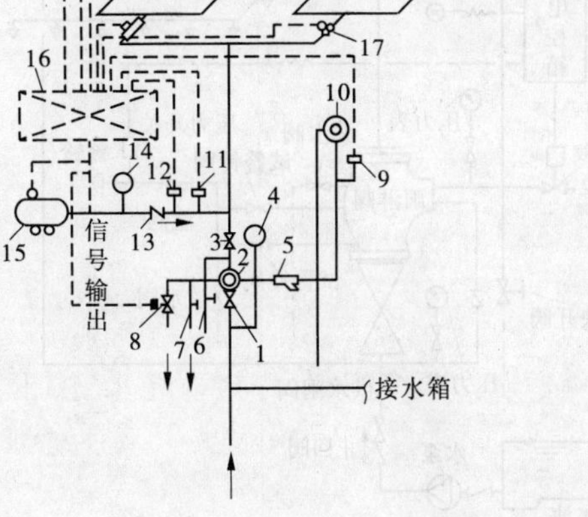

1—总控制阀；2—预作用阀；3—检修闸阀；4、14—压力表；5—过滤器；6—截止阀；7—手动开启截止阀；
8—电磁阀；9、11—压力开关；10—水力警铃；12—低气压报警压力开关；13—止回阀；15—空压机；
16—火警报警控制箱；17—水流指示器；18—火灾探测器；19—闭式喷头

图 3-21　预作用喷水灭火系统

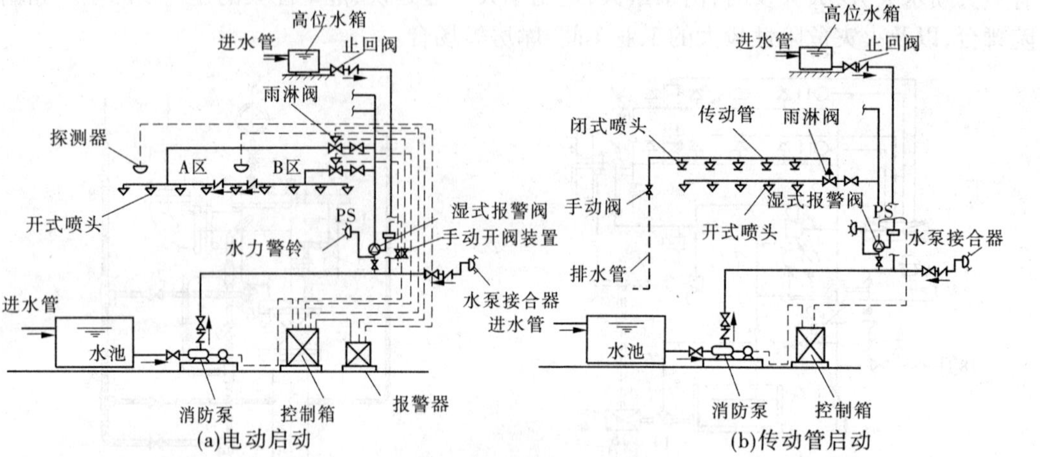

图 3-22　雨淋喷水灭火系统

(五)水幕系统

水幕系统(见图 3-23)由水幕喷头、控制阀(雨淋阀或干式报警阀等)、探测系统、报警系统和管道等组成。该系统沿线状布置,发生火灾时喷头将水喷洒成水帘幕状,不直接灭火,主要起阻火、冷却和隔离作用。常常与防火卷帘、防火幕配合使用,进行防火隔断,阻止火势扩大延蔓。该系统适用于需防火隔离的开口部位,如舞台与观众之间的隔离水帘、消防防火卷帘的冷却等。

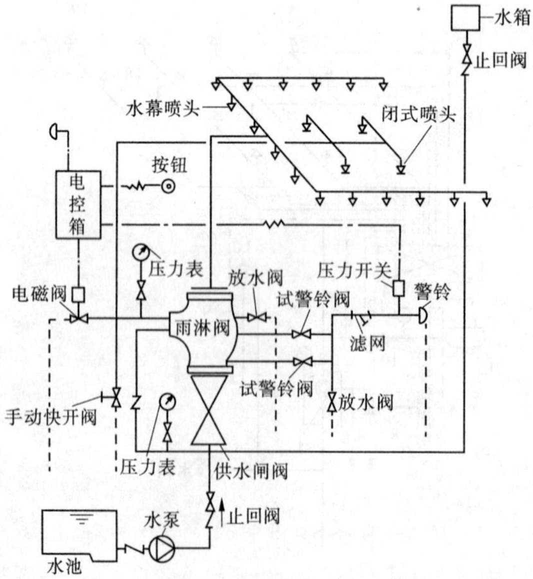

图 3-23　水幕系统

(六)水喷雾灭火系统

水喷雾灭火系统如图 3-24 所示,是采用专用水喷雾喷头把水分散成细小的水雾滴来灭火。水的利用率得到极大提高，细小的水雾滴几乎可完全汽化使冷却效果非常好，产生膨胀约 1 680 倍的水蒸气可形成窒息的环境条件。电气绝缘性好，不仅可以扑救一般固体火灾、可燃液体火灾，还可扑救电气火灾。并且可用于可燃气体和甲、乙两类液体的生产、储存装置或装卸设施的防护冷却。

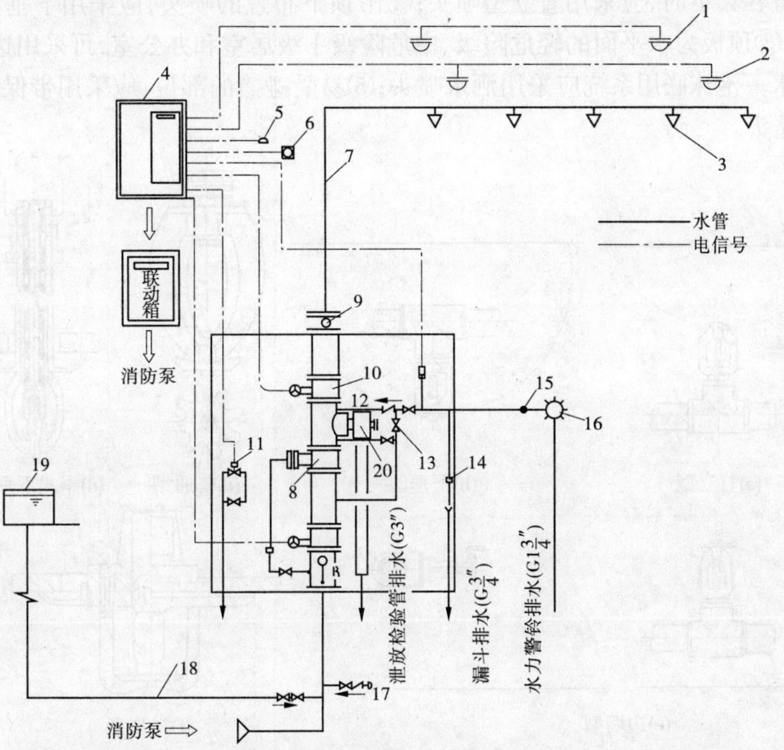

1—定温探测器；2—差温探测器；3—水雾喷头；4—报警控制器；5—现场声报警；6—防爆遥控现场电启动器；7—配水干管；8—雨淋阀；9—挠曲橡胶接头；10—蝶阀；11—电磁阀；12—止回阀；13—报警试验阀；14—节流孔；15—过滤器；16—水力警铃；17—水泵接合器；18—消防专用水管；19—水塔；20—泄水试验阀

图 3-24　自动水喷雾灭火系统

三、系统主要组件

(一)喷头

1. 闭式喷头

自动喷头是闭式自动喷水灭火系统的重要设备，由喷水口、控制器和溅水盘三部分组成，其形状和样式较多，图 3-25 为常用的低熔点金属控制器自动喷头和爆炸瓶式自动喷头。

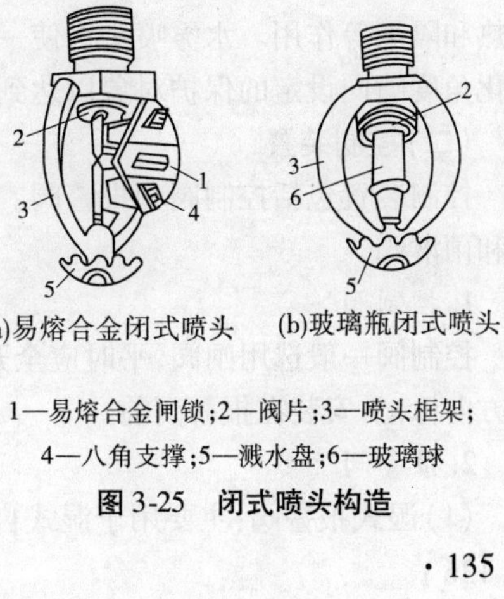

(a)易熔合金闭式喷头　(b)玻璃瓶闭式喷头

1—易熔合金闸锁；2—阀片；3—喷头框架；4—八角支撑；5—溅水盘；6—玻璃球

图 3-25　闭式喷头构造

自动喷头是用耐腐蚀的铜质材料制造，喷水口平时被控制器所封闭。我国生产的低熔点合金控制器按设计温度分普通级(72 ℃)、中温级(100 ℃)和高温级(141 ℃)三种。爆炸瓶式控制器采用玻璃瓶形支撑封闭喷水口,瓶内装有膨胀液,当温度到达一定数值时,玻璃瓶破裂,喷水口打开,喷水灭火。

图 3-26 为常见喷头的构造图,其喷头选型应符合下列规定:①不作吊顶的场所,当配水支管布置在梁下时,应采用直立型喷头;②吊顶下布置的喷头,应采用下垂型喷头或吊顶型喷头;③顶板为水平面的轻危险级、中危险级Ⅰ级居室和办公室,可采用边墙型喷头;④自动喷水—泡沫联用系统应采用洒水喷头;⑤易受碰撞的部位,应采用带保护罩的喷头或吊顶型喷头。

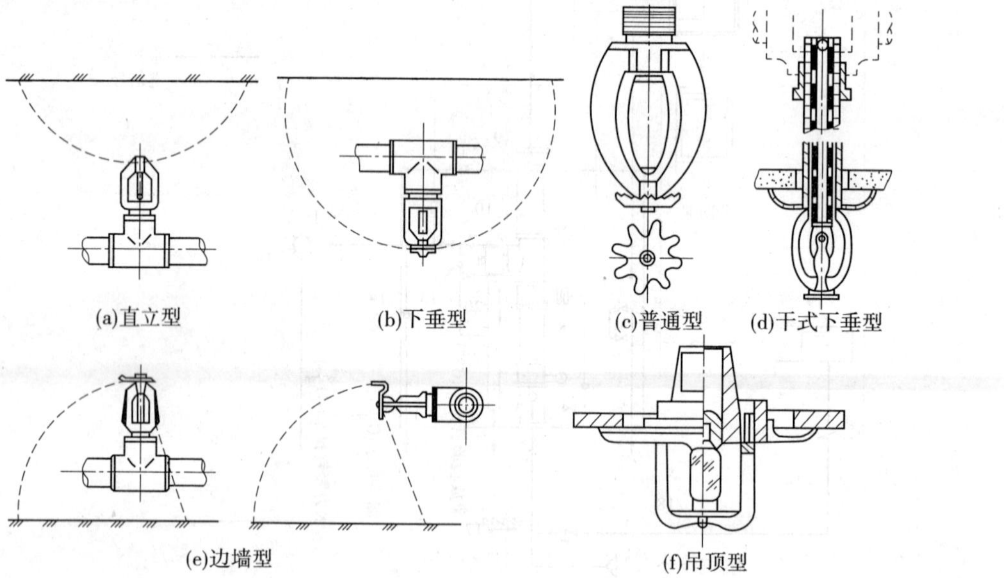

图 3-26 常见的闭式喷头构造图

2. 开式喷头

开式喷头不带热敏感元件,其形式有开式洒水喷头、水幕喷头和水喷雾喷头等,分别用于雨淋系统、水幕系统和水喷雾系统。开式洒水喷头是不安装感温元件的闭式喷头,如图 3-27 所示。水幕喷头不直接用于灭火,可喷出一定形状的幕帘以起到阻隔火焰穿透、吸热和隔烟等作用。水雾喷头可使一定压力的水经过喷头后,形成雾状水滴并按一定的雾化角度喷向设定的保护对象以达到抑制、冷却、灭火等目的。

(二)控制装置

控制装置包括控制阀和报警阀。报警阀又分为湿式报警阀、干式报警阀、干湿式报警阀和雨淋阀。

1. 控制阀

控制阀一般选用闸阀,平时应全开,应用环形软锁将手轮锁死在开启位置,并应有开关方向标记,安装在报警阀前。

2. 报警阀

(1)湿式报警阀:主要用于湿式自动喷水灭火系统,安装在立管上。其主要作用是接

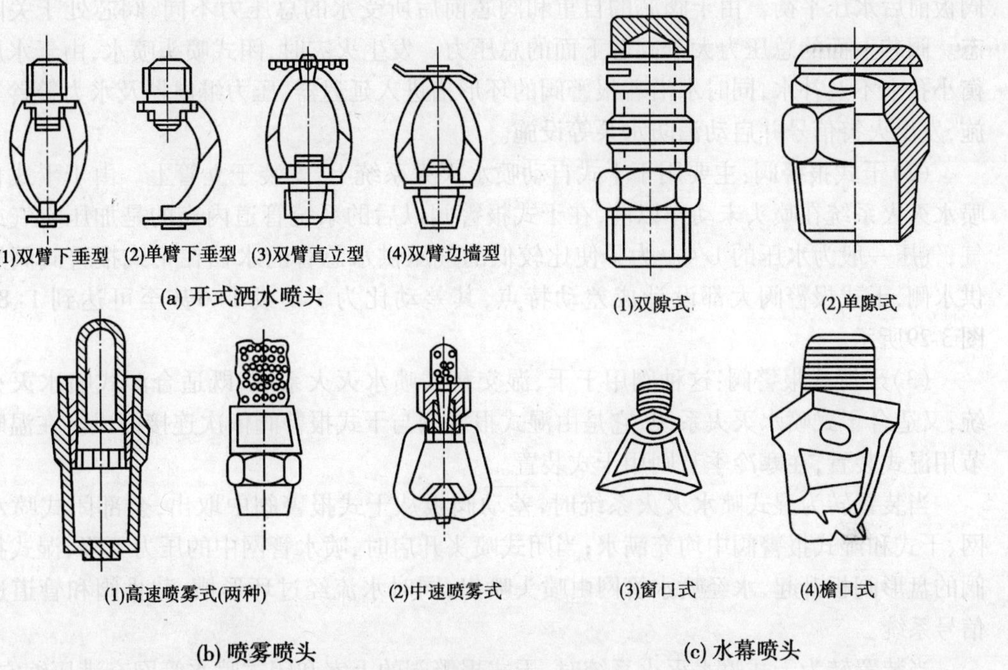

图 3-27　开式喷头构造示意图

通或切断水源，输送报警信号启动水力警铃报警，防止水倒回到供水水源。目前，我国生产的有导阀型和座圈型两种，如图 3-28 所示。

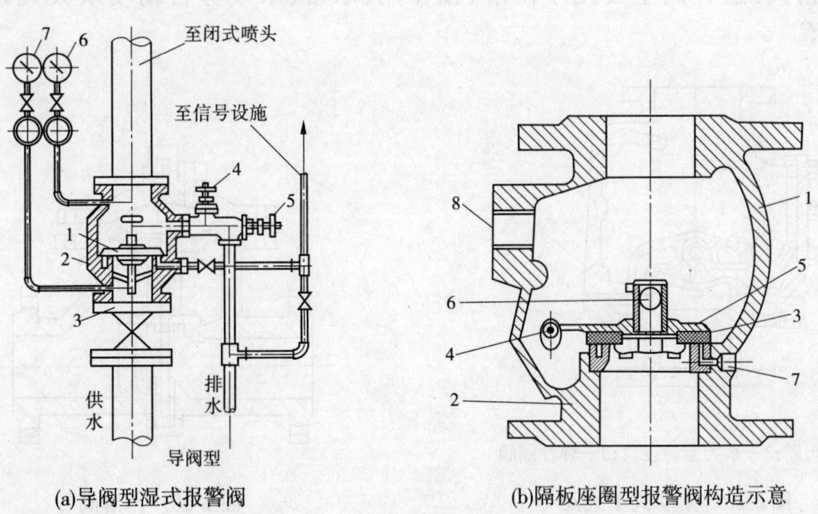

(a)导阀型湿式报警阀　　(b)隔板座圈型报警阀构造示意

1—报警阀及阀芯；2—阀座凹槽；3—总闸阀；
4—试铃阀；5—排水阀；6—阀后压力表；
7—阀前压力表

1—阀体；2—铜座圈；3—胶垫；4—锁轴；
5—阀瓣；6—球形止回阀；7—延时器接口；
8—防水阀接口

图 3-28　湿式报警阀构造示意图

弹性隔膜湿式报警阀平时阀芯前后水压相等，水通过导向杆中的水压平衡小孔，保持阀板前后水压平衡。由于阀芯的自重和阀芯前后所受水的总压力不同,阀芯处于关闭状态。阀芯上面的总压力大于阀芯下面的总压力。发生火灾时,闭式喷头喷水,由于水压平衡小孔来不及补水,同时水沿着报警阀的环形槽进入延迟器、压力继电器及水力警铃等设施,发出火警信号并启动消防水泵等设施。

(2)干式报警阀:主要用于干式自动喷水灭火系统上,安装于立管上。由于干式自动喷水灭火系统在喷头未动作以前,在干式报警阀以后的系统管道内充的是加压空气或氮气,气压一般为水压的1/4。为了使比较低的气压供水总管的水挡在干式报警阀阀瓣的供水侧,干式报警阀大都设计成差动特点,其差动比为1:5或1:6甚至可达到1:8,如图3-29所示。

(3)干湿式报警阀:这种阀用于干、湿交替式喷水灭火系统,既适合湿式喷水灭火系统,又适合干式喷水灭火系统,它是由湿式报警阀与干式报警阀依次连接而成。在温暖季节用湿式装置,在寒冷季节则用干式装置。

当装置转为湿式喷水灭火系统时,差动阀板从干式报警阀中取出,全部闭式喷水管网、干式和湿式报警阀中均充满水;当闭式喷头开启时,喷水管网中的压力下降,湿式报警阀的盘形阀板升起,水经喷水管网由喷头喷出,同时水流经过环形槽、截止阀和管道进入信号系统。

当装置转为干式喷水灭火系统时,干式报警阀的上室和闭式喷水管网充满压缩空气,干式报警阀的下室和湿式报警阀充满水;当闭式喷头开启时,压缩空气从喷水管网中喷出,使管网中的压力下降;当气压降到供水压力的1/8以下时,作用在阀板上的压力平衡受到破坏,阀板被举起,水进入喷水管网,并通过截止阀和信号管进入信号设施。

(4)雨淋阀:这种阀主要用于雨淋、预作用、水幕、水喷雾自动喷水灭火系统,如图3-30所示。

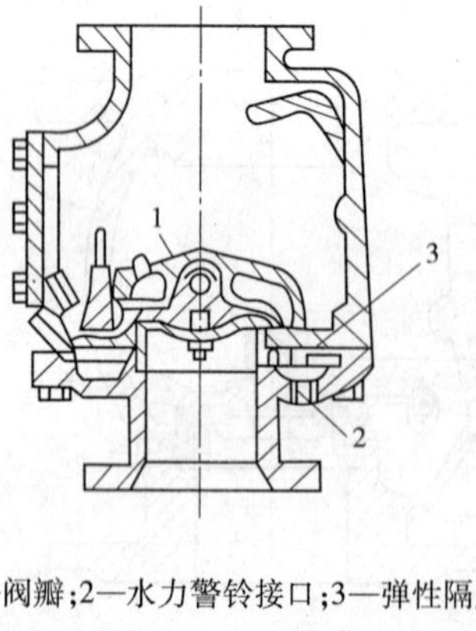

1—阀瓣;2—水力警铃接口;3—弹性隔膜

图3-29 差动式干式阀

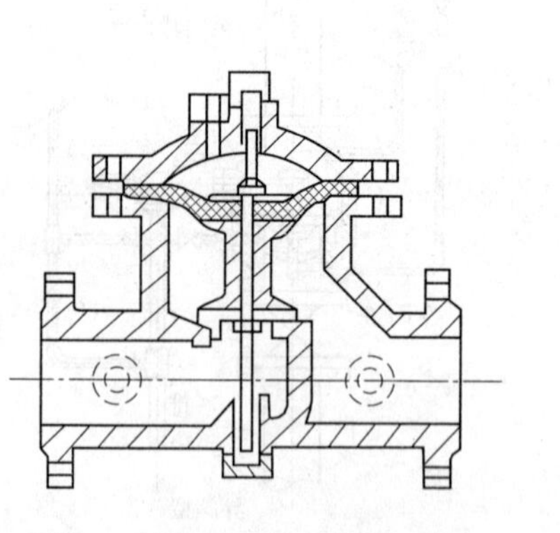

图3-30 雨淋阀

报警阀的规格有DN50、DN65、DN80、DN125、DN150、DN200等6种。报警阀宜设在明显地点,且便于操作,距地面高度宜为1.2 m,报警阀地面有排水措施。

(三)检验装置、报警装置

1.检验装置

在系统末端接出一个DN15的管道,阀前安一压力表可组成检验装置,如图3-19所示,检验时打开截止阀就可以了解报警阀的启动情况。同时它还起防止管网堵塞的作用。

2. 报警装置

(1)水力警铃:主要用于湿式自动喷水灭火系统,安装在湿式报警阀附近。当报警阀打开时,水流将冲动叶轮,旋转铃锤,打铃报警。

(2)延时器:主要用于湿式喷水灭火系统,安装在湿式报警阀和水力警铃、水力继电器之间,用以防止湿式报警阀因水压不稳所引起的误动作而造成误报。

(3)压力开关:当安装在延迟器上部时,可将水流的变化转化成电信号,以实现电动警铃报警,控制接触器,启动系统消防水泵等装置。

(4)气压保持器:主要用于干式喷水灭火系统,其作用在于补偿系统管网微小泄漏,使系统始终保持安全压力,避免引起干式报警阀误动作。

(四)监测装置

监测装置主要有:电动的感烟、感温、感光火灾探测器系统,由电气和自控专业人员设计,给水排水专业人员配合,其数量应根据探测器的保护面积和控制区域面积计算而定。

水流指示器:如图 3-31 所示,它用于湿式喷水灭火系统,其作用在于当失火时喷头开启喷水或者管道发生泄漏或意外损坏,有水流通过装有水流指示器的管道时,水流指示器即发出区域水流信号,起辅助电动报警作用。

另外,还有气压监测器装置(用于干式和预作用喷水灭火系统)、电源可靠性和消防泵工作状态的监测装置、重力式水箱的高水位监测装置,也需和自控专业人员配合进行设计。

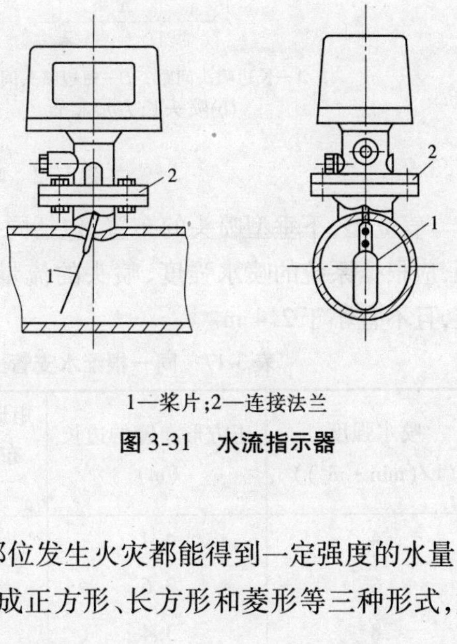

1—桨片;2—连接法兰

图 3-31 水流指示器

四、喷头及管网布置

(一)喷头布置

喷头的布置间距要求在保护的区域内任何部位发生火灾都能得到一定强度的水量。喷头布置形式应根据顶棚、吊顶的装修要求布置成正方形、长方形和菱形等三种形式,如图 3-32 所示,间距应按下列公式计算:

为正方形布置时 $$X = 2R\cos45°$$ (3-14)

为长方形布置时 $$\sqrt{A^2 + B^2} \leqslant 2R$$ (3-15)

为菱形布置时 $$A = 4R\cos30° \cdot \sin30°$$ (3-16)

$$B = 4R\cos30° \cdot \cos30°$$ (3-17)

式中 R——喷头的最大保护半径,m,见表 3-17;

X——喷头间距,m;

A——长方形布置时,长边喷头间距,菱形布置时,菱形对角线短边喷头间距;

B——长方形布置时,短边喷头间距,菱形布置时,菱形对角线长边喷头间距的一半。

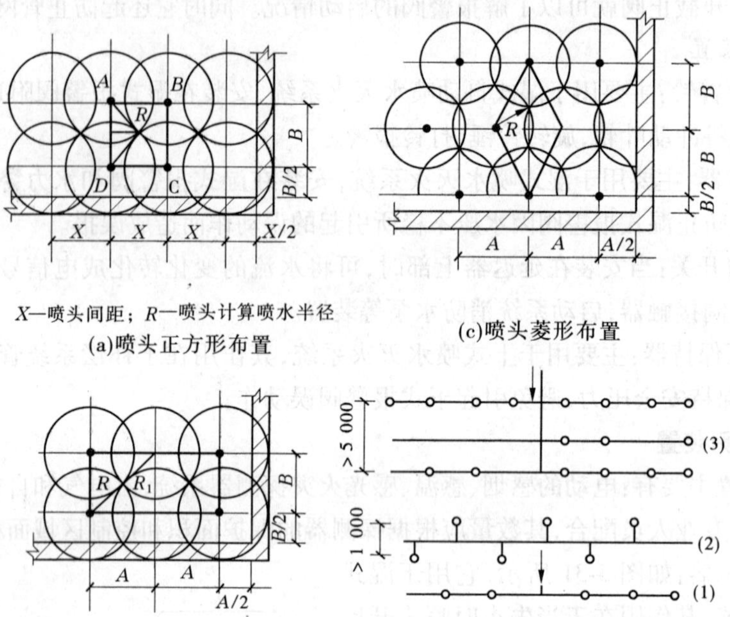

X—喷头间距；R—喷头计算喷水半径
(a)喷头正方形布置

A—长边喷头间距；B—短边喷头间距
(b)喷头长方形布置

(c)喷头菱形布置

(1)—单排；(2)—双排；(3)—防火带
(d)双排及水幕防火带平面布置

图 3-32 喷头布置的几种形式

直立型,下垂型喷头的布置,包括同一根配水支管上喷头的间距及相邻配水支管的间距,应根据系统的喷水强度、喷头的流量系数和工作压力确定,并不应大于表 3-17 的规定,且不宜小于 2.4 m。

表 3-17 同一根配水支管上喷头的间距及相邻配水支管的间距

喷水强度 (L/(min·m²))	正方形布置的边长 (m)	矩形或平行四边形布置的长边边长 (m)	一个喷头的最大保护面积 (m²)	喷头与端墙的最大距离 (m)
4	4.4	4.5	20.0	2.2
6	3.6	4.0	12.5	1.8
8	3.4	3.6	11.5	1.7
≥12	3.0	3.6	9.0	1.5

注:1. 仅在走道设置单排喷头的闭式系统,其喷头间距应按走道地面不留漏喷空白点确定。
2. 喷水强度大于 8 L/(min·m²)时,宜采用流量系数 $K>80$ 的喷头。
3. 货架内置喷头的间距均不应小于 2 m,并不应大于 3 m。

边墙型标准喷头的最大保护跨度与间距,应符合表 3-18 的规定。

水幕喷头布置根据成帘状的要求应呈线状布置,根据隔离强度要求可布置成单排、双排和防火带形式。防火分隔水幕的喷头布置,应保证水幕的宽度不小于 6 m。采用水幕喷头时,喷头不应少于 3 排;采用开式洒水喷头时,喷头不应少于 2 排。防护冷却水幕的喷头宜布置成单排。

表 3-18　边墙型标准喷头的最大保护跨度与间距　（单位:m)

设置场所火灾危险等级	轻危险级	中危险级Ⅰ级
配水支管上喷头的最大间距	3.6	3.0
单排喷头的最大保护跨度	3.6	3.0
两排相对喷头的最大保护跨度	7.2	6.0

注:1. 两排相对喷头应交错布置。

2. 室内跨度大于两排相对喷头的最大保护跨度时,应在两排相对喷头中间增设一排喷头。

喷头的具体位置可设于建筑物的顶板、吊顶下,喷头距顶板、梁及边墙距离可查阅《自动喷水灭火系统设计规范》(GB 50084—2001)(2005 年版)的相关规定。

(二)管网布置

自动配水管网的布置,应根据建筑平面的具体情况分侧边布置和中央布置两种形式,如图 3-33所示。一般情况下,配水管两侧每根配水支管控制的标准喷头数,轻危险级、中危险级场所不应超过 8 个,同时在吊顶上下安装喷头的配水支管,上下侧均不应超过 8 个。严重危险级及仓库危险级场所均不应超过 6 个。一个报警阀所控制的喷头数不宜超过表 3-19所规定的数量。

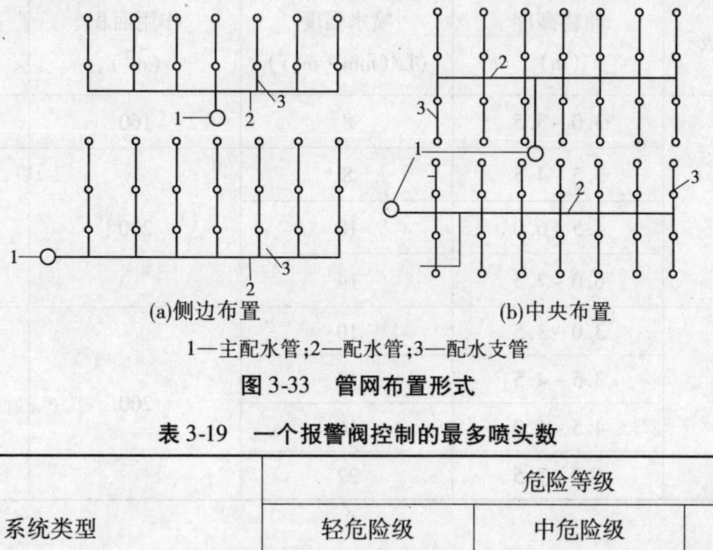

1—主配水管;2—配水管;3—配水支管

图 3-33　管网布置形式

表 3-19　一个报警阀控制的最多喷头数

系统类型		危险等级		
		轻危险级	中危险级	严重危险级
		喷头数		
充水式喷水灭火系统		500	800	800
充气式喷水灭火系统	有排气装置	250	500	500
	无排气装置	125	250	—

五、自动喷水灭火系统的水力计算

(一)消防用水量及水压

自动喷水灭火系统设计的基本参数按《自动喷水灭火系统设计规范》(GB 50084—

2001)(2005 年版)的规定选取,民用建筑和工业厂房的系统设计参数不应低于表 3-20 的规定。仓库的自动喷水灭火系统设计参数按表 3-21 确定。水幕系统的设计基本参数应符合表 3-22 的规定。自动喷水灭火系统的持续喷水时间,应按火灾持续时间不小于 1 h 确定。

表 3-20　民用建筑和工业厂房的系统设计参数

火灾危险等级		净空高度(m)	喷水强度($L/(min \cdot m^2)$)	作用面积(m^2)
轻危险级		≤8	4	160
中危险级	Ⅰ级		6	160
	Ⅱ级		8	
严重危险级	Ⅰ级		12	260
	Ⅱ级		16	

注:系统最不利点处喷头的工作压力不应低于 0.05 MPa。

表 3-21　堆垛储物仓库的系统设计基本参数

火灾危险等级	储物高度(m)	喷水强度($L/(min \cdot m^2)$)	作用面积(m^2)	持续喷水时间(h)
仓库危险级Ⅰ级	3.0~3.5	8	160	1.0
	3.5~4.5	8	200	1.5
	4.5~6.0	10		
	6.0~7.5	14		
仓库危险级Ⅱ级	3.0~3.5	10	200	2.0
	3.5~4.5	12		
	4.5~6.0	16		
	6.0~7.5	22		

表 3-22　水幕系统的设计基本参数

水幕类别	喷水点高度(m)	喷水强度($L/(s \cdot m^2)$)	喷水工作压力(MPa)
防火分隔水幕	≤12	2	0.1
防护冷却水幕	≤4	0.5	

注:防护冷却水幕的喷水点高度每增加 1 m,喷水强度应增加 0.1 $L/(s \cdot m^2)$,但超过 9 m 时喷水强度仍采用 1.0 $L/(s \cdot m^2)$。

建筑物的危险等级参见表 3-23。

表 3-23　设置场所危险等级举例

火灾危险等级		设置场所举例
轻危险级		建筑高度为 24 m 及以下的旅馆、办公楼，仅在走道设置闭式系统的建筑等
中危险级	Ⅰ级	1. 高层民用建筑：旅馆、办公楼、综合楼、邮政楼、金融电信楼、指挥调度楼、广播电视楼（塔）等 2. 公共建筑（含单多高层）：医院、疗养院、图书馆（书库除外）、档案馆、展览馆（厅）、影剧院、音乐厅和礼堂（舞台除外）及其他娱乐场所，火车站和飞机场及码头的建筑，总建筑面积小于 5 000 m^2 的商场、总建筑面积小于 1 000 m^2 的地下商场等 3. 文化遗产建筑：木结构古建筑、国家文物保护单位等 4. 工业建筑：食品、家用电器、玻璃制品等工厂的备料与生产车间等；冷藏库、钢屋架等建筑构件
	Ⅱ级	1. 民用建筑：书库、舞台（葡萄架除外）、汽车停车场、总建筑面积 5 000 m^2 及以上的商场，总建筑面积 1 000 m^2 及以上的地下商场、净空高度不超过 8 m、物品高度不超过 3.5 m 的自选商场等 2. 工业建筑：棉、毛、麻、丝及化纤的纺织织物及制品，木材木器及胶合板，谷物加工，烟草及制品，饮用酒（啤酒除外），皮革及制品，造纸及纸制品，制药等工厂的备料与生产车间
严重危险级	Ⅰ级	印刷厂，酒精制品，可燃液体制品等工厂的备料与车间，净空高度不超过 8 m、物品高度超过 3.5 m 的自选商场等
	Ⅱ级	易燃液体喷雾操作区域、固体易燃物品、可燃的气溶胶制品、溶剂清洗、喷涂油漆、沥青制品等工厂的备料及生产车间、摄影棚、舞台葡萄架下部
仓库危险级	Ⅰ级	食品、烟酒，木箱包装的不燃、难燃物品等
	Ⅱ级	木材、纸、皮革、谷物及制品，棉、毛、麻、丝、化纤及制品，家用电器，电缆，B 级塑料与橡胶及其制品，钢塑混合材料制品，各种塑料瓶盒包装的不燃物品及各类物品混杂储存的仓库等
	Ⅲ级	A 级塑料与橡胶及其制品，沥青制品等

注：表中的 A 级、B 级塑料橡胶的举例见《自动喷水灭火系统设计规范》（GB 50084—2001）（2005 年版）附录 B 塑料、橡胶的分类举例。

（二）管网水力计算

自动喷水灭火系统管网水力计算的目的在于确定管网各管段的管径，计算管网所需的供水压力，确定高位水箱设置高度和选择消防水泵。

目前，我国关于自动喷水灭火系统管道水力计算的方法有以下两种。

1. 作用面积法

作用面积是现行《自动喷水灭火系统设计规范》推荐的计算方法。

首先根据表 3-20 的基本设计参数选定自动喷水灭火系统中最不利工作作用面积（以 F 表示）的位置，最不利点处作用面积宜为矩形，其长边应平行于配水支管，其长度不宜小于作用面积平方根的 1.2 倍。

系统的设计流量，应按最不利点处作用面积内喷头同时喷水的总流量，对于轻危险级建筑和中危险级建筑的自动喷水灭火系统，计算时可假定作用面积内的喷头的喷水量相等，均以最不利点喷头喷水量取值，且应保证任意作用面积内的平均喷水强度不低于表3-20和表3-21的规定值。最不利点处作用面积内任意4个喷头围合范围内的平均喷水强度，轻危险级、中危险级不应低于表3-20规定值的85%；严重危险级和仓库危险级不应低于表3-20和表3-21的规定值。

作用面积选定后，从最不利点喷头开始，依次计算各管段的流量和水头损失，直至作用面积内最末一个喷头。以后管段的流量不再变化，仅计算管道的水头损失。

仅在走道设置单排喷头的闭式系统，其作用面积应按最大疏散距离所对应的走道面积确定。最大疏散距离应按《建筑设计防火规范》(GB 50016—2006)的民用建筑的安全疏散距离规定执行。

雨淋系统和水幕系统的设计流量，应按雨淋阀控制的喷头的流量之和确定。多个雨淋阀并联的雨淋系统，其系统设计流量，应按同时启用雨淋阀的流量之和的最大值确定。

当建筑物内同时设有自动喷水灭火系统和水幕系统时，系统的设计流量应按同时启用的自动喷水灭火系统和水幕系统的用水量计算，并取二者之和中的最大值确定。

1)喷头的出流量

$$q = K\sqrt{10P} \tag{3-18}$$

式中 q——喷头出流量，L/min；

P——喷头工作压力，MPa；

K——喷头流量系数，标准喷头 $K=80$。

2)系统设计流量

系统设计流量按最不利点处作用面积内喷头同时作用的总流量确定：

$$Q_s = \frac{1}{60}\sum_{i=1}^{n} q_i \tag{3-19}$$

式中 Q_s——系统设计流量，L/s；

q_i——最不利点处作用面积内各喷头节点的流量，L/s；

n——最不利点处作用面积内的喷头数。

系统的理论计算流量，应按设计喷水强度与作用面积的乘积确定：

$$Q_L = \frac{q_p F}{60} \tag{3-20}$$

式中 Q_L——系统理论计算流量，L/s；

q_p——设计喷水强度，L/(min·m^2)；

F——作用面积，m^2。

由于各个喷头在管网中位置不同，其处的压力也不一样，则喷头的实际喷水量与理论值有偏差，所以系统设计秒流量可按理论值的1.15~1.30倍计算。

$$Q_s = (1.15 \sim 1.30)Q_L \tag{3-21}$$

3)水头损失计算

管道的水头损失包括沿程水头损失和局部水头损失两部分。沿程水头损失的计算公式如下：

$$h = il \tag{3-22}$$

式中 h——沿程水头损失,MPa/m;

l——管道的长度,m;

i——每米管道的水头损失,MPa/m,可按 $i=0.000\,010\,7\,\dfrac{v^2}{d^{1.3}}$计算,其中 v 为管道内平均流速,m/s,d 为管道的计算内径,m,取值应按管道的内径减 1 mm 确定,管道内的水流速度宜采用经济流速,必要时可超过 5 m/s,但不应大于 10 m/s。

局部水头损失宜采用当量长度法计算,当量长度表见附录 D。

4)水泵扬程或系统入口的供水压力计算

$$H = \sum h + P_0 + Z \tag{3-23}$$

式中 H——水泵扬程或系统入口的供水压力,MPa;

$\sum h$——管道沿程和局部水头损失的累计值,MPa,湿式报警阀取值 0.04 MPa 或按检测数据确定,水流指示器取值 0.02 MPa,雨淋阀取值 0.07 MPa;

P_0——最不利点处喷头的工作压力,MPa;

Z——最不利点处喷头与消防水池的最低水位或系统入口管水平中心线之间的高程差,当系统入口管或消防水池最低水位高于最不利点处喷头时,Z 应取负值,MPa。

5)减压措施

自动喷水灭火系统的管道分支多,每个喷头位置不同,喷头的压力也不同,其出流量也不一样。为保持各分支管的压力均衡,通常采用减压孔板、节流管或减压阀消除多余水压。减压孔板、节流管的结构示意图如图 3-34 所示。

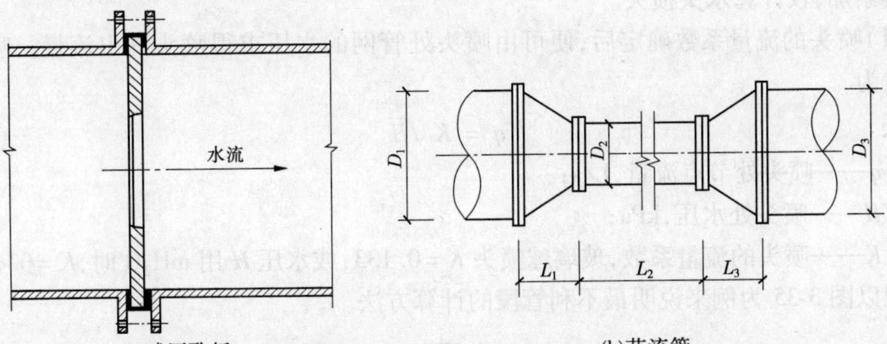

图 3-34 减压孔板、节流管的结构示意图

(1)减压孔板。减压孔板应设在直径不小于 50 mm 的水平直管段上,前后管段的长度均不宜小于该管段直径的 5 倍;孔口直径不应小于设置管段直径的 30%,且不应小于 20 mm。减压孔板应采用不锈钢板材制作。

减压孔板的水头损失应按下式计算:

$$H_k = \xi \frac{v_k^2}{2g} \tag{3-24}$$

式中 H_k——减压孔板的水头损失,10^{-2} MPa;

V_k——减压孔板后管道内水的平均流速,m/s;

ξ——减压孔板的局部阻力系数,取值应按表 3-24 确定。

表 3-24 减压孔板的局部阻力系数

d_k/d_j	0.3	0.4	0.5	0.6	0.7	0.8
ξ	292	83.3	29.5	11.7	4.75	1.83

(2)节流管。节流管的直径宜按上游管段直径的 1/2 确定,长度不宜小于 1 m,节流管内水的平均流速不应大于 20 m/s。节流管的水头损失可按下式计算:

$$H_g = \xi \frac{v_k^2}{2g} + 0.000\,010\,7L \frac{v_g^2}{d_g^{1.3}} \tag{3-25}$$

式中 H_g——节流管的水头损失,10^{-2} MPa;

ξ——节流管中渐缩管与渐扩管的局部阻力系数之和,取值 0.7;

v_g——节流管内水的平均流速,m/s;

d_g——节流管的计算内径,m,其值应按节流管内径减 1 mm 确定;

L——节流管的长度,m。

(3)减压阀。减压阀应设在报警阀组入口前,为了避免堵塞,在入口前应设过滤器;当连接两个及以上报警阀组时,应设置备用减压阀;垂直安装的减压阀,水流方向宜向下。

2. 特性系数法

特性系数法是从系统设计最不利点喷头开始,沿程计算各喷头的压力、喷头喷水量和管段的累积流量、水头损失,直至计算到累积流量达到系统设计流量位置。此后管段的流量不再累加,仅计算水头损失。

(1)喷头的流量系数确定后,便可由喷头处管网的水压求得喷头的出流量。喷头的出流量为

$$q = K\sqrt{H} \tag{3-26}$$

式中 q——喷头处节点流量,L/s;

H——喷头处水压,kPa;

K——喷头的流量系数,玻璃球喷头 $K=0.133$,或水压 H 用 mH_2O 时,$K=0.42$。

现以图 3-35 为例来说明最不利管段的计算方法。

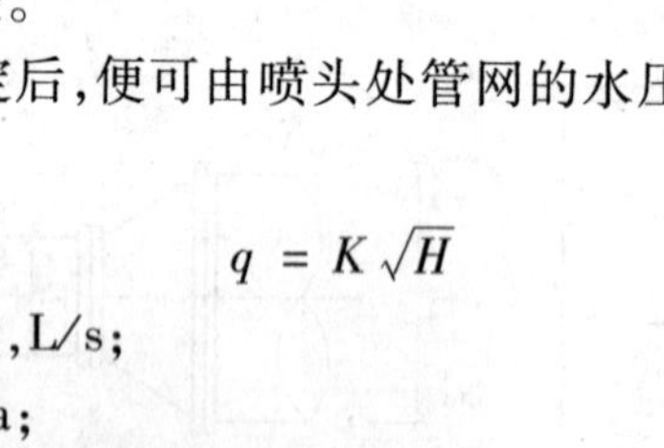

图 3-35 喷水灭火管网计算用图

①支管Ⅰ尽端的喷头1为整个管系的最不利点，在规定的工作压力 H_1 作用下，其出流量为

$$q = K\sqrt{H_1} \tag{3-27a}$$

②喷头2的出流量为

$$q_2 = K\sqrt{H_1 + h_{1-2}} = K\sqrt{H_2}$$

式中　h_{1-2}——管段1—2的水头损失。

③同理，喷头3、4的出流量为

$$q_3 = K\sqrt{H_2 + h_{2-3}} = K\sqrt{H_3} \tag{3-27b}$$

$$q_4 = K\sqrt{H_3 + h_{3-4}} = K\sqrt{H_4} \tag{3-27c}$$

$$H_5 = H_4 + h_{4-5} \tag{3-27d}$$

$$Q_{4-5} = q_1 + q_2 + q_3 + q_4 \tag{3-28a}$$

④管段流量计算：

Ⅰ管段在节点5处没有转输流量，无支出流量，则

$$Q_{6-5} = Q_{5-4} \tag{3-28b}$$

$$\Delta H_{5-4} = H_5 - H_4 = A_{5-4}L_{5-4}Q_{5-4}^2 \tag{3-28c}$$

与Ⅰ管计算一样，Ⅱ管段可得：

$$\Delta H_{6-d} = H_6 - H_d = A_{6-d}L_{6-d}Q_{6-d}^2 \tag{3-28d}$$

则

$$Q_{6-d} = Q_{5-4}\sqrt{\frac{\Delta H_{6-d}}{\Delta H_{5-4}}} \tag{3-28e}$$

管段6－7的转输流量为

$$Q_{6-7} = Q_{5-4} + Q_{6-d} \tag{3-28f}$$

由式(3-28e)和式(3-28f)综合得：

$$Q_{6-7} = Q_{5-4}\left(1 + \sqrt{\frac{\Delta H_{6-d}}{\Delta H_{5-4}}}\right) \tag{3-28g}$$

由式(3-28b)和式(3-28c)及式(3-28d)，考虑简化计算，认为 $\sqrt{\dfrac{H_6 - H_d}{H_5 - H_4}} \approx \sqrt{\dfrac{H_6}{H_5}}$ 可得：

$$Q_{6-7} = Q_{6-5}\left(1 + \sqrt{\frac{H_6}{H_5}}\right) \tag{3-29}$$

式中　Q_{6-7}、Q_{6-5}——管道6—7和6—5的转输流量，L/s；

H_6、H_5——节点6和节点5的水压，kPa；

$\sqrt{\dfrac{H_6}{H_5}}$——调整系数。

以后各管段的流量计算可按上述方法进行，直至到达系统所要求的自动喷水灭火的消防水量。这种计算方法偏安全，一般适用于严重危险级建筑物的自动喷水灭火系统以及雨淋、水幕系统。

(2)管段水力计算。

①水头损失计算。管道的水头损失包括沿程水头损失和局部水头损失两部分。沿程水头损失可按下式计算：

$$h = 10ALQ^2 \tag{3-30}$$

式中 h——计算管路的沿程水头损失，kPa；

A——管道的比阻值，$A = s^2/l^2$，见附录 E；

L——计算管段的长度，m；

Q——管段中的流量，L/s。

管道的沿程水头损失也可直接按钢管的水力计算表查得（i 值）。管道的局部水头损失可按沿程水头损失的 20% 取用。

自动喷水灭火系统分支管路多，同时作用的喷头数多且喷头出流量各不相同，因而管道水力计算烦琐。在进行初步设计时可按表 3-25 进行估算。

表 3-25　轻危险级、中危险级场所中配水支管、配水管控制的标准喷头数

公称直径（mm）	控制的标准喷头数（个）	
	轻危险级	中危险级
25	1	1
32	3	3
40	5	4
50	10	8
65	18	12
80	48	32
100	—	64

【例 3-1】　某综合楼地上 7 层，地下 1 层，消防水池的最低水位 −2.0 m，消防水泵采用自吸式。最高层喷头安装标高 24.1 m（1 层地坪标高为 ±0.00 m），喷头流量特性系数为 80，喷头处压力为 0.1 MPa，设计喷水强度为 6 L/(min · m²)，作用面积为 160 m²，形状为长方形，长边为 $L = 1.2\sqrt{F} = 1.2\sqrt{160} = 15.18$ (m)，取 16 m，短边取 10.8 m。作用面积内的喷头个数共 15 个，布置形式如图 3-36 所示。按作用面积法进行管道的水力计算。

解：(1) 每个喷头的喷水量为：$q = K\sqrt{10P} = 80 \times \sqrt{1} = 80$ (L/min) = 1.33 L/s

(2) 作用面积内的设计秒流量为：$Q_s = \dfrac{1}{60}\sum_{i=1}^{n} q_i = 15 \times 1.33 = 19.95$ (L/s)

(3) 理论设计秒流量为：$Q_L = \dfrac{q_p F}{60} = \dfrac{6 \times (16 \times 10.8)}{60} = 17.28$ (L/s)

从计算数值比较得知，设计秒流量 Q_s 为理论设计秒流量 Q_L 的 1.15 倍，符合要求。

(4) 作用面积内的计算平均喷水强度为

$q_p = \dfrac{15 \times 80}{16 \times 10.8} = \dfrac{1\,200}{172.8} = 6.94$ (L/(min · m²)) > 6 L/(min · m²)，符合要求。

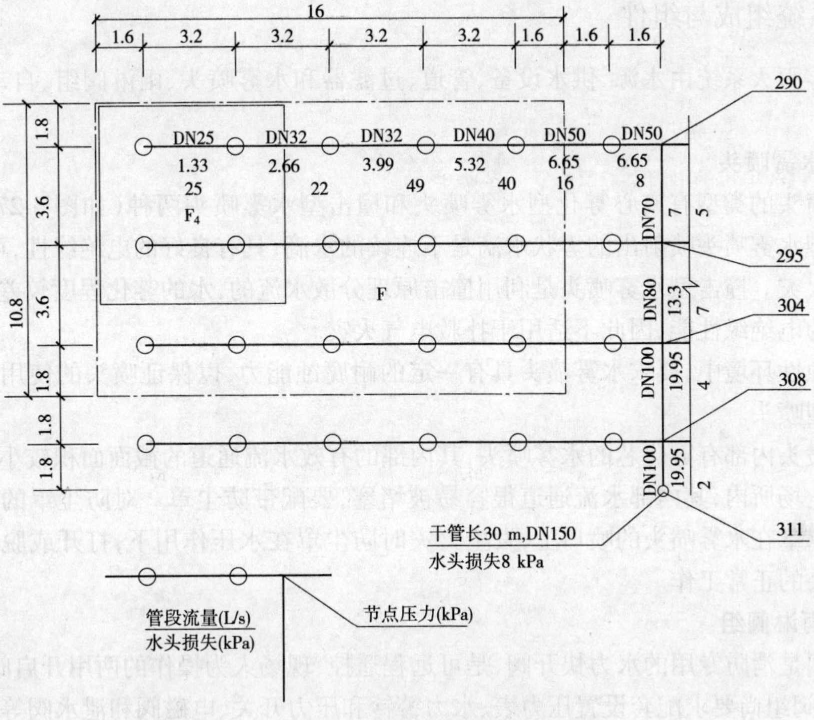

图 3-36　喷头布置题系统图

(5)按式(3-15)可推求喷头的保护半径为

$$R \geqslant \frac{\sqrt{3.2^2 + 3.6^2}}{2} = 2.41(\mathrm{m}),取 R = 2.41\ \mathrm{m}$$

(6)作用面积内最不利点处喷头组成的保护面积为

$$F_4 = (1.6 + 3.2 + 1.6) \times (1.8 + 3.6 + 1.8) = 46.08(\mathrm{m}^2)$$

每个喷头的保护面积为 $F_1 = F_4/4 = 46.08/4 = 11.52(\mathrm{m}^2)$

其平均喷水强度为：$80 \div 11.52 = 6.94(\mathrm{L/(min \cdot m^2)}) > 6\ \mathrm{L/(min \cdot m^2)}$

(7)管段的总水头损失一般取管道沿程水头损失的 1.2 倍，报警阀的水头损失取 20 kPa，则管段总水头损失为

$$\sum h = 1.2 \times (25 + 22 + 49 + 40 + 16 + 8 + 5 + 7 + 4 + 2 + 8) + 20 = 243.2(\mathrm{kPa})$$

(8)系统所需的水压或水泵扬程，按式(3-23)计算：

$$H = \sum h + P_0 + Z = 243.2 + 100 + (24.1 - (-2)) \times 10 = 604.2\ \mathrm{kPa}$$

第五节　水喷雾灭火系统

水喷雾灭火系统是在自动喷水灭火系统的基础上发展起来的。它是利用水喷雾喷头在一定水压下将水流分解成细小水雾滴进行灭火或防护冷却的一种固定式灭火系统。

一、系统组成与组件

水喷雾灭火系统由水源、供水设备、管道、过滤器和水雾喷头、雨淋阀组、自动控制装置等组成。

(一)水雾喷头

水雾喷头的类型有离心雾化型水雾喷头和撞击型水雾喷头两种(如图3-27所示)。离心雾化型水雾喷头喷射出的雾状水滴是不连续的水滴,具有良好的电绝缘性,可以有效扑救电气火灾。撞击型水雾喷头是利用撞击原理分散水流的,水的雾化程度较差,不能保证雾状水的电绝缘性能,因此不适用于扑救电气火灾。

在腐蚀性环境中,要求水雾喷头具有一定的耐腐蚀能力,以保证喷头的使用效率,应选用防腐型喷头。

水雾喷头内部有雾化芯的水雾喷头,其内部的有效水流通道的截面面积较小,若长期暴露在粉尘场所内,其内部水流通道很容易被堵塞,要配带防尘罩。对防尘罩的要求是:平时防尘罩罩在水雾喷头的喷口上,发生火灾时防尘罩在水压作用下,打开或脱落,不影响水雾喷头的正常工作。

(二)雨淋阀组

雨淋阀是消防专用的水力快开阀,是可远程遥控、现场人为操作的两用开启阀门。除雨淋阀外,阀组尚要求配套设置压力表、水力警铃和压力开关、电磁阀和泄水阀等,以满足监测水喷雾灭火系统的供水,显示雨淋阀组状态和便于维护检查要求。

雨淋阀组设置地点:为防冻,设置的环境温度不低于40 ℃;为保护雨淋阀组不受日晒雨淋的损坏及误操作,要求其设在室内或专用阀室内;要求将雨淋阀组设在既靠近保护对象,又便于操作的地点;为了便于调试和维护检查,要求设置地点有排水设施。

二、水喷雾灭火系统设计

(一)水喷雾灭火系统设计的基本参数

水喷雾灭火系统设计参数包括喷雾强度、持续喷雾时间、工作压力和保护面积、系统的响应时间等。设计的目的应根据防护目的和保护对象确定。

(1)喷雾强度是指系统在单位时间内向每平方米保护面积提供的最低限度的喷雾量。喷雾强度和持续喷雾时间是保证灭火或防护冷却效果的基本设计参数。

(2)水喷雾的工作压力。水喷雾头必须在一定工作压力下才能形成喷雾状态。对一种水雾喷头而言,工作压力愈高其出水的雾化效果愈好。用于灭火时,要求喷雾的动量较大,雾滴粒径较小,需要向水雾喷头提供较高的水压;用于防护冷却时,要求喷雾的动量较小,雾滴粒径较大,提供给喷头的水压不宜太高。水雾喷头的工作压力,当用于灭火时不应小于0.35 MPa,用于防护冷却时不应小于0.2 MPa。

(3)响应时间。指从火灾自动报警系统发出火警信号起,至系统中最不利点水雾喷头喷出水雾的时间。它是评价水喷雾系统动作快慢的性能指标。

(4)保护面积的确定。当保护对象外形不规则时,应按包容保护对象的最小规则形体(圆筒形或长方体)的外表面面积确定保护面积。变压器的保护面积除应按扣除底面面积以外的变压器外表面面积外，还应包括油枕、冷却器的外表面面积和集油坑的投影面积；分层敷设的电缆的保护面积按整体包容的最小规则的外表面面积确定；可燃气体和甲、乙、丙类液体的灌装间、装卸台、泵房、压缩机房等的保护面积应按使用面积确定；输送机皮带的保护面积应按上行皮带的上表面面积确定；开口容器的面积应按液面面积确定。

(二)喷头布置

水雾喷头数量应根据设计喷雾强度、保护面积和水雾喷头特性计算确定，其布置应使水雾直接喷射和完全覆盖保护对象。当不能满足要求时，应增加水雾喷头的数量。水雾喷头，管道与电气设备带电(裸体)部分的安全净距应符合国家现行有关标准的规定。水雾喷头与保护对象之间的距离不得大于水雾喷头的有效射程。

(1)水喷雾喷头流量计算公式可采用下式计算：

$$q = K\sqrt{10P} \tag{3-31}$$

式中 q——水雾喷头出流量，L/min；

P——水雾喷头工作压力，MPa；

K——水雾喷头流量系数，由生产厂提供。

(2)被保护对象的水雾喷头的计算数量应按下式计算：

$$N = \frac{SW}{q} \tag{3-32}$$

式中 N——保护对象的水雾喷头的计算数量；

S——保护对象的保护面积，m^2；

W——保护对象的设计喷雾强度，L/(min·m^2)。

水雾喷头的平面布置方式可为矩形或菱形。当按矩形布置时，水雾喷头之间的距离不应大于1.4倍水雾喷头的水雾锥底圆半径；当按菱形布置时，水雾喷头之间的距离不应大于1.7倍水雾喷头的水雾锥底圆半径，如图3-37所示。水雾锥底圆半径(见图3-38)应按下式计算：

$$R = B\tan\frac{\theta}{2} \tag{3-33}$$

式中 R——水雾锥底圆半径，m；

B——水雾喷头的喷口与保护对象之间的间距，m；

θ——水雾喷头的雾化角，一般取30°、45°、60°、90°、120°。

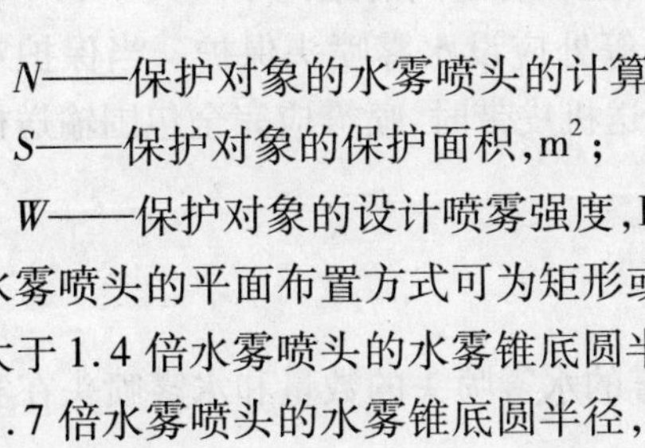

图3-37 水雾喷头布置形式

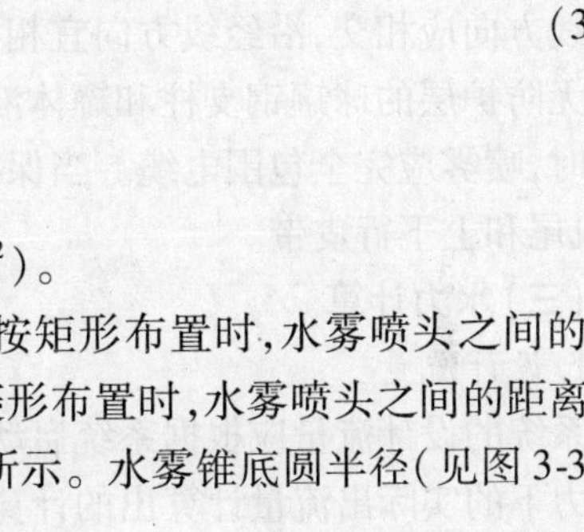

图3-38 水雾喷头的喷雾半径

当保护对象为油浸式电力变压器时,水雾喷头布置应符合下列规定:水雾喷头应布置在变压器的周围,不宜布置在变压器顶部;保护变压器顶部的水雾不应直接喷向高压套管;水雾喷头之间的水平距离与垂直距离应满足水雾锥相交的要求;油枕、冷却器、集油坑应设水雾喷头保护,如图 3-39 所示。

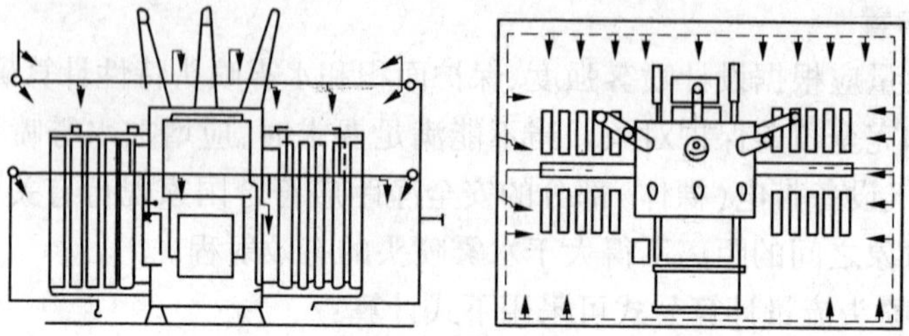

图 3-39　变压器水雾喷头布置示意图

当保护对象为可燃气体和甲、乙、丙类液体储罐时,水雾喷头与储罐外壁之间的距离不应于 0.7 m。

当保护对象为球罐时,水雾喷头间布置尚应符合:水雾喷头的喷口应面向球心;水雾锥沿纬线方向相交,沿经线方向应相接;当球罐的容体积等于或大于 1 000 m^3 时,水雾锥沿纬线方向应相交,沿经线方向宜相接,但赤道以上环管之间的距离不应大于 3.6 m。

无防护层的球罐钢支柱和罐体液位计、阀门等处应设水雾喷头保护。当保护对象为电缆时,喷雾应完全包围电缆。当保护对象为输送机皮带时,喷雾应完全包围输送机的机头、机尾和上下行皮带。

(三)水力计算

1. 设计流量

系统的设计流量应根据系统启动后同时喷雾的水雾喷头的数量和水雾喷头在实际工作压力下的实际出流量计算出的计算流量确定。

$$Q_s = (1.05 \sim 1.10) Q_j \tag{3-34}$$

式中　Q_s——系统的设计流量,L/s;

Q_j——系统的计算流量,L/s, $Q_j = \frac{1}{60}\sum_{i=1}^{n} q_i$,其中 q_i 为水雾喷头在实际工作压力下的实际出流量,L/min,n 为系统启动后同时喷雾的水雾喷头的数量。

2. 水头损失计算

水头损失的计算方法与本章第四节的自动喷水灭火系统的计算一样,局部水头损失可取沿程水头损失的 20% ~30% 计算。系统的供水压力或水泵的扬程计算和自动喷水灭火系统计算一样。

第六节　其他固定灭火设施介绍

因建筑物使用功能的不同,其内的可燃物性质各异,因此仅使用水作为消防手段是不能达到扑救火灾目的的,甚至还会带来更大的损失。应根据可燃物的物理、化学性质,采用不同的灭火方法和手段，才能达到灭火的目的。下面介绍几种非水固定灭火设施。

一、卤代烷灭火系统

卤代烷灭火系统是以卤代烷碳氢化合物作为灭火剂的消防系统。卤代烷是以卤素原子取代烷烃类化合物分子部分或全部氢原子后所生成的物质，是一类有机化合物的总称。卤代烷 1211 灭火剂是甲烷中的氢原子被氟、氯、溴等三种卤素原子取代后形成的，化学名称叫作二氟一氯一溴甲烷（CF_2ClBr），因化学式中含有 1 个碳原子、2 个氟原子、1 个氯原子和 1 个溴原子，故称 1211 灭火剂。同理，1301 灭火剂为三氟一溴甲烷（CF_3Br）。

卤代烷灭火剂主要是通过抑制燃烧的化学反应过程，使燃烧化学反应链中断达到灭火的目的，其作用是靠灭火剂接触火焰或高温表面时分解产生活性游离基，夺取燃烧连锁反应过程中生成的活性物质，从而使燃烧连锁反应的链传递中断而灭火。

卤代烷灭火系统主要适用于不能用水灭火的场所，如图书档案室、文件资料珍藏库、计算机房、发电机房、电视发射塔等建筑物。

卤代烷灭火剂一般经加压或制冷后液化储存在压力容器内，当喷入防护区后可迅速气化，其化学稳定性好，在正常情况下可长期储存达 20 年之久。另外，灭火产物经太阳紫外线照射分解自由基 Br 可在大气中存留 100 年且在高空中会与大气层中的臭氧发生反应，会严重影响臭氧层，因此 2010 年在世界范围内禁止生产与使用。

二、干粉灭火系统

以干粉作为灭火剂的灭火系统称为干粉灭火系统。干粉灭火剂是用于灭火的干燥且易于流动的微细粉末，由具有灭火效能的无机盐和少量的添加剂经干燥、粉碎、混合而成微细固体粉末组成。它是一种在消防中得到广泛应用的灭火剂，且主要用于灭火器中。除扑救金属火灾的专用干粉（D 类）化学灭火剂外，干粉灭火剂一般分为普通（B、C 类）干粉灭火剂和多用途（A、B、C 类）干粉两大类。

干粉灭火剂主要通过在加压气体作用下喷出的粉雾与火焰接触、混合时发生的物理、化学作用灭火。另外，还有部分稀释氧和冷却的作用。

干粉灭火器适用于扑救下列火灾：灭火前可切断气源的气体火灾，液体火灾和可熔化的固体火灾，固体表面火灾。

干粉灭火器最常用的开启方法为压把法。将灭火器提到距火源适当位置后，先上下颠倒几次，使筒内的干粉松动，然后让喷嘴对准燃烧最猛烈处，拔去保险销，压下压把，灭火剂便会喷出灭火。开启干粉灭火棒时，左手握住其中部，将喷嘴对准火焰根部，右手拔掉保险卡，旋转开启旋钮，打开贮气瓶，滞时 1 ~ 4 s，干粉便会喷出灭火。

干粉灭火系统组成如图 3-40 所示。

干粉灭火器具有灭火时间短、效率高、绝缘好、灭火后损失小、不怕冻、可长期贮存等优点。干粉灭火系统按控制启动方法又有自动控制、手动控制之分。按其安装方式有固定式、半固定式之分。按其喷射干粉方式有全淹没和局部应用系统之分。干粉灭火器应放在被保护物的附近和通风干燥及取用方便的地方。

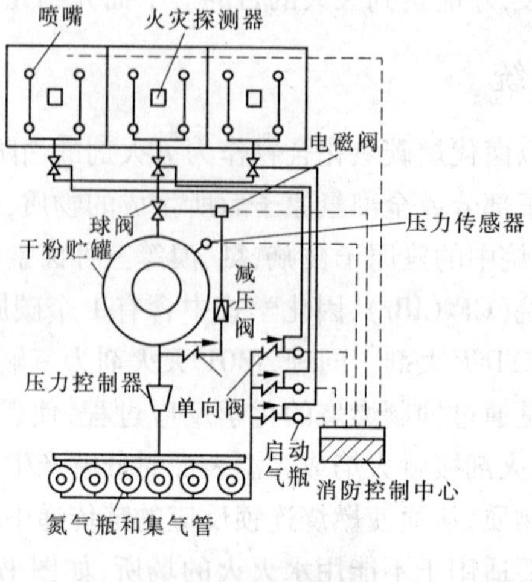

图 3-40　干粉灭火系统组成

三、泡沫灭火系统

泡沫是一种体积小、表面被液体包围的气泡群。泡沫灭火剂一般由发泡剂、泡沫稳定剂、降粘剂、抗冻剂、助溶剂、防腐剂及水组成,泡沫灭火剂主要用于扑救可燃液体火灾,是石化企业的主要灭火剂。

泡沫灭火剂按其成分可分为化学泡沫灭火剂(带结晶水的硫酸铝和碳酸氢钠组成)、蛋白质泡沫灭火剂、合成型泡沫灭火剂三种。

泡沫灭火原理主要有覆盖和冷却两个作用。泡沫的密度远远小于一般可燃液体的密度,所以泡沫可以在液体表面形成一个由泡沫覆盖的漂浮层。同时泡沫又具有一定粘度,又可以黏附于一般可燃固体的表面。因此,覆盖作用指的是泡沫灭火剂可使燃烧物表面与空气隔离,隔断火焰对燃烧物的热辐射,防止燃烧蒸发或热解挥发,使可燃气体难以进入燃烧区。冷却作用指的是泡沫析出液体对燃烧表面有冷却作用。另外,还有稀释作用,即泡沫受热产生的水蒸气可稀释燃烧区氧气浓度。其中,覆盖作用是泡沫的主要灭火方式。

四、二氧化碳灭火系统

二氧化碳(CO_2)灭火系统是一种纯物理的气体灭火系统。这种灭火系统具有不污损保护物、灭火快等优点。CO_2 是一种无色、无味、不导电的气体,比空气略重。CO_2 灭火剂价格低廉,来源广泛,灭火性能好,化学稳定性及热稳定性好,灭火后不污损被保护物等。

CO_2 灭火剂在常温、常压下为三相,其临界温度为 31.4 ℃,临界压力为 2.4 MPa,固—液—气三相共存温度为 -56.6 ℃,该点压力为 0.52 MPa。CO_2 灭火剂是在气—液两相状态下液态贮存、气态释放的气液两相灭火剂。

CO_2 灭火机理主要有窒息作用和冷却作用两种。窒息作用的原理是:CO_2 被喷放出来后,分布于燃烧物周围,稀释周围空气中的氧含量,使燃烧物产生的热量减小,当小于热散失率时燃烧就会停止。冷却作用的原理是：CO_2 灭火剂被喷放出来后由液相迅速变为气相，会吸收周围大量的热量，使周围温度急剧下降。在这两种作用中，窒息作用是主要的，而冷却作用是次要的。

CO_2 灭火系统的灭火方式有全淹没系统、半固定系统、局部应用系统和移动式系统。系统组件如图 3-41 所示。系统的选择要根据防护区和保护对象具体情况而定。全淹没系统适用于无人居留或发生火灾能迅速（30 s 以内）撤离的防护区。局部灭火系统适用于经常有人的较大防护区内，扑救个别易燃设备火灾或室外设备。半固定式灭火系统常用于增援固定灭火系统。

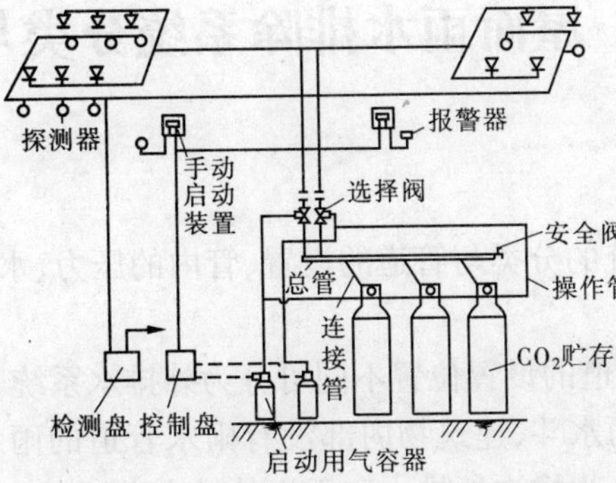

图 3-41　CO_2 灭火系统组成

第四章　屋面雨水排除

建筑雨水排水系统是建筑物给排水系统的重要组成部分，它的任务是及时排除降落在建筑物屋面的雨水、雪水，避免形成屋顶积水对屋顶造成威胁，或造成雨水溢流、屋顶漏水等水患事故，以保证人们正常的生活和生产活动。

第一节　屋面雨水排除系统分类与选择

一、分类

建筑屋面雨水排水系统的分类与管道的设置、管内的压力、水流状态和屋面排水条件等有关。

(1)屋面雨水系统按管道的设置位置不同可分为外排水系统、内排水系统。

外排水是指屋面不设雨水斗，建筑物内部没有雨水管道的雨水排放方式。外排水系统按照屋面有无天沟可以分为檐沟外排水和天沟外排水。

雨水内排水系统：内排水是指屋面设雨水斗，雨水管道设置在建筑内部的雨水排水系统。按照雨水排至室外的方法，内排水系统又分为架空管排水系统和埋地管排水系统。雨水通过室内架空管道直接排至室外的排水管(渠)，室内不设埋地管的内排水系统称为架空管内排水系统。架空管内排水系统排水安全，避免室内冒水，但需用金属管材多，易产生凝结水，管系内不能排入生产废水。雨水通过室内埋地管道排至室外，室内不设架空管道的内排水系统称为埋地管内排水系统。

(2)屋面雨水系统按雨水在管道内的流态分为重力无压流、重力半有压流和重力流三类。重力无压流是指雨水通过自由堰流入管道，在重力作用下附壁流动，管内压力正常，这种系统也称为堰流斗系统。重力半有压流是指管内气水混合，在重力和负压抽吸双重作用下流动，这种系统也称 87 雨水斗系统。重力流是指管内充满雨水，主要在负压抽吸作用下流动，这种系统也称为虹吸式系统。

(3)屋面雨水系统按屋面的排水条件分为檐沟排水、天沟排水和无沟排水。当建筑屋面面积较小时，在檐沟下设置汇集屋面雨水的沟槽，称为檐沟排水。在面积大且曲折的建筑屋面设置汇集屋面雨水的沟槽，将雨水排至建筑物的两侧，称为天沟排水。降落到屋面的雨水沿屋面径流，直接流入雨水管道，称为无沟排水。

(4)屋面雨水系统按出户埋地横干管是否有自由水面分为敞开式排水系统和密闭式排水系统两类。

敞开式排水系统是非满流的重力排水，管内有自由水面，连接埋地干管的检查井是普通检查井。敞开式排水系统可以接纳生产废水，省去生产废水的排出管，但在暴雨时可能出现检查井冒水现象。

密闭式排水系统是满流压力排水，连接埋地干管的检查井内用密闭的三通连接，室内不会发生冒水现象。但不能接纳生产废水，需另设生产废水排水系统。

(5)屋面雨水系统按一根立管连接的雨水斗数量分为单斗系统和多斗系统。在重力无压流和重力半有压流状态下，由于相互干扰，多斗系统中每个雨水斗的泄流量小于单斗系统的泄流量。

二、系统选择

选择建筑物屋面雨水排水系统时应根据建筑物的类型、建筑物结构形式、屋面面积大小、当地气候条件，以及生活、生产的要求，经过技术经济比较，本着既安全又经济的原则选择。

安全的含义是指能迅速、及时地将屋面雨水排至室外，屋面溢水频率低，室内管道不漏水，地面不冒水。为此，密闭式系统优于敞开式系统，外排水系统优于内排水系统。堰流斗重力流排水系统的安全可靠性最差。

经济是指在满足安全的前提下，系统的造价低，寿命长。虹吸式系统泄流量大、管径小、造价低，87 斗重力流系统次之，堰流斗重力流系统管径最大，造价最高。

屋面集水优先考虑天沟形式，雨水斗置于天沟内。建筑屋面内排水和长天沟外排水一般宜采用重力半有压流系统，大型屋面的库房和公共建筑内排水，宜采用虹吸式有压流系统，檐沟外排水宜采用重力无压流系统。

第二节 屋面雨水系统组成、布置与敷设

降落在屋面上的雨雪水的排除方式有外排水、内排水和混合式排水三种形式。在设计时，应根据建筑物类型、建筑结构形式、屋面面积大小、当地气候条件及生产、生活要求，经过技术经济比较来确定排除方式。

一、外排水系统组成、布置与敷设

外排水雨水系统是雨水管系设置在建筑物外部的雨水排水系统。按屋面有无天沟，又分为檐沟外排水和天沟外排水两种方式。

(一)檐沟外排水

利用檐沟收集屋面雨水并直接用沿外墙设置的有一定间隔的水落管排除至建筑物外地下雨水管道或地面。檐沟外排水系统由檐沟和水落管组成，见图 4-1。水落管多采用铸铁管、UPVC 管，也有用玻璃钢管的。铸铁管管径为 75 mm 或 100 mm，UPVC 管外径为 75 mm 或 110 mm。水落管设置间距应根据降雨量及管道通水能力确定一根水落管的服务面积而定。按经验，民用建筑水落管间距为 8～12 m，工业建筑为 18～24 m。檐沟外排水系

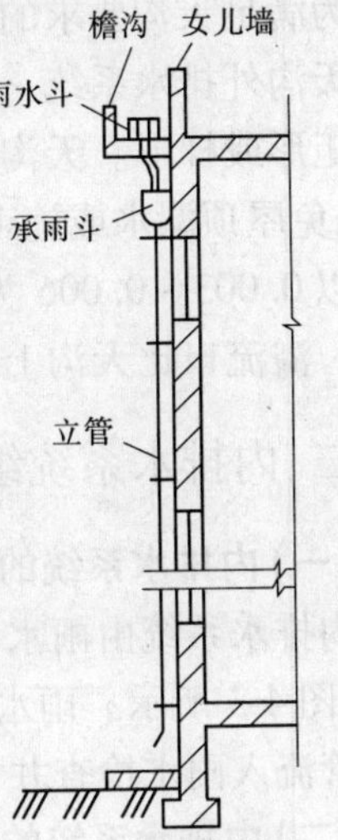

图 4-1 檐沟外排水

统适用于普通住宅、屋面面积较小的公共建筑和单跨工业建筑。

(二)天沟外排水

所谓天沟，是指屋面上在构造上形成的排水沟，接收屋面的雨雪水。雨雪水沿天沟流向建筑物的两端，经墙外的立管排到地面或排到雨水管道。天沟外排水系统由天沟、雨水斗、排水立管及排出管组成，如图 4-2 所示。天沟设置在两跨中间并坡向墙端，降落在屋面上的雨雪水沿坡向天沟的屋面汇集到天沟，沿天沟流向建筑物两端（山墙、女儿墙方向），流入雨水斗并经墙外立管排至地面或雨水管道。

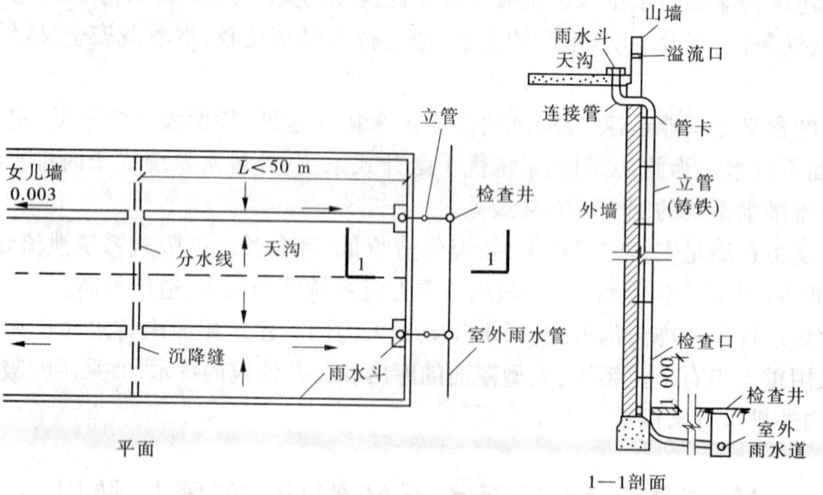

图 4-2　天沟外排水

天沟外排水系统适用于长度不超过 100 m 的多跨工业厂房。采用天沟外排水系统，室内不会因雨水系统而产生屋面漏水、地面检查井冒水等现象，而且对厂房内各种设备、管道等无干扰，还可节省金属管道材料，施工简便。但寒冷地区排水立管可能有冻裂的危险。为满足天沟要求的坡度，在屋顶增加隔热层，导致结构荷载有所增加。

天沟外排水系统一般以建筑物的伸缩缝或沉降缝作为天沟分水线。天沟的断面形式多为矩形或梯形。天沟坡度不宜太大，以免屋顶垫层过厚而增加结构荷载；但也不宜太小，以免屋顶漏水或施工困难，不宜小于 0.003（金属屋面的水平金属长天沟可无坡度），一般以 0.003 ~ 0.006 为宜。为了排水安全，防止天沟末端积水太深，在天沟顶端设置溢流口。溢流口比天沟上檐低 50 ~ 100 mm。

二、内排水系统组成、布置与敷设

(一)内排水系统的组成

内排水系统由雨水斗、连接管、雨水悬吊管、立管、排出管、检查井及雨水埋地管等组成，如图 4-3 所示。雨水降落到屋面上，沿屋面流入雨水斗，经悬吊管流入排水立管，再经排出管流入雨水检查井，或经埋地干管排至室外雨水管道。

(二)内排水系统的分类

按雨水架空管系上设置的雨水斗数量，可分为单斗雨水排水系统、双斗雨水排水系统

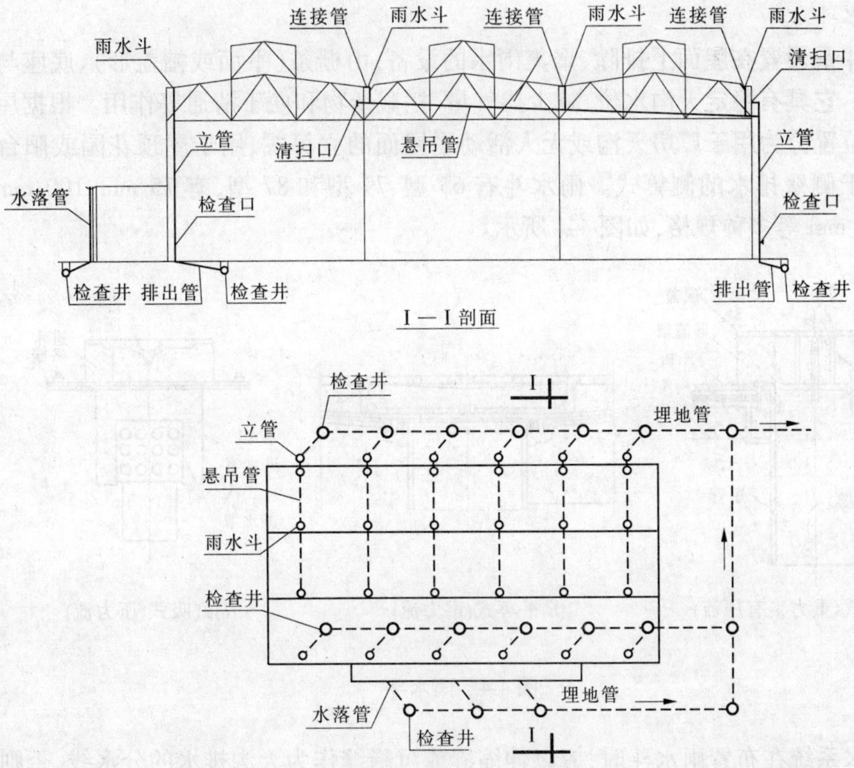

图 4-3　内排水系统

和多斗雨水排水系统。内排水系统宜采用单斗排水。

按管道设置情况分为雨水敞开系统和雨水密闭系统。雨水密闭系统中雨水呈密闭状态,水流状态呈压力流,可避免雨水在建筑物内冒溢,不允许生产或生活废水接入。当雨水排泄不畅时,室内不会发生冒水现象。但因其不能接纳生产废水,还需另设生产废水排水系统。为了安全排除雨水,一般宜采用密闭式内排水系统。

雨水敞开系统中雨水管系与大气相通,适用于地面为有盖板的明沟和设检查井的雨水埋地管,允许接入少量的生产和生活废水的工业厂房,水流状态为重力流。若设计和施工不善,当暴雨发生时,会出现检查井冒水现象,雨水漫流室内地面,造成危害。由于该系统可接纳生产废水,省去生产废水埋地管。敞开式内排水系统在室内仅设悬吊管而无埋地管,可避免室内地面冒水,但管材耗量大且悬吊管外壁易结露。

单斗雨水排水系统:雨水架空管系上仅装有一个雨水斗的内排水系统。水流状态简单,计算方法较易,被普遍采用。

双斗雨水排水系统:雨水架空管系上装有两个雨水斗的内排水系统。水流状态复杂,除雨水斗对称布置外较少被推荐采用。

多斗雨水排水系统:雨水架空管系上装有两个以上雨水斗的内排水系统。水流状态复杂,实际被采用的较少。

（三）内排水系统的布置与敷设

1. 雨水斗

雨水斗是设置在屋面上排除、聚集雨水的设备，由栅条（平面或帽盖形）、底座与连接短管组成。它具有稳定天沟水位、减少掺气量、拦截杂物和便于清通等作用。根据屋面形式与安装位置分为用于厂房天沟或无人活动平屋面的立箅式、用于屋顶花园或阳台的平箅式和用于侧壁排水的侧箅式。雨水斗有 65 型、79 型和 87 型，有 75 mm、100 mm、150 mm 和 200 mm 等多种规格，如图 4-4 所示。

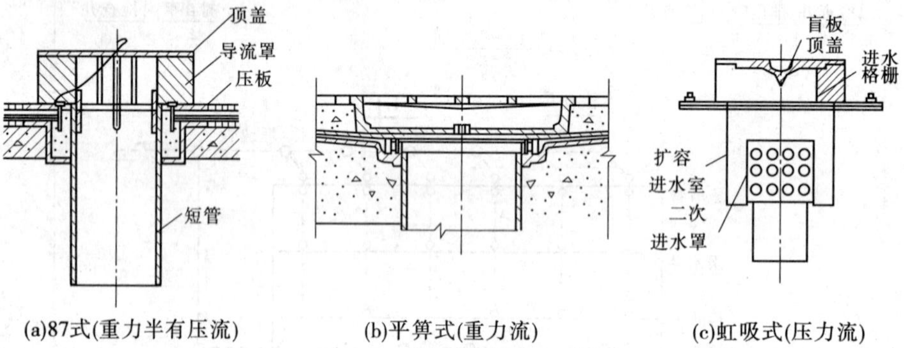

图 4-4　雨水斗

内排水系统在布置雨水斗时，应以伸缩缝或沉降缝作为天沟排水的分水线，否则应在该缝两侧各设一个雨水斗。当两个雨水斗连接在同一根立管或悬吊管上时，应采用伸缩接头并保证密封不漏水。防火墙处设置雨水斗时，防火墙两侧应各设一个雨水斗。

多斗雨水排水的雨水斗宜对立管作对称布置，其排水连接管应接至悬吊管上。悬吊管上的雨水斗不得多于 4 个，且雨水斗不得在立管顶端接入。当两个雨水斗连接在同一根悬吊管上时，应将靠近立管的雨水斗口径减小一级。接入同一立管的雨水斗，其安装高度宜在同一标高层。

2. 立管

雨水立管接纳从悬吊管来的雨水，立管管径不得小于悬吊管的管径，与雨水立管连接的悬吊管不得多于两根。当立管连接两根及两根以上悬吊管时，其管径不得小于其中最大一根悬吊管的管径。立管管材与悬吊管相同，雨水立管宜沿墙、柱安装，并在距地面 1.0 m 处应设检查口。

3. 排出管

排出管是立管与检查井间的一段有较大坡度的横向管道，其管径不得小于立管管径。排出管出口的下游排水管宜采用管顶平接法，且水流转角不得小于 135°。

4. 埋地管

埋地管敷设在室内地下，承接立管的雨水并将其排至室外雨水管道。埋地管最小管径为 200 mm，最大不超过 600 mm。其管材一般采用非金属管（如混凝土管、钢筋混凝土管、UPVC 管、陶土管等），管道坡度按生产废水管道最小坡度计算。

5. 附属构筑物

常见的附属构筑物有检查井、检查口和排气井，用于雨水系统的检修、清扫和排气。密闭系统埋地管交叉或长度超过 30 m 应设检查井；敞开系统埋地管道交叉、转弯、坡度及管径改变以及长度超过 30 m 处均应设置检查井，井内管道采用管顶平接，水流转角不小于 135°，井底做高流槽，流槽应高出管顶 200 mm。排出管先接入排气井，水流稳定后再进入检查井，如图 4-5 所示。

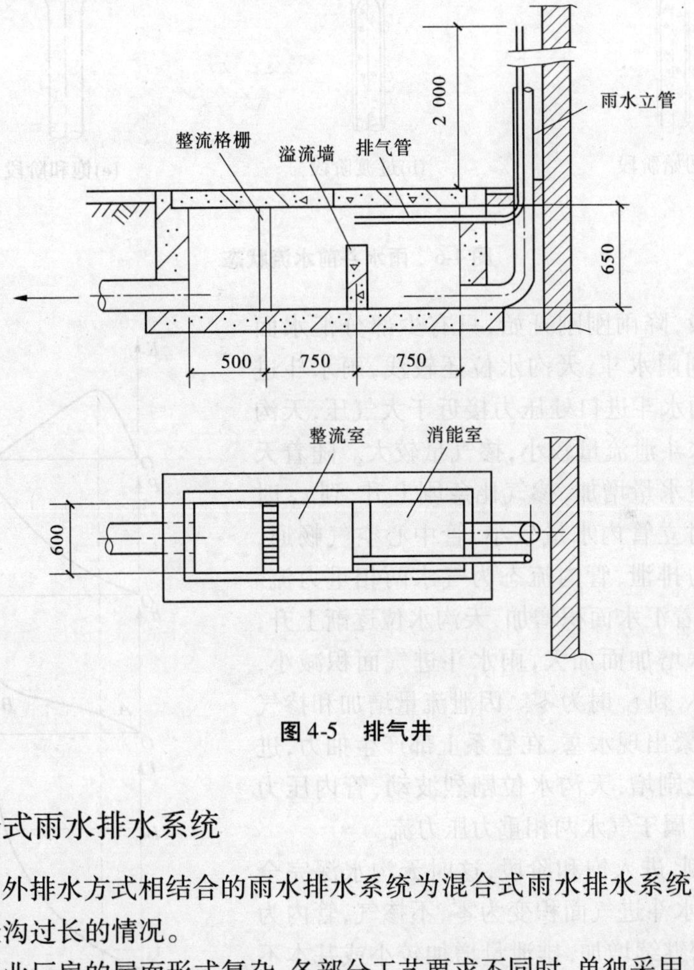

图 4-5 排气井

三、混合式雨水排水系统

内排水与外排水方式相结合的雨水排水系统为混合式雨水排水系统，用于连跨厂房跨数较多及天沟过长的情况。

在大型工业厂房的屋面形式复杂，各部分工艺要求不同时，单独采用上述两种雨水排除系统不一定能较好地完成雨水排除任务，必须采用几种不同形式的混合排水系统。

四、雨水内排水系统中的水气流动物理现象

(一)单斗雨水排水系统

降雨开始后，降落到屋面的雨水沿屋面径流到天沟，再沿天沟流到雨水斗。随降雨历时的延长，雨水斗斗前水深不断增加，如图 4-6 所示。进气口不断减小，系统的泄流量 Q、压力 P 和掺气比 K 随之发生变化，如图 4-7 所示。掺气比是指进入雨水斗的空气量与雨

水量的比值。

1.雨水斗泄流状态

按降雨历时 t，雨水斗的泄流状态可分为三个阶段：初始阶段（$0\leqslant t<t_A$）、过渡阶段（$t_A\leqslant t<t_B$）和饱和阶段（$t\geqslant t_B$），图 4-6 为雨水斗前水流状态。

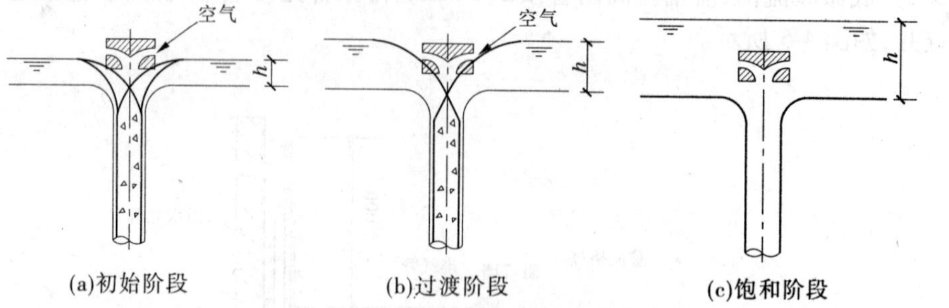

图 4-6　雨水斗前水流状态

在初始阶段，降雨刚刚开始，只有少部分汇水面积上雨水汇集到雨水斗，天沟水位还较浅，雨水斗进气面积较大。雨水斗进口处压力接近于大气压，天沟水位平稳。雨水斗泄流量较小，掺气量较大。随着天沟水位上升和泄水量增加，掺气比急剧上升，到 t_A 时达到最大。此时立管内水量较小，管中心空气畅通，雨水主要靠重力排泄，管内流态为气水两相重力流。在过渡阶段，随着汇水面积增加，天沟水位逐渐上升，泄流量由于水深增加而加大，雨水斗进气面积减小，掺气比急剧减小，到 t_B 时为零。因泄流量增加和掺气量减小，管内频繁出现水塞，在管系上部产生抽力，进水口处压力变化剧增，天沟水位剧烈波动，管内压力增加较快。此时属于气水两相重力压力流。

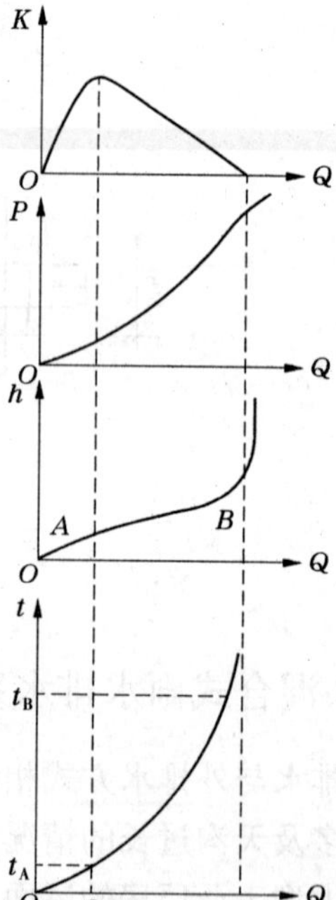

Q—泄流量；K—掺气比；
P—管内负压；h—雨水深

图 4-7　雨水泄流量与各参数的关系曲线

到达 t_B 时刻，进入饱和阶段，这时天沟水深完全淹没雨水斗，雨水斗进气面积变为零，不掺气，管内为满流。天沟水深继续增加，排泄量增加较小或基本不增加，此时雨水斗在压力流状态下工作，泄水由抽力进行，管内变为单相压力流。管系的泄流能力主要取决于天沟位置高度，而这个位置高度所具有的水流能量已不能克服管路摩阻损失而使之增加流量。若要增加流量，必须增加水位高度。但天沟位置高度已定，因此只有靠天沟水位的增加。而天沟水位也不能无限上升，工程上均以 10 cm 为限。所以，在 t_B 后虽然天沟水位继续上升，泄流量也基本稳定。

从 $t \sim Q$ 曲线可以看出，天沟雨水经雨水系统的雨水斗排泄，其排泄能力与天沟位置高度、天沟水位、架空管系的管道摩阻和雨水斗局部阻力有关，主要取决于天沟位置高度。雨水斗离排出管垂直距离越大，产生的抽力越大，泄水能力也就越大。

2. 悬吊管和立管内压力变化规律

因立管的泄水能力远大于横向的悬吊管和排出管的排泄能力，所以当天沟水位较浅（$t < t_A$）时，管系泄水能力小，悬吊管内是非满流的重力流，立管内为附壁水膜重力流。管内空气畅通，气压变化很小。随着天沟水位增加，管系泄水能力增加，悬吊管内呈壅水状的气水两相流，立管内形成水塞，立管上部产生负压，形成对悬吊管的抽力，使立管上部水和气紊动混合，以平衡泄流量的差别。在立管下部形成正压。由图 4-8 可以看出，悬吊管起端呈正压，末端和立管上部呈负压，立管下部呈正压。压力零点随泄流量的增加而上移，满流量零点在最高位置。

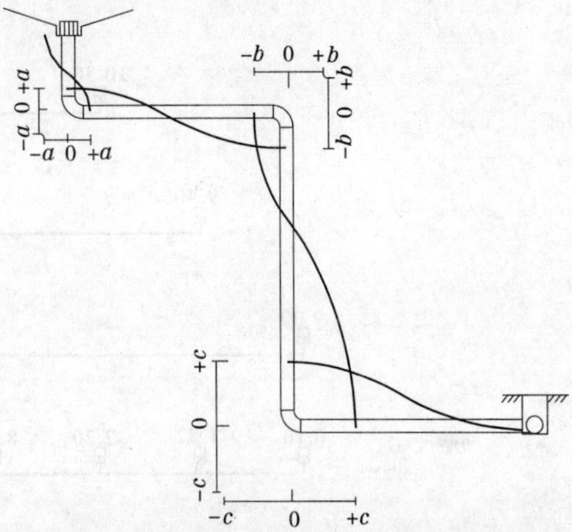

图 4-8 单斗雨水系统压力变化曲线

3. 排出管

立管中雨水进入有一定坡度的横向排出管后，水流巨大的动能转化为势能，流速降低而水深增加，产生壅水，形成水跃，水流波动剧烈，是使立管下部产生正压的主要原因。因排出管较短，坡度较大，一般与立管同径。如果放大一级管径，可使水流趋于平稳，减少检查井冒水现象。

4. 埋地管

在密闭系统中，水流进入埋地管后，流速骤减，其动能绝大部分用于克服阻力和转变为壅水。水中气泡能量减小，但水流在气室的压力作用下不再是重力流，此时流动状态为两相半有压非满流。

在敞开系统中，水流进入检查井后，流速减小，动能转化为位能，使水位上升。挟气水流在检查井中上下翻滚，阻扰水流进入下游埋地管。检查井未密封时，气体逸出释放压力，井中水位猛升，检查井中的雨水极易从井口冒出，造成危害。

（二）多斗雨水排水系统

在多斗雨水排水系统中，悬吊管上有多个与大气连通的雨水口，其水气流动现象远较单斗系统复杂。因为各个雨水斗到立管的水流阻力、管径、管长不同及立管的抽吸影响，各斗的泄流量有差别。图 4-9 为立管高度为 4.2 m，天沟水深 40 cm 时雨水斗的泄流量（L/s）的实测资料。由图 4-9 可知，距立管近的雨水斗泄流能力大，距立管远的雨水斗泄流能力小。这是因为远斗不受或少受抽吸作用，而且远斗的流程长，水流阻力大，还受到近斗排泄流量的阻挡。若按等距离布置雨水斗，势必形成远斗承担的汇水面积内雨水不能及时泄流而产生翻溢现象。

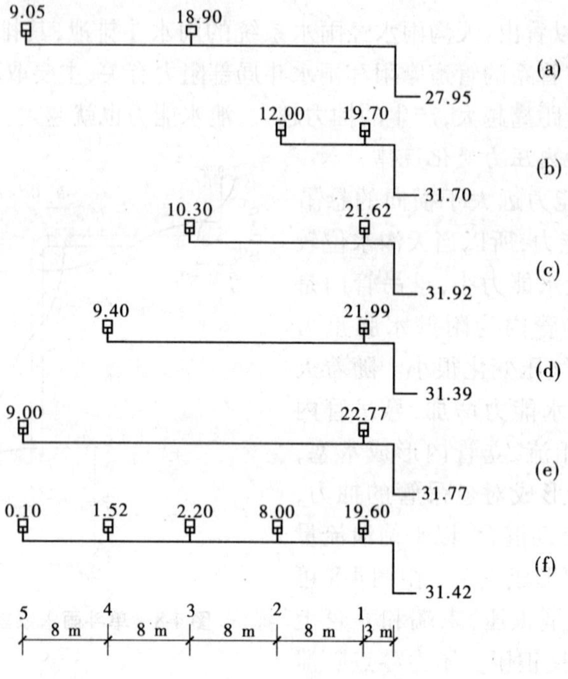

图 4-9　多斗雨水斗雨水泄流规律　（单位:L/s）

从图 4-9 中(b)、(c)、(d)、(e)四种情况可见,在设两个雨水斗时,管系总的泄流量基本相同。随着两个雨水斗间距增加,近斗泄流量逐渐增加,远斗泄流量逐渐减少,但变化幅度不大。其原因是悬吊管越长,沿程阻力越大。

比较图 4-9 中(a)和(c)可见,当两斗间距相等时,两斗泄流量比值基本相同(18.9/9.05 =2.09,21.62/10.30 =2.10)。但雨水斗总泄流量不同。雨水斗离立管越近,总泄流量越大。

从图 4-9 中(f)可以看出,若一根悬吊管上连接 2 个以上雨水斗,各斗泄流量变化很大。立管越远,泄流量越小,最近的两个雨水斗泄流量占总泄流量的 87.8%,第三个及其以后的雨水斗形同虚设。

通过以上分析得出结论:

(1)1 根立管连接 2 个雨水斗时,宜设两根悬吊管,对称布置。

(2)1 根立管连接 4 个雨水斗时,宜设两根悬吊管,对称布置,每根悬吊管设 2 个雨水斗,进斗口径减小一级,雨水斗的间距不宜过大。

(3)1 根悬吊管上的雨水斗不宜超过 2 个。

压力流雨水内排水系统由国外水力学专家在 20 世纪 60 年代末始创,其部件组成与重力流排水系统基本相似。不同的是系统采用压力流雨水斗。该系统的主要原理是充分利用屋面雨水斗与排除管之间的几何高差,当降雨强度达到设计值时,管道内呈满流状态,雨水从水平管(悬吊管)转入立管跌落时管道内形成负压,产生虹吸作用,可快速排除屋面雨水。故压力流排水系统亦称之为虹吸流排水系统或满管流排水系统。压力流排水系统较重力流排水系统具有许多优点，如雨水斗设置灵活，且因雨水斗阻尼较小，排水能力增大，雨水斗数量也可减少；单相满管流排水能力大于气水两相流，可减少管道直径和数量，即节省管材；悬吊管不需设置坡度，有利于建筑空间的充分利用；由于排水管道减少，室外雨水检查井数量亦相应减少。

第三节 屋面雨水排除计算

一、雨水量计算

屋面雨水排水系统雨水量的大小是设计计算雨水排水系统的依据，其值与该地降雨强度 q、汇水面积 F、宣泄系数 k_1 以及径流系数 ψ 有关，一般取屋面径流系数 $\psi=0.9$。

（一）降雨强度 q

根据当地雨量公式，计算降雨强度：

$$q=\frac{1.67A_1(1+c\lg P)}{(t+b)^n} \tag{4-1}$$

式中 q——设计重现期 P、降雨历时 t 的降雨强度，$L/(s\cdot 104\ m^2)$；

t——降雨历时，min；

P——设计重现期，年；

A_1、b、c、n——当地降雨参数。

降雨强度也可用小时降雨厚度 h 表示：$h=36q$(mm/h)。

屋面雨水排水管道的排水设计重现期应根据建筑物的重要程度、汇水区域性质、地形特点、气象特征等因素确定，各种汇水区域的设计重现期不宜小于表 4-1 的规定值。工业建筑可参考表 4-2 确定。一般建筑的重力流屋面雨水排水工程与溢流设施的总排水能力不应小于 10 年重现期的雨水量。重要公共建筑、高层建筑的屋面雨水排水工程与溢流设施的总排水能力不应小于其 50 年重现期的雨水量。由于屋面面积较小，屋面雨水集流时间较短，又因为我国推导暴雨强度公式实测降雨资料的最小时段为 5 min，所以屋面集水时间按 5 min 计算。

（二）汇水面积 F

雨水汇水面积应按地面、屋面水平投影面积计算。高出屋面的毗邻墙，应附加其最大受雨面正投影的一半作为有效汇水面积计算。窗井、贴近高层建筑外墙的地下汽车库出入口坡道应附加其高出部分侧墙面积的 1/2。

（三）宣泄系数 k_1

当屋面坡度较大时，雨水在屋面上的集流速度快，集流时间短。为迅速安全地排除雨水，防止天沟水位过深，造成屋面漏水，在计算时还要乘以一个系数，即屋面宣泄系数 k_1。设计重现期为 1 年，屋面坡度小于 2.5% 时，k_1 取 1.0；屋面坡度大于或等于 2.5% 时，k_1 取 1.5 ~ 2.0。

表 4-1　各种汇水区域的设计重现期

汇水区域名称		P(年)
室外场地	小区	1~3
	车站、码头、机场的基地	2~5
	下沉式广场、地下车库坡道出入口	5~50
屋面	一般性建筑物屋面	2~5
	重要公共建筑屋面	≥10

注:1. 工业厂房房屋面雨水排水设计重现期应根据生产工艺、重要程度等因素确定。
2. 下沉式广场设计重现期应根据广场的构造、重要程度、短期积水即能引起较严重后果等因素确定。

表 4-2　工业建筑雨水设计重现期

工业企业特点			P(年)
1	生产工艺因素	生产和机械设备不会因水受损失	0.5
		生产可能因水受影响,但机械设备不会因水受损害	1.0
		生产不会因水受影响,机械设备可能因水受损害	1.5
		生产和机械设备均可能因水受损害	2.0
2	土建因素	房屋最低层地板标高低于室外地面标高	0.5
		天窗玻璃位于天沟之上低于 10 cm	0.5
		屋顶各个方面被房屋高出部分紧紧地包围着,妨碍雨水流动	0.5

注:1. 将表中 1、2 两项中有关相应的数值相加,即可求得计算 P 值。
2. 机械设备可能因水而受损害的生产,是指下列类型工厂:丝绸厂、卷烟厂、棉纺织厂、冶金厂以及各种金属加工厂、化学联合企业等。

(四)雨水流量计算公式

屋面雨水设计流量按下列两个公式计算:

$$Q = k_1 \frac{Fq_5}{10\ 000} \tag{4-2}$$

$$Q = k_1 \frac{Fh_5}{3\ 600} \tag{4-3}$$

式中 Q——雨水设计流量, L/s;

F——汇水面积,m^2;

k_1——设计重现期为 1 年时屋面宣泄系数;

q_5——当地降雨历时为 5 min 的降雨强度,$L/(s \cdot 10^4\ m^2)$;

h_5——当地降雨历时为 5 min 的小时降雨厚度,mm/h。

注:当采用天沟集水且沟檐溢水会流入室内时,设计暴雨强度应乘以 1.5 的系数。

二、雨水系统计算原理与参数

(一)雨水斗泄流量

雨水斗的泄流量与流动状态有关,重力流状态下,雨水斗的排水状况是自由堰流,通过雨水斗的泄流量与雨水斗进口直径和斗前水深有关,可按环形溢流堰公式计算。

$$Q = \mu \pi D h \sqrt{2gh} \tag{4-4}$$

式中 Q——通过雨水斗的泄流量,m^3/s;

μ——雨水斗进水口的流量系数,取 0.45;

D——雨水斗进水口直径;

h——雨水斗前水深。

在半有压流和压力流状态下,排水管道内产生负压抽吸,所以通过雨水斗的泄流量与雨水斗出水口直径、雨水斗前水面至雨水斗出水口处的高度及雨水斗排水管中的负压有关。

$$Q = \frac{\pi d^2}{4} \mu \sqrt{2g(H + P)} \tag{4-5}$$

式中 Q——雨水斗出水口泄流量,L/s;

μ——雨水斗出水口的流量系数,取 0.95;

d——雨水斗出水口内径,m;

H——雨水斗前水面至雨水斗出水口处的高度,m;

P——雨水斗排水管中的负压,m。

雨水斗的设计排水负荷应根据各种雨水斗的特性,并结合屋面排水条件等情况设计确定,可按表 4-3 选用。

表 4-3 屋面雨水斗的最大泄流量

雨水斗规格(mm)			50	75	100	125	150
最大泄流量(L/s)	重力流排水系统	重力流雨水斗泄流量	—	5.6	10.0	—	23.0
		87 型雨水斗泄流量	—	8.0	12.0	—	26.0
	满管压力流排水系统	雨水斗泄流量	6.0~18.0	12.0~32.0	25.0~70.0	60.0~120.0	100.0~140.0

87 式多斗排水系统中,一根悬吊管连接的 87 式雨水斗最多不超过 4 个,离立管最远端雨水斗的设计流量不得超过表中数值,其他各斗的设计流量依次比上游斗递增 10%。

(二)横管

横管包括悬吊管、管道层的汇合管、埋地横干管和出户管,横管可以近似地按圆管均匀流计算。

$$v = \frac{1}{n}R^{\frac{2}{3}}I^{\frac{1}{2}} \tag{4-6}$$

$$Q = v\omega \tag{4-7}$$

式中 Q——排水流量，m^3/s；

v——管内流速，m/s，不小于0.75 m/s，埋地横干管出建筑外墙进入室外雨水检查井时，为避免冲刷，流速应小于1.8 m/s；

n——粗糙系数，见表4-4；

ω——管内过水流断面面积，m^2；

I——水力坡度，重力流的水力坡度按管道敷设坡度计算，金属管不小于0.01，塑料管不小于0.005，重力半有压流的水力坡度与横管两端管内的压力差有关，可按式$I=(h+\Delta h)/L$计算，其中h为横管两端管内的压力差，mH_2O，悬吊管按其末端（立管与悬吊管连接处）的最大负压值计算，取0.5 m，埋地横干管按其起端（立管与埋地横干管连接处）的最大正压值计算，取1.0 m，Δh为位置水头，mH_2O，悬吊管是指雨水斗顶面至悬吊管末端的几何高差，m，埋地横干管是指其两端的几何高差，m，L为横管的长度，m。

将各个参数代入式（4-6）和式（4-7），计算出不同管径、不同坡度时非满流（h/D = 0.8）横管（铸铁管、钢管、塑料管）和满流横管（混凝土管）的流速与最大泄流量，见表4-5～表4-10。横管的管径根据各雨水斗流量之和确定，并宜保持管径不变。

表4-4 各种材料的粗糙系数n值

天沟壁面材料的种类	n值	天沟壁面材料的种类	n值
钢管、水泥砂浆光滑水槽	0.012	喷浆护面的混凝土槽	0.016～0.021
混凝土和钢筋混凝土槽	0.013～0.014	豆砂沥青玛瑞脂护面的混凝土槽	0.025
无抹面的混凝土槽	0.014～0.017	铸铁管、陶土管、水泥砂浆抹面混凝土槽	0.012～0.013
表面不整齐的混凝土槽	0.020		

（三）天沟流量

天沟断面形式多采用水力半径大、湿周小的宽而浅的矩形或梯形，具体尺寸通过计算确定。

屋面天沟为明渠排水，天沟水流流速可按明渠均匀流公式计算：

$$v = \frac{1}{n}R^{\frac{2}{3}}I^{\frac{1}{2}} \tag{4-8}$$

$$Q = v\omega \tag{4-9}$$

式中 v——天沟内水流速度，m/s；

R——水力半径，m；

I——天沟坡度；

n——天沟粗糙系数，各种材料的n值见表4-4。

表 4-5 排水塑料管水力计算表（$n=0.009$）

坡度	$h/D=0.50$										$h/D=0.60$			
	De = 50		De = 75		De = 90		De = 110		De = 125		De = 160		De = 200	
	v (m/s)	Q (L/s)	v (m/s)	Q (L/s)	v (m/s)	Q (L/s)	v (m/s)	Q (L/s)	v (m/s)	Q (L/s)	v (m/s)	Q (L/s)	v (m/s)	Q (L/s)
0.003											0.74	8.38	0.86	15.24
0.003 5									0.63	3.48	0.80	9.05	0.93	16.46
0.004							0.62	2.59	0.67	3.72	0.85	9.68	0.99	17.60
0.005					0.60	1.64	0.69	2.90	0.75	4.16	0.95	10.82	1.11	19.67
0.006					0.65	1.79	0.75	3.18	0.82	4.55	1.04	11.85	1.21	21.55
0.007			0.63	1.22	0.71	1.94	0.81	3.43	0.89	4.92	1.13	12.80	1.31	23.28
0.008			0.67	1.31	0.75	2.07	0.87	3.67	0.95	5.26	1.20	13.69	1.40	24.89
0.009			0.71	1.39	0.80	2.20	0.92	3.89	1.01	5.58	1.28	14.52	1.48	26.40
0.010			0.75	1.46	0.84	2.31	0.97	4.10	1.06	5.88	1.35	15.30	1.56	27.82
0.011			0.79	1.53	0.88	2.43	1.02	4.30	1.12	6.17	1.41	16.05	1.64	29.18
0.012	0.62	0.52	0.82	1.60	0.92	2.53	1.07	4.49	1.17	6.44	1.48	16.76	1.71	30.48
0.015	0.69	0.58	0.92	1.79	1.03	2.83	1.19	5.02	1.30	7.20	1.65	18.74	1.92	34.08
0.020	0.80	0.67	1.06	2.07	1.19	3.27	1.38	5.80	1.51	8.31	1.90	21.64	2.21	39.35
0.025	0.90	0.74	1.19	2.31	1.33	3.66	1.54	6.48	1.68	9.30	2.13	24.19	2.47	43.99
0.026	0.91	0.76	1.21	2.36	1.36	3.73	1.57	6.61	1.72	9.48	2.17	24.67	2.52	44.86
0.030	0.98	0.81	1.30	2.53	1.46	4.01	1.68	7.10	1.84	10.18	2.33	26.50	2.71	48.19
0.035	1.06	0.88	1.41	2.74	1.58	4.33	1.82	7.67	1.99	11.00	2.52	28.63	2.93	52.05
0.040	1.13	0.94	1.50	2.93	1.69	4.63	1.95	8.20	2.13	11.76	2.69	30.60	3.13	55.65
0.045	1.20	1.00	1.59	3.10	1.79	4.91	2.06	8.70	2.26	12.47	2.86	32.46	3.32	59.02
0.050	1.27	1.05	1.68	3.27	1.89	5.17	2.17	9.17	2.38	13.15	3.01	34.22	3.50	62.21
0.060	1.39	1.15	1.84	3.58	2.07	5.67	2.38	10.04	2.61	14.40	3.30	37.48	3.83	68.15
0.070	1.50	1.24	1.99	3.87	2.23	6.12	2.57	10.85	2.82	15.56	3.56	40.49	4.14	73.61
0.080	1.60	1.33	2.13	4.14	2.38	6.54	2.75	11.60	3.01	16.63	3.81	43.28	4.42	78.70

表 4-6 机制排水铸铁管水力计算表（$n=0.013$）

坡度	$h/D=0.50$								$h/D=0.60$			
	De = 50		De = 75		De = 100		De = 125		De = 150		De = 200	
	v (m/s)	Q (L/s)	v (m/s)	Q (L/s)	v (m/s)	Q (L/s)	v (m/s)	Q (L/s)	v (m/s)	Q (L/s)	v (m/s)	Q (L/s)
0.005	0.29	0.29	0.38	0.85	0.47	1.83	0.54	3.38	0.65	7.23	0.79	15.57
0.006	0.32	0.32	0.42	0.93	0.51	2.00	0.59	3.71	0.72	7.92	0.87	17.06
0.007	0.35	0.34	0.45	1.00	0.55	2.16	0.64	4.00	0.77	8.56	0.94	18.43
0.008	0.37	0.36	0.49	1.07	0.59	2.31	0.68	4.28	0.83	9.15	1.00	19.70

续表 4-6

坡度	h/D=0.50								h/D=0.60			
	De=50		De=75		De=100		De=125		De=150		De=200	
	v (m/s)	Q (L/s)	v (m/s)	Q (L/s)	v (m/s)	Q (L/s)	v (m/s)	Q (L/s)	v (m/s)	Q (L/s)	v (m/s)	Q (L/s)
0.009	0.39	0.39	0.52	1.14	0.62	2.45	0.72	4.54	0.88	9.70	1.06	20.09
0.100	0.41	0.41	0.54	1.20	0.66	2.58	0.76	4.78	0.92	10.23	1.12	22.03
0.011	0.43	0.43	0.57	1.26	0.69	2.71	0.80	5.02	0.97	10.72	1.17	23.10
0.012	0.45	0.45	0.59	1.31	0.72	2.83	0.84	5.24	1.01	11.20	1.23	24.13
0.015	0.51	0.50	0.66	1.47	0.81	3.16	0.93	5.86	1.13	12.52	1.37	26.98
0.020	0.59	0.58	0.77	1.70	0.93	3.65	1.08	6.76	1.31	14.46	1.58	31.15
0.025	0.66	0.64	0.86	1.90	1.04	4.08	1.21	7.56	1.46	16.17	1.77	34.83
0.030	0.72	0.70	0.94	2.08	1.14	4.47	1.32	8.29	1.60	17.71	1.94	38.15
0.035	0.78	0.76	1.02	2.24	1.23	4.83	1.43	8.95	1.73	19.13	2.09	41.21
0.040	0.83	0.81	1.09	2.40	1.32	5.17	1.53	9.57	1.85	20.45	2.24	44.05
0.045	0.88	0.86	1.15	2.54	1.40	5.48	1.62	10.15	1.96	21.69	2.38	46.72
0.050	0.93	0.91	1.21	2.68	1.47	5.78	1.71	10.70	2.07	22.87	2.50	49.25
0.060	1.02	1.00	1.33	2.94	1.61	6.33	1.87	11.72	2.26	25.05	2.74	53.95
0.070	1.10	1.08	1.44	3.17	1.74	6.83	2.02	12.66	2.45	27.06	2.96	58.28
0.080	1.17	1.15	1.54	3.39	1.86	7.31	2.16	13.53	2.61	28.92	3.17	62.30

表 4-7 悬吊管(铸铁管、钢管)水力计算表 ($h/D=0.8$)

水力坡度 I	管径(mm)									
	75		100		150		200		250	
	v (m/s)	Q (L/s)	v (m/s)	Q (L/s)	v (m/s)	Q (L/s)	v (m/s)	Q (L/s)	v (m/s)	Q (L/s)
0.01	0.57	2.18	0.70	4.69	0.91	13.82	1.10	29.76	1.28	53.95
0.02	0.81	3.08	0.98	6.63	1.29	19.54	1.56	42.08	1.81	76.29
0.03	0.99	3.77	1.21	8.12	1.58	23.93	1.91	51.54	2.22	93.44
0.04	1.15	4.35	1.39	9.37	1.82	27.63	2.21	59.51	2.56	107.89
0.05	1.28	4.87	1.56	10.48	2.04	30.89	2.47	66.54	2.87	120.63
0.06	1.41	5.33	1.70	11.48	2.23	33.84	2.71	72.89	3.14	132.14
0.07	1.52	5.76	1.84	12.40	2.41	36.55	2.92	78.73	3.39	142.73
0.08	1.62	6.15	1.97	13.25	2.58	39.08	3.12	84.16	3.62	142.73
0.09	1.72	6.53	2.09	14.06	2.74	41.45	3.31	84.16	3.84	142.73
0.10	1.82	6.88	2.20	14.82	2.88	41.45	3.49	84.16	4.05	142.73

表 4-8　悬吊管(塑料管)水力计算表($h/D=0.8$)

水力坡度 I	管径×壁厚(mm×mm)											
	90×3.2		110×3.2		125×3.7		150×4.7		200×5.9		250×7.3	
	v (m/s)	Q (L/s)	v (m/s)	Q (L/s)	v (m/s)	Q (L/s)	v (m/s)	Q (L/s)	v (m/s)	Q (L/s)	v (m/s)	Q (L/s)
0.01	0.86	4.07	1.00	7.21	1.09	10.11	1.28	19.55	1.48	35.42	1.72	64.33
0.02	1.22	5.75	1.41	10.20	1.53	14.30	1.81	27.65	2.10	50.09	2.44	90.98
0.03	1.50	7.05	1.73	12.49	1.88	17.51	2.22	33.86	2.57	61.35	2.99	111.42
0.04	1.73	8.14	1.99	14.42	2.17	20.22	2.56	39.10	2.97	70.84	3.45	128.66
0.05	1.93	9.10	2.23	16.12	2.43	22.60	2.86	43.72	3.32	79.20	3.85	143.84
0.06	2.12	9.97	2.44	17.66	2.66	24.76	3.13	47.89	3.64	86.76	4.22	157.57
0.07	2.29	10.77	2.64	19.07	2.87	26.74	3.39	51.73	3.93	93.71	4.56	170.20
0.08	2.44	11.51	2.82	20.39	3.07	28.59	3.62	55.30	4.20	100.18	4.88	170.20
0.09	2.59	12.21	2.99	21.63	3.26	30.32	3.84	58.65	4.45	100.18	5.17	170.20
0.10	2.73	12.87	3.15	22.80	3.43	31.96	4.05	58.65	4.70	100.18	5.45	170.20

表 4-9　埋地混凝土管水力计算表

水力坡度 I	管径(mm)													
	200		250		300		350		400		450		500	
	v (m/s)	Q (L/s)	v (m/s)	Q (L/s)	v (m/s)	Q (L/s)	v (m/s)	Q (L/s)	v (m/s)	Q (L/s)	v (m/s)	Q (L/s)	v (m/s)	Q (L/s)
0.003	0.57	18.0	0.66	32.6	0.75	53.0	0.83	79.9	0.91	114	0.98	156	1.05	207
0.004	0.66	20.7	0.77	37.6	0.87	61.1	0.96	92.2	1.05	132	1.13	180	1.22	239
0.005	0.74	23.2	0.86	42.0	0.97	68.4	1.07	103.1	1.17	147	1.27	202	1.36	267
0.006	0.81	25.4	0.94	46.1	1.06	74.9	1.17	113.0	1.28	161	1.39	221	1.49	292
0.007	0.87	27.4	1.01	49.7	1.14	80.9	1.27	122.0	1.39	174	1.50	238	1.61	316
0.008	0.93	29.3	1.08	53.2	1.22	86.5	1.36	130.4	1.48	186	1.60	255	1.72	338
0.009	0.99	31.1	1.15	56.4	1.30	91.7	1.44	138.3	1.57	198	1.70	270	1.85	358
0.010	1.04	32.8	1.21	59.5	1.37	96.7	1.52	145.8	1.66	208	1.79	285		
0.012	1.14	35.9	1.33	65.1	1.50	105.9	1.66	159.8	1.82	228				
0.014	1.24	38.8	1.43	70.3	1.62	114.4	1.79	172.6						
0.016	1.32	41.5	1.53	75.2	1.73	122.3	1.92	184.5						
0.018	1.40	44.0	1.63	79.8	1.84	129.7								
0.020	1.48	46.4	1.71	84.1										
0.025	1.65	51.8	1.92	94.0										
0.030	1.81	56.8												

表 4-10　虹吸式雨水管道(内壁喷塑铸铁管)水力计算表

Q (L/s)	管径(mm)															
	50		75		100		125		150		200		250		300	
	R_i (kPa/m)	v (m/s)	R_i (kPa/m)	v (m/s)	R_i (kPa/m)	v (m/s)	R_i (kPa/m)	v (m/s)	R_i (kPa/m)	v (m/s)	R_i (kPa/m)	v (m/s)	R_i (kPa/m)	v (m/s)	R_i (kPa/m)	v (m/s)
6	3.80	3.18	0.51	1.40												
12	13.7	6.37	1.84	2.79	0.45	1.56										
18	29.0	9.55	3.90	4.19	0.94	2.34	0.32	1.49	0.13	1.03						
24			6.63	5.58	1.61	3.12	0.54	1.99	0.22	1.38						
30			10.02	6.98	2.43	3.90	0.81	2.49	0.33	1.72						
36			14.04	8.37	3.40	4.68	1.14	2.98	0.47	2.07	0.11	1.16				
42			18.67	9.77	4.53	5.46	1.51	3.48	0.62	2.41	0.15	1.35				
48					5.80	6.24	1.94	3.98	0.79	2.75	0.19	1.54				
54					7.20	7.02	2.41	4.47	0.98	3.10	0.24	1.74				
60					8.75	7.80	2.92	4.97	1.20	3.44	0.29	1.93				
66					10.44	8.58	3.49	5.47	1.43	3.79	0.35	2.12				
72							4.10	5.97	1.68	4.13	0.41	2.32	0.14	1.48	0.06	1.03
78							4.75	6.46	1.94	4.48	0.48	2.51	0.16	1.60	0.07	1.11
84							5.45	6.96	2.23	4.82	0.54	2.70	0.18	1.73	0.08	1.20
90							6.19	7.46	2.53	5.16	0.62	2.90	0.21	1.85	0.09	1.28
96							6.98	7.95	2.85	5.51	0.70	3.09	0.23	1.97	0.10	1.37
102							7.80	8.45	3.19	5.85	0.78	3.28	0.26	2.10	0.11	1.45
108							8.67	8.95	3.55	6.20	0.87	3.47	0.29	2.22	0.12	1.54
114							9.59	9.44	3.92	6.54	0.96	3.67	0.32	2.34	0.13	1.62
120							10.54	9.94	4.31	6.89	1.05	3.86	0.35	2.47	0.15	1.71
126									4.72	7.23	1.15	4.05	0.39	2.59	0.16	1.80
132									5.14	7.57	1.26	4.25	0.42	2.71	0.17	1.88
138									5.58	7.92	1.36	4.44	0.46	2.84	0.19	1.97
144									6.04	8.26	1.48	4.63	0.50	2.96	0.20	2.05
150									6.51	8.61	1.59	4.83	0.53	3.08	0.22	2.14
156									7.00	8.95	1.71	5.02	0.57	3.21	0.24	2.22
162									7.51	9.30	1.84	5.21	0.62	3.33	0.25	2.31
168									8.03	9.64	1.96	5.40	0.66	3.45	0.27	2.39
174									8.57	9.98	2.09	5.60	0.70	3.58	0.29	2.48
180											2.23	5.79	0.75	3.70	0.31	2.56
186											2.37	5.98	0.80	3.82	0.33	2.65
192											2.51	6.18	0.84	3.94	0.35	2.74
198											2.66	6.37	0.89	4.07	0.37	2.82

注:R_i 为单位阻力。

(四)立管

重力流状态下雨水排水立管按水满流计算,重力流立管最大允许流量见表 4-11。

$$Q = 789 K_{P}^{-\frac{1}{6}} \alpha^{\frac{5}{3}} d^{\frac{8}{3}} \tag{4-10}$$

式中 Q——立管排水流量,L/s;

K_P——粗糙高度,m,塑料管取 15×10^{-6} m,铸铁管取 25×10^{-5} m;

α——充水率,塑料管取 0.3,铸铁管取 0.35;

d——管道计算内径,m。

重力半有压流状态下雨水排水立管按水塞流计算,铸铁管充水率 $\alpha = 0.57 \sim 0.35$,小管径取大值,大管径取小值。重力半有压流系统除重力作用外,还有负压抽吸作用,所以重力半有压流系统立管的排水能力大于重力流,其中,单斗流系统立管的管径与雨水斗口径、悬吊管管径相同,多斗系统立管管径根据立管设计排水量按表 4-11 确定。

表 4-11 重力流屋面雨水排水立管的泄流量

铸铁管		塑料管		钢管	
公称直径(mm)	最大泄流量(L/s)	公称外径×壁厚(mm×mm)	最大泄流量(L/s)	公称外径×壁厚(mm×mm)	最大泄流量(L/s)
75	4.30	75×2.3	4.50	108×4	9.40
100	9.50	90×3.2	7.40	133×4	17.10
		110×3.2	12.80		
125	17.00	125×3.2	18.30	159×4.5	27.80
		125×3.7	18.00	168×6	30.80
150	27.80	160×4.0	35.50	219×6	65.50
		160×4.7	34.70		
200	60.00	200×4.9	64.60	245×6	89.80
		200×5.9	62.80		
250	108.00	250×6.2	117.00	273×7	119.10
		250×7.3	114.00		
300	176.00	315×7.7	217.00	325×7	194.00
—	—	315×9.2	211.00	—	

(五)压力流(虹吸式)

1. 沿程阻力损失计算

压力流(虹吸式)系统的连接管、悬吊管、立管、埋地横干管都按满流设计,管道的沿程阻力损失按海森-威廉公式计算。

$$R = \frac{2.893 \times 10^{-4} Q^{1.85}}{C^{1.85} d_j^{4.87}} \tag{4-11}$$

式中 R——单位长度的阻力损失,kPa/m;

Q——流量，L/min；

d_j——管道的内径，m，内壁喷塑铸铁管塑膜厚度为0.005 m；

C——海森－威廉系数，塑料管：$C=130$，内壁喷塑铸铁管：$C=110$，钢管：$C=120$，铸铁管：$C=100$，常用的内壁喷塑铸铁管水力计算表见表4-6。

2. 局部阻力损失计算

管件的局部阻力损失可按下式计算：

$$h_j = 10 \times \xi \frac{v^2}{2g} \tag{4-12}$$

式中 h_j——管件的局部阻力损失，kPa；

v——流速，m/s；

ξ——管件局部阻力系数，见表4-12。

表4-12 管件局部阻力系数 ξ

管件名称	内壁涂塑铸铁或钢管	塑料管
90°弯头	0.65~0.80	1.00
45°弯头	0.30~0.45	0.40
	0.25~0.50	0.35
干管上斜三通	0.80~1.00	1.20
支管上斜三通转变为重力处出口	1.80	1.80
50 mm雨水斗	1.30，或由厂商提供	
75 mm雨水斗	2.40，或由厂商提供	
100 mm雨水斗	5.60，或由厂商提供	

3. 阻力损失估算

管路的局部阻力损失可以等效长度，按沿程水头损失估算。

$$L_0 = kL \tag{4-13}$$

式中 L_0——等效长度，m；

L——设计长度；

k——考虑管件阻力引入的系数：钢管、铸铁管 $k=1.2\sim1.4$，塑料管 $k=1.4\sim1.6$。

1）计算管路阻力损失估算

计算管路单位等效长度的阻力损失可按下式计算：

$$R_0 = \frac{E}{L_0} = \frac{9.81H}{L_0} \tag{4-14}$$

式中 R_0——计算管路单位等效长度的阻力损失，kPa/m；

E——系统可以利用的最大压力，kPa；

H——雨水斗顶面至雨水排出口的几何高度，m；

L_0——计算管路等效长度，m。

2）悬吊管阻力损失估算

悬吊管单位等效长度的阻力损失可按下式计算：

$$R_{X0} = \frac{P_{max}}{L_{X0}} \tag{4-15}$$

式中　R_{X0}——悬吊管单位等效长度的阻力损失,kPa/m;

P_{max}——最大允许负压值,kPa;

L_{X0}——悬吊管等效长度,m。

4. 管内压力

由于雨水在管道内流动过程中的水头损失不断增加,横向管道的位置水头变化微小,而立管内的位置水头增加很大,所以系统中不同断面管内的压力变化很大,为使各个雨水斗泄流量平衡,不同支路计算到某一节点的压力差不大于5~10 kPa。

系统某一断面处管内的压力按下式计算:

$$P_i = 9.8H_i - (\frac{v_i^2}{2} + \sum h_i) \tag{4-16}$$

式中　P_i——断面处管内的压力,kPa;

H_i——雨水斗顶面至 i 断面的高度差,m;

v_i——i 断面处管内流速,m/s;

$\sum h_i$——雨水斗顶面至 i 断面的总阻力损失,kPa。

压力流(虹吸式)雨水斗雨水排水系统的最大负压值在悬吊管与总立管的连接处。为防止管道受压损坏,选用铸铁管和钢管时,系统允许的最大负压值为 -90 kPa,选用塑料管时,小管径(50~150 mm)允许的最大负压值为 -80 kPa,大管径(200~300 mm)允许的最大负压值为 -70 kPa。

5. 系统的余压

排水管系统的总水头损失与排水管出口速度水头之和应小于雨水斗天沟底面至排水管出口的几何高差,其压力余量宜稍大于10 kPa。系统压力余量为

$$\Delta P = 9.8H - (\frac{v_n^2}{2} + \sum h_n) \tag{4-17}$$

式中　ΔP——压力余量,kPa;

v_n——排水管出口管道的流速,m/s;

H——雨水斗顶面与排水管出口的高差,m;

$\sum h_n$——雨水斗顶面到排水管出口处系统的总阻力损失,kPa。

6. 管内流速

压力流雨水排水管道系统内的流速和压力直接影响着系统的正常使用,为使管道有良好的自净能力,悬吊管的设计流速不宜小于1 m/s,立管的设计流速不宜小于2.2 m/s,系统的最大流速通常发生在立管上,为减小水流动时的噪声,立管的设计流速宜小于6 m/s,最大不大于10 m/s。系统底部的排出管流速宜小于1.8 m/s,以减少水流对检查井的冲击。

(六)溢流口计算

溢流口的功能主要是雨水系统事故时排水和超量雨水排除。按最不利情况考虑,溢流口的排水能力应不小于50年重现期的雨水量。溢流口的孔口尺寸可按下式近似计算:

$$Q = mb\sqrt{2g}h^{\frac{3}{2}} \tag{4-18}$$

式中 Q——溢流口服务面积内的最大降雨量,L/s;

b——溢流口宽度,m;

h——溢流孔口高度,m;

m——流量系数,取385;

g——重力加速度,m/s²,取9.81。

三、雨水系统设计计算步骤

(一)普通外排水设计计算步骤

(1)根据屋面坡向和建筑物立面要求,按经验布置雨落管。

(2)划分并计算每根雨落管的汇水面积,按式(4-2)或式(4-3)计算每根雨落管需排泄的雨水量 Q,查表4-11确定雨落管管径。

(二)天沟外排水设计计算步骤

(1)土建专业根据屋面结构要求、已确定天沟的形式和断面,需要校核天沟的泄水能力,其计算步骤如下:

①确定屋面分水线,计算每条天沟的汇水面积 F;

②根据天沟断面形式和尺寸计算天沟过水断面面积 ω;

③利用式(4-6)计算天沟水流速度 v;

④求天沟允许的泄流量 Q^{T};

⑤确定设计重现期 P,计算5 min暴雨强度 q_5;

⑥利用式(4-2)计算汇水面积 F 上的雨水量 Q;

⑦比较 Q 和 Q_T,如果 $Q_T \geqslant Q$,满足要求,否则需调整尺寸;

⑧根据雨水量 Q,查表4-11确定立管管径。

(2)在已确定天沟长度、暴雨重现期的情况下,计算确定天沟形式和断面尺寸,其设计计算步骤如下:

①确定天沟形式;

②确定屋面分水线,计算每条天沟的汇水面积 F;

③根据暴雨强度设计重现期 P,计算5 min暴雨强度 q_5;

④利用式(4-2)计算汇水面积 F 上的雨水量 Q;

⑤根据雨水量 Q,确定断面尺寸并查表4-11确定立管管径。

【例4-1】 某车间全长94 m,利用拱形屋架及大型屋面板构成天沟,天沟为矩形,沟宽 $B=0.35$ m,积水深度 $H=0.15$ m,天沟坡度 $I=0.006$,天沟采用表面铺设豆砂,$n=0.025$,屋面宣泄系数 $k_1=2.0$,天沟平面布置见图4-10。当地5 min暴雨强度,当 $P=1$ 年时,$q=124$ L/(s·10⁴ m²),当 $P=2$ 年时,$q=179$ L/(s·10⁴ m²),当 $P=3$ 年时,$q=211$ L/(s·10⁴ m²)。试验证天沟设计是否合理。

解:1. 天沟过水断面面积

$$\omega = BH = 0.35 \times 0.15 = 0.0525(\text{m}^2)$$

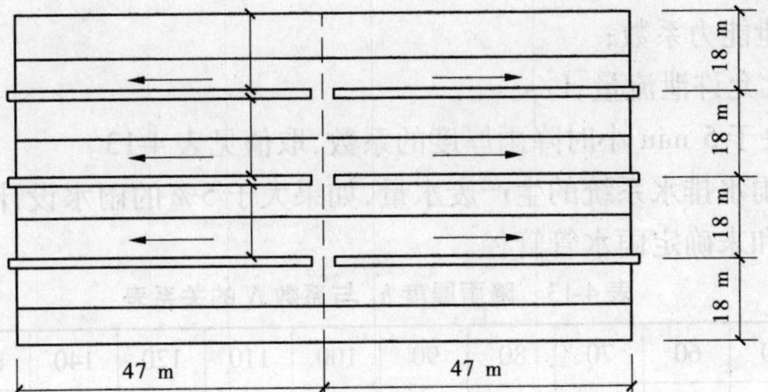

图 4-10　天沟平面布置

2. 天沟水流速度

$$v = \frac{1}{n} R^{2/3} I^{1/2}$$

其中 $$R = \frac{\omega}{B + 2H} = \frac{0.052\,5}{0.35 + 2 \times 0.15} = 0.081(\text{m})$$

$$v = \frac{1}{0.025} \times 0.081^{2/3} \times 0.006^{1/2} = 0.58(\text{m/s})$$

3. 天沟允许泄流量

$$Q_T = \omega v = 0.052\,5 \times 0.58 = 0.030\,45(\text{m}^3/\text{s}) = 30.45\ \text{L/s}$$

4. 每条天沟汇水面积

$$F = 47 \times 18 = 846(\text{m}^2)$$

5. 汇水面积 F 上的雨水设计流量

设计重现期为 1 年时 $Q_1 = k_1 \dfrac{Fq_5}{10\,000} = \dfrac{2.0 \times 846 \times 124}{10\,000} = 20.98(\text{L/s})$

设计重现期为 2 年时 $Q_2 = k_1 \dfrac{Fq_5}{10\,000} = \dfrac{2.0 \times 846 \times 179}{10\,000} = 30.29(\text{L/s})$

设计重现期为 3 年时 $Q_3 = k_1 \dfrac{Fq_5}{10\,000} = \dfrac{2.0 \times 846 \times 211}{10\,000} = 35.70(\text{L/s})$

比较 Q 与 Q_T 可知，设计的天沟可以满足设计重现期为 2 年时的雨水量，但不能满足设计重现期为 3 年时的雨水量。

6. 查表 4-11，选用立管管径 DN = 150 mm，Q_{max} = 42 L/s > 30.29 L/s，满足要求。

(三) 内排水系统设计计算

内排水系统设计计算包括选择布置雨水斗，布置并确定连接管、悬吊管、立管、排出管和埋地管的管径。为简化计算过程，可将雨水斗和雨水管道的最大允许泄流量换算成不同小时降雨厚度 h_5 情况下的最大允许汇水面积。

$$F = \frac{3\,600}{h_5} \frac{Q}{k_1} \tag{4-19}$$

令 $N = 3\,600/h_5$，式(4-19)简化为

$$F = N \frac{Q}{k_1} \tag{4-20}$$

式中　F——最大允许汇水面积,m^2;

k_1——宣泄能力系数;

Q——最大允许泄流量,L/s;

N——取决于 5 min 小时降雨厚度的系数,取值见表 4-13。

排入敞开式雨水排水系统的生产废水量,如果大于 5% 的雨水设计流量,应以雨水量和生产废水量之和来确定雨水管管径。

表 4-13　降雨厚度 h_5 与系数 N 的关系表

h_5(mm/h)	50	60	70	80	90	100	110	120	140	160	180	200
N	72	60	51.4	45	40	36	32.7	30	25.7	22.5	20	18

1. 雨水斗

雨水斗的宣泄流量与雨水斗前水深有很大关系,斗前水深越大,则泄流量越大。斗前水深一般不超过 100 mm。表 4-3 是一个雨水斗的最大泄流量。利用式(4-19)和表 4-3 制成不同小时降雨厚度 h_5 时雨水斗最大允许汇水面积,见表 4-14。

表 4-14　雨水最大允许汇水面积表

系统形式		虹吸式系统			87 式单斗系统				87 式多斗系统			
管径(mm)		50	75	100	75	100	150	200	75	100	150	200
小时降雨厚度 h_5(mm/h)	50	480	960	2 000	640	128/0	2 560	4 160	480	960	2 080	3 200
	60	400	800	1 667	533	1 067	2 133	3 467	400	800	1 733	2 667
	70	343	686	1 429	457	914	1 829	2 971	343	686	1 486	2 286
	80	300	600	1 250	400	800	1 600	2 600	300	600	1 300	2 000
	90	267	533	1 111	356	711	1 422	2 311	267	533	1 156	1 778
	100	240	480	1 000	320	640	1 280	2 080	240	480	1 040	1 600
	110	218	436	909	291	582	1 164	1 891	218	436	945	1 455
	120	200	400	833	267	533	1 067	1 733	200	400	867	1 333
	130	185	369	769	246	492	985	1 600	185	369	800	1 231
	140	171	343	714	229	457	914	1 486	171	343	743	1 143
	150	160	320	667	213	427	853	1 387	160	320	693	1 067
	160	150	300	625	200	400	800	1 300	150	300	650	1 000
	170	141	282	588	188	376	753	1 224	141	282	612	941
	180	133	267	556	178	356	711	1 156	133	267	578	889
	190	126	253	526	168	337	647	1 095	126	253	547	842
	200	120	240	500	160	320	640	1 040	120	240	520	800
	210	114	229	476	152	305	610	990	114	229	495	762
	220	109	218	455	145	291	582	945	109	218	473	727
	230	104	209	435	139	278	557	904	104	209	452	696
	240	100	200	417	133	267	533	867	100	200	433	667
	250	96	192	400	128	256	512	832	96	192	416	640

在设计时，应根据屋面坡向和建筑物内部墙、梁、柱的位置，合理布置雨水斗，计算每个雨水斗的汇水面积，根据当地的 5 min 降雨厚度 h_5，查表 4-14 确定雨水斗的直径。

2. 连接管

连接管管径一般与雨水斗相同，直接选用。

3. 悬吊管

悬吊管的泄流量与连接的雨水斗个数、管道坡度、管道长度等因素有关。当建筑屋面宣泄能力系数 $k_1 = 1$，5 min 小时降雨厚度 $h_5 = 100$ mm/h 时，多斗系统悬吊管最大允许汇水面积见表 4-14。单斗系统悬吊管泄流能力比同样条件下多斗系统增加 20% 左右。在设计中先计算出悬吊管的汇水面积 F，查表 4-7 或表 4-8，确定悬吊管管径和坡度。当建筑屋面坡度大于 2.5%，宣泄系数 $k_1 \neq 1$ 时，应将实际汇水面积折算成相当于 $k_1 = 1$ 时的汇水面积 F_1。

$$F_1 = k_1 F \tag{4-21}$$

式中 F_1——相当于 $k_1 = 1$ 时的汇水面积，m^2；

k_1——宣泄能力系数；

F——实际汇水面积，m^2。

4. 立管

立管连接一根悬吊管时，因立管管径不得小于悬吊管管径，所以立管管径与悬吊管管径相同，其泄流量还应满足表 4-11 的要求。若一根立管连接两根悬吊管，应先计算立管的汇水面积 F，再根据 5 min 小时降雨厚度 h_5，查表 4-14 确定管径。

5. 排出管

排出管管径一般与立管管径相同，如果为了改善整个雨水排水系统的泄水能力，排出管也可比立管放大 1 级管径。

6. 埋地管

为排水通畅，埋地管坡度不小于 0.003。敞开式内排水系统按非满流设计，其最大允许充满度在管径小于或等于 300 mm 时为 0.50；管径为 350 ~ 450 mm 时为 0.65；管径大于或等于 500 mm 时为 0.80。密闭式内排水系统按满流计算。

第五章 热水和饮水供应

第一节 热水供应系统认识

一、热水供应系统的分类和组成

建筑内的热水供应系统按热水供水范围的大小,可分为集中热水供应系统和局部热水供应系统。集中热水供应系统供水范围大,热水集中制备,用管道输送到各配水点。一般在建筑内设专用锅炉房或热交换间,由加热设备将水加热后,供一幢或几幢建筑使用。适用于使用要求高、耗热量大、用水点多且分布较密集的建筑。其热源在条件允许时应首先利用工业余热、废热、地热和太阳能,若无上述可利用热源,则应优先采用能保证全年供热的城市热力管网或区域性锅炉房供热,选用以上热源建筑内可不设专用锅炉房,既可节约能源,又可减少环境污染。局部热水供应系统供水范围小,热水分散制备。一般靠近用水点设置小型加热设备供一个或几个配水点使用,热水管路短,热损失小,适用于使用要求不高,用水点少而分散的建筑。其热源宜采用蒸汽、煤气、炉灶余热或太阳能等。

各种系统的选用主要根据建筑物所在地区热力系统完善程度和建筑物使用性质,使用热水点的数量、水量和水温等因素确定。

室内热水系统主要由下列各部分组成,如图 5-1 所示。

(一)热媒系统(第一循环系统)

热媒系统由热源、水加热器和热媒管网组成。由锅炉生产的蒸汽(或过热水)通过热媒管网送到水加热器加热冷水,经过热交换蒸汽变成冷凝水,靠余压送到冷凝水池,冷凝水和新补充的软化水经冷凝循环泵再送回锅炉加热为蒸汽。如此循环完成热的传递作用。对于区域性热水系统不需设置锅炉,水加热器的热媒管道和冷凝水管道直接与热力网连接。

(二)热水供水系统(第二循环系统)

热水供水系统由热水配水管网和回水管网组成。被加热到一定温度的热水,从水加热器出来经配水管网送至各个热水配水点。而水加热器的冷水由屋顶水箱或给水管网补给。为保证各用水点随时都有规定水温的热水,在立管和水平干管甚至支管设置回水管,使一定量的热水经过循环水泵流回水加热器以补充管网所散失的热量。考虑管网内因温度变化引起水的膨胀,应采取措施消除热水体积膨胀和由于膨胀引起的超压问题。

(三)附件

附件包括蒸汽、热水的控制附件及管道的连接附件。如温度自动调节器、疏水器、减压阀、安全阀、膨胀罐、管道补偿器、闸阀、水嘴等。

二、热水供水方式

热水供水方式按管网压力工况的特点可分为开式和闭式两类。开式热水供水方式中一般是在管网顶部设有水箱，管网与大气连通，系统内的水压仅取决于水箱的设置高度，而不受室外给水管网水压波动的影响。所以，当给水管道的水压变化较大，且用户要求水压稳定时，宜采用开式热水供水方式，如图 5-2 所示。该方式中必须设置高位冷水箱和膨胀管或开式加热水箱；闭式热水供水方式中管网不与大气相通，冷水直接进入水加热器，需设安全阀，有条件时还可以考虑设隔膜式压力膨胀罐或膨胀管，以确保系统的安全运转，如图 5-3 所示。闭式热水供水方式具有管路简单，水质不易受外界污染的优点，但供水水压稳定性、安全可靠性较差，适用于不设屋顶水箱的热水供应系统。

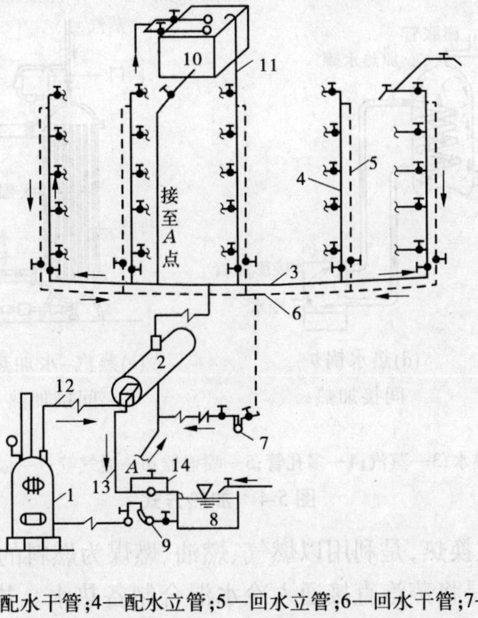

1—锅炉；2—水加热器；3—配水干管；4—配水立管；5—回水立管；6—回水干管；7—循环泵；8—凝结水池；9—冷凝水泵；10—给水水箱；11—透气管；12—热媒蒸汽管；13—凝水管；14—疏水器

图 5-1　热媒为蒸汽的集中热水供应系统

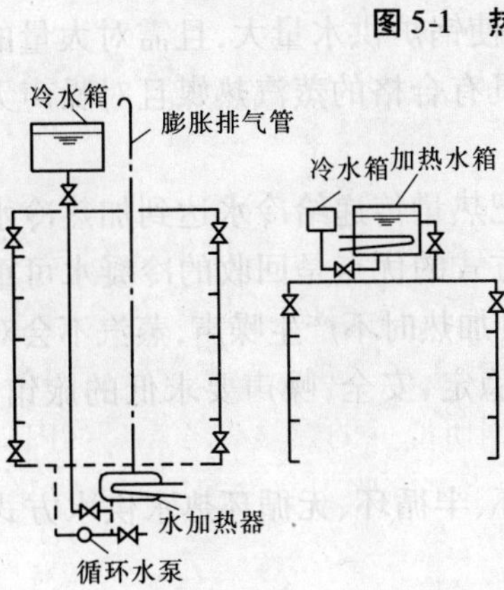

图 5-2　开式热水供水方式

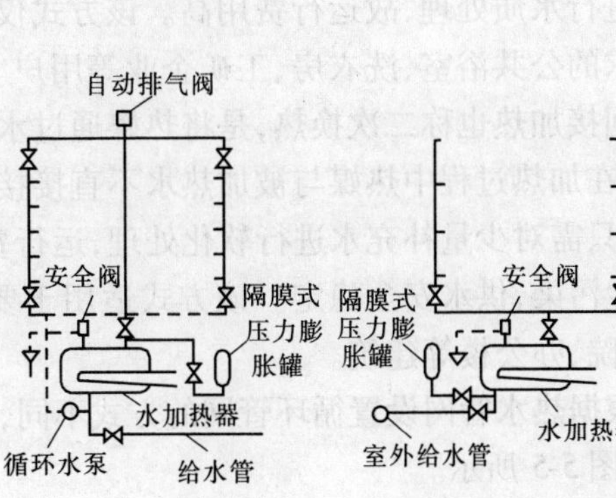

图 5-3　闭式热水供水方式

根据热水加热方式的不同有直接加热和间接加热之分，如图 5-4 所示。

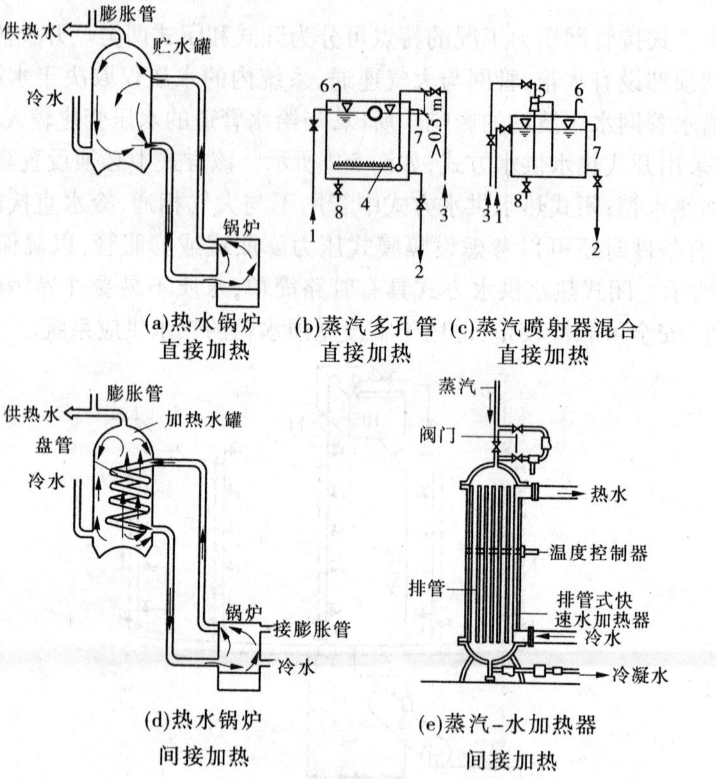

1—给水；2—热水；3—蒸汽；4—多孔管；5—喷射器；6—通气管；7—溢水管；8—泄水管

图 5-4　加热方式

直接加热也称一次换热，是利用以燃气、燃油、燃煤为燃料的热水锅炉，把冷水直接加热到所需要的温度，或是将蒸汽直接通入冷水混合制备热水。热水锅炉直接加热具有热效率高、节能的特点；蒸汽直接加热方式具有设备简单、热效率高、无需冷凝水管的优点，但噪声大，对蒸汽质量要求高，由于冷凝水不能回收致使锅炉供水量大，且需对大量的补充水进行水质处理，故运行费用高。该方式仅适用于具有合格的蒸汽热媒且对噪声无严格要求的公共浴室、洗衣房、工矿企业等用户。

间接加热也称二次换热，是将热媒通过水加热器把热量传递给冷水达到加热冷水的目的，在加热过程中热媒与被加热水不直接接触。该方式的优点是回收的冷凝水可重复利用，只需对少量补充水进行软化处理，运行费用低，且加热时不产生噪声，蒸汽不会对热水产生污染，供水安全稳定。该方式适用于要求供水稳定、安全，噪声要求低的旅馆、住宅、医院、办公楼等建筑。

根据热水管网设置循环管网的方式不同，有全循环、半循环、无循环热水供水方式之分，如图 5-5 所示。

全循环热水供水方式是指热水干管、热水立管及热水支管均能保持热水的循环，各配水龙头随时打开均能提供符合设计水温要求的热水，该方式用于有特殊要求的高标准建

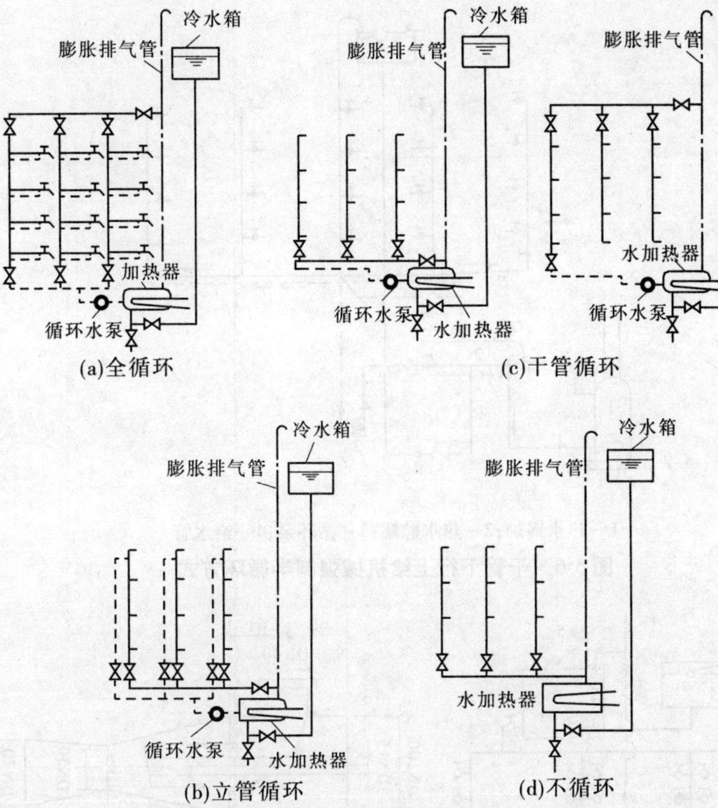

图 5-5　循环方式

筑中,如高级宾馆、饭店,高级住宅等;半循环方式又分为立管循环热水供水方式和干管循环热水供水方式。立管循环热水供水方式是指热水干管和热水立管内均保持有热水的循环,打开配水龙头时只需放掉热水支管中少量的存水,就能获得规定水温的热水。该方式多用于设有全日供应热水的建筑和设有定时供应热水的高层建筑中。干管循环热水供水方式是指仅保持热水干管内的热水循环,多用于采用定时供应热水的建筑中。在热水供应前,先用循环泵把干管中已冷却的存水循环加热,当打开配水龙头时只需放掉立管和支管内的冷水就可流出符合要求的热水;无循环热水供水方式是指在热水管网中不设任何循环管道,对于热水供应系统较小、使用要求不高的定时供应系统,如公共浴室、洗衣房等可采用此方式。

根据热水循环系统中采用的循环动力不同有设循环水泵的机械强制循环方式和不设循环水泵靠热动力差循环的自然循环方式。

选用何种热水供水方式应根据建筑物用途、热源的供给情况、热水用水量和卫生器具的布置情况进行技术和经济比较后确定。比如图 5-1 为蒸汽间接加热机械强制全循环干管下行上给的热水供水方式。适用于全天供热水的大型公共建筑或工业建筑。图 5-6 为热水锅炉直接加热机械强制半循环干管下行上给的热水供水方式,适用于定时供水的公共建筑。图 5-7 为蒸汽直接加热干管上行下给不循环供水方式,适用于工矿企业的公共浴室、公共洗衣房等场所。

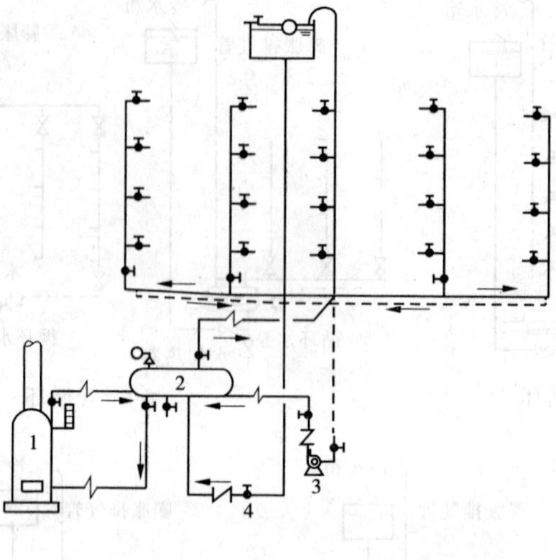

1—热水锅炉;2—热水贮罐;3—循环泵;4—给水管

图 5-6　干管下行上给机械强制半循环方式

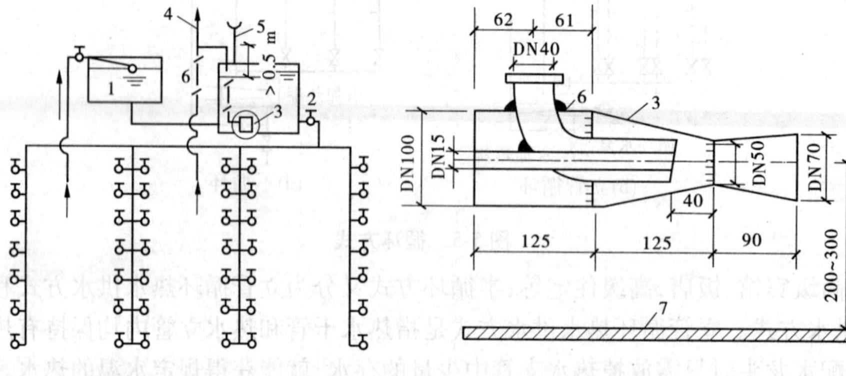

1—冷水箱;2—加热水箱;3—消声喷射器;4—排气阀;5—透气管;6—蒸汽管;7—热水箱底

图 5-7　直接加热干管上行下给不循环供水方式

第二节　热水供应系统的热源、加热设备和贮热设备选择

一、热水供应系统的热源

(1)集中热水供应系统的热源,可按下列顺序选择:

①当条件许可时,宜首先利用工业余热、废热、地热和太阳能作热源。利用烟气、废气作热源时,烟气、废气的温度不宜低于400 ℃。利用地热水作热源时,应按地热水的水温、水质、水量和水压,采取相应的升温、降温、去除有害物质、选用合适的设备及管材、设置贮存调节容器、加压提升等技术措施,以保证地热水的安全合理利用。利用太阳能作热源时,宜附设一套电热或其他热源的辅助加热装置。

②选择能保证全年供热的热力管网为热源。为保证热水不间断供应,宜设热网检修

期用的备用热源。在只能有采暖期供热的热力管网时,应考虑其他措施(如设锅炉)以保证热水的供应。

③选择区域锅炉房或附近能充分供热的锅炉房的蒸汽或高温热水作热源。

④当无①、②、③所述热源可利用时,可采用专用的蒸汽或热水锅炉制备热源,也可采用燃油、燃气热水机组或电蓄热设备制备热源或直接供给生活热水。

(2)局部热水供应系统的热源,宜因地制宜,采用太阳能、电能、燃气、蒸汽等。当采用电能为热源时,宜采用贮热式电热水器以降低电功率。

(3)利用废热(废气、烟气、高温无毒废液等)作为热媒时,应采取下列措施:

①加热设备应防腐,其构造便于清理水垢和杂物。

②防止热媒管道渗漏而污染水质。

③消除废气压力波动和除油。

(4)采用蒸汽直接通入水中或采取汽水混合设备的加热方式时,宜用于开式热水供应系统,并应符合下列要求:

①蒸汽中不含油质及有害物质。

②当不回收凝结水经技术经济比较合理时。

③应采用消声混合器,加热时产生的噪声应符合现行《城市区域环境噪声标准》的要求。

④应采取防止热水倒流至蒸汽管道的措施。

二、局部加热设备

(一)燃气热水器

燃气热水器的热源有天然气、焦炉煤气、液化石油气和混合煤气四种。依照燃气压力有低压($P \leqslant 5$ kPa)、中压(5 kPa $< P \leqslant$ 150 kPa)热水器之分。民用和公共建筑生活、洗涤用燃气热水设备一般采用低压,工业企业生产所用燃气热水器可采用中压。按加热冷水的方式不同,燃气热水器有直流快速式和容积式之分,图 5-8 和图 5-9 为两类热水器的构造示意图。直流快速式燃气热水器一般安装在用水点就地加热,可随时点燃并可立即取得热水,供一个或几个配水点使用,常用于厨房、浴室、医院手术室等局部热水供应。容积式燃气热水器具有一定的贮水容积,使用前应预先加热,可供几个配水点或整个管网用水,可用于住宅、公共建筑与工业企业的局部和集中热水供应。

(二)电热水器

电热水器是把电能通过电阻丝变为热能加热冷水的设备,一般以成品在市场上销售。电热水器产品分快速式和容积式两种。快速式电热水器无贮水容积或贮水容积很小,不需在使用前预先加热,在接通电源和水路后即可得到被加热的热水。该类热水器具有体积小、重量轻、热损失少、效率高、容易调节水量和水温、使用安装简单等优点,但电耗大,尤其在一些缺电地区使用受到限制。目前,在市场上该种热水器种类较多,适合家庭和工业、公共建筑单个热水供应点使用。

容积式电热水器具有一定的贮水容积,其容积可由 10 L 到 10 m^3。该种热水器在使用前需预先加热,可同时供应几个热水用水点在一段时间内使用,具有电耗小、管理集中

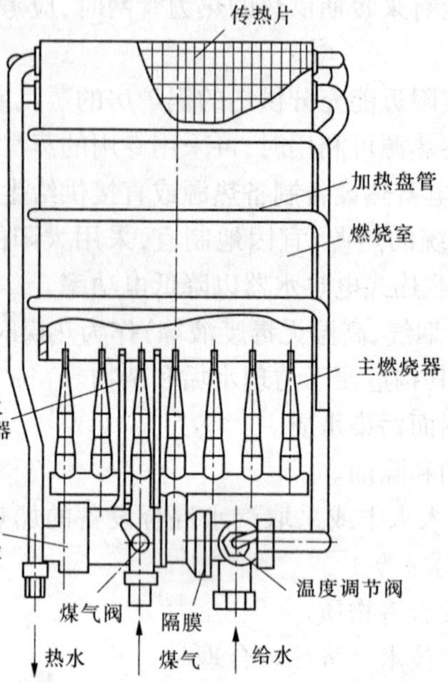

图 5-8　直流快速式燃气热水器

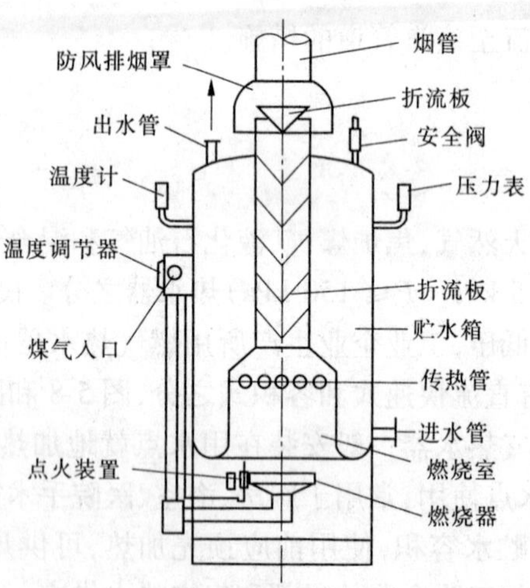

图 5-9　容积式燃气热水器

等优点。但其配水管段比快速式电热水器长，热损失也较大。一般适用于局部供水和管网供水系统。典型容积式电热水器构造见图 5-10。

(三) 太阳能热水器

太阳能热水器是将太阳能转换成热能并将水加热的装置。其优点是：结构简单、维护方便、节省燃料、运行费用低、不存在环境污染问题。其缺点是：受天气、季节、地理位置等影响不能连续稳定运行，为满足用户要求需配置贮热和辅助加热设施，占地面积较大，布置受到一定的限制。

太阳能热水器按组合形式分为装配式和组合式两种。装配式太阳能热水器一般为小

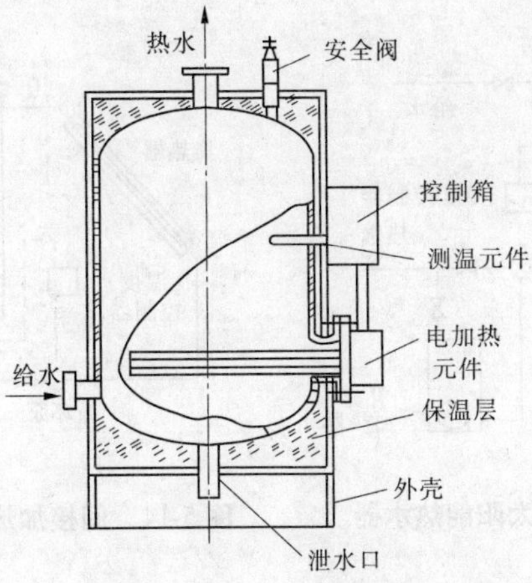

图 5-10 容积式电热水器

型热水器，即将集热器、贮热水箱和管路由工厂装配出售，适于家庭和分散使用场所，目前市场上有多种产品，见图 5-11。组合式太阳能热水器，即是将集热器、贮热水箱、循环水泵、辅助加热设备按系统要求分别设置而组成，适用于大面积供应热水系统和集中供应热水系统，见图 5-12 ~ 图 5-14。

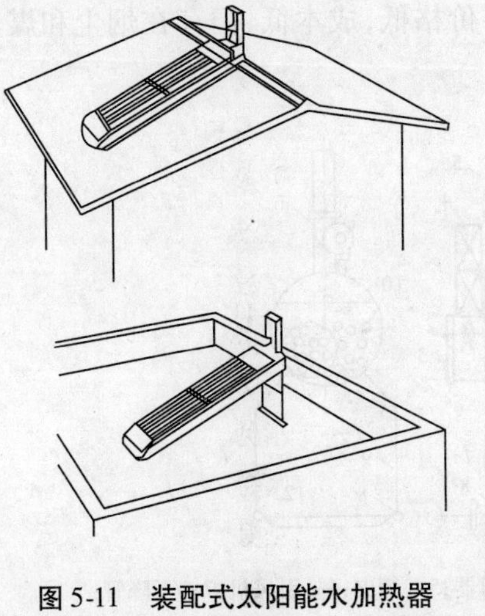
图 5-11 装配式太阳能水加热器

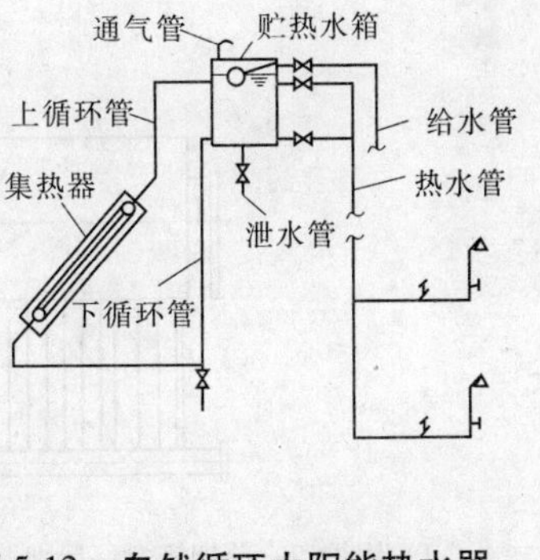

图 5-12 自然循环太阳能热水器

太阳能热水器按热水循环方式分自然循环和机械循环两种。自然循环太阳能热是靠水温差产生的热虹吸作用进行水的循环加热，该种热水器运行安全可靠，不用电和专人管理，但贮热水箱必须装在集热器上面，同时使用的热水会受到时间和天气的影响，见图 5-12。机械循环太阳能热水器是利用水泵强制水进行循环的系统。该种热水器贮热水箱和水泵可放置在任何部位，系统制备热水效率高，产水量大。为克服天气对热水加热的影响，可增加辅助加热设备，如煤气加热、电加热和蒸汽加热等措施，适用于大面积和集中供应热水场所，见图 5-13 和图 5-14。

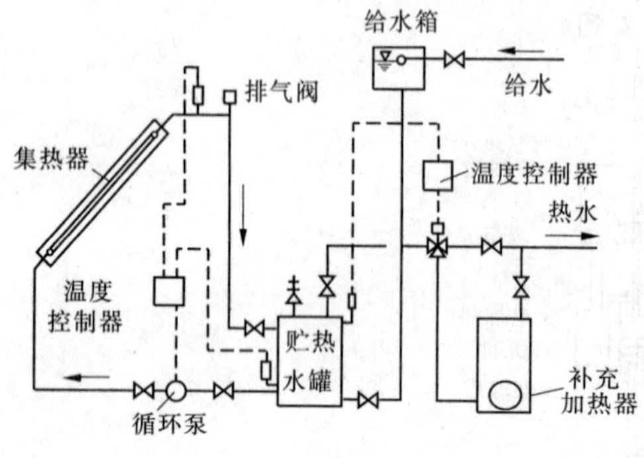

图 5-13　直接加热机械循环太阳能热水器

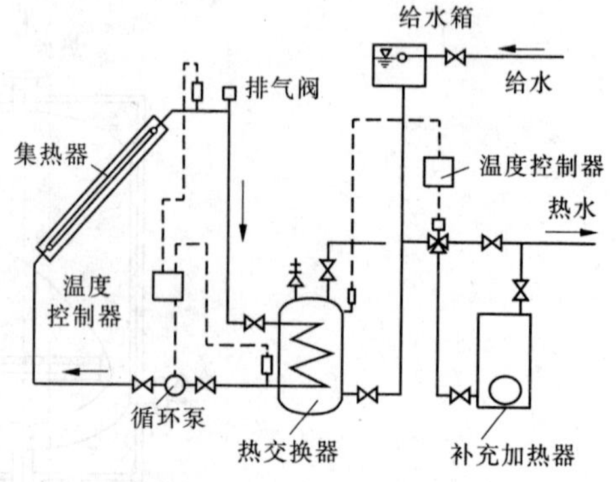

图 5-14　间接加热机械循环太阳能热水器

三、集中热水供应系统的加热和贮热设备

(一)小型锅炉

集中热水供应系统采用的小型锅炉有燃煤、燃油和燃气三种。

燃煤锅炉有立式和卧式两类,立式锅炉有横水管、横火管(考克兰)、直水管、弯水管之分。卧式锅炉有外燃回水管、内燃回火管(兰开夏)、快装卧式内燃等几种。其中快装卧式内燃(KZG 型)锅炉效率较高,具有体积小、安装简单等优点。图 5-15 为其构造示意图,该锅炉可以气水两用。燃煤锅炉使用燃料价格低,成本低,但存在烟尘和煤渣对环境的污染问题。

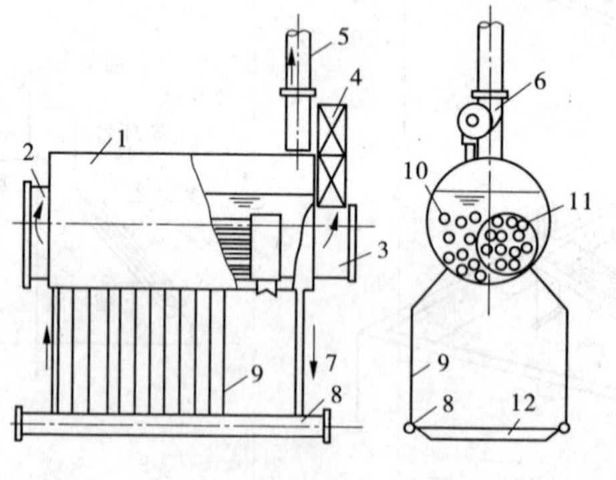

1—锅炉;2—前烟箱;3—后烟箱;4—省煤器;5—烟囱;6—引风机;7—下降管;
8—联箱;9—出偏;10—第 2 组烟管;11—第 1 组烟管;12—炉壁

图 5-15　快装锅炉构造示意图

燃油锅炉的构造示意如图 5-16 所示,该锅炉通过燃烧器向正在燃烧的炉堂内喷射呈雾状的油,燃烧迅速,燃烧比较完全,该锅炉还可改用煤气作为燃料。具有构造简单、体积小、热效率高、排污总量少的优点,对环境有一定要求的建筑物可考虑使用。

目前,在国外发达国家加热设备以使用大型电加热设备和燃油锅炉为主。

(二)水加热器

水加热器是间接加热方式中的加热设备。长期以来,我国采用的间接加热设备主要

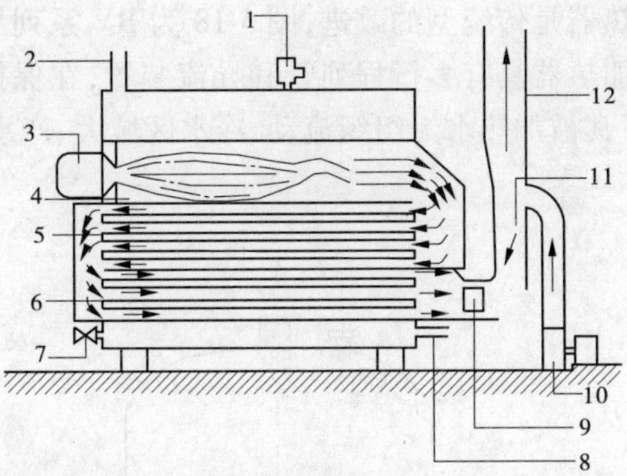

1—安全阀;2—热媒出口;3—油(煤气)燃烧器;4—一级加热管;5—二级加热管;6—三级加热管;
7—泄空阀;8—回水(或冷水)入口;9—导流器;10—风机;11—风挡;12—烟道

图 5-16　燃油(燃气)锅炉构造示意图

是传统的容积式水加热器。近来年,新型加热设备不断涌现,快速式、半容积式、半即热式水加热器相继问世。

1. 容积式水加热器

容积式水加热器是内部设有热媒导管的热水贮存容器,具有加热冷水和贮备热水两种功能,热媒为蒸汽或热水,有卧式、立式之分。常用的容积式水加热器有传统的U形管型容积式水加热器和导流型容积式水加热器。

图 5-17 为U形管型卧式容积式水加热器构造示意图,其容积为 0.5 ~ 15 m^3,换热面积 0.86 ~ 50.82 m^2,有 10 种型号;立式容积式水加热器容积为 0.53 ~ 4.28 m^3,换热面积 1.42 ~ 4.28 m^2。

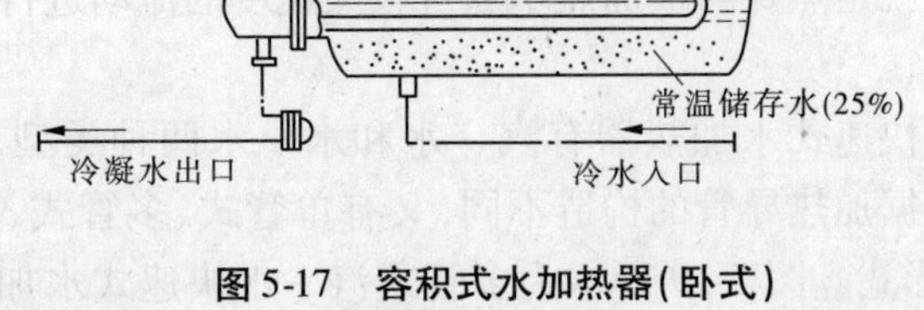

图 5-17　容积式水加热器(卧式)

U形管型容积式水加热器的优点是具有较大的贮存和调节能力,可提前加热,热媒负荷均匀,被加热水通过时压力损失较小,用水点处压力变化平稳,出水温度较稳定,对温度自动控制的要求较低,管理比较方便。但该加热器中,被加热水流速缓慢,传热系数小,热交换效率低,且体积庞大,占用过多的建筑空间,在热媒导管中心线以下有 20% ~25% 的贮水容积是低于规定水温的常温水或冷水,所以贮罐的容积利用率较低。此外,由于局部区域水温合适、供氧充分、营养丰富,因此容易滋生军团菌,造成水质生物污染。U形管型容积式水加热器这种层叠式的加热方式可称为“层流加热”。

导流型容积式水加热器是传统型的改进,图 5-18 为 RV 系列导流型容积式水加热器的构造示意图。该类水加热器具有多行程列管和导流装置,在保持传统型容积式水加热器优点的基础上,克服了其被加热水无组织流动、冷水区域大、产水量低等缺点,贮罐的有效贮热容积为 85%~90%。

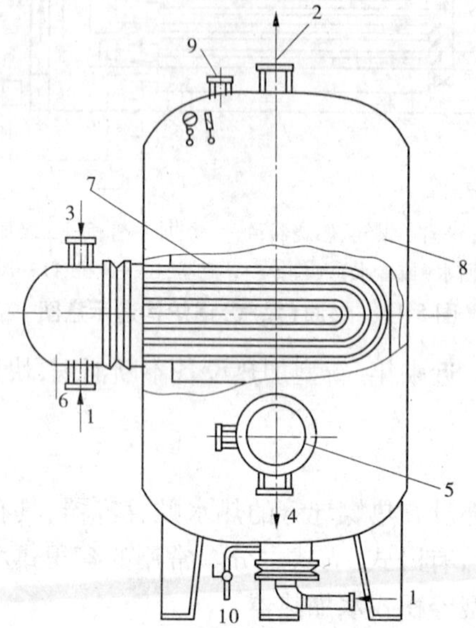

1—进水管;2—出水管;3—热媒进口;4—热媒出口;5—下盘管;
6—导流装置;7—U 形盘管;8—罐体;9—安全阀;10—排污口

图 5-18 RV 型容积式水加热器构造示意图

2. 快速式水加热器

针对容积式水加热器中"层流加热"的弊端,出现了"紊流加热"理论,即通过提高热媒和被加热水的流动速度,来提高热媒对管壁、管壁对被加热水的传热系数,以改善传热效果。快速式水加热器就是热媒与被加热水通过较大速度的流动进行快速换热的一种间接加热设备。

根据热媒的不同。快速式水加热器有汽 - 水和水 - 水两种类型,前者热媒为蒸汽。后者热媒为过热水。根据加热导管的构造不同,又有单管式、多管式、板式、管壳式、波纹板式、螺旋板式等多种形式。图 5-19 所示为多管式汽 - 水快速式水加热器,图 5-20 所示为单管式汽 - 水快速式水加热器,它可以多组并联或串联。这种水加热器是将被加热水通入导管内,热媒(即蒸汽)在壳体内散热。快速式水加热器具有效率高、体积小、安装搬运方便的优点;缺点是不能贮存热水,水头损失大,在热媒或被加热水压力不稳定时,出水温度波动较大,仅适用于用水量大,而且比较均匀的热水供应系统或建筑物热水采暖系统。

3. 半容积式水加热器

半容积式水加热器是带有适量贮存与调节容积的内藏式容积式水加热器,是由英国引进的设备。其原装设备的基本构造如图 5-21 所示,由贮热水罐、内藏式快速换热器和内循环泵 3 个主要部分组成。其中贮热水罐与快速换热器隔离,被加热水在快速换热器

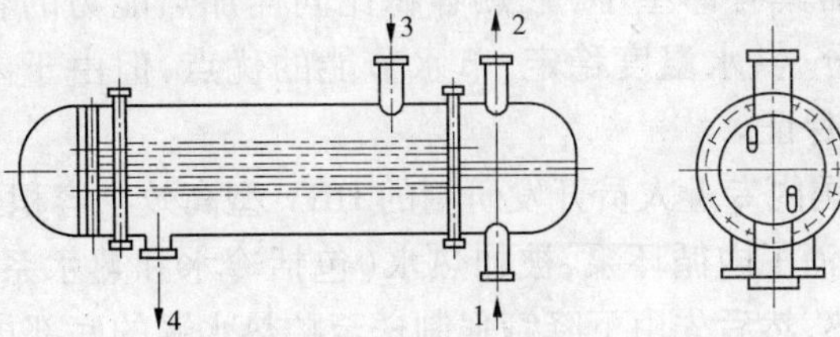

1—冷水;2—热水;3—蒸汽;4—凝结水

图 5-19　多管式汽－水快速式水加热器

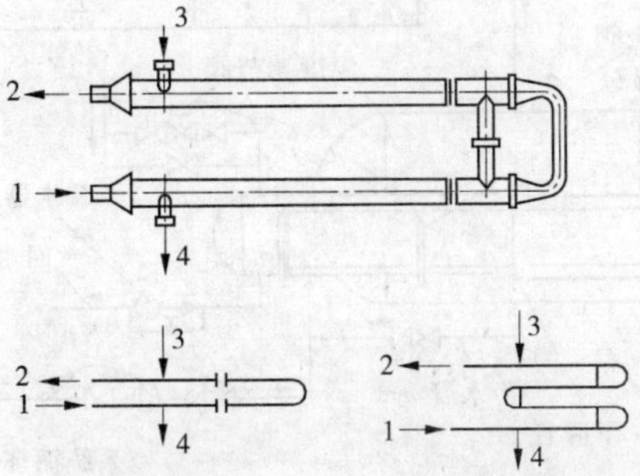

(a)并联　　(b)串联

1—冷水;2—热水;3—蒸汽;4—凝结水

图 5-20　单管式汽－水快速式水加热器

内迅速加热后,通过热水配水管进入贮热水罐,当管网中热水用量低于设计用水量时,热水的一部分落到贮罐底部,与补充水(冷水)一道经内循环泵升压后再次进入快速换热器加热。内循环泵的作用有以下三个方面:

其一,提高被加热水的流速,以增大传热系数和换热能力;其二,克服被加热水流经换热器时的阻力损失;其三,形成被加热水的连续内循环,消除了冷水区或温水区,使贮罐容积的利用率达到100%。内循环泵的流量根据不同型号的加热器而定,其扬程为20~60 kPa。当管网中热水用量达到设计用水量时,贮罐内没有循环水,如图5-22所示,瞬间高峰流量过后又恢复到图5-21所示的工作状态。

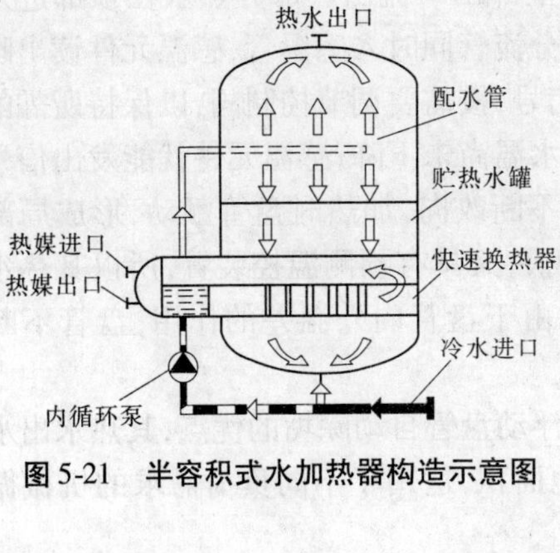

图 5-21　半容积式水加热器构造示意图

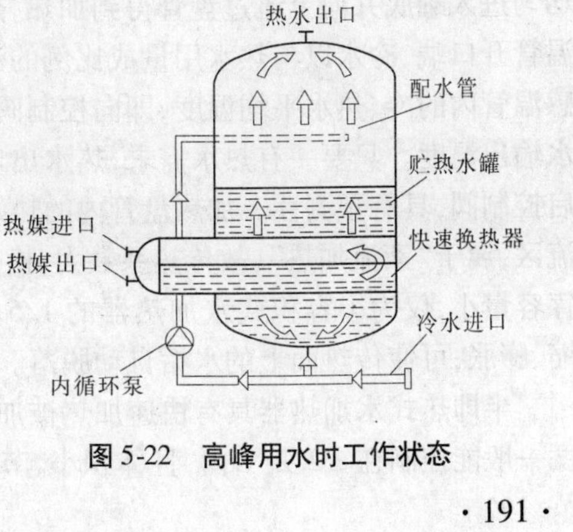

图 5-22　高峰用水时工作状态

半容积式水加热器具有体型小(贮热容积比同样加热能力的容积式水加热器减少2/3)、加热快、换热充分、供水温度稳定、节水节能的优点,但由于内循环泵不间断地运行,需要有极高的质量保证。

如图5-23所示为国内专业人员开发研制的HRV型高效半容积式水加热器装置的工作系统图,其特点是取消了内循环泵,被加热水(包括冷水和热水系统的循环回水)进入快速换热器被迅速加热,然后先由下降管强制送至贮热水罐的底部再向上升,以保持整个贮罐内的热水同温。

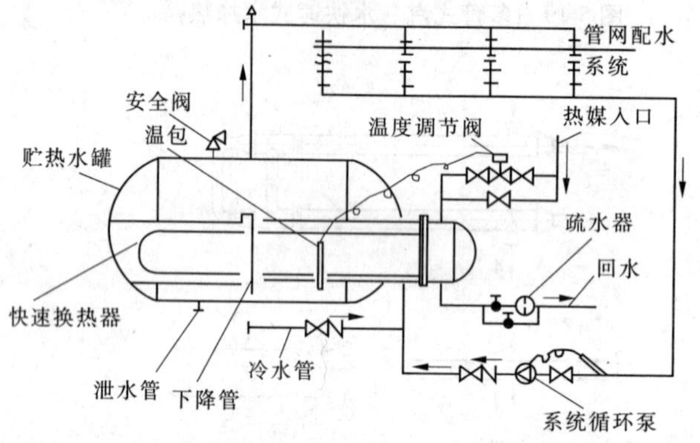

图5-23 HRV型高效半容积式水加热器装置的工作系统图

当管网配水系统处于高峰用水时,热水循环系统的循环泵不启动,被加热水仅为冷水;当管网配水系统不用水或少量用水时,热水管网由于散热损失而产生温降,利用系统循环泵前的温包可以自动启动系统循环泵,将循环回水打入快速换热器内,生成的热水又送至贮热水罐的底部,依然能够保持罐内热水的连续循环,罐体容积利用率亦为100%。

HRV型半容积式水加热器具有与带有内循环泵的半容积式水加热器同样的功能和特点,更加符合我国的实际情况,适用于机械循环的热水供应系统。

4. 半即热式水加热器

半即热式水加热器是带有超前控制,具有少量贮存容积的快速式水加热器。其构造如图5-24所示。热媒蒸汽经控制阀和底部入口通过立管进入各并联盘管,冷凝水入立管后由底部流出,冷水从底部经孔板入罐,同时有少量冷水进入分流管。入罐冷水经转向器均匀进入罐底并向上流过盘管得到加热,热水由上部出口流出。部分热水在顶部进入感温管开口端,冷水以与热水用量成比例的流量由分流管同时入感温管,感温元件读出瞬间感温管内的冷、热水平均温度,即向控制阀发出信号,按需要调节控制阀,以保持所需的热水输出温度。只要一有热水需求,热水出口处的水温尚未下降,感温元件就能发出信号开启控制阀,具有预测性。加热盘管内的热媒由于不断改向,加热时盘管颤动,形成局部紊流区,属于"紊流加热",故传热系数大,换热速度快,又具有预测温控装置,所以其热水贮存容量小,仅为半容积式水加热器的1/5。同时由于盘管内外温差的作用,盘管不断收缩、膨胀,可使传热面上的水垢自动脱落。

半即热式水加热器具有快速加热被加热水、浮动盘管自动除垢的优点,其热水出水温度一般能控制在±2.2 ℃内,且体积小,节省占地面积,适用于不同负荷需求的机械循环

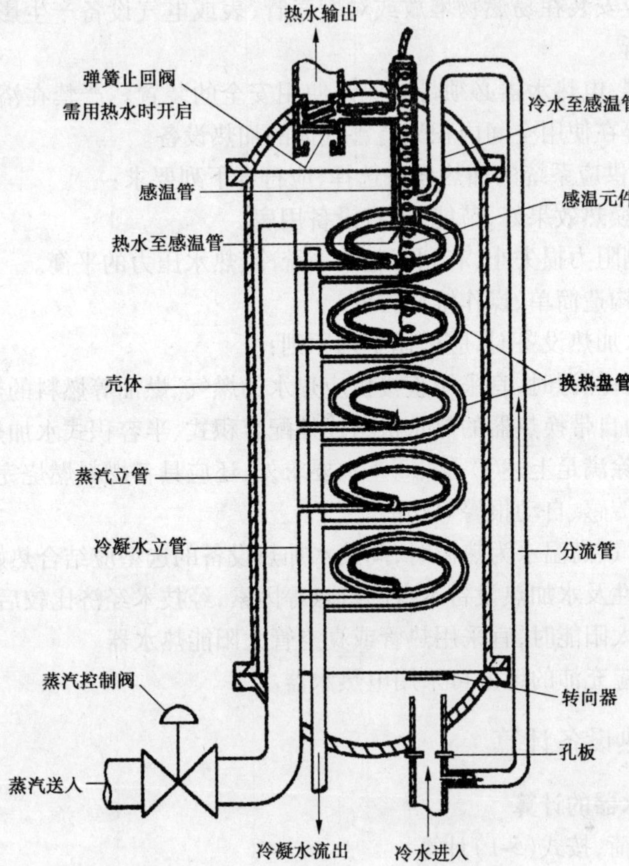

图 5-24　半即热式水加热器构造示意图

热水供应系统。

5. 加热水箱和热水贮水箱

加热水箱是一种简单的热交换设备，在水箱中安装蒸汽多孔管或蒸汽喷射器，可构成直接加热水箱。在水箱内安装排管或盘管即构成间接加热水箱。加热水箱适用于公共浴室等用水量大而均匀的定时热水供应系统。

热水贮水箱(罐)是一种专门调节热水量的容器。可在用水不均匀的热水供应系统中设置，以调节水量，稳定出水温度。

四、加热设备的选择

加热设备是热水供应系统的核心组成部分，加热设备的选择是关系到热水供应系统能否满足用户使用要求和保证系统长期正常运转的关键。应根据热源条件、建筑物功能及热水用水规律、耗热量和维护管理等因素综合比较后确定。

(1)选用局部热水供应设备时，应符合下列要求：

①需同时供给多个卫生器具或设备热水时，宜选用带贮热容积的加热设备。

②当地太阳能资源充足时，宜选用太阳能热水器或太阳能辅以电加热的热水器。

③热水器不应安装在易燃物堆放或对燃气管、表或电气设备产生影响及有腐蚀性气体和灰尘多的场所。

④燃气热水器、电热水器必须带有保证使用安全的装置。严禁在浴室内安装直接排气式燃气热水器等在使用空间内积聚有害气体的加热设备。

(2)集中热水供应系统的加热设备选择,应符合下列要求:

①热效率高,换热效果好,节能,节省设备用房。

②生活热水侧阻力损失小,有利于整个系统冷、热水压力的平衡。

③安全可靠、构造简单、操作维修方便。

④具体选择水加热设备时,应遵循下列原则:

ⅰ.当采用自备热源时,宜采用直接供应热水的燃气、燃油等燃料的热水机组,亦可采用间接供应热水的自带换热器的热水机组或外配容积式、半容积式水加热器的热水机组。

ⅱ.热水机组除满足上述①、②、③基本要求外,还应具备燃料燃烧完全、消烟除尘、自动控制水温、火焰传感、自动报警等功能。

ⅲ.当采用蒸汽、高温水为热源时,间接水加热设备的选型应结合热媒的供给能力、热水用途、用水均匀性及水加热设备本身的特点等因素,经技术经济比较后确定。

ⅳ.当热源为太阳能时,宜采用热管或真空管太阳能热水器。

Ⅴ.在电源供应充沛的地方可采用电热水器。

五、局部加热设备计算

(一)燃气热水器的计算

(1)燃具热负荷,按式(5-1)计算:

$$Q = \frac{KWC(t_r - t_L)}{3.6\eta\tau} \tag{5-1}$$

式中 Q——燃具热负荷,W;

W——被加热水的质量,kg;

C——水的比热,取4.187 kJ/(kg·℃);

t_r——热水温度,℃;

t_L——冷水计算温度,℃;

τ——升温所需时间,h;

K——安全系数,一般为1.28~1.40;

η——燃具热效率,对容积式热水器η大于75%,快速式燃气热水器η大于70%,开水器η大于75%。

(2)燃气耗量,按式(5-2)计算:

$$\phi = 3.6\frac{Q}{Q_d} \tag{5-2}$$

式中 ϕ——燃气耗量,m^3/h;

Q——燃具热负荷,W;

Q_d——燃气的低热值,kJ/m^3。

(二)电热水器的计算

(1)快速式电热水器耗电功率,按式(5-3)计算:

$$N=(1.10\sim1.20)\frac{3\ 600q(t_r-t_L)C\rho_r}{3\ 617\eta} \tag{5-3}$$

式中 N——耗电功率,kW;

q——热水流量,L/s;

t_r——热水温度,℃;

t_L——冷水温度,℃;

ρ_r——热水密度,kg/L;

C——水的比热,取4.187 kJ/(kg·℃);

η——加热器效率,一般为0.95~0.98;

3 617 ——热功当量,kJ/(kW·h);

1.10~1.20 ——热损失系数。

(2)容积式电热水器耗电功率。

①只在使用前加热,使用过程中不再加热时,按式(5-4)计算:

$$N=(1.10\sim1.20)\frac{V(t_r-t_L)C\rho_r}{3\ 617\eta T} \tag{5-4}$$

式中 V——热水器容积,L;

T——加热时间,h;

其他符号含义同前。

②除使用前加热外,在使用过程中还继续加热时,按式(5-5)计算:

$$N=(1.10\sim1.20)\frac{(3\ 600qT_1-V)(t_r-t_L)C\rho_r}{3\ 617\eta T_1} \tag{5-5}$$

式中 T_1——热水用水时间,h;

其他符号含义同前。

③需要预热时间(T_2),按式(5-6)计算:

$$T_2=(1.10\sim1.20)\frac{V(t_r-t_L)C\rho_r}{3\ 617\eta N} \tag{5-6}$$

式中 T_2——预热时间,h;

其他符号含义同前。

(三)太阳能热水器系统的计算

(1)热水量按照式(5-5)计算。

(2)集热器采光面积的确定。

集热器采光面积应根据集热器产品的性能,当地的气象条件、日照季节、日照时间、热水用量和水温等因素确定。表5-1列出了国内生产的几类太阳能集热器的日产水量和产水水温的实测数据,可供设计时选用。

表 5-1　国内生产的几类太阳能集热器的日产水量和产水水温

集热器类型	实测季节	日产水量(kg/(m² · d))	产水温度(℃)
钢管板	春、夏、秋有阳光天气	70 ~ 90	40 ~ 50
扁盒		80 ~ 110	40 ~ 60
铜管板		80 ~ 100	40 ~ 60
铜铝复合管板		90 ~ 120	40 ~ 65

(3)自然循环作用水头,按式(5-7)计算:

$$\Delta H = 9.8\Delta h(\rho_1 - \rho_2) \tag{5-7}$$

式中　ΔH——自然循环作用水头,Pa;

Δh——集热器与贮热水箱中心标高差,m;

ρ_1、ρ_2——集热器进、出水的平均密度,kg/m³。

因要达到热水温度需要经多次循环,实际进水、出水温差仅为 3 ~ 5 ℃,一般进水、出水的平均容重差可按 3 ℃计算。

(4)循环流量,按式(5-8)计算:

$$Q \geqslant 0.015F \tag{5-8}$$

式中　Q——循环流量,L/s;

F——集热器的集热面积,m²。

(5)形成自然循环的条件:

$$\Delta H \geqslant (1.10 \sim 1.15)H \tag{5-9}$$

式中　ΔH——自然循环作用水头,Pa;

H——自然循环总水头损失,Pa。

若不能达到上式的要求,为进行自然循环,应适当加大循环管的管径,减少管路水头损失和抬高热水箱高度,即增大 ΔH 值。

(6)贮热水箱容积,按式(5-10)计算:

$$V = (50 \sim 100)F \tag{5-10}$$

式中　V——贮热水箱容积,L;

F——集热器的集热面积,m²。

六、集中热水供应加热及贮存设备的选择计算

在集中热水供应系统中,起加热兼贮存作用的设备有容积式水加热器和加热水箱等,仅起加热作用的设备为快速式水加热器;仅起贮存热水作用的设备是贮水器。上述设备的主要计算内容是确定加热设备的加热面积和贮热设备的贮存容积。

(一)加热设备供热量的计算

集中热水供应系统中,水加热设备的设计小时供热量应根据日热水用量小时变化曲线、加热方式及水加热设备的工作制度经积分曲线计算后确定。当无上述资料时,可按下列方法确定:

(1)容积式水加热器或贮热容积与其相当的水加热器、热水机组的供热量,按式(5-11)计算:

$$Q_g = Q_h - 1.163 \frac{\eta V_r}{T}(t_r - t_L)\rho_r \tag{5-11}$$

式中 Q_g——容积式水加热器的设计小时供热量,W;

Q_h——设计小时耗热量,W;

t_r——热水温度,℃,按设计水加热器出水温度或贮水温度计算;

t_L——设计冷水计算温度,℃;

η——有效贮热容积系数,容积式水加热器 $\eta = 0.75$,导流型容积式水加热器 $\eta = 0.85$;

V_r——总贮热容积,L;

T——设计小时耗热量持续时间,h,$T = 2 \sim 4$ h;

ρ_r——热水密度,kg/L。

式(5-11)的意义:带有相当量贮热容积的水加热器供热时,系统的设计小时耗热量由两部分组成,一部分是设计小时耗热量时间段内热媒的供热量 Q_g;一部分是供给设计小时耗热量前水加热器内已贮存好的热量,即 $Q_g = 1.163 \frac{\eta V_r}{T}(t_r - t_L)\rho$。

(2)半容积式水加热器或贮热容积与其相当的水加热器、热水机组的供热按设计小时耗热量计算。

(3)半即热式、快速式水加热器及其他无贮热容积的水加热设备的供热量按设计秒流量计算。

(二)水加热器加热面积的计算

容积式水加热器、快速式水加热器和加热水箱中加热排管或盘管的传热面积应按下列方法计算。

根据热平衡原理,制备热水所需的热量应等于水加热器传递的热量,即

$$\varepsilon K \Delta t_j F_{jr} = C_r Q_z \tag{5-12}$$

由上式导出水加热器加热面积的计算公式为

$$F_{jr} = \frac{C_r Q_z}{\varepsilon K \Delta t_j} \tag{5-13}$$

式中 F_{jr}——水加热器的加热面积,m^2;

Q_z——制备热水所需的热量,可按设计小时耗热量计算,W;

K——传热系数,W/(m^2·℃),K 值对加热器换热影响很大,主要取决于热媒种类和压力、热媒和热水流速、换热管材质和热媒出口凝结水水温等,K 值应按产品样本提供的参数选用,普通容积式水加热器 K 值参见表 5-2,快速式水加热器 K 值参见表 5-3;

ε——由于传热表面结垢和热媒分布不均匀影响传热效率的系数,一般采用 0.6 ~ 0.8;

C_r——热水供应系统的热损失系数,设计中可根据设备的功率和系统的大小及保

温效果选择，一般取1.10～1.15；

Δt_j——热媒与被加热水的计算温度差，℃，应根据水加热器类型，按式(5-14)和式(5-15)计算。

表5-2　普通容积式水加热器 K 值

热媒种类		热媒流速 (m/s)	被加热水流速 (m/s)	K(W/(m²·℃))	
				钢盘管	铜盘管
蒸汽压力 (MPa)	≤0.07	—	<0.1	640～698	756～814
	>0.07	—	<0.1	698～756	814～872
热水温度70～150 ℃		<0.5	<0.1	326～349	384～407

注：表中 K 值是按盘管内通过热媒和盘管外通过被加热水的传热系数。

表5-3　快速式水加热器 K 值

被加热水的流速 (m/s)	传热系数 K(W/(m²·℃))							
	热媒为热水时，热水流速(m/s)						热媒为蒸汽时，蒸汽压力(kPa)	
	0.5	0.75	1.0	1.5	2.0	2.5	≤100	>100
0.5	1 105	1 279	1 400	1 512	1 628	1 686	2 733/2 152	2 558/2 035
0.75	1 244	1 454	1 570	1 745	1 919	1 977	3 431/2 675	3 198～2 500
1.0	1 337	1 570	1 745	1 977	2 210	2 326	3 954/3 082	3 663/2 908
1.5	1 512	1 803	2 035	2 326	2 558	2 733	4 536～3 722	4 187/3 489
2.0	1 628	1 977	2 210	2 558	2 849	3 024	—/4 361	—/4 129
2.5	1 745	2 093	2 384	2 849	3 198	3 489	—	—

注：表中热媒为蒸汽时，分子为两回程汽－水快速式水加热器将被加热水温度升高20～30 ℃时的传热系数，分母为四回程汽－水快速式水加热器将被加热水温度升高60～65 ℃时的传热系数。

(1)容积式水加热器、半容积式水加热器：

$$\Delta t_j = \frac{t_{mc} + t_{mz}}{2} - \frac{t_c + t_z}{2} \tag{5-14}$$

式中　t_{mc}、t_{mz}——热媒的初温和终温，℃，热媒为蒸汽时，按饱和蒸汽温度计算，热媒为热水时，应按热力管网供、回水的最低温度计算，但热媒的初温与被加热水的终温的温度差不得小于10 ℃；

t_c、t_z——被加热水的初温和终温，℃。

(2)快速式水加热器、半即热式水加热器：

$$\Delta t_j = \frac{\Delta t_{max} - \Delta t_{min}}{\ln \frac{\Delta t_{max}}{\Delta t_{min}}} \tag{5-15}$$

式中　Δt_{max}——热媒和被加热水在水加热器一端的最大温度差，℃；

Δt_{min}——热媒和被加热水在水加热器另一端的最大温度差，℃。

加热设备加热盘管的长度，按式(5-16)计算：

$$L = \frac{F_{jr}}{\pi D} \tag{5-16}$$

式中 L——盘管长度，m；

D——盘管外径，m；

F_{jr}——水加热器的加热面积，m^2。

(三)热水贮水器容积的计算

集中热水供应系统中贮存热水的设备有开式热水箱、闭式热水罐和兼有加热及贮存热水功能的加热水箱、容积式水加热器等。

集中热水供应系统中贮存一定容积的热水，其功能主要是为调峰应用。贮存的热水向配水管网供应，因为加热冷水方式和配水情况不同，存在着定温变容、定容变温和变容变温的工况，如图5-25所示。

图5-25 (a_1)为设于屋顶的混合加热开式水箱，若其加热和供应热水情况为预加热后供应管网，用完后再充水加热，再供使用，可认为水箱内热水处于定温变容工况。图5-25 (a_2)为快速加热，可保证水温，其热水箱连续供水也存在不均匀性，也可水箱内热水处于定温变容工况。图5-25 (b)为加热和供水系统处于定容变温工况。图5-25 (c_1)、(c_2)则是处于变容变温工况。

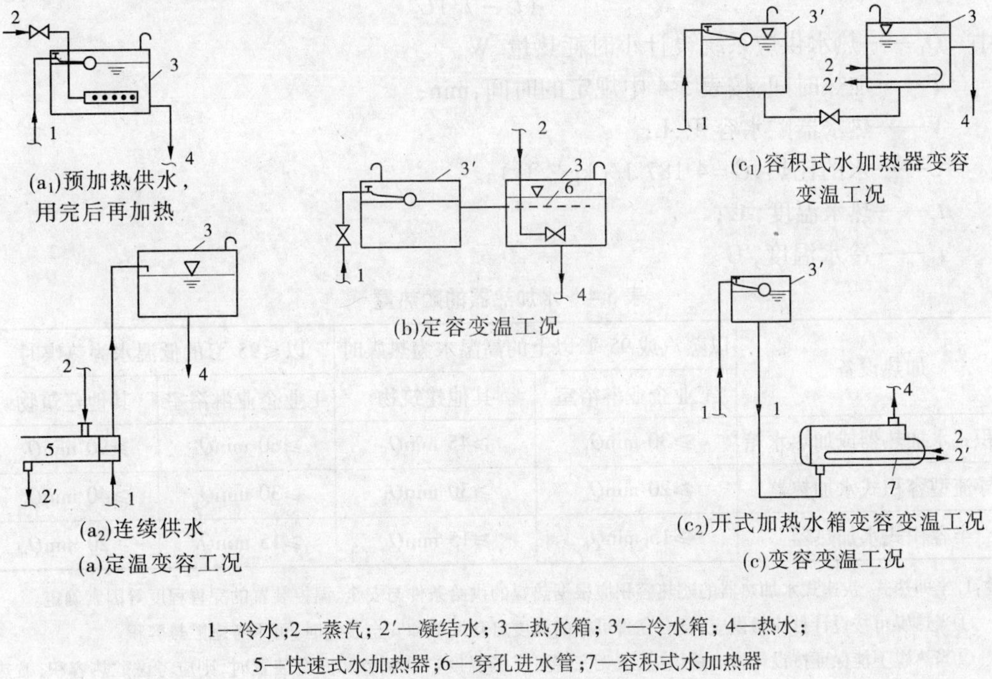

1—冷水；2—蒸汽；2′—凝结水；3—热水箱；3′—冷水箱；4—热水；

5—快速式水加热器；6—穿孔进水管；7—容积式水加热器

图5-25 加热水箱和容积式水加热器工况

贮水器容积和多种因素有关，如加热设备的类型、建筑物用水规律、热源和热媒的充沛程度、自动控制程度、管理情况等。集中热水供应系统中贮水器的容积，从理论上讲，应根据建筑物日用热水量小时变化曲线及加热设备的工作制度经计算确定。当缺少这方面的资料和数据时,可用经验法计算确定贮水器的容积。

(1)理论计算法,即按贮水器变容变温供热工况的热平衡方程求解:

集中热水供应系统中全天供应热水的耗热量应等于贮水器中预热量与加热设备的供热量之和,并减去供水终止后贮水器中当天的剩余热量,即

$$Q_h T = V(t_r - t_L)C + Q_s T - \Delta V(t'_r - t_L) \tag{5-17}$$

式中 Q_h——热水供应系统设计小时耗热量,kJ/h;

T——全天供应热水小时数,h;

V——贮水器贮水容积,L;

t_r——贮水器中热水的计算温度,℃;

t_L——冷水计算温度,℃;

C——水的比热,$C = 4.187$ kJ/(kg·℃);

Q_s——供应热水过程中加热设备的小时加热量,kJ/h;

ΔV——供水结束时,热水贮水器中剩余热水容积,L;

t'_r——供水结束时,热水贮水器中剩余热水水温,℃。

(2)经验估算法。

在实际工程中,贮水器的容积多用经验法,按式(5-18)计算确定:

$$V = \frac{60TQ_h}{(t_r - t_L)C} \tag{5-18}$$

式中 Q_h——热水供应系统设计小时耗热量,W;

T——加热时间,按表5-4中规定的时间,min;

V——热水器贮水容积,L;

C——水的比热,$C = 4\ 187$ J/(kg·℃);

t_r——热水温度,℃;

t_L——冷水温度,℃。

表5-4 水加热器的贮热量

加热设备	以蒸汽或95 ℃以上的高温水为热媒时		以≤95 ℃的低温水为热媒时	
	工业企业淋浴室	其他建筑物	工业企业淋浴室	其他建筑物
容积式水加热器或加热水箱	≥30 minQ_h	≥45 minQ_h	≥60 minQ_h	≥90 minQ_h
导流型容积式水加热器	≥20 minQ_h	≥30 minQ_h	≥30 minQ_h	≥40 minQ_h
半容积式水加热器	≥15 minQ_h	≥15 minQ_h	≥15 minQ_h	≥20 minQ_h

注:1. 半即热式、快速式水加热器的贮热容积应根据热媒的供给条件与安全、温控装置的完善程度等因素确定。

①当热媒可按设计秒流量供应,且有完善可靠的温度自动调节和安全装置时,可不考虑贮热容积。

②当热媒不能保证按设计秒流量供应,或无完善可靠的温度自动调节和安全装置时,则应考虑贮热容积,贮热量宜根据热媒供应情况按导流型容积式水加热器或半容积式水加热器确定。

2. 表中 Q_h 为设计小时耗热量。

按式(5-17)计算确定出容积式水加热器或加热水箱的容积后,当冷水从下部进入,热水从上部送出,其计算容积宜附加20%~25%;当采用有导流装置的容积式水加热器时,

其计算容积应附加10%～15%；当采用半容积式水加热器时，或带有强制罐内水循环装置的容积式水加热器，其计算容积可不附加。

(3)估算法。

在初步设计或方案设计阶段，各种建筑水加热器或贮热容器的贮水容积（60 ℃热水）可按表5-5估算。

表5-5　贮水容积估算值

建筑类别	以蒸汽或95 ℃以上的高温水为热媒时		以≤95 ℃的低温水为热媒时	
	导流型容积式水加热器	半容积式水加热器	导流型容积式水加热器	半容积式水加热器
有集中热水供应的住宅(L/(人·d))	5～8	3～4	6～10	3～5
设单独卫生间的集体宿舍、培训中心、旅馆(L/(床·d))	5～8	3～4	6～10	3～5
宾馆、客房(L/(床·d))	9～13	4～6	12～16	6～8
医院住院部(L/(床·d))				
设公用盥洗室	4～8	2～4	5～10	3～5
设单独卫生间	8～15	4～8	11～20	6～10
门诊部	0.5～1	0.3～0.6	0.8～1.5	0.4～0.8
有住宿的幼儿园、托儿所(L/(人·d))	2～4	1～2	2～5	1.5～2.5
办公楼(L/(人·d))	0.5～1	0.3～0.6	0.8～1.5	0.4～0.8

(四)锅炉选择计算

锅炉属于发热设备。在较大的集中热水系统中，锅炉一般由采暖、供热专业设计人员结合整个建筑的采暖、空调、食堂用蒸汽等综合考虑，统一设计选择。给排水专业设计人员提供出设计小时耗热量即可。

对于小型建筑物的热水系统可单独选择锅炉。一般按式(5-19)计算：

$$Q_g = (1.1 \sim 1.2) Q_h \tag{5-19}$$

式中　Q_g——锅炉小时供热量，W；

Q_h——设计小时耗热量，W；

1.1～1.2——热水系统的热损失附加系数。

然后从锅炉样本中查出锅炉发热量 Q_k，应保证 $Q_k > Q_g$，具体富裕量应根据今后的发展和一些零星用热等因素确定。

第三节　热水供应系统的管材和附件选择

一、热水供应系统的管材和管件

(1)热水供应系统采用的管材和管件，应符合现行产品标准的要求。

(2)热水管道的工作压力和工作温度不得大于产品标准标定的允许工作压力和工作温度。

(3)热水管道应选用耐腐蚀、安装连接方便可靠、符合饮用水卫生要求的管材及相应的配件。一般可采用薄壁铜管、薄壁不锈钢管、铝塑复合管、交联聚乙烯(PEX)管、三型无规共聚聚丙烯(PPR)管等。

(4)当选用塑料热水管或塑料和金属复合热水管材时,应符合下列要求:①管道的工作压力应按相应温度下的允许工作压力选择;②管件宜采用和管道相同的材质;③定时供应热水的系统因其水温周期性变化大,不宜采用对温度变化较敏感的塑料热水管;④设备机房内的管道不应采用塑料热水管。

二、热水供应系统的附件

(一)自动温度调节装置

热水供应系统中为实现节能节水、安全供水,在水加热设备的热媒管道上应装设自动温度调节装置来控制出水温度。自动调温装置有直接式和电动式两种类型。

直接式自动调温装置由温包、感温原件和自动调节阀组成,其构造原理如图5-26所示,其安装方法如图5-27(a)所示,温度调节阀必须垂直安装,温包内装有低沸点液体,插装在水加热器出口的附近,感受热水温度的变化,产生压力升降,并通过毛细导管传至调节阀,通过改变阀门开启度来调节进入加热器的热媒流量,起到自动调温的作用。

电动式自动调温装置由温包、电触点压力式温度计、电动调节阀和电气控制装置组成,其安装方法如图5-27(b)所示。温包插装在水加热器出口的附近,感受热水温度的变化,产生压力升降,并传导到电触点压力式温度计。电触点压力式温度计内装有所需温度控制范围内的上下两个触点,例如60~70 ℃。当加热器的出水温度过高时,压力表指针与70 ℃触点接通,电动调节阀门关小。当水温降低时,压力表指针与60 ℃触点接通,电动调节阀门开大。如果水温符合在规定范围内,压力表指针处于上下触点之间,电动调节阀门停止动作。

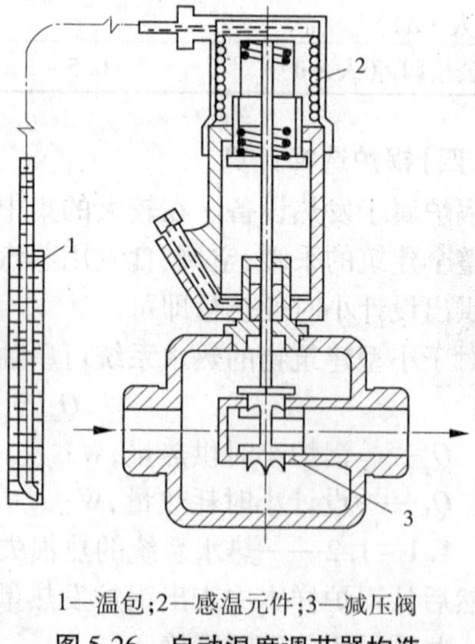

1—温包;2—感温元件;3—减压阀

图5-26 自动温度调节器构造

(二)疏水器

热水供应系统以蒸汽作热媒时,为保证凝结水及时排放,同时防止蒸汽漏失,在用汽设备(如水加热器、开水器等)的凝结水回水管上应每台设备设疏水器,当水加热器的换热能确保凝结水回水温度不大于80 ℃时,可不装疏水器。蒸汽立管最低处、蒸汽管下凹处的下部宜设疏水器。

1.疏水器的选用

疏水器按其工作压力有低压和高压之分,热水系统通常采用高压疏水器,一般可选用

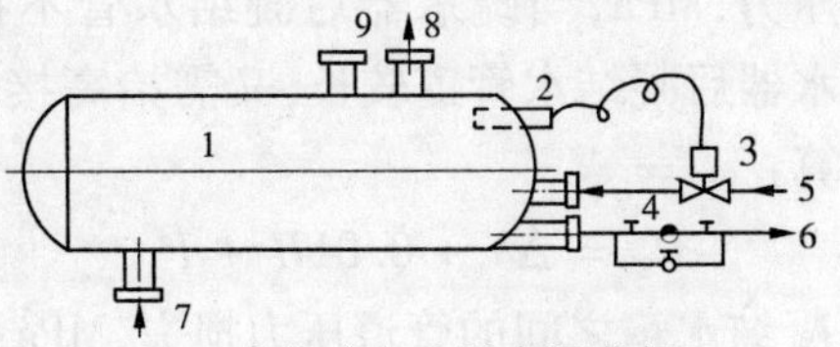

(a)直接式自动温度调节阀

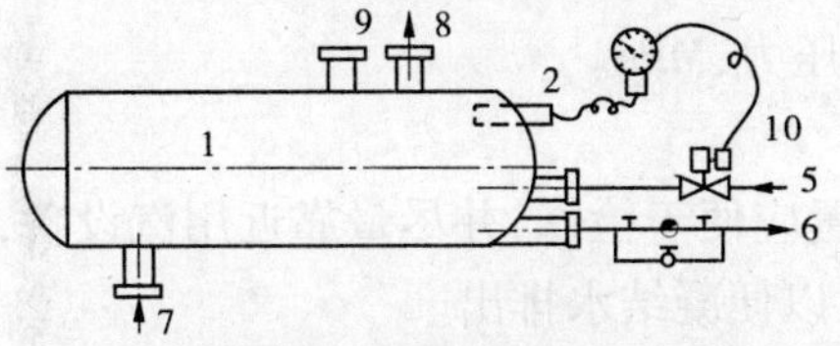

(b)间接式自动温度调节阀

1—加热设备;2—温包;3—自动调节阀;4—疏水器;5—蒸汽;6—凝结水;7—冷水;

8—热水;9—安全阀;10—电动调节阀

图 5-27 自动温度调节阀安装示意图

浮动式或热动力式疏水器。

疏水器若仅作排除管道中冷凝积水,可选用 DN15、DN20 的规格。当用于排除水加热器等用汽设备的凝结水时,则疏水器管径应按式(5-20)计算后确定。

$$Q = k_0 G \tag{5-20}$$

式中 Q——疏水器最大排水量,kg/h;

k_0——附加系数,见表 5-6;

G——水加热设备最大凝结水量,kg/h。

表 5-6 附加系数 k_0

名称	附加系数 k_0	
	压差 $\Delta P \leqslant 2.0$ MPa	压差 $\Delta P > 0.2$ MPa
上开口浮筒式疏水器	3.0	4.0
下开口浮筒式疏水器	2.0	2.5
恒温式疏水器	3.5	4.0
浮球式疏水器	2.5	3.0
喷嘴式疏水器	3.0	3.2
热动力式疏水器	3.0	4.0

疏水器进出口压差 ΔP,可按式(5-21)计算:

$$\Delta P = P_1 - P_2 \tag{5-21}$$

式中 ΔP——疏水器进出口压差,MPa;

P_1——疏水器前的压力,MPa,对于水加热器等换热设备,可取 $P_1 = 0.7P_z$(P_z 为进入设备的蒸汽压力);

P_2——疏水器后的压力，MPa，当疏水器后凝结水管不抬高自流坡向开式水箱时 $P_2=0$，当疏水器后凝结水管道较长，又需抬高接入闭式凝结水箱时，P_2 按式(5-22)计算：

$$P_2 = \Delta h + 0.01H + P_3 \tag{5-22}$$

式中 Δh——疏水器后至凝结水箱之间的管道压力损失，MPa；

H——疏水器后回水管的抬高高度，m；

P_3——凝结水箱内压力，MPa。

2. 疏水器的安装

(1)疏水器的安装位置应便于检修，并尽量靠近用汽设备，安装高度应低于设备或蒸汽管道底部 150 mm 以上，以便凝结水排出。

(2)浮筒式或钟形浮子式疏水器应水平安装。

(3)加热设备宜各自单独安装疏水器，以保证系统正常工作。

(4)疏水器一般不装设旁通管，但对于特别重要的加热设备，若不允许短时间中断排除凝结水或生产上要求速热，可考虑装设旁通管。旁通管应在疏水器上方或同一平面上安装，避免在疏水器下方安装。

(5)当采用余压回水系统、回水管高于疏水器时，应在疏水器后装设止回阀。

(6)当疏水器距加热设备较远时，宜在疏水器与加热设备之间安装回汽支管，如图 5-28 所示。

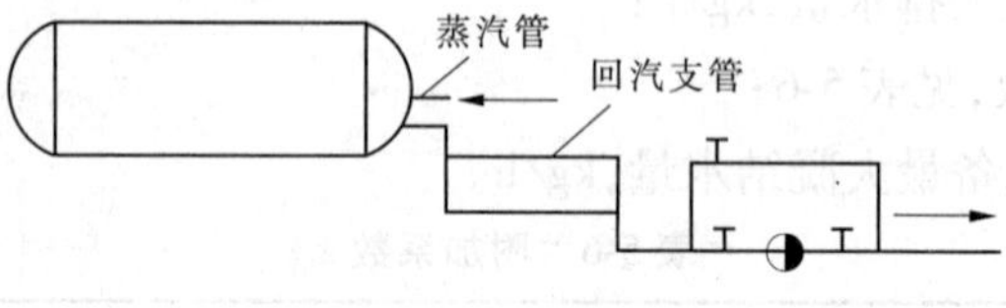

图 5-28 回汽支管的安装

(7)当凝结水量很大，一个疏水器不能排除时，则需几个疏水器并联安装。并联安装的疏水器应同型号、同规格，一般适宜并联 2 个或 3 个疏水器，且必须安装在同一平面内。

(8)疏水器的安装方式如图 5-29 所示。

(三)减压阀

热水供应系统中的加热器常以蒸汽为热媒，若蒸汽管道供应的压力大于水加热器的需求压力，则应设减压阀把蒸汽压力降到需要值，才能保证设备使用安全。

减压阀是利用流体通过阀瓣产生阻力而减压并达到所求值的自动调节阀，其阀后压力可在一定范围内进行调整。减压阀按其结构形式可分为薄膜式、活塞式和波纹管式三类。图 5-30 是 Y43H－6 型活塞式减压阀的构造示意图。

1. 蒸汽减压阀的选择与计算

蒸汽减压阀的选择应根据蒸汽流量计算出所需阀孔截面面积，查有关产品样本确定阀门公称直径。当无资料时，可按高压蒸汽管路的公称直径选用相同孔径的减压阀。

蒸汽减压阀阀孔截面面积可按式(5-23) 计算：

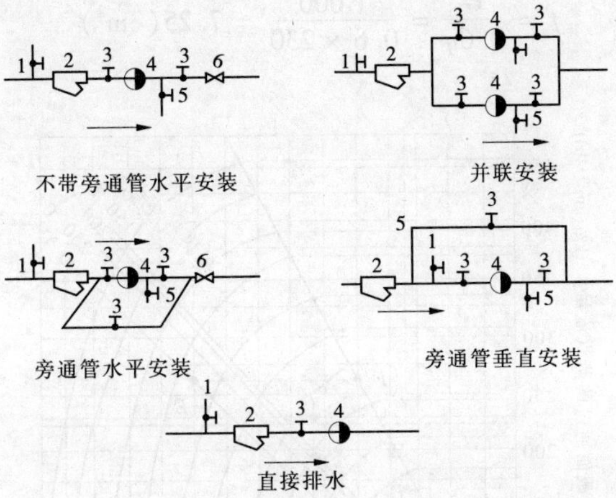

1—冲洗管;2—过滤器;3—截止阀;4—疏水器;5—检查管;6—止回阀

图 5-29　疏水器的安装方式

$$f = \frac{G}{0.6q} \qquad (5\text{-}23)$$

式中　f——所需阀孔截面面积,cm^2;

G——蒸汽流量,kg/h;

0.6——减压阀流量系数;

q——通过每平方厘米阀孔截面的理论流量,kg/(cm^2 · h),可按图 5-31 查得。

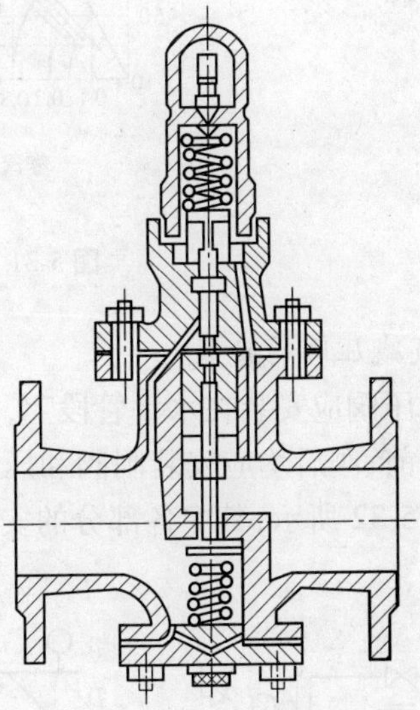
图 5-30　Y43H－6 型活塞式减压阀

【例 5-1】　已知某容积式水加热器采用蒸汽作为热媒,蒸汽管网压力(阀前压力)P_1 = 0.55 MPa(绝对压力),水加热器要求压力(阀后压力)P_2 = 0.35 MPa(绝对压力),蒸汽流量 G = 800 kg/h,求所需减压阀阀孔截面面积。

解:按图 5-31 中 A 点(即 P_1)画等压力曲线,与 C 点(即 P_2)引出的垂线相交于 B 点,得 q = 168 kg/h。

所需阀孔截面面积:

$$f = \frac{G}{0.6q} = \frac{800}{0.6 \times 168} = 7.94(\text{cm}^2)$$

【例 5-2】　过热蒸汽温度为 300 ℃,G = 1 000 kg/h,P_1 = 1.0 MPa(绝对压力),P_2 = 0.65 MPa(绝对压力),求所需减压阀阀孔截面面积。

解:按图 5-31 中 D 点(即 P_1)引垂线与 300 ℃的过热蒸汽线相交于 E 点,自 E 点引水平线与标线相交于 F 点,自 K 点(即 P_2)引垂线与过 F 点的等压力曲线相交于 G 点,即得 q = 230 kg/h。

所需阀孔截面面积:

$$f = \frac{G}{0.6q} = \frac{1\ 000}{0.6 \times 230} = 7.25(\text{cm}^2)$$

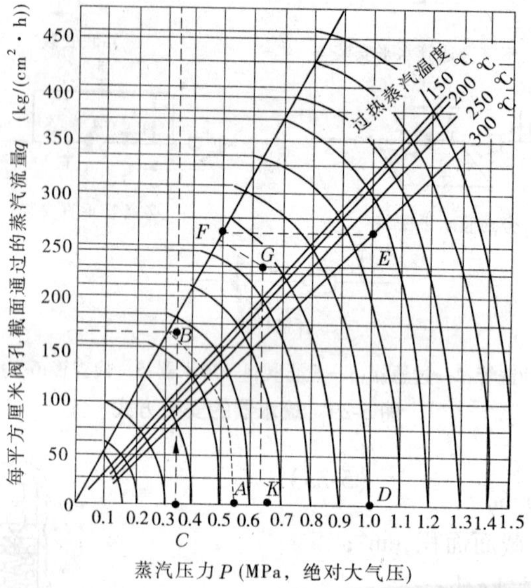

图 5-31　减压阀理论流量曲线

2. 蒸汽减压阀的安装

（1）减压阀应安装在水平管段上，阀体应保持垂直。

（2）阀前、阀后均应安装闸阀和压力表，阀后应装设安全阀，一般情况下还应设置旁路管，如图 5-32 所示，其中各部分的安装尺寸见表 5-7。

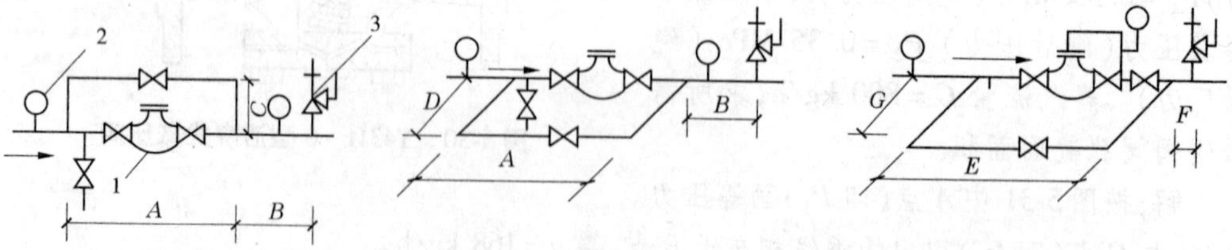

(a)活塞式减压阀旁路管垂直安装　(b)活塞式减压阀旁路管水平安装　(c)薄膜式或波纹管减压阀的安装

1—减压阀；2—压力表；3—安全阀

图 5-32　减压阀安装

（四）自动排气阀

为排除热水管道系统中热水气化产生的气体（溶解氧和二氧化碳），以保证管内热水畅通，防止管道腐蚀，上行下给式系统的配水干管最高处应设自动排气阀。图 5-33(a)为自动排气阀的构造示意图，图 5-33(b)为其装设位置。

表 5-7　减压阀安装尺寸

减压阀公称直径 DN(mm)	A	B	C	D	E	F	G
25	1 100	400	350	200	1 350	250	200
32	1 100	400	350	200	1 350	250	200
40	1 300	500	400	250	1 500	300	250
50	1 400	500	450	250	1 600	300	250
65	1 400	500	500	300	1 650	350	300
80	1 500	550	650	350	1 750	350	350
100	1 600	550	750	400	1 850	400	400
125	1 800	600	800	450			
150	2 000	650	850	500			

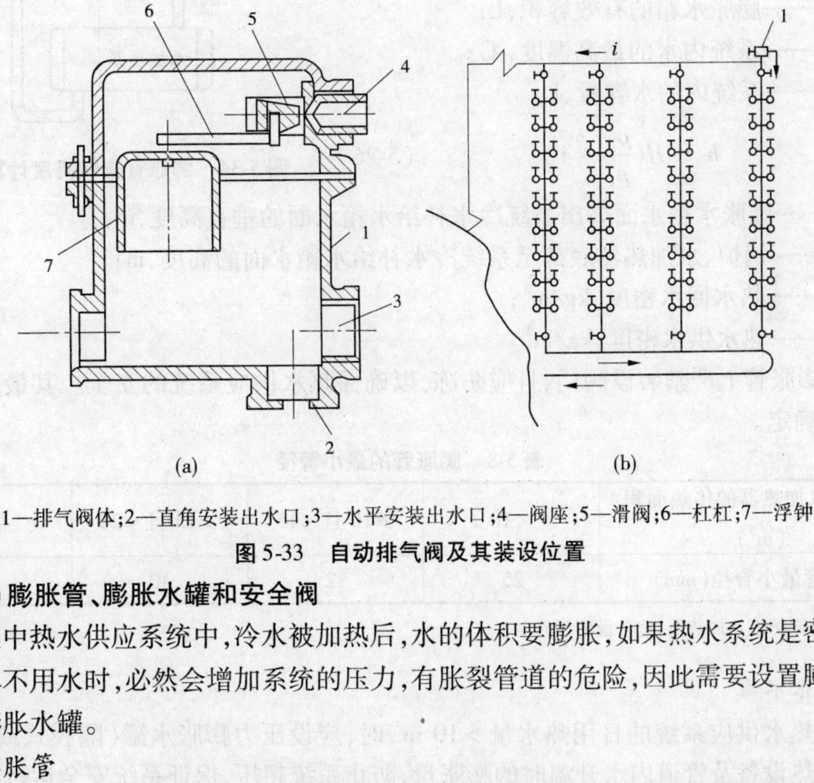

1—排气阀体；2—直角安装出水口；3—水平安装出水口；4—阀座；5—滑阀；6—杠杠；7—浮钟

图 5-33　自动排气阀及其装设位置

(五)膨胀管、膨胀水罐和安全阀

在集中热水供应系统中，冷水被加热后，水的体积要膨胀，如果热水系统是密闭的，在卫生器具不用水时，必然会增加系统的压力，有胀裂管道的危险，因此需要设置膨胀管、安全阀或膨胀水罐。

1. 膨胀管

膨胀管用于由高位冷水箱向水加热器供应冷水的开式热水系统，膨胀管的设置应符合下列要求：

(1)当热水系统由生活饮用高位冷水箱补水时，不得将膨胀管引至高位冷水箱上空，以防止热水系统中的水体升温膨胀时，将膨胀的水量返至生活用冷水箱，引起该水箱内水体的热污染。通常可将膨胀管引入同一建筑物的中水供水箱、专用消防供水箱(不与生活用水共用的消防水箱）等非生活饮用水箱的上空，其设置高度应按式（5-24）计算：

$$h = H(\frac{\rho_l}{\rho_r} - 1) \tag{5-24}$$

式中 h——膨胀管高出生活饮用高位水箱水面的垂直高度，m；

H——锅炉、水加热器底部至生活饮用高位水箱水面的高度，m；

ρ_l——冷水密度，kg/m^3；

ρ_r——热水密度，kg/m^3。

以上参数如图 5-34 所示。

膨胀管出口离接入水箱水面的高度不少于 100 mm。

（2）热水供水系统上若设置膨胀水箱，其容积应按式（5-25）计算；膨胀水箱水面高出系统冷水补给水箱的垂直高度按式（5-26）计算。

$$V_p = 0.0006\Delta t V_s \tag{5-25}$$

式中 V_p——膨胀水箱的有效容积，L；

Δt——系统内水的最高温度，℃；

V_s——系统内的水容量，L。

$$h = H(\frac{\rho_h}{\rho_r} - 1) \tag{5-26}$$

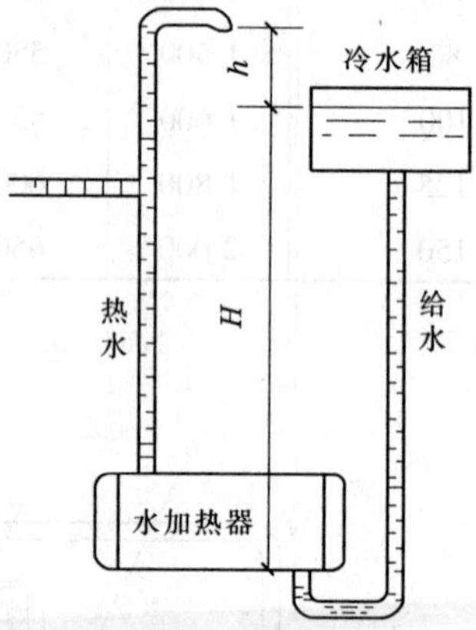

图 5-34 膨胀管安装高度计算用图

式中 h——膨胀水箱水面高出系统冷水补给水箱水面的垂直高度，m；

H——锅炉、水加热器底部至系统冷水补给水箱水面的高度，m；

ρ_h——热水回水密度，kg/m^3；

ρ_r——热水供水密度，kg/m^3。

（3）膨胀管上严禁装设阀门，且应防冻，以确保热水供应系统的安全。其最小管径应按表 5-8 确定。

表 5-8 膨胀管的最小管径

锅炉或水加热器的传热面积（m^2）	<10	≥10 且 <15	≥15 且 <20	≥20
膨胀管最小管径（mm）	25	32	40	50

注：对多台锅炉或水加热器，宜分设膨胀管。

2. 膨胀水罐

闭式热水供应系统的日用热水量 $>10\ m^3$ 时，应设压力膨胀水罐（隔膜式或胶囊式）以吸收贮热设备及管道内水升温时的膨胀量，防止系统超压，保证系统安全运行。压力膨胀水罐宜设置在水加热器和止回阀之间的冷水进水管或热水回水管的分支管上。图 5-35 是隔膜式膨胀水罐的构造示意图。

膨胀水罐总容积按式（5-27）计算：

$$V_e = H\frac{(\rho_f - \rho_r)P_2}{(\rho_2 - P_1)\rho_r}V_s \tag{5-27}$$

式中 V_e——膨胀水罐总容积,m^3;

ρ_f——加热前加热、贮热设备内水的密度,kg/m^3,相应 ρ_f 的水温可按下述情况设计计算:加热设备为单台,且为定时供应热水的系统,可按进加热设备冷水温度 t_L 计算,加热设备为多台的全日制热水供应系统,可按最低回水温度计算,其值一般可取 40 ~50 ℃;

ρ_r——热水密度, kg/m^3;

P_1——膨胀水罐处管内水压力(绝对压力),MPa,为管内工作压力 +0.1 MPa;

P_2——膨胀水罐处管内最大允许水压力(绝对压力),MPa,其数值可取 1.05 P_1;

V_s——系统内热水总容积,m^3,当管网系统不大时,V_s 可按水加热设备的容积计算。

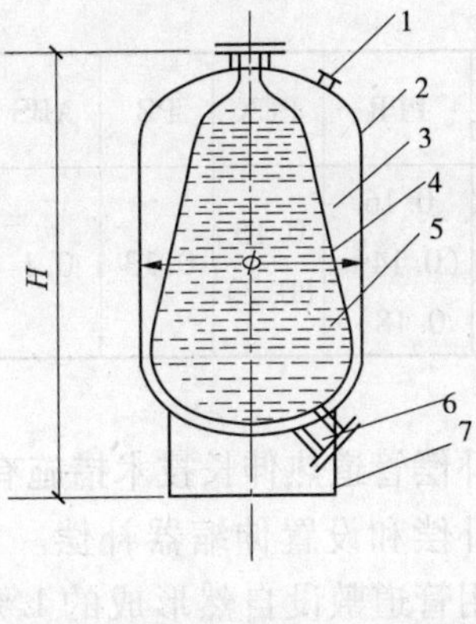

1—充气嘴;2—外壳;3—气室;4—隔膜;5—水室;6—接管口;7—罐座

图 5-35 隔膜式压力膨胀水罐

3. 安全阀

闭式热水供应系统的日用热水量≤10 m^3 时,可采取设安全阀泄压的措施。承压热水锅炉应设安全阀,并由制造厂配套提供。开式热水供应系统的热水锅炉和水加热器可不装安全阀(劳动部门有要求者除外)。设置安全阀的具体要求如下:

(1)水加热器宜采用微启式弹簧安全阀,安全阀应设防止随意调整螺丝的装置。

(2)安全阀的开启压力,一般取热水系统工作压力的 1.1 倍,但不得大于水加热器本体的设计压力(一般分为 0.6 MPa、1.0 MPa、1.6 MPa 三种规格)。

(3)安全阀的直径应比计算值放大一级;一般实际工程应用中,对于水加热器用的安全阀,其阀座内径可比水加热器热水出水管管径小 1 号。

(4)安全阀应直立安装在水加热器的顶部。

(5)安全阀装设位置应便于检修。其排出口应设导管将排泄的热水引至安全地点。

(6)安全阀与设备之间,不得装设取水管、引气管或阀门。

(六)自然补偿管道和伸缩器

热水供应系统中管道因受热膨胀而伸长,为保证管网使用安全,在热水管网上应采取补偿管道温度伸缩的措施,以避免管道因为承受了超过自身所许可的内应力而导致弯曲甚至破裂。

管道的热伸长按式(5-28)计算:

$$\Delta L = \alpha(t_{2r} - t_{1r})L \tag{5-28}$$

式中 ΔL——管道的热伸长(膨胀)量,mm;

t_{2r}——管中热水最高温度,℃;

t_{1r}——管道周围环境温度,一般取 t_{1r} =5 ℃;

L——计算管段长度,m;

α——线膨胀系数,mm/(m · ℃),见表 5-9。

表 5-9　不同管材的 α 值

管材	PPR	PEX	PB	ABS	UPVC	PAP	薄壁铜管	钢管	无缝铝合金衬塑	PVC - C	薄壁不锈钢管
α	0.16（0.14～0.18）	0.15（0.2）	0.13	0.1	0.07	0.025	0.02（0.017～0.018）	0.012	0.025	0.08	0.0166

补偿管道热伸长技术措施有两种，即自然补偿和设置伸缩器补偿。自然补偿即利用管道敷设自然形成的 L 形或 Z 形弯曲管段，来补偿管道的温度变形。通常的做法是在转弯前后的直线段上设置固定支架，让其伸缩在弯头处补偿，如图 5-36 所示。弯曲两侧管段的长度不宜超过表 5-10 所列数值。

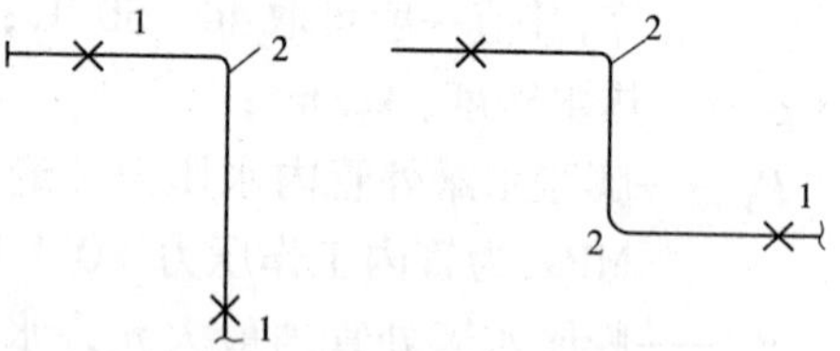

(a)L形　　(b)Z形

1—固定支架；2—弯管

图 5-36　自然补偿管道

表 5-10　不同管材弯曲两侧管段允许的长度

管材	薄壁铜管	薄壁不锈钢管	衬塑钢管	PPR	PEX	PB	铝塑管 PAP
长度（m）	10.0	10.0	8.0	1.5	1.5	2.0	3.0

当直线管段较长，不能依靠管路弯曲的自然补偿作用时，每隔一定的距离应设置不锈钢波纹管、多球橡胶软管等伸缩器来补偿管道伸缩量。热水管道系统中使用最方便、效果最佳的是波型伸缩器，即由不锈钢制成的波纹管，用法兰或螺纹连接，具有安装方便、节省面积、外形美观及耐高温、耐腐蚀、寿命长等优点。

另外，近年来也有在热水管中采用可曲挠橡胶接头代替伸缩器的做法，但必须注意采用耐热橡胶。

第四节　热水供应系统的敷设与保温

热水管网的布置和敷设除满足给（冷）水管网敷设的要求外，还应注意由于水温高带来的体积膨胀、管道伸缩补偿、保温和排气等问题。

一、热水管道的布置和敷设

热水管网同给（冷）水管网，有明设和暗设两种敷设方式。铜管、薄壁不锈钢管、衬塑钢管等可根据建筑、工艺要求暗设或明设。塑料热水管宜暗设，明设时立管宜布置在不受撞击处，若不可避免，应在管外加防紫外线照射、防撞击的保护措施。

热水管道暗设时，其横干管可敷设于地下室、技术设备层、管廊、吊顶或管沟内，其立管可敷设在管道竖井或墙壁竖向管槽内，支管可埋设在地面、楼板面的垫层内，但铜管和聚丁烯管（PB）埋于垫层内宜设保护套。暗设管道在便于检修的地方装设法兰，装设阀门处应留检修门,以利于管道更换和维修。管沟内敷设的热水管应置于冷水管之上,并且进行保温。

热水管道穿过建筑物的楼板、墙壁和基础处应加套管,穿越屋面及地下室外墙时,应加防水套管,以免管道膨胀时损坏建筑结构和管道设备。当穿过有可能发生积水的房间地面或楼板面时,套管应高出地面 50 ~ 100 mm。热水管道在吊顶内穿墙时,可预留孔洞。

上行下给式配水干管的最高点应设排气装置(自动排气阀,带手动放气阀的集气罐和膨胀水箱),下行上给配水系统可利用最高配水点放气。

下行上给热水供应系统的最低点应设泄水装置(泄水阀或丝堵等),有可能时也可利用最低配水点泄水。

下行上给式热水系统设有循环管道时,其回水立管应在最高配水点以下约 0.5 m 处与配水立管连接。上行下给式热水系统只需将循环管道与各立管连接。

热水横管均应保持有不小于 0.003 的坡度,配水横干管应沿水流方向上升,利于管道中的气体向高点聚集,便于排放;回水横管应沿水流方向下降,便于检修时泄水和排除管内污物。这样布管还可保持配、回水管道坡向一致,方便施工安装。

热水立管与横管连接时,为避免管道伸缩应力破坏管网,应采用乙字弯的连接方式,如图 5-37 所示。

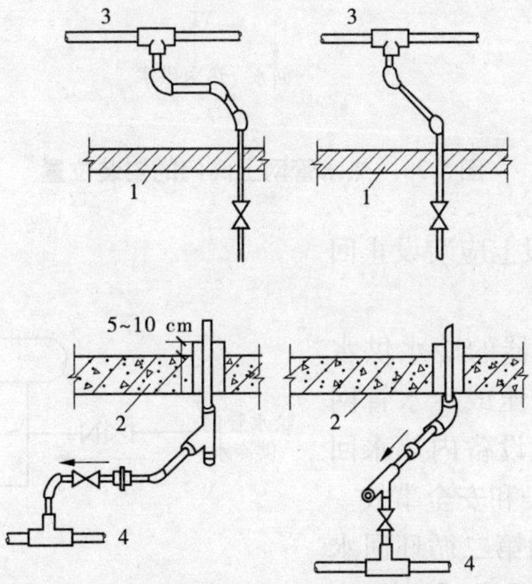

1—吊顶;2—地板或沟盖板;3—配水横管;4—回水管

图 5-37　热水立管与水平干管的连接方式

室外热水管道一般为管沟内敷设,当不可能时,也可直埋敷设,其保温材料为聚氨酯硬质泡沫塑料,外做玻璃钢管壳,并做伸缩补偿处理。直埋管道的安装与敷设还应符合有关直埋供热管道工程技术规程的规定。

热水管道应设固定支架,一般设于伸缩器或自然补偿管道的两侧,其间距长度应满足管段的热伸长量不大于伸缩器所允许的补偿量。固定支架之间宜设导向支架。

为调节平衡热水管网的循环流量和检修时缩小停水范围,在配水、回水干管连接的分干管上,配水立管和回水立管的端点,以及居住建筑和公共建筑中每一用户或单元的热水支管上，均应安装阀门，如图 5-38 所示。

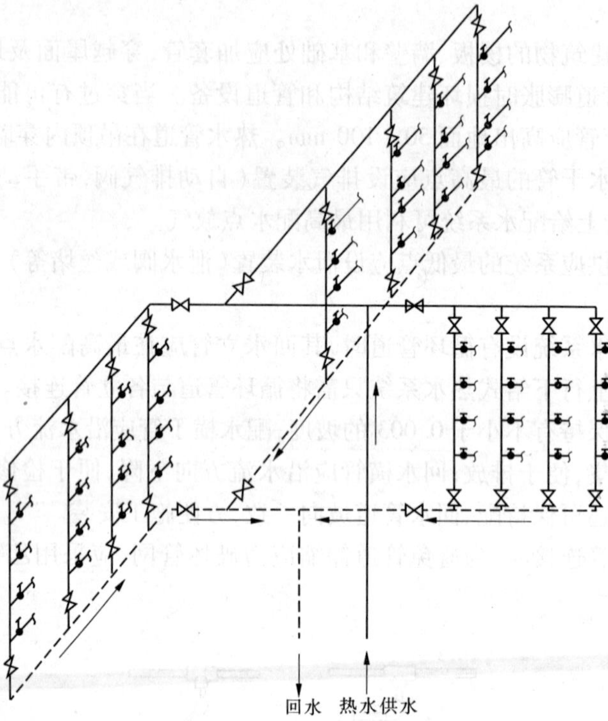

图 5-38　热水管网上阀门的安装位置

热水管网在下列管段上应装设止回阀，如图 5-39 所示。

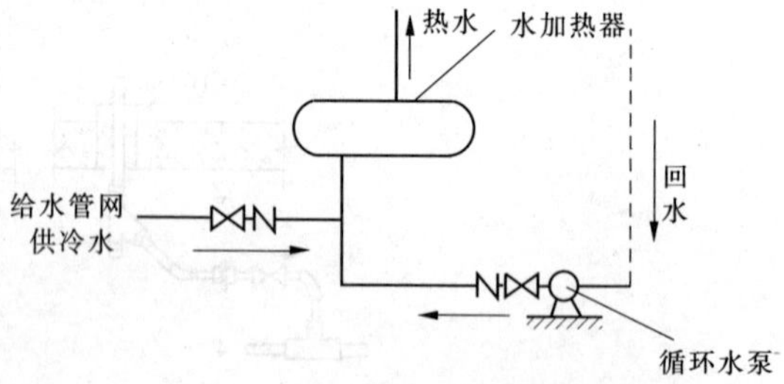

图 5-39　热水管网上止回阀的位置

(1)水加热器、贮水器的冷水供水管上，防止加热设备的升压或冷水管网水压降低时产生倒流，使设备内热水回流至冷水管网产生热污染和安全事故。

(2)机械循环系统的第二循环回水管上，防止冷水进入热水系统，保证配水点的供水温度。

(3)冷热水混合器的冷、热水供水管上，防止冷、热水通过混合器相互串水而影响其他设备的正常使用。

为计算热水总用水量，应在水加热设备的冷水管上装设冷水表；对成组和个别用水点可在其热水供水支管上装设热水水表。水表应安装在便于观察及维修的地方。

二、热水供应系统的保温

热水供应系统中的水加热设备，贮热水器，热水箱，热水供水干、立管，机械循环的回水干、立管，有冰冻可能的自然循环回水干、立管，均应保温，其主要目的在于减少介质传送过程中无效的热损失。

热水供应系统保温材料应符合导热系数小、具有一定的机械强度、重量轻、没有腐蚀性、易于施工成型及可就地取材等要求。

保温层的厚度可按式(5-29)计算：

$$\delta = 3.41 \frac{d_w^{1.2} \lambda^{1.35} \tau^{1.75}}{q^{1.5}} \tag{5-29}$$

式中 δ——保温层厚度，mm；

d_w——管道或圆柱设备的外径，mm；

λ——保温层的导热系数，kJ/(h · m · ℃)；

τ——未保温的管道或圆柱设备外表面温度，℃；

q——保温后的允许热损失，kJ/(h · m)，可按表 5-11 采用。

表 5-11 保温后的允许热损失值 （单位：kJ/(h · m)）

管径 DN(mm)	流体温度(℃) 60	100	150	200	250	说明
15	46.1					
20	63.8					
25	83.7					
32	100.5					
40	104.7					
50	121.4	251.2	335.0	367.8		流体温度 60 ℃只适用于热水管道
70	150.7					
80	175.5					
100	226.1	355.9	460.55	544.3		
125	263.8					
150	322.4	439.6	565.2	690.8	816.4	
200	385.2	502.4	669.9	816.4	983.9	
设备面	—	418.7	544.3	628.1	753.6	

热水配、回水管及热媒水管常用的保温材料为岩棉、超细玻璃棉、硬聚氨酯、橡塑泡棉等材料，其保温层厚度可参照表 5-12 采用。蒸汽管用憎水珍珠岩管壳保温时，其厚度见表 5-13。水加热器、开水器等设备采用岩棉制品、硬聚氨酯发泡塑料等保温时，保温层厚度可为 35 mm。

管道和设备在保温之前，应进行防腐蚀处理。保温材料应与管道或设备壁紧密相贴密实，并在保温层外表面做防护层。若遇管道转弯处，其保温应做伸缩缝，缝内填柔性填料。

表 5-12　配水管、回水管、热媒水管保温层厚度

管道直径 DN(mm)	热水配、回水管				热媒水、蒸汽凝结水管	
	15~20	25~50	65~100	>100	≤50	>50
保温层厚度(mm)	20	30	40	50	40	50

表 5-13　蒸汽管保温层厚度

管道直径 DN(mm)	≤40	50~65	≥80
保温层厚度(mm)	50	60	70

第五节　热水供应系统计算

一、热水用水定额、水温及水质

(一)热水用水定额

生产用热水定额应根据生产工艺要求确定。

生活用热水定额应根据建筑的使用性质、热水水温、卫生设备完善程度、热水供应时间、当地气候条件和生活习惯等因素合理确定。集中供应热水时,各类建筑的热水用水定额应按表 5-14 确定。卫生器具的一次和小时热水用水定额及水温应按表 5-15 确定。

表 5-14　各类建筑的热水用水定额

序号	建筑物名称	单位	最高日用水定额(L)	使用时间(h)
1	住宅			24
	有自备热水供应和沐浴设备	每人每日	40~80	
	有集中热水供应和沐浴设备	每人每日	60~100	
2	别墅	每人每日	70~110	24
3	单身职工宿舍、学生宿舍、招待所、培训中心、普通旅馆			24 或定时供应
	设公用盥洗室	每人每日	25~40	
	设公用盥洗室、淋浴室	每人每日	40~60	
	设公用盥洗室、沐浴室、洗衣室	每人每日	50~80	
	设单独卫生间、公用洗衣室	每人每日	60~100	
4	宿舍			24 或定时供应
	Ⅰ类、Ⅱ类	每人每日	70~100	
	Ⅲ类、Ⅳ类	每人每日	40~80	
5	酒店式公寓	每人每日	80~100	24

续表 5-14

序号	建筑物名称	单位	最高日用水定额(L)	使用时间(h)
6	宾馆客房 旅客 员工	 每床位每日 每人每日	 120 ~ 160 40 ~ 50	24
7	医院住院部 设公用盥洗室 设公用盥洗室、沐浴室 设单独卫生间 医务人员 门诊部、诊疗所 疗养院、休养所住房部	 每床位每日 每床位每日 每床位每日 每人每班 每病人每次 每床位每日	 60 ~ 100 70 ~ 130 110 ~ 200 70 ~ 130 7 ~ 13 100 ~ 160	24 8 24
8	养老院	每床位每日	50 ~ 70	24
9	幼儿园、托儿所 有住宿 无住宿	 每儿童每日 每儿童每日	 20 ~ 40 10 ~ 15	 24 10
10	公共浴室 淋浴 沐浴、浴盆 桑拿浴(沐浴、按摩池)	 每顾客每次 每顾客每次 每顾客每次	 40 ~ 60 60 ~ 80 70 ~ 100	12
11	理发室、美容院	每顾客每次	10 ~ 15	12
12	洗衣房	每千克干衣	15 ~ 30	8
13	餐饮厅 营业餐厅 快餐店、职工及学生食堂 酒吧、咖啡厅、茶座、卡拉 OK 房	 每顾客每次 每顾客每次 每顾客每次	 15 ~ 20 7 ~ 10 3 ~ 8	 10 ~ 12 11 18
14	办公楼	每人每班	5 ~ 10	8
15	健身中心	每人每次	15 ~ 25	12
16	体育场(馆) 运动员淋浴	 每人每次	 17 ~ 26	4
17	会议厅	每座位每次	2 ~ 3	4

注:1. 热水温度按 60 ℃计。

2. 表内所列用水定额均已包括在给水用水定额中。

3. 本表以 60 ℃热水水温为计算温度,卫生器具的使用水温见表 5-15。

表 5-15　卫生器具的一次和小时热水用水定额及水温

序号	卫生器具名称	一次用水量(L)	小时用水量(L)	使用水温(℃)
1	住宅、旅馆、别墅、宾馆、酒店式公寓			
	带有淋浴器的浴盆	150	300	40
	无淋浴器的浴盆	125	250	40
	淋浴器	70～100	140～200	37～40
	洗脸盆、盥洗槽水嘴	3	30	30
	洗涤盆(池)	—	180	50
2	宿舍、招待所、培训中心淋浴器			
	有淋浴小间	70～100	210～300	37～40
	无淋浴小间	—	450	37～40
	盥洗槽水嘴	3～5	50～80	30
3	餐饮业			
	洗涤盆(池)	—	250	50
	洗脸盆:工作人员用	3	60	30
	顾客用	—	120	30
	淋浴器	40	400	37～40
4	幼儿园、托儿所			
	浴盆:幼儿园	100	400	35
	托儿所	30	120	35
	淋浴器:幼儿园	30	180	35
	托儿所	15	90	35
	盥洗槽水嘴	15	25	30
	洗涤盆(池)	—	180	50
5	医院、疗养院、休养所			
	洗手盆	—	15～25	35
	洗涤盆(池)	—	300	50
	浴盆	125～150	250～300	40
	淋浴器	—	200～300	37～40
6	公共浴室			
	浴盆	125	250	40
	淋浴器:有淋浴小间	100～150	200～300	37～40
	无淋浴小间	—	450～540	37～40
	洗脸盆	5	50～80	35
7	办公楼洗手盆	—	50～100	35
8	理发室、美容院、洗脸盆	—	35	35
9	实验室			
	洗脸盆	—	60	50
	洗手盆	—	15～25	30

续表 5-15

序号	卫生器具名称	一次用水量(L)	小时用水量(L)	使用水温(℃)
10	剧场 淋浴器 演员用洗脸盆	 60 5	 200~400 80	 37~40 35
11	体育场馆淋浴器	30	300	35
12	工业企业生活间 淋浴器:一般车间 脏车间 洗脸盆或盥洗槽水嘴:一般车间 脏车间	 40 60 3 5	 360~540 180~480 90~120 100~150	 37~40 40 30 35
13	净身器	10~15	120~180	30

(二)热水水温

1. 热水使用温度

生活用热水水温应满足生活使用的各种需要。各种卫生器具使用水温按表 5-15 确定。其中淋浴器使用水温,应根据气候条件、使用对象和使用习惯确定。在计算耗热量和热水用量时,一般按 40 ℃计算。

餐厅厨房用热水温度与水的用途有关,洗衣机用热水温度与洗涤衣物的材质有关,其热水使用温度见表 5-16。汽车冲洗用水,在寒冷地区,为防止车身结冰,宜采用 20~25 ℃的热水。

生产热水使用温度应根据工艺要求或同类型生产实践数据确定。

表 5-16 餐厅厨房、洗衣机热水使用温度

用水对象	用水温度(℃)	用水对象	用水温度(℃)
餐厅厨房:		洗衣机:	
一般洗涤	50	棉麻织物	50~60
洗碗机	60	丝绸织物	35~45
餐具过清	70~80	毛料织物	35~40
餐具消毒	>80	人造纤维织物	30~35

2. 热水供水温度

热水供水温度是指热水供应设备(如热水锅炉、水加热器等)的出口温度。最低供水温度应保证热水管网最不利配水点的水温不低于使用水温要求。最高供水温度应便于使用,过高的供水温度虽可增加蓄热量,减少热水供应量,但也会增大加热设备和管道的热损失,增加管道腐蚀和结垢的可能性,并易引发烫伤事故。根据水质处理情况,加热设备出口的最高水温和配水点最低水温可按表 5-17 采用。

表 5-17 直接供应热水的热水锅炉、热水机组或水加热器出口的最高水温和配水点的最低水温

水质处理情况	热水锅炉、热水机组或水加热器出口的最高水温(℃)	配水点的最低水温(℃)
原水水质无需软化处理,原水水质需水质处理且有水质处理	75	50
原水水质需水质处理但未进行水质处理	60	50

注:当热水供应系统只供淋浴和盥洗用水,不供洗涤盆(池)洗涤用水时,配水点最低水温可不低于 40 ℃。

对于个别要求水温较高的设备,如洗碗机、餐具过清、餐具消毒等,宜采用将热水供应系统一般水温的热水进一步加热或单独加热方式获得高水温。

3. 冷水计算温度

热水供应系统所用冷水的计算温度,应以当地最冷月平均水温确定。当无资料时,可按表 5-18 采用。

表 5-18 冷水计算温度

地区	地面水温度(℃)	地下水温度(℃)
黑龙江、吉林、内蒙古的全部,辽宁的大部分,河北、山西、陕西偏北部分,宁夏偏东部分	4	6 ~ 10
北京、天津、山东全部,河北、山西、陕西的大部分,河北北部,甘肃、宁夏、辽宁的南部,青海偏东和江苏偏北的一小部分	4	10 ~ 15
上海、浙江全部,江西、安徽、江苏的大部分,福建北部,湖南、湖北东部,河南南部	5	15 ~ 20
广东、台湾全部,广西大部分,福建、云南南部	10 ~ 15	20
重庆、贵州全部,四川、云南的大部分,湖南、湖北的西部,陕西和甘肃秦岭以南地区,广西偏北的一小部分	7	15 ~ 20

4. 冷热水比例计算

在冷热水混合时,应以配水点要求的热水水温、当地冷水计算水温和冷热水混合后的使用水温求出所需热水量和冷水量的比例。

若以混合水量为 100%,则所需热水量占混合水量的百分数按式(5-30)计算:

$$K_r = \frac{t_h - t_L}{t_r - t_L} \times 100\% \tag{5-30}$$

式中 K_r——热水混合系数;

t_h——混合水水温,℃;

t_L——冷水水温,℃;

t_r——热水水温,℃。

所需冷水量占混合水量的百分数 K_L 按式(5-31)计算:

$$K_L = 1 - K_r \tag{5-31}$$

(三)热水水质

生产用热水的水质应根据生产工艺要求确定。

生活用热水的水质应符合我国现行的《生活饮用水卫生标准》要求。由于水加热后,水中钙、镁离子会受热析出,附着在设备和管道表面形成水垢,降低管道输水能力和设备的导热系数;同时水温升高,水中的溶解氧也会受热逸出,增加水的腐蚀性。因此,在热水供应系统中应采取必要的防止结垢和控制腐蚀的措施。

集中热水供应系统原水的水处理,应根据水质、水量、水温、水加热设备的构造、使用要求、工程投资等因素,经技术经济比较按下列要求确定。

(1)洗衣房日用热水量(按60 ℃计)大于或等于10 m^3 且原水总硬度(以碳酸钙计)大于300 mg/L时,应进行水质软化处理;原水总硬度(以碳酸钙计)为150 ~ 300 mg/L时,宜进行水质软化处理。

(2)其他生活日用热水量(按60 ℃计)大于或等于10 m^3 且原水总硬度(以碳酸钙计)大于300 mg/L时,宜进行水质软化或稳定处理。

(3)经软化处理后的水质总硬度宜为:洗衣房用水50 ~ 100 mg/L,其他用水75 ~ 150 mg/L。

(4)系统对溶解氧控制要求较高时,宜采取除氧措施。

水质处理包括原水软化处理与原水稳定处理。生活热水的原水软化处理一般采用离子交换法,可按比例将部分软化水与原水混合后使用,也可对原水全部进行软化处理。适用于对热水水质要求高、维护管理水平高的高级旅馆等场所。原水的稳定处理,有物理处理和化学稳定剂处理两种方法。物理处理可采用磁水器、电子水处理器、静电水处理器、碳铝离子水处理器等装置;化学稳定剂处理可使用聚磷酸盐、聚硅酸盐等稳定剂。

除氧处理(去除水中的氧和二氧化碳气体)目前也在一些热水用量较大的高级宾馆等建筑中采用,其工作原理是利用除氧装置,减少水中的溶解氧,如热力除氧、真空除氧、解析除氧、化学除氧等。

二、耗热量、热水量和热媒耗量的计算

耗热量、热水量和热媒耗量是热水供应系统中选择设备和管网计算的主要依据。

(一)耗热量计算

集中热水供应系统的设计小时耗热量,应根据用水情况和冷、热水温差计算。

(1)全日供应热水的住宅、别墅、招待所、培训中心、旅馆、宾馆的客房(不含员工)、医院住院部、养老院、幼儿园、托儿所(有住宿)等建筑的集中热水供应系统的设计小时耗热量应按式(5-32)计算:

$$Q_h = K_h m q_r C(t_r - t_L)\rho_r/86\,400 \tag{5-32}$$

式中 Q_h——设计小时耗热量,W;

m——用水计算单位数,人数或床位数;

q_r——热水用水定额,L/(人·d)或L/(床·d)等,按表5-14采用;

C——水的比热,C =4 187 J/(kg·℃);

t_r——热水温度，$t_r = 60$ ℃；

t_L——冷水计算温度，℃，按表 5-18 选用；

ρ_r——热水密度，kg/L；

K_h——热水小时变化系数，全日供应热水时可按表 5-19～表 5-21 采用。

表 5-19 住宅、别墅的热水小时变化系数 K_h 值

居住人数 m	≤100	150	200	250	300	500	1 000	3 000	≥6 000
K_h	5.12	4.49	4.13	3.88	3.70	3.28	2.86	2.48	2.34

表 5-20 旅馆的热水小时变化系数 K_h 值

居住人数 m	≤150	300	450	600	900	≥6 000
K_h	6.84	5.61	4.97	4.58	4.19	3.90

表 5-21 医院的热水小时变化系数 K_h 值

居住人数 m	≤50	75	100	200	300	500
K_h	4.55	3.78	3.54	2.93	2.60	2.23

注：招待所、培训中心、宾馆的客房（不含员工）、养老院、幼儿园、托儿所（有住宿）等建筑的 K_h 可参照 5-20 选用；办公楼的 K_h 为 1.2～1.5。

（2）定时热水供应系统的住宅、旅馆、医院及工业企业生活间、公共浴室、学校、剧院、体育馆（场）等建筑的集中热水供应系统的设计小时耗热量应按式（5-33）计算：

$$Q_h = \sum \frac{q_h(t_r - t_L)\rho_r N_0 bC}{3\,600} \tag{5-33}$$

式中 Q_h——设计小时耗热量，W；

q_h——卫生器具热水的小时用水定额，L/h，按表 5-15 采用；

C——水的比热，$C = 4\,187$ J/(kg·℃)；

t_r——热水温度，按表 5-15 采用；

t_L——冷水计算温度，℃，按表 5-18 选用；

ρ_r——热水密度，kg/L；

N_0——同类型卫生器具数；

b——卫生器具的同时使用百分数：住宅、旅馆、医院、疗养院病房，卫生间内浴盆或淋浴器可按 70%～100% 计，其他器具不计，但定时连续供水时间应不小于 2 h，工业企业生活间、公共浴室、学校、剧院、体育馆（场）等的浴室内的淋浴器和洗脸盆均按 100% 计，住宅一户带多个卫生间时，只按一个卫生间计算。

（3）设有集中热水供应系统的居住小区的设计小时耗热量，当公共建筑的最大用水时时段与住宅的最大用水时时段一致时，应按两者的设计小时耗热量叠加计算；当公共建筑的最大用水时时段与住宅的最大用水时时段不一致时，应按住宅的设计小时耗热量加公共建筑的平均小时耗热量叠加计算。

(4)具有多个不同使用热水部门的单一建筑(如旅馆内具有客房卫生间、职工公用淋浴间、洗衣房、厨房、游泳池及健身娱乐设施等多个热水用户)或多种使用功能的综合性建筑(如同一栋建筑内具有公寓、办公楼、商业用房、旅馆等多种用途),当其热水由同一热水系统供应时,设计小时耗热量,可按同一时间内出现用水高峰的主要用水部门的设计小时耗热量加其他用水部门的平均小时耗热量计算。

(二)热水量计算

设计小时热水量,可按式(5-34)计算:

$$Q_r = \frac{Q_h}{1.163(t_r - t_L)\rho_r} \tag{5-34}$$

式中 Q_r——设计小时热水量,L/h;

Q_h——设计小时耗热量,W;

t_r——设计热水温度,℃;

t_L——设计冷水计算温度,℃;

ρ_r——热水密度,kg/L。

(三)热媒耗量计算

根据热水被加热方式的不同,热媒耗量应按下列方法计算。

(1)采用蒸汽直接加热时,蒸汽耗量按式(5-35)计算:

$$G = (1.10 \sim 1.20)\frac{3.6Q_h}{i_m - i_r} \tag{5-35}$$

式中 G——蒸汽耗量,kg/L;

Q_h——设计小时耗热量,W;

i_m——蒸汽热焓,kJ/kg,按表5-22选用;

i_r——蒸汽与冷水混合后的热水热焓,kJ/kg,$i_r = 4.187t_r$,其中 t_r 为蒸汽与冷水混合后的热水温度,℃。

表5-22 饱和蒸汽性质

绝对压力(MPa)	饱和蒸汽温度(℃)	热焓(kJ/kg)		蒸汽的汽化热(kJ/kg)
		液体	蒸汽	
0.1	100	419	2 679	2 260
0.2	119.6	502	2 707	2 205
0.3	132.9	559	2 726	2 167
0.4	142.9	601	2 738	2 137
0.5	151.1	637	2 749	2 112
0.6	158.1	667	2 757	2 090
0.7	164.2	694	2 767	2 073
0.8	169.6	718	2 773	2 055
0.9	174.5	739	2 777	2 038

（2）采用蒸汽间接加热时，蒸汽耗量按式（5-36）计算：

$$G = (1.10 \sim 1.20)\frac{3.6Q_h}{\gamma_h} \tag{5-36}$$

式中 G——蒸汽耗量，kg/L；

Q_h——设计小时耗热量，W；

γ_h——蒸汽的汽化热，kJ/kg，按表5-22选用。

（3）采用高温热水间接加热时，高温热水耗量按式（5-37）计算：

$$G = (1.10 \sim 1.20)\frac{3.6Q_h}{C(t_{mc} - t_{mz})} \tag{5-37}$$

式中 G——蒸汽耗量，kg/L；

Q_h——设计小时耗热量，W；

C——水的比热，C=4 187 J/(kg·℃)；

t_{mc}——高温热水进口水温，℃；

t_{mz}——高温热水出口水温，℃。

【例5-3】 某旅馆建筑，有300张床位150套客房，客房均设专用卫生间，内有浴盆、脸盆各1件。旅馆全日集中供应热水，加热器出口热水温度为70 ℃，当地冷水温度10 ℃。采用容积式水加热器，以蒸汽为热媒，蒸汽压力0.2 MPa（表压）。

试计算设计小时耗热量、设计小时热水量、热媒耗量。

解：1. 设计小时耗热量 Q_h

已知 m=300，q_r=150 L/(人·d)（60 ℃）查表5-20可得：K_h=5.61

t_r=60 ℃，t_L=10 ℃，ρ_r=0.983 kg/L(60 ℃)

按式（5-32）计算：

$$Q_h = K_h\frac{mq_rC(t_r - t_L)\rho_r}{86\,400}$$

$$= 5.61 \times \frac{300 \times 150 \times 4\,187 \times (60 - 10) \times 0.983}{86\,400}$$

$$= 601\,296\,(\mathrm{W})$$

2. 设计小时热水量 Q_r

已知 t_r=60 ℃，t_L=10 ℃，Q_h=601 296 W，ρ_r=0.978 kg/L(70 ℃)

按式（5-34）计算：

$$Q_r = \frac{Q_h}{1.163(t_r - t_L)\rho_r}$$

$$= \frac{601\,296}{1.163 \times (60 - 10) \times 0.978}$$

$$= 10\,573\,(\mathrm{L/h})$$

3. 热媒耗量 G

已知 Q_h=601 296 W，查表5-22，在0.3 MPa绝对压力下，蒸汽的汽化热 γ_h=2 167 kJ/kg。

按式（5-36）计算：

$$G = 1.15 \times \frac{3.6Q_h}{\gamma_h}$$

$$= 1.15 \times \frac{3.6 \times 601\ 296}{2\ 167}$$

$$= 1\ 149(kg/h)$$

第六节　热水管网的水力计算

热水管网的水力计算是在完成热水供应系统布置，绘出热水管网系统图及选定加热设备后进行的。水力计算的目的如下：

(1)计算第一循环管网(热媒管网)的管径和相应的水头损失。

(2)计算第二循环管网(配水管网和回水管网)的设计秒流量、循环流量、管径和水头损失。

(3)确定循环方式，选用热水管网所需的各种设备及附件，如循环水泵、疏水器、膨胀设施等。

一、第一循环管网的水力计算

(一)热媒为热水

以热水为热媒时，热媒流量 G 按式(5-37)计算。

热媒循环管路中的配、回水管道，其管径应根据热媒流量 G、热水管道允许流速，通过查热水管道水力计算表确定，并据此计算出管路的总水头损失 H_h。热水管道的流速宜按表 5-23 选用。

表 5-23　热水管道的流速

公称直径(mm)	15～20	25～40	≥50
流速(m/s)	≤0.8	≤1.0	≤1.2

当锅炉与水加热器或贮水器连接时，如图 5-40 所示，热媒管网的热水自然循环压力值 H_{zr} 按式(5-38)计算：

$$H_{zr} = 9.8\Delta h(\rho_1 - \rho_2) \tag{5-38}$$

式中　H_{zr}——热水自然循环压力，Pa；

Δh——锅炉中心与水加热器内盘管中心或贮水器中心的垂直高度，m；

ρ_1——锅炉出水的密度，kg/m^3；

ρ_2——水加热器或贮水器的出水密度，kg/m^3。

当 $H_{zr} > H_h$ 时，可形成自然循环，为保证运行可靠一般要求：

$$H_{zr} \geqslant (1.10 \sim 1.15)H_h \tag{5-39}$$

式中　H_h——管路的水头损失。

当 H_{zr} 不满足式(5-39)的要求时，则应采用机械循环方式，依靠循环水泵强制循环。循环水泵的流量和扬程应比理论计算值略大一些，以确保可靠循环。

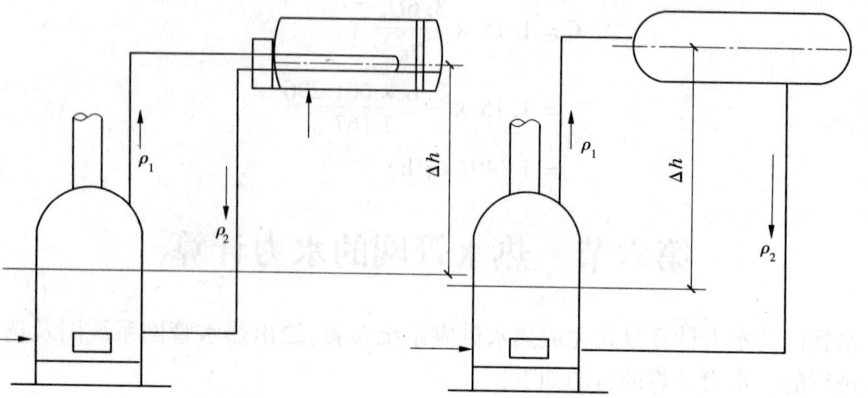

(a)热水锅炉与水加热器连接(间接加热)　　(b)热水锅炉与贮水器连接(直接加热)

图 5-40　热媒管网自然循环压力

(二)热媒为高压蒸汽

以高压蒸汽为热媒时,热媒流量 G 按式(5-35)或式(5-36)确定。

热媒蒸汽管道一般按管道的允许流速和相应的比压降确定管径与水头损失。高压蒸汽管道的常用流速见表 5-24。

表 5-24　高压蒸汽管道常用流速

管径(mm)	15~20	25~32	40	50~80	100~150	≥200
流速(m/s)	10~15	15~20	20~25	25~35	30~40	40~60

确定热媒蒸汽管道管径后,还应合理确定凝水管管径。

二、第二循环管网的水力计算

(一)配水管网的水力计算

配水管网水力计算的目的主要是根据各配水管段的设计秒流量和允许流速值来确定配水管网的管径,并计算其水头损失值。

(1)热水配水管网的设计秒流量可按生活给水(冷水系统)设计秒流量公式计算。

(2)卫生器具热水给水额定流量、当量、支管管径和最低工作压力同给水规定。

(3)热水管道的流速宜按表 5-23 选用。

(4)热水管网水头损失计算。

热水管网中单位长度水头损失和局部水头损失的计算,与冷水管道的计算方法和计算公式相同,但热水管道的计算内径 d_j 应考虑结垢和腐蚀引起过水断面缩小的因素,管道结垢造成的管径缩小量见表 5-25。

表 5-25　管道结垢造成的管径缩小量

管道公称直径(mm)	15~40	50~100	125~200
管径缩小量(mm)	2.5	3.0	4.0

热水管道的水力计算，应根据采用的热水材料，选用相应的热水管道水力计算图表或公式进行计算。使用时应注意水力计算图表的使用条件，当工程的使用条件与制表条件不相符时，应根据各自规定作相应修正。

①当热水管采用交联聚乙烯（PEX）管时，其管道水力坡降可采用式（5-40）计算：

$$i = 0.000\,915\frac{q^{1.774}}{d_j^{4.774}} \tag{5-40}$$

式中 i——管道水力坡降；

q——管道内设计流量，m^3/s；

d_j——管道计算内径，m。

若水温为 60 ℃，可以参照图 5-41 的 PEX 管水力计算图选用管径。若水温高于或低于 60 ℃，可按表 5-26 修正。

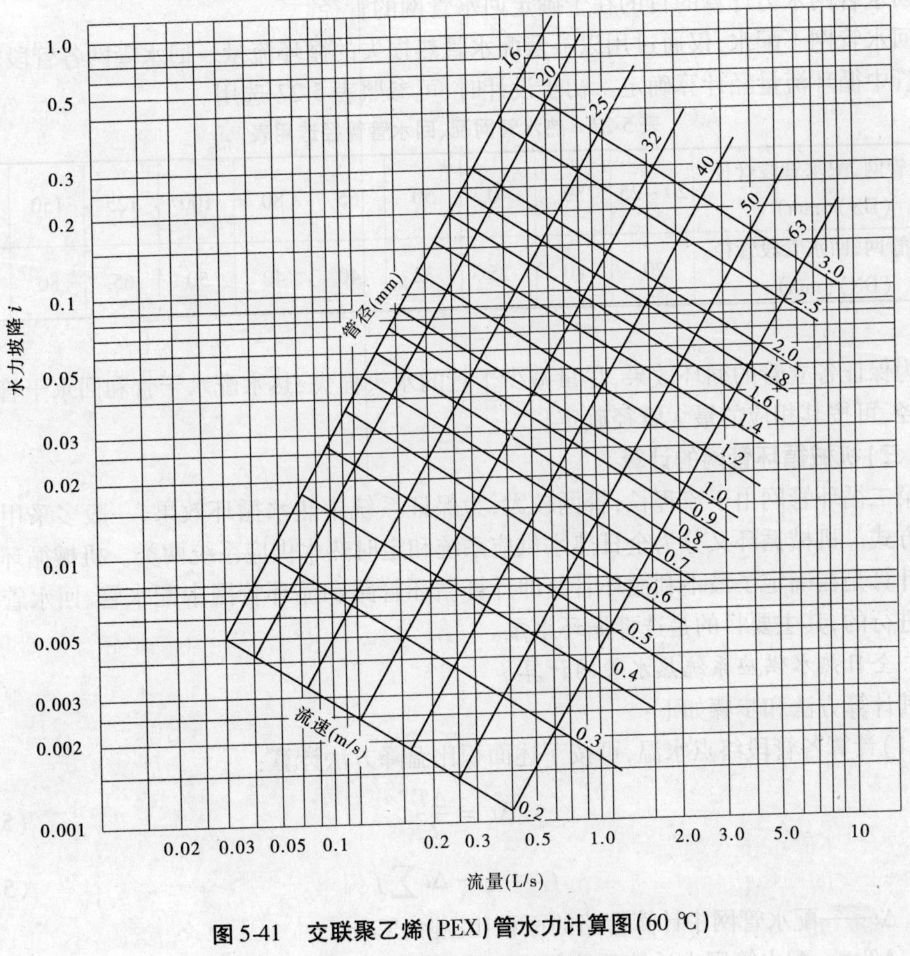

图 5-41 交联聚乙烯（PEX）管水力计算图（60 ℃）

表 5-26 水头损失温度修正系数

水温（℃）	10	20	30	40	50	60	70	80	90	95
修正系数	1.23	1.18	1.12	1.08	1.03	1.00	0.98	0.96	0.93	0.90

②当热水管采用聚丙烯(PPR)管时水头损失计算公式如下：

$$H_f = \lambda \frac{Lv^2}{d_j 2g} \tag{5-41}$$

式中 H_f——管道沿程水头损失，m；

λ——沿程阻力系数；

L——管道长度，m；

d_j——管道计算内径，m；

v——管道内水流平均速度，m/s；

g——重力加速度，m/s^2，一般取 9.81 m/s^2。

设计时，可以按式(5-41)计算，也可以查水力计算表选用管径。

(二)回水管网的水力计算

回水管网水力计算的目的在于确定回水管网的管径。

回水管网不配水，仅通过用以补偿配水管热损失的循环流量。回水管网各管段管径，应按管中循环流量经计算确定。初步设计时，可参照表5-27选用。

表5-27 热水管网配、回水管管径选用表

热水管网、配水管段管径(DN)(mm)	20~25	32	40	50	65	80	100	125	150	200
热水管网、回水管段管径(DN)(mm)	20	20	25	32	40	40	50	65	80	100

为保证各立管的循环效果，尽量减少干管的水头损失，热水配水干管和回水干管均不宜变径，可按其相应的最大管径确定。

(三)机械循环管网的计算

第二循环管网由于流程长，管网较大，为保证系统中热水循环效果，一般多采用机械循环方式。机械循环又分为全日热水供应系统和定时热水供应系统两类。机械循环管网水力计算是在确定了最不利循环管路即计算循环管路和循环管网中配水管、回水管的管径后进行的，其主要目的是选择循环水泵。

1. 全日热水供应系统热水管网计算

其计算方法和步骤如下：

(1)计算各管段终点水温，可按下述面积比温降方法计算：

$$\Delta t = \frac{\Delta T}{F} \tag{5-42}$$

$$t_z = t_c - \Delta t \sum f \tag{5-43}$$

式中 Δt——配水管网中计算管路的面积比温降，℃/m^2；

ΔT——配水管网中计算管路起点和终点的水温差，按系统大小确定，一般取 ΔT = 5~10 ℃；

F——计算管路配水管网的总外表面面积，m^2；

$\sum f$——计算管段终点以前的配水管网的总外表面面积，m^2；

t_c——计算管路的起点温度,℃;

t_z——计算管路的终点温度,℃。

(2)计算配水管网各管段的热损失,公式如下:

$$q_s = \pi DLK(1-\eta)\left(\frac{t_c+t_z}{2}-t_j\right) \tag{5-44}$$

式中 q_s——计算管段热损失,W;

D——计算管段外径,m;

L——计算管段长度,m;

K——无保温时管道的传热系数,W/(m²·℃);

η——保温系数,无保温时 $\eta=0$,简单保温时 $\eta=0.6$,较好保温时 $\eta=0.7\sim0.8$;

t_c——计算管路的起点温度,℃;

t_z——计算管路的终点温度,℃;

t_j——计算管段周围的空气温度,℃,可按表5-28确定。

表5-28 管道周围的空气温度

管道敷设情况	t_j(℃)	管道敷设情况	t_j(℃)
采暖房间内明管敷设	18~20	敷设在不采暖的地下室内	5~10
采暖房间内暗管敷设	30	敷设在室内地下管沟内	35
敷设在不采暖房间的顶棚内	采用1月室外平均温度		

(3)计算配水管网总的热损失。

将各管段的热损失相加便得到配水管网总的热损失 Q_s,即 $Q_s=\sum_{i=1}^{n}q_s$。初步设计时,Q_s 也可按设计小时耗热量的3%~5%来估算,其上下限可视系统的大小而定,系统服务范围大,配水管线长,可取上限;反之,取下限。

(4)计算总循环流量。

求解 Q_s 的目的在于计算管网的循环流量。循环流量是为了补偿配水管网在用水低峰时管道向周围散失的热量。保持循环流量在管网中循环流动,不断向管网补充热量,从而保证各配水点的水温。管网的热损失只计算配水管网散失的热量。

将 Q_s 代入式(5-45)求解全日供应热水系统的总循环流量 q_X:

$$q_X = \frac{Q_s}{C\Delta T\rho_r} \tag{5-45}$$

式中 q_X——全日热水供应系统的总循环流量,L/s;

Q_s——配水管网的热损失,W;

C——水的比热,$C=4\ 187$ J/(kg·℃);

ΔT——配水管网中计算管路起点和终点的水温差,按系统大小确定,一般取 $\Delta T=5\sim10$ ℃;

ρ_r——热水密度，kg/L。

(5)计算循环管路各管段通过的循环流量。

在确定 q_X 后，可从水加热器后第1个节点起依次进行循环流量分配，以图5-42为例，通过管段Ⅰ的循环流量 $q_{ⅠX}$ 即为 q_X 用以补偿整个配水管网的热损失，流入节点1的流量 q_{1X} 用以补偿1点之后各管段的热损失，即 $q_{AS}+q_{BS}+q_{CS}+q_{ⅡS}+q_{ⅢS}$，$q_{1X}$ 又分流入A管段和Ⅱ管段，其循环流量分别为 q_{AX} 和 $q_{ⅡX}$。根据节点流量守恒原理：$q_{ⅠX}=q_{1X}$，$q_{ⅡX}=q_{ⅠX}-q_{AX}$。$q_{ⅡX}$ 补偿管段Ⅱ、Ⅲ、B、C的热损失，即 $q_{ⅡS}+q_{ⅢS}+q_{BS}+q_{CS}$，$q_{AX}$ 补偿管段A的热损失 q_{AS}。

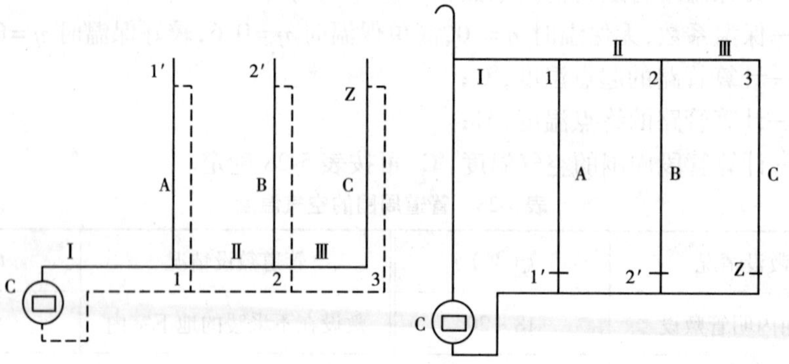

图5-42 计算用图

按照循环流量与热损失成正比和热平衡关系，$q_{ⅡX}$ 可按下式确定：

$$q_{ⅡX}=q_{ⅠX}\frac{q_{BS}+q_{CS}+q_{ⅡS}+q_{ⅢS}}{q_{AS}+q_{BS}+q_{CS}+q_{ⅡS}+q_{ⅢS}} \tag{5-46a}$$

流入节点2的流量 q_{2X} 用以补偿2点之后各管段的热损失，即 $q_{ⅢS}+q_{BS}+q_{CS}$，q_{2X} 又分流入B管段和Ⅲ管段，其循环流量分别为 q_{BX} 和 $q_{ⅢX}$。根据节点流量守恒原理：$q_{2X}=q_{ⅡX}$，$q_{ⅢX}=q_{ⅡX}-q_{BX}$。$q_{ⅢX}$ 补偿管段Ⅲ和C的热损失，即 $q_{ⅢS}+q_{CS}$，q_{BX} 补偿管段B的热损失 q_{BS}。同理可得：

$$q_{ⅢX}=q_{ⅡX}\frac{q_{ⅢS}+q_{CS}}{q_{BS}+q_{CS}+q_{ⅢS}} \tag{5-46b}$$

流入节点3的流量 q_{3X} 用以补偿3点之后管段C的热损失 q_{CS}。根据节点流量守恒原理：$q_{3X}=q_{ⅢX}$，$q_{ⅢX}=q_{CX}$，管道Ⅲ的循环流量即为管段C的循环流量。

将式(5-46a)和式(5-46b)简化为通用计算式，即为

$$q_{(n+1)X}=q_{nX}\frac{\sum q_{(n+1)S}}{\sum q_{nS}} \tag{5-46c}$$

式中 q_{nX}、$q_{(n+1)X}$——n、$n+1$ 管段所通过的循环流量，L/s；

$\sum q_{(n+1)S}$——$n+1$ 管段及其后各管段的热损失之和，W；

$\sum q_{nS}$——n 管段及其后各管段的热损失之和，W。

n、$n+1$ 管段如图5-43所示。

(6)复核各管段的终点水温,计算公式如下:

$$t_z' = t_c - \frac{q_s}{Cq_X'\rho_r} \tag{5-47}$$

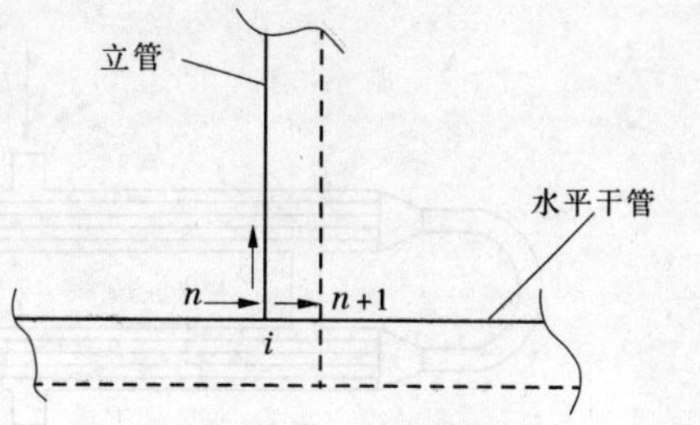

图 5-43 计算用图

式中 t_z'——各管段终点水温,℃;

t_c——各管段起点水温,℃;

q_s——各管段热损失,W;

q_X'——各管段的循环流量,L/s;

C——水的比热, $C = 4\ 187\ \text{J/(kg·℃)}$;

ρ_r——热水密度,kg/L。

计算结果若与原来确定的温度相差较大,应以式(5-43)和式(5-47)的计算结果 $t_z'' = \frac{t_z + t_z'}{2}$ 作为各管段的终点水温,重新进行上述(2)~(6)的运算。

(7)计算循环管网的总水头损失,公式如下:

$$H = (H_P + H_X) + H_j \tag{5-48}$$

式中 H——循环管网的总水头损失,kPa;

H_P——循环流量通过配水计算管路的沿程和局部水头损失,kPa;

H_X——循环流量通过回水计算管路的沿程和局部水头损失,kPa;

H_j——循环流量通过水加热器的水头损失,kPa。

容积式水加热器、导流型容积式水加热器、半容积式水加热器和加热水箱,因在容器内被加热水的流速一般较低($v \leqslant 0.1$ m/s),其流程短,故水头损失很小,在热水系统中可忽略不计。

对于快速式水加热器,被加热水在其中流速较大,流程也长,水头损失应以沿程水头损失和局部水头损失之和计算,即

$$\Delta H = 10 \times \left(\lambda \frac{L}{d_j} + \sum \xi\right) \frac{v^2}{2g} \tag{5-49}$$

式中 ΔH——快速式水加热器中热水的水头损失,kPa;

λ——沿程阻力系数;

L——被加热水的流程长度,m;

d_j——传热管计算管径,m;

ξ——局部阻力系数,可参考图 5-44,按表 5-29 选用;

v——被加热水的流速,m/s;

g——重力加速度,m/s^2,一般取 $9.81\ m/s^2$。

计算循环管路配水管及回水管的局部水头损失可按沿程水头损失的 20%~30% 估算。

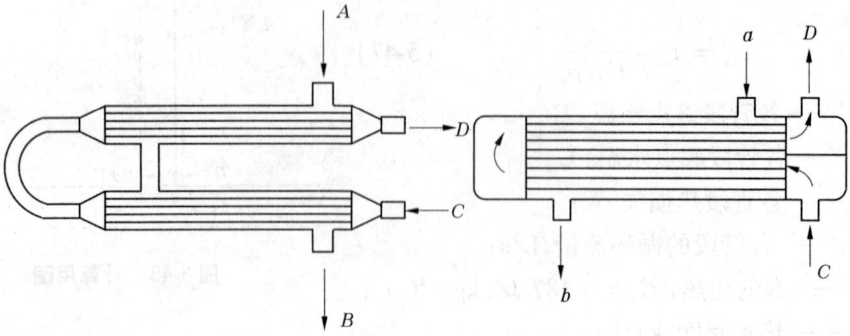

(a)水一水快速式水加热器　　(b)汽一水快速式水加热器

A—热媒水；a—热媒蒸汽；B—热媒回水；b—凝结水；C—冷水；D—热水

图 5-44　快速式水加热器局部阻力构造

表 5-29　快速式水加热器局部阻力系数 ξ 值

水加热器类型	局部阻力形式		ξ
水－水快速式水加热器	热媒管道	水室到管束或管束到水室	0.5
		经水室转 180°由一管束到另一管束	2.5
	热水管道	与管束垂直进入管间	1.5
		与管束垂直流出管间	1.0
		在管间绕过支承板	0.5
		在管间由一段到另一段	2.5
汽－水快速式水加热器	热媒管道	与管束垂直的水室进口或出口	0.75
		经水室转 180°	1.5
	热水管道	与管束垂直进入管间	1.5
		与管束垂直流出管间	1.0

(8)选择循环水泵。

热水循环水泵通常安装在回水干管的末端，热水循环水泵宜选用热水泵，水泵壳体承受的工作压力不得小于其所承受的静水压力加水泵扬程。循环水泵宜设备用泵，并与之交替运行。

循环水泵的流量：

$$Q_b \geqslant q_X \tag{5-50}$$

式中　Q_b——循环水泵的流量，L/s；

q_X——全日热水供应系统的总循环流量，L/s。

循环水泵的扬程为

$$H_b \geqslant H_P + H_X + H_j \tag{5-51}$$

式中　H_b——循环水泵的扬程，kPa；

H_P——循环流量通过配水计算管路的沿程水头损失和局部水头损失，kPa；

H_X——循环流量通过回水计算管路的沿程水头损失和局部水头损失，kPa；

H_j——循环流量通过水加热器的水头损失，kPa。

2. 定时热水供应系统机械循环管网计算

定时热水供应系统的循环水泵大都在供应热水前半小时开始运转，直到把水加热至规定温度，循环水泵即停止工作。因定时供应热水时用水较集中，故不考虑热水循环，循环水泵关闭。

定时热水供应系统中热水循环流量的计算，是按循环管网中的水每小时循环的次数来确定的，一般按 2 ~4 次计算，系统较大时取下限，反之取上限。

循环水泵的出水量即为热水循环流量：

$$Q_b \geq (2 \sim 4)V \tag{5-52}$$

式中 Q_b——循环水泵的流量，L/h；

V——热水循环管网系统的水容积，不包括无回水管的管段和加热设备的容积，L。

循环水泵的扬程，计算公式同式(5-51)。

(四)自然循环热水管网的计算

在小型或层数少的建筑物中，有时也采用自然循环热水供应方式。

自然循环热水管网的计算方法和程序与机械循环方式大致相同，也要如前述先求出管网总热损失、总循环流量、各管段循环流量和循环水头损失。但应在求出循环管网的总水头损失之后，先校核一下系统的自然循环压力值是否满足要求。由于热水循环管网有上行下给式和下行上给式两种方式，因此其自然循环压力值的计算公式也不同。

(1)上行下给式管网(见图 5-45 (a))，可按式(5-53)计算：

$$H_{zr} = 9.8\Delta h'(\rho_3 - \rho_4) \tag{5-53}$$

式中 H_{zr}——上行下给式管网的自然循环压力，Pa；

$\Delta h'$——锅炉或水加热器的中心与上行横干管中点的标高差，m；

ρ_3——最远处立管中热水的平均密度，kg/m^3；

ρ_4——总配水立管中热水的平均密度，kg/m^3。

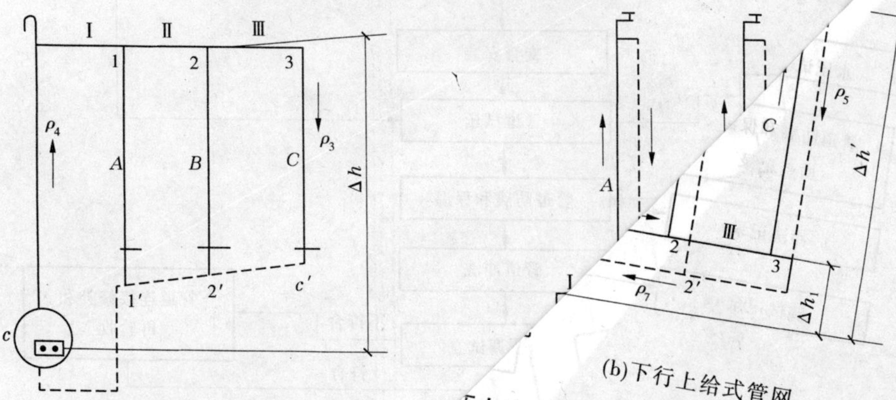

(a)上行下给式管网

(b)下行上给式管网

图5-45 压力计算用图

(2)下行上给式管网(见图5-45(b)),可按式(5-54)计算:

$$H_{zr} = 9.8[(\Delta h' - \Delta h_1)(\rho_7 - \rho_8) + \Delta h_1(\rho_5 - \rho_6)] \tag{5-54}$$

式中 H_{zr}——下行上给式管网的自然循环压力,Pa;

$\Delta h'$——锅炉或水加热器的中心至立管顶部的标高差,m;

Δh_1——锅炉或水加热器的中心至与配水横干管中心的垂直距离,m;

ρ_5、ρ_6——最远处回水立管、配水立管管段中热水的平均密度,kg/m³;

ρ_7、ρ_8——水平干管回水立管、配水立管管段中热水的平均密度,kg/m³。

当管网循环水压 $H_{zr} \geq 1.35H$ 时,管网才能安全可靠地自然循环,H 为循环管网的总水头损失,可由式(5-48)计算确定,否则应采取机械强制循环。

第七节 热水管道及配件安装

一、工艺流程

热水管道及配件安装工艺流程见图5-46。

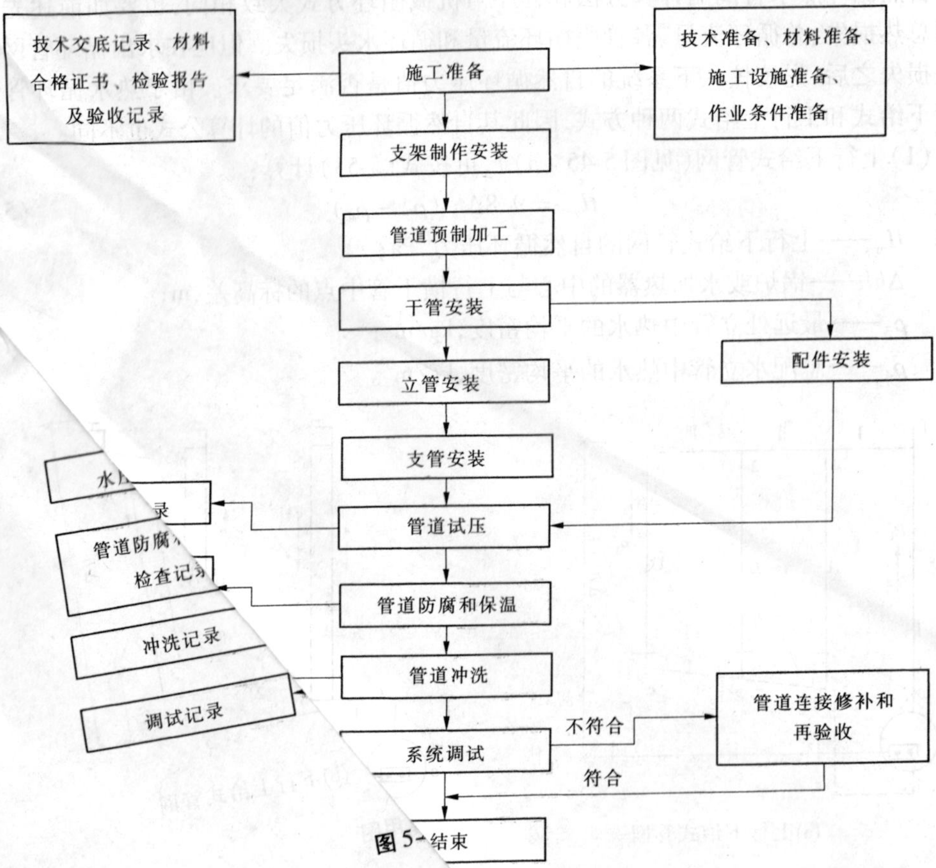

图 5-……配件安装工艺流程

二、操作工艺

(一)施工准备

(1)技术准备。

(2)材料要求。

(3)主要机具。

①机械:钢锯、切管器、套丝机、砂轮机、台钻、手电钻、电焊机、热熔(电熔)连接工具、电动试压泵、滚槽机、垂直吊运机、磨光机、吊车等。

②工具:锉、铰刀、套丝板、管钳、压力钳、手锯、手锤、扳手、链钳、煨弯器、手动试压泵、捻凿、管剪、整圆器、弯管弹簧、成套焊割工具、起重工具、滚杠、平头铁锹、抹灰工具等。

③其他:水平尺、盒尺、直角尺、量角器、线坠、钢卷尺、小线、压力表、钢丝刷、刷、麻绳、水桶、脚手架、人字梯、高凳、圆弧形样板、钢针等。

(4)作业条件。

(二)预埋预留

1.制作模具和埋件

(1)根据设计图纸,参照预留孔洞尺寸及位置图选定形式,并制作模具。

(2)墙上的木砖,按要求做好后,在木砖中心钉一个钉子,木砖满刷防腐油。

2.放线、标记

(1)在钢筋绑扎前,按图纸要求的规格、位置、标高预留槽、洞或预埋套管、铁件。

若设计无规定,可先在钢筋下方的模板上按已知轴线及标高量尺并画出十字标记。两条十字标记拉线的交点即为预留孔洞、木盒、套管及铁件的中心。

(2)在砖墙上预留孔洞或预留管槽时,应根据管的位置和标高及轴线量出准确位置。

3.安装模具、预埋件

(1)在混凝土墙或梁、板上安装模具必须按照标注的十字线安装。待支完模板后,在模板上锯出孔洞,将模具或套管钉牢或用铁丝绑靠在周围的钢筋上,并找平、找正。

(2)在基础墙上预埋套管时,按标高、位置在砌砖或砌石时镶入,找平、找正,用砂浆稳固。

(3)混凝土捣制构件预埋管道支架时,应按图纸要求找准位置、标高。在支模时,将预埋件找平后固定在模板上。

(4)在楼板上预埋吊环,事先预制好预埋件。按图纸要求在模板上找好位置、尺寸,画出管路与墙相平行的直线。按规定间距确定吊架预埋件的个数及具体位置。

4.各种管材预留预埋要求

1)PVC-C(氯化聚氯乙烯)管

(1)在砌体墙上嵌墙敷设或在楼板上、钢筋混凝土墙体外的找平层中埋设时,管道外径不得大于25 mm。

(2)管道不得采用非粘接连接管件。

(3)管道在槽内应设管卡,其间距可取1.0 m。

(4)在砌体墙上墙槽的宽度不宜小于管外径加30 mm,深度不宜小于管外径加30

mm。墙槽应横平竖直。管道试压后应用 M7.5 水泥砂浆填补密实。

2)PEX(交联聚乙烯)管、PE－RT(耐热聚乙烯)管

(1)热水管道与冷水管道应平行敷设。水平敷设时热水管道应敷设在外侧,上下敷设时热水管应敷设在上方。

(2)暗敷在砌体墙上或楼板上、钢筋混凝土墙体外找平层中的管道管径不应大于 25 mm,中间不得有机械式连接管件,不宜有热熔、电熔连接的管件。管道表面水泥砂浆保护层厚度不应小于 10 mm,暗敷设的热水管宜设塑料波纹套管。

(3)在可能受强光照射部位或采用浅色透明管道时,不得明敷。当必须明敷时,应采取避光措施。可能冰冻的室外和室内管道应有防冻保温措施。

(三)套管制作与安装

(1)室内热水管道穿过楼板、墙体、基础等处应设置套管。

(2)地下室或地下构筑物外墙有管道穿过的,应采取防水措施。对有严格防水要求的建筑物,必须采用柔性防水套管。

(3)管道穿越人防设施的套管应按人防设计图制作安装。

(4)普通套管管径比穿管管径大 1～2 号。防水套管管径按设计图所选用的标准图集制作。

(5)安装在楼板内的套管,其顶部应高出装饰地面 20 mm;安装在卫生间及厨房内的套管,其顶部应高出装饰地面 50 mm,底部应与楼板底面相平;安装在墙壁内的套管其两端与装饰面相平。穿越楼板的套管与管道之间的缝隙应用阻燃密实材料和防水油膏填实,端面光滑。穿墙套管与管道之间缝隙宜用阻燃密实材料填实,且端面应光滑。管道的接口不得设在套管内。

(6)刚性防水套管安装要求。

①石棉应采用符合《温石棉》(GB/T 8071—2008)标准的 4 级以上机选温石棉。

②油麻应采用纤维较长、无皮质、清洁、富有韧性的油麻。

③水泥采用符合现行相关标准,强度等级不宜低于 42.5 号的硅酸盐水泥。

④石棉水泥应在填打前拌和,石棉水泥的重量配合比应为石棉 30%、水泥 70%,水灰比宜小于或等于 0.20;拌好的石棉水泥应在初凝前用完;填打后的接口应及时潮湿养护。

(7)柔性防水套管安装要求。

①橡胶密封圈的硬度、物理性能、质量、尺寸和公差及检验等应符合现行相关标准的规定。

②橡胶密封圈使用前应进行检查,不得有割裂、龟裂、错位、错配、飞边等缺陷。

③与橡胶圈接触的各表面应洁净,套在穿墙套管上的橡胶圈应平直、无扭曲。

④螺栓紧固等应设置在易于人工操作的一侧。螺栓应均匀对称地紧固。

(四)预制加工

按设计图纸画出管道分支、管径、预留管口及阀门位置等施工草图,在实际安装的结构位置上做好标记,分段量出实际安装的准确尺寸,记录在施工草图上,然后按草图测得的尺寸预制加工,并按段分组编号。

管道连接方式众多,有螺纹连接、钎焊连接、法兰连接、热熔承插连接、电熔连接、沟槽

式连接、卡压式连接、压缩式连接、粘接连接等。

(五)管道支、吊、托架及管卡安装

1. 选定支架形式

(1)在管道上不允许有任何位移的地方,应按设计图上标注的部位设置固定支托架。其一般做法如图 5-47 所示。

(2)允许管道沿轴线方向自由移动时设置活动支架。有托架和吊架两种形式。托架活动支架有简易式,U 形卡只固定一个螺帽。管道在卡内可自由伸缩,如图 5-48 所示。

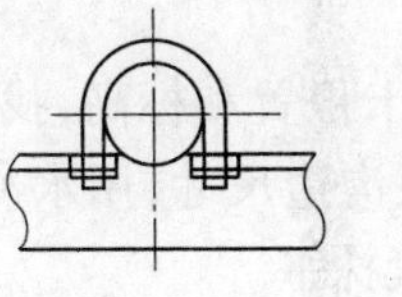

图 5-47　固定托架一般做法

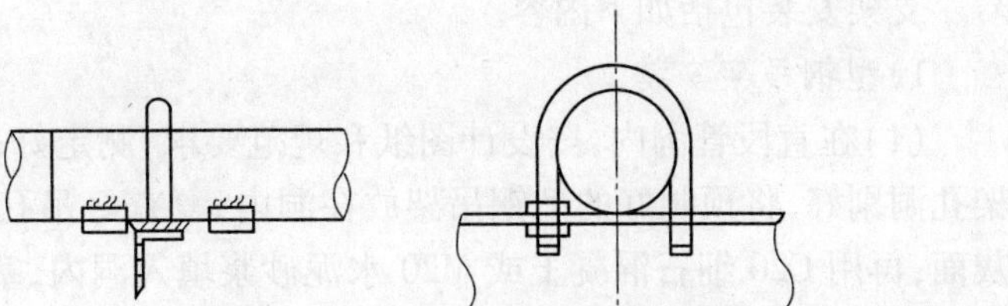

图 5-48　滑动管卡一般做法

(3)托钩与管卡:托钩一般用于室内横支管、支管等的固定。立管卡用来固定立管,一般多采用成品,如图 5-49 所示。

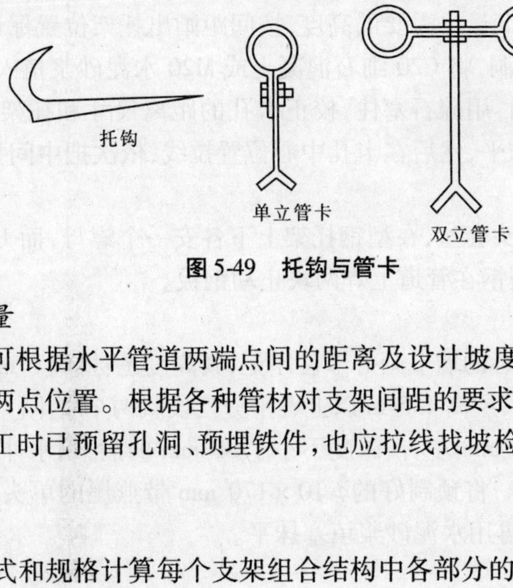

图 5-49　托钩与管卡

2. 确定支架数量

有坡度的管道可根据水平管道两端点间的距离及设计坡度计算出两点间的高差,在墙上按标高确定此两点位置。根据各种管材对支架间距的要求拉线画出每一个支架的具体位置。若土建施工时已预留孔洞、预埋铁件,也应拉线找坡检查其标高、位置及数量是否符合要求。

3. 计算料长

根据选定的形式和规格计算每个支架组合结构中各部分的料长。

4. 支架制作

支架制作包括如下内容:

(1)型钢架下料、画线后切断,若用气割,应及时凿掉毛刺以便进行螺栓孔钻眼,不得气割成孔。型钢三角架,水平单臂型钢支架栽入部分应用气割形成劈叉,栽入部分不小于 120 mm,型钢下料、切断,煨成设计角度后用电焊焊接。

(2)U 形卡用圆钢制作。将圆钢调直、量尺、下料后切断,用圆扳压扳手将圆钢的两端套出螺纹，活动支架上的U形卡可套一头丝，螺纹的长度应套上固定螺栓后留出2~3扣为宜。

（3）吊架卡环制作：用圆钢或扁钢制作卡环时，穿螺栓棍的两个小圆环应保持圆、光、平，且两小环中心相对，并与大圆环相垂直。小环比所穿螺栓外圆稍大一点。各类吊架中各种吊环的内圆必须适合钢管的外圆，其对口部分应留出吊棍空隙。

（4）吊架中吊杆的长度按实际决定。

5. 支架安装

支架安装包括如下内容。

1）型钢吊架安装

（1）在直段管沟内，按设计图纸和规范要求，测定好吊卡位置和标高，找好坡度，将吊架孔洞剔好，将预制好的型钢吊架放在洞内，复查好吊孔距沟边尺寸，用水冲净洞内砖渣灰面，再用C20细石混凝土或M20水泥砂浆填入洞内，塞紧抹平。

（2）用22号钢丝或小线在型钢下表面吊孔中心位置拉直绷紧，把中间型钢吊架依次栽好。

（3）按设计要求的管道标高、坡度结合吊卡间距、管径大小、吊卡中心计算每根吊棍长度并进行预制加工，待安装管道时使用。

2）型钢托架安装

（1）安装托架前，按设计标高计算出两端的管底高度，在墙上或沟壁上放出坡线，或按土建施工的水平线，上下量出需要的高度，按间距画出托架位置标记，剔凿全部墙洞。

（2）用水冲净两端孔洞，将C20细石混凝土或M20水泥砂浆植入洞深的一半，再将预制好的型钢托架插入洞内，用碎石塞住，校正卡孔的距离尺寸和托架高度。将托架栽平，用水泥砂浆将孔洞填实抹平，然后在卡孔中心位置拉线，依次把中间托架栽好。型钢托架的间距应符合要求。

（3）U形活动卡架一头套丝，在型钢托架上下各安一个螺母，而U形固定卡架两头套丝，各安一个螺母，靠紧型钢在管道上焊两块止动钢板。

3）双立管卡安装

（1）在双立管位置中心的墙上画好卡位印记，其高度是：层高3 m及以下者为1.4 m，层高3 m以上者为1.8 m，层高4.5 m以上者平分三段栽两个管卡。

（2）按印记剔直径60 mm左右、深度不小于80 mm的洞，用水冲净洞内杂物，将M50水泥砂浆填入洞深的一半，将预制好的$\phi 10 \times 170$ mm带燕尾的单头丝棍插入洞内，用碎石卡牢找正，上好管卡后再用水泥砂浆填塞抹平。

4）单立管卡安装

先将位置找好，在墙上画好印记，剔直径60 mm左右、深度100~120 mm的洞，卡子距地高度和安装工艺与双立管卡相同。

6. 各类管材支、吊、托架设置要求

1）PVC-C管

（1）明敷管道应根据设计要求的部位设置固定支架。

（2）固定支架应采用金属件。紧固件应衬橡胶垫，不得损伤管材表面。

(3)活动支、吊架不得支承在管道配件上,支承点距配件不宜小于80 mm。

(4)伸缩接头的两侧应设置活动支架,支架距接头承口边不宜小于80 mm。

(5)阀门和给水栓处应设支承点。

2)PEX管、PE－RT管

(1)管道应采用表面经过耐腐蚀处理的金属支承件,支承件应设在管件或管道附件50～100 mm处。管道系统分流处应在干管部位一侧增设固定支承件。

(2)固定支承件应采用专用管件或利用管件固定,管卡与管道表面应为面接触且宜采用橡胶垫隔离。收紧管卡时不得损坏管材外壁。

(3)滑动支承件的管卡应允许管道纵向滑动,但不得产生横向位移。

(4)管道穿越楼板时,穿越部位宜设置固定支承。

(5)管道与水表、阀门等金属管道附件连接时,附件两端应设固定支承件。管道配水点管件应采用带螺纹的管配件,且应与墙体固定牢固。

(六)热水立管安装

(1)修整、凿打楼板穿管孔洞:根据热水已安出户干管的热水管道各立管甩头位置,在顶层楼地板上找出立管中心线位置,先打出一个直径20 mm左右的小孔,用线坠向下层楼板吊线,找出中心位置打小孔。依次放长线坠向下层吊线,直至已安出户干管热水管道立管甩头处,核对修整各层楼板孔洞位置。开扩修整楼板孔洞,使各层楼板孔洞的中心位置在一条垂线上,且孔洞直径应大于要穿越的立管外径20～30 mm,若遇上层墙减薄,使立管距墙过远,可调整往上板孔中心位置,再扩孔修整使立管中心距墙一样。

(2)量尺、下料:确定各层立管上所带的各横支管位置。根据图纸和有关规定,按土建给定的各层标高线来确定各横支管位置与中心线,并将中心线标高画在靠近立管的墙面上。用木尺杆或米尺由上至下,逐一量准各层立管所带各横支管中心线标高尺寸,然后记录在木尺杆或草图上直至最底层甩头阀门处。并按量记的各层立管尺寸下料。

(3)预制、安装:预制时尽量将每层立管所带的管件、配件在操作台上安装。在预制管段时要严格找准方向。在立管调直后可进行主管安装。安装前应先清除立管甩头处阀门的临时封堵物,并清净阀门丝扣内和预制管腔内的污物泥沙等。按立管编号,从最底层阀门处往上,逐层安装给水立管,并从成90°的两个方向用线坠吊直给水立管,并用铁钎子临时固定在墙上。

(4)装立管卡具、封堵楼板眼:按管道支架制作安装工艺装好立管卡具。对穿越热水立管周围的楼板孔隙可用水冲洗湿润孔洞四周,吊模板,再用不小于楼板混凝土强度等级的细石混凝土灌严、捣实,待卡具及堵眼混凝土达到强度后拆模。在下层楼板封堵完后可按上述方法进行上一层立管安装。若遇墙体变薄或上下层墙体错位,造成立管距墙太远,可采用冷弯灯叉弯或用弯头调整立管位置,再逐层安装至最高层热水横支管位置处。

(七)热水支管安装

1.修整、凿打楼板穿管孔洞

(1)根据图纸设计的横支管位置与标高,结合各类用水设备进水口的不同情况,按土建给定的地面水平线及抹灰层厚度,排尺找准横支管穿墙孔洞的中心位置,用十字线标记在墙面上。

(2)按穿墙孔洞位置标记开扩修整预留孔洞,使孔洞中心线与穿墙管道中心线吻合,且孔洞直径应大于管外径 20~30 mm。

2. 量尺、下料

(1)由每个立管各甩头处管件起,至各横支管所带卫生器具和各类用水设备进水口位置上,量出横支管 2 个管段间的尺寸,记录在草图上。

(2)按设计要求选择适宜管材及管件,并清除管腔内污杂物。

(3)根据实际测量的尺寸下料。

3. 预制安装

(1)根据横支管设计排列情况及规范规定,确定管道支、吊、托架的位置与数量。

(2)按设计要求和规范规定的坡度、坡向及管中心与墙面距离,由立管甩头处管件口底边挂横支管的管底边位置线。再依据位置线标高和支、吊、托架的结构形式,凿打出支、吊托架的墙眼。一般墙眼深度不小于 120 mm。应用水平尺或线坠等,按管道底边位置线将已预制好的支、吊、托架涂刷防锈漆后,将支架栽牢,找平,找正。

(3)按横支管的排列顺序,预制出各横支管的各管段,同时找准横支管上各甩头管件的位置与朝向。

(4)待预制管段预制完及所栽支、吊、托架的塞浆达到强度后,可将预制管段依次放在支、吊、托架上,连接、调直好接口,并找正各甩头管件口的朝向,紧固卡具,固定管道,将敞口处作好临时封堵。

(5)用水泥砂浆封堵穿墙管道周围的孔洞,注意不要突出抹灰面。

4. 连接各类用水设备的短支管安装

(1)安装各类用水设备的短支管时,应从热水横支管甩头管件口中心吊一线坠,再根据用水设备进水口需要的标高量取短管尺寸,并记录在草图上。

(2)根据量尺记录选管下料,接至各类用水设备进水口处。

(3)栽好必须的管道卡具,封堵临时敞口处。

(八)水压试验

热水供应系统安装完毕,管道保温之前应进行水压试验。试验压力应符合设计要求。当设计未注明时,热水供应系统水压试验压力应为系统顶点的工作压力加 0.1 MPa,同时在系统顶点的试验压力不小于 0.3 MPa。但塑料管和铝塑复合管的系统试验压力不小于 1.50 MPa。

铜管、钢塑复合管、薄壁不锈钢管和超薄壁不锈钢塑料复合管道系统试验压力下 10 min 内压力降不大于 0.02 MPa,然后降至工作压力检查,压力应不降,且不渗、不漏;塑料管道和铝塑复合管道系统在试验压力下稳压 1 h,压力降不得超过 0.05 MPa,然后在工作压力 1.15 倍状态下稳压 2 h,压力降不得超过 0.03 MPa,连接处不得渗漏。

(九)防腐

(1)防腐工艺流程图如图 5-50 所示。

(2)外壁非镀锌钢管表面去污除锈方法、适用范围、施工要点详见表 5-30。

除锈方法有人工除锈、机械除锈、喷砂除锈。

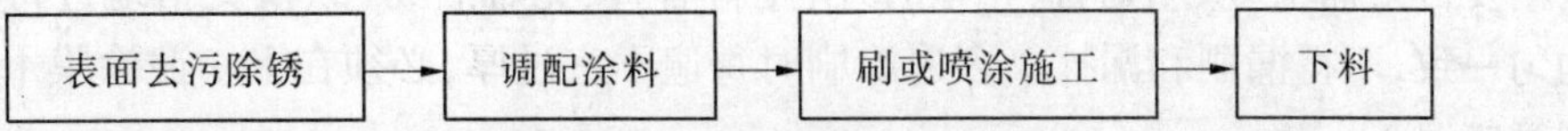

图 5-50　防腐工艺流程图

表 5-30　外壁非镀锌钢管表面去污

去污方法		适用范围	施工要点
溶剂清洗	煤焦油溶剂(甲苯、二甲苯等)、石油矿物溶剂(溶剂汽油、煤油)、氯代烃类(过氯乙烯、三氯乙烯等)	除油、油脂、可溶污物和可溶涂层	有的油垢要反复溶解和稀释。最后要用干净溶剂清洗,避免留下薄膜
碱液	氢氧化钠 30 g/L 磷酸三钠 15 g/L 水玻璃 5 g/L 水适量 也可购成品	除掉可皂化的油、油脂和其他污物	清洗后要作充分冲净,并做钝化处理,用含有 0.1% 左右的重铬酸、重铬酸钠或重铬酸钾溶液清洗表面
乳剂除污	煤油 67% 松节油 22.5% 月酸 5.4% 三乙醇胺 3.6% 丁基溶纤剂 1.5%	除油、油脂和其他污物	清洗后用蒸汽或热水将残留物从金属表面上冲洗净

(3)调配涂料。

工程中用漆种类繁多,底、面漆不相配会造成防腐失败。

①根据设计要求按不同管道、不同介质、不同用途及不同材质选择油漆涂料。

②管道涂色分类:管道应根据输送介质选择漆色,若设计无规定,参考表 5-31 选择涂料颜色。

表 5-31　管道涂色分类

管道名称	颜色	
	底色	色环
热水送水管	绿	黄
热水回水管	绿	褐

③将选好的油漆桶开盖,根据原装油漆稀稠程度加入适量稀释剂。油漆的调和程度要考虑涂刷方法,调和至适合手工涂刷或喷涂的稠度。喷涂时,稀释剂和油漆的比例可为 1∶1～1∶2,用棍棒搅拌均匀,可以刷,不流淌,不出刷纹为准,即可准备涂刷。

(4)油漆涂刷。

①手工涂刷:用油刷、小桶进行。每次油刷沾油要适量,不要弄到桶外污染环境。手

工涂刷要自上而下、从左到右、先里后外、先斜后直、先难后易、纵横交错地进行。漆层厚薄均匀一致,不得漏刷和漏挂。多遍涂刷时每遍不宜过厚,必须在上一遍涂膜干燥后才可涂刷第二遍。

②浸涂:用于形状复杂的物件防腐。把调和好的漆倒入容器或槽里,然后将物件浸在涂料液中,浸涂均匀后抬出涂件,搁置在干净的排架上,待第一遍干后,再浸涂第二遍。

③喷涂法:常用的有压缩空气喷涂、静电喷涂、高压喷涂。

(5)油层深层养护。

①油漆施工条件:不应在雨天、雾天、露天和0 ℃以下的环境下施工。

②油漆涂层的成膜养护:溶剂挥发型涂料靠溶剂挥发干燥成膜,温度为15~250 ℃。氧化-聚合型涂料成膜分为溶剂挥发和氧化反应聚合阶段才达到强度。烘烤聚合型的磁漆只有烘烤养护才能成膜。固化型涂料分常温固化和高温固化满足成型条件。

(十)保温

1.管道胶泥结构保温涂抹法工艺流程

(1)配制与涂抹:先将选好的保温材料按比例称量并混合均匀,然后加水调成胶泥状,准备涂抹使用。DN≤40 mm时保温层厚度较薄,可以一次抹好。DN>40 mm时可分几次抹。第一层用较稀的胶泥散敷,厚度一般为2~5 mm;待第一层完全干燥后再涂抹第二层,厚度为10~15 mm;以后每层厚度均为15~25 mm,达到设计要求的厚度为止。表面要抹光,外面再按要求做保护层。

(2)缠草绳:根据设计要求,在第一层涂抹后缠草绳,草绳间距为5~10 mm,然后于草绳上涂抹各层石棉灰,达到设计要求的厚度为止。

(3)缠镀锌铁丝网:保温层的厚度在100 mm以内时,可用一层镀锌铁丝网缠于保温管道外面。若厚度大于100 mm可做两层镀锌铁丝网。具体做法见图5-51。

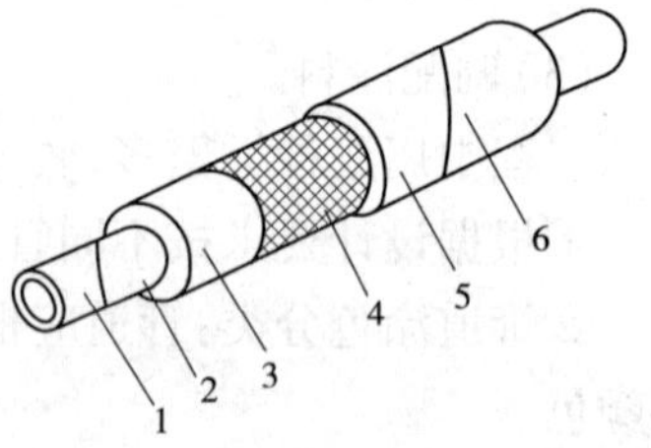

1—管道;2—防锈漆;3—保温层;
4—铁丝层;5—保护层;6—防腐体

图5-51　管道胶泥保温结构

(4)加温干燥:施工时环境温度不得低于0 ℃,为加快干燥可在管内通入高温介质(热水或蒸汽),温度应控制在80~150 ℃。

(5)法兰、阀门保温时两侧必须留出足够的间隙(一般为螺栓长度加30~50 mm),以便拆卸螺栓。法兰、阀门安装紧固后再用保温材料填满充实做好保温。

(6)管道转弯处,在接近弯曲管道的直管部分应留出20~30 mm的膨胀缝,并用弹性良好的保温材料填充。

(7)高温管道的直管部分每隔2~3 m、普通供热管道每隔5~8 m设膨胀缝,在保温层及保护层留出5~10 mm的膨胀缝并填以弹性良好的保温材料。

2.管道棉毡、矿纤等结构保温绑扎法

1)棉毡缠包保温

先将成卷的棉毡按管径大小裁剪成适当宽度的条带(一般为200~300 mm),以螺旋状包缠到管道上,边缠边压边抽紧,使保温后的密度达到设计要求。当单层棉毡不能达到规定保温层厚度时,可用两层或三层分别缠包在管道上,并将两层接缝错开。每层纵横向接缝处必须紧密接合，纵向接缝应放在管道上部，所有缝隙要用同样的保温材料填充。表面要处理平整、封严。

保温层外径不大于 500 mm 时，在保温层外面用直径为 1.0 ~ 1.2 mm 的镀锌铁丝绑扎，绑扎间距为 150 ~ 200 mm，每处绑扎的铁丝应不少于两圈。当保温层外径大于 500 mm 时，还应加镀锌铁丝网缠包，再用镀锌铁丝绑扎牢。如果使用玻璃丝布或油毡做保护层就不必包铁丝网了。保温结构如图 5-52 所示。

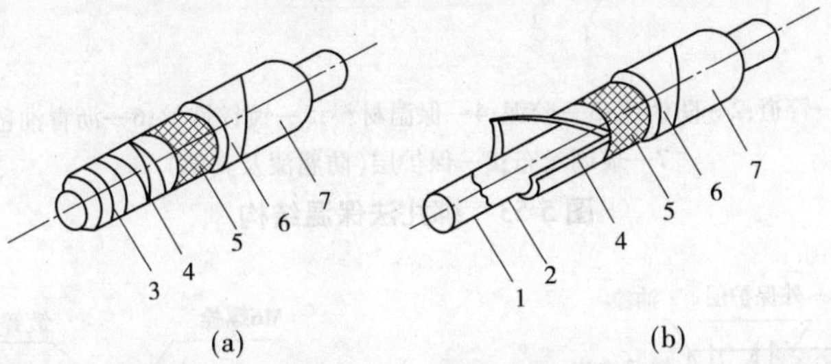

1—管道；2—防锈漆；3—镀锌铁丝；4—保温毡；5—铁丝网；6—保护层；7—防腐漆

图 5-52　缠包法保温结构

2）矿纤预制品绑扎保温

保温管壳可以用直径 1.0 ~ 1.2 mm 镀锌铁丝等直接绑扎在管道上。绑扎保温材料时应将横向接缝错开，采用双层结构时，双层绑扎的保温预制品内外弧度应均匀并盖缝。若保温材料为管壳，应将纵向接缝设置在管道的两侧。

用镀锌铁丝或丝裂膜绑扎带时，绑扎的间距不应超过 300 mm，并且每块预制品至少应绑扎两处。每处绑扎的铁丝或带不应少于两圈。其接头应放在预制品的纵向接缝处，使得接头嵌入接缝内。然后将塑料布缠绕包扎在壳外，圈与圈之间的接头搭接长度应为 30 ~ 50 mm，最后外层包玻璃丝布等保护层，外刷调和漆。

3）非纤维材料的预制瓦、板保温

（1）绑扎法：适用于泡沫混凝土硅藻土、膨胀珍珠岩、膨胀蛭石、硅酸钙保温瓦等制品。

保温材料与管壁之间涂抹一层石棉粉、石棉硅藻土胶泥，一般厚度为 3 ~ 5 mm，然后将保温材料绑扎在管壁上。所有接缝均应用石棉粉、石棉硅藻土或与保温材料性能相近的材料配成胶泥填塞。其他过程与矿纤预制品绑扎保温施工相同。保温结构如图 5-53 所示。

（2）粘贴法：将保温瓦块用粘贴剂直接贴在保温件的面上，保温瓦应将横向接缝错开，粘贴住即可。涂刷粘贴剂时要保持均匀饱满，接缝处必须填满、严实。

4）管件绑扎保温

管道上的阀门、法兰、弯头、三通、四通等管件保温时应特殊处理，以便于启闭检修或更换。其做法与管道保温基本相同。

（1）法兰、阀门绑扎保温：先将法兰两旁空隙用散状保温材料填充满，再用镀锌铁丝将管壳或棉毡等材料绑扎好，外缠玻璃丝布等保护层。做法如图 5-54、图 5-55 所示。

（2）弯管绑扎保温施工：对于预制管壳结构，当管径 < 80 mm 时，其结构如图 5-56 所示。施工方法是：将空隙用散状保温材料填充，再用镀锌铁丝将裁剪好的直角弯头管壳绑

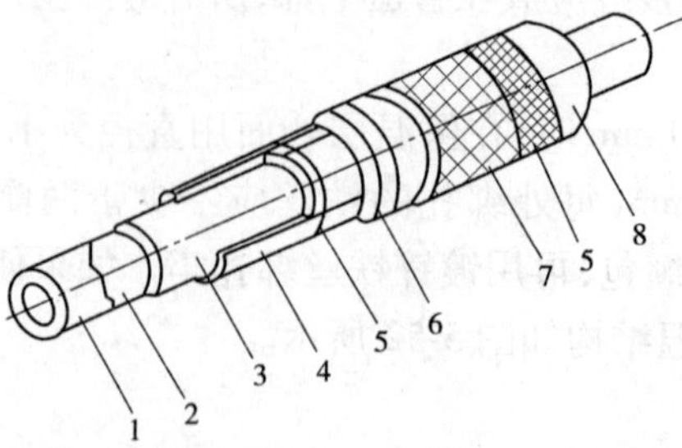

1—管道;2—防锈漆;3—胶泥;4—保温材料;5—镀锌铁丝;6—沥青油毡;
7—玻璃丝布;8—保护层(防腐漆及其他)

图 5-53　绑扎法保温结构

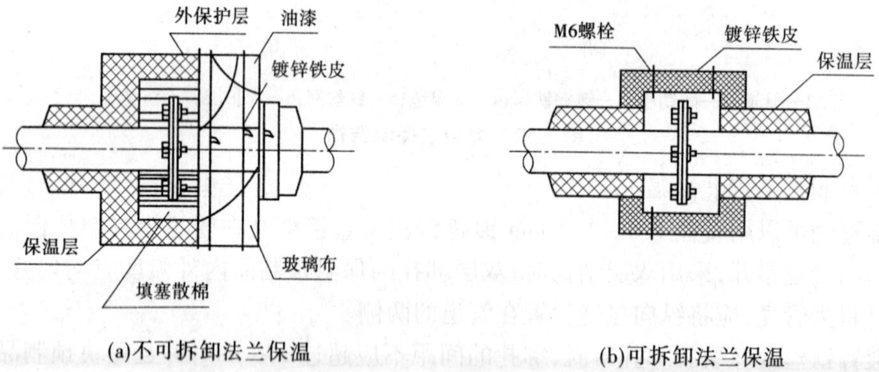

图 5-54　法兰保温结构

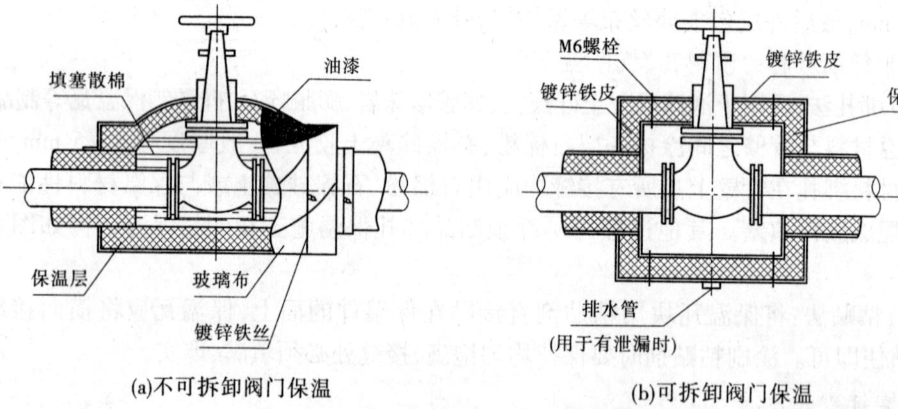

图 5-55　阀门保温结构

扎好,外做保护层。当管径大于 100 mm 时,其结构如图 5-57 所示。施工方法是:按照管径的大小和设计要求选好保温管壳,再根据管壳的外径及弯管的曲率半径做虾米腰的样板,用样板套在管壳外,画线裁剪成段,再用镀锌铁丝将每段管壳按顺序绑扎在弯管上,外做保护层即可,若每段管壳连接处有空隙,可用同样的保温材料填充至无缝。当管道采用棉毡或其他材料保温时,弯管也可用同样的材料保温。

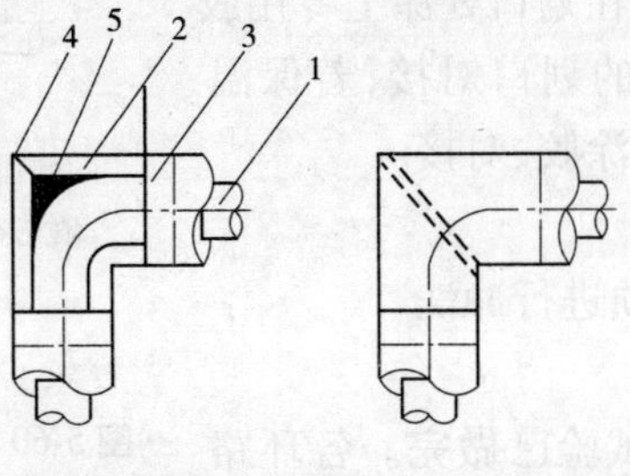

1—管道;2—预制管壳;3—镀锌铁丝;4—铁皮壳;5—填料(保温材料)

图 5-56　弯管的保温结构(DN<80 mm)

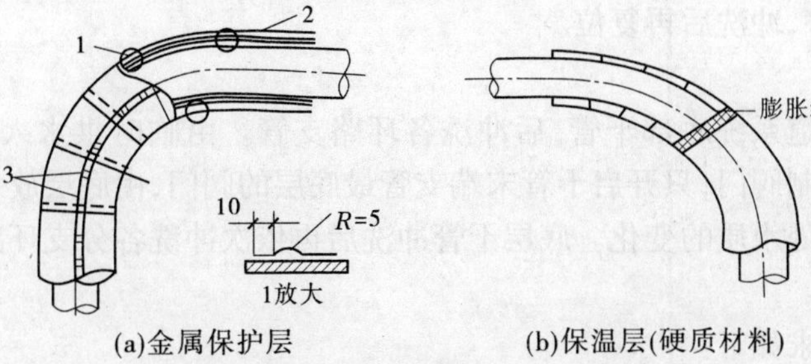

(a)金属保护层　　(b)保温层(硬质材料)

1—0.5 mm 铁皮保护层;2—保温层;3—半圆头自攻螺钉 4×16

图 5-57　弯管的保温结构(DN>100 mm)

(3)三、四通绑扎保温:三、四通在发生变化时,各个方向的伸缩量都不一样,很容易破坏保温结构,所以一定要认真仔细地绑扎牢固,避免开裂,其结构如图 5-58 所示。三通预制管壳做法如图 5-59 所示。

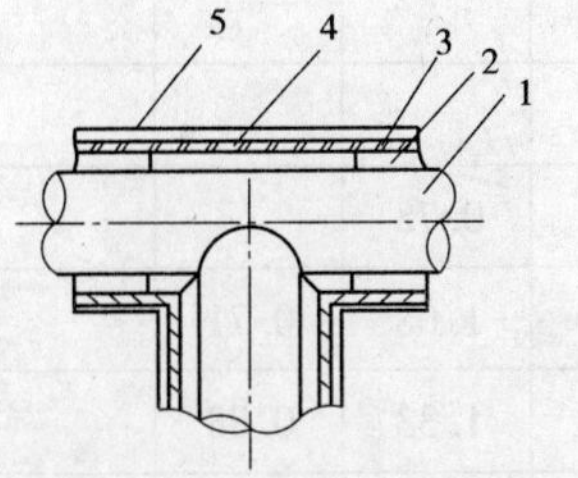

1—管道;2—保温层;3—镀锌铁丝;4—镀锌铁丝网;5—保护层

图 5-58　三通保温结构

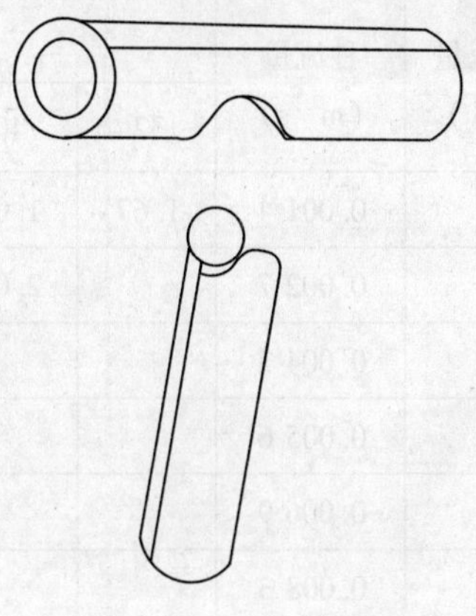

图 5-59　三通保温管壳

(4)膨胀缝:管道转弯处,用保温瓦做管道保温层时,在直线管段上,相隔 7 m 左右留一条间隙 5 mm 的膨胀缝。保温管道的支架处应留膨胀缝。接近弯曲管道的直管部分也应留膨胀缝,缝宽均为 20~30 mm,并用弹性良好的保温材料填充。弯管处留膨胀缝的位置如图 5-60 所示。

3. 橡塑保温材料保温

先把保温管用小刀划开，在划口处涂上专用胶水，然后套在管子上，将两边的划口对接，若保温材料为板材，则直接在接口处涂胶、对接。

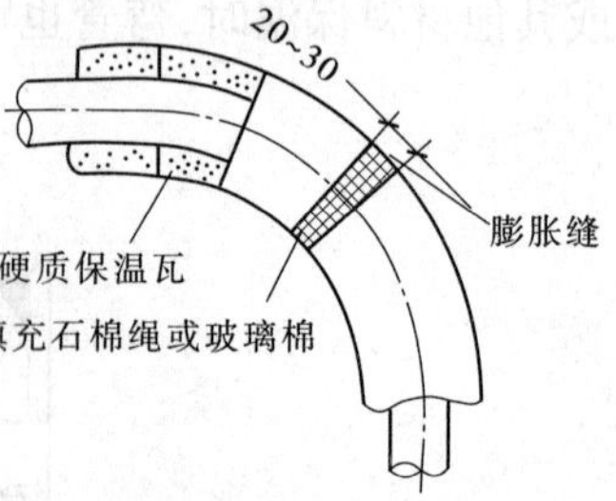

图 5-60 弯管处留膨胀缝位置示意图

（十一）冲洗

热水供应系统竣工后必须进行冲洗。

1. 冲洗条件

室内热水管路系统水压试验已做完。各环路控制阀门关闭灵活可靠。临时供水装置运转正常，增压水泵工作性能符合要求。冲洗水放出时有排出的条件。水表尚未安装，若已安装应卸下，用直管代替，冲洗后再复位。

2. 冲洗工艺

先冲洗热水管道系统底部干管，后冲洗各环路支管。由临时供水入口向系统供水。关闭其他支管的控制阀门，只开启干管末端支管最底层的阀门，由底层放水并引至排水系统内。观察出水口处水质的变化。底层干管冲洗后再依次冲洗各分支环路。直至全系统管路冲洗完毕。

冲洗时技术要求如下：

（1）冲洗水压应大于热水系统供水工作压力。

（2）出水口处的管道截面不得小于被冲洗管径截面的 3/5。

（3）出水口处排水流速不小于 1.5 m/s。

（4）为便于控制冲水管道管径与流速的关系，可参照表 5-32 数据选用。

表 5-32 冲洗增压水泵流量与接管流速选用表

小时流量 (m^3/h)	秒流量 (m^3/s)	管径 DN 及流速(m/s)							
		32	40	50	70	80	100	125	150
5	0.001 4	1.67	1.08	0.72					
10	0.002 7		2.09	1.38	0.72				
15	0.004 2			2.14	1.12	0.78			
20	0.005 6			2.86	1.50	1.08	0.71		
25	0.006 9			3.52	1.84	1.33	0.88		
30	0.008 3				2.22	1.60	1.06	0.67	
40	0.011 0				2.97	2.12	1.40	0.89	
50	0.014 0				3.78	2.69	1.78	1.14	0.79
60	0.016 7					3.22	2.13	1.36	0.94
70	0.019 0					3.65	2.42	1.54	1.07

(十二)配件安装

(1)安装前,应仔细检查核对型号与规格,是否符合设计要求。检查阀杆和阀盘是否灵活,有无卡阻和歪斜现象,阀盘必须关闭严密。

(2)阀门安装前,必须先对阀门进行强度和严密性试验,不合格的不得进行安装。阀门试验规定如下:试验在每批数量中抽查10%,且不少于1个。对于安装在主干管上起切断作用的闭路阀门,应逐个试验。

(3)阀门的强度和严密性试验应用洁净水进行。强度试验压力为公称压力的1.5倍,试验压力在试验持续时间内应保持不变,且壳体填料及阀瓣密封面无渗漏。阀门试压的试验持续时间应不少于表5-33的规定。壳体、填料无渗漏为合格。严密性试验压力为公称压力的1.1倍。

表5-33　阀门试压的试验持续时间

公称直径 DN(mm)	最短试验持续时间(s)		
	严密性试验		强度试验
	金属密封	非金属密封	
≤50	15	15	15
65～200	30	15	60
250～450	60	30	180

(4)公称压力小于1.0 MPa,且公称直径大于或等于600 mm的闸阀可不单独进行水压强度和严密性试验。强度试验在系统试压时按管道的试验压力进行,严密性试验可用色印方法对闸板密封面进行检查,接合面应连续。

(5)对焊阀门的严密性试验单独进行,强度试验一般可在系统试验时进行。严密性试验不合格的阀门,须解体检查并重做试验。合金钢阀门应逐个对壳体进行光谱分析,复查材质。合金钢及高压阀门每批取10%,且不少于一个,解体检查阀门内部零件,若不合格则须逐个检查。

(6)解体检查的阀门质量应符合下列要求:

①合金钢阀门的内部零件进行光谱分析;

②阀座与阀体结合牢固;

③阀芯与阀座的结合良好,并无缺陷;

④阀杆与阀芯的连接灵活、可靠;

⑤阀盖与阀体结合良好,垫片、填料、螺栓等齐全,无缺陷。

(7)阀件检查工序如下:

①拆卸阀门(阀芯不从阀杆上卸下);

②清洗、检查全部零件并润滑活动部件;

③组装阀门,包括装配垫片、密封填料及检查活动部件是否灵活好用;

④修整在拆卸、装配时所发现的缺陷;

⑤要求高压阀门必须达到合金钢阀门的要求。

(8)试验合格的阀门,应及时排尽内部积水,密封面应涂防锈油(需脱脂的阀门除外),关闭阀门,封闭出入口。

(9)水平管道上的阀门,阀杆宜垂直或向左右偏45°,也可水平安装。但不宜向下;垂直管道上阀门阀杆必须顺着操作巡回线方向安装;阀门与管道连接时,不得强行拧紧法兰上的连接螺栓;对螺纹连接的阀门,其螺纹应完整无缺,拧紧时宜用扳手卡住阀门一端的六角体。

(10)各阀门安装要点:

①安装螺纹阀门时,宜在阀门的出口处加设一个活接头。

②对具有操作机构和传动装置的阀门,应在阀门安装好后,再安装操作机构和传动装置,且在安装前先对它们进行灌洗,安装完后还应将它们调整灵活,指示准确。

③截止阀安装时必须注意流体的流动方向。

④闸阀不宜倒装。闸阀吊装时,绳索应拴在法兰上,切勿拴在手轮或阀件上,以防折断阀杆。明杆阀门不宜装在地下,以防止阀杆锈蚀。双阀板闸阀宜阀杆直立安装。

⑤止回阀有严格的方向性,安装时除注意阀体所标介质流动方向外,还须注意下列各点:

ⅰ.安装升降式止回阀时应水平安装,以保证阀盘升降灵活与工作可靠;

ⅱ.旋启式止回阀安装时,应注意介质的流动方向,旋启式止回阀可安在水平或垂直(介质垂直向上流动)的管道上。

(十三)质量标准

1.一般规定

(1)保证卫生热水供应的质量。热水供应系统的管道应采用耐腐蚀、对水质无污染的管材。

(2)热水供应系统管道及配件安装执行最新相关标准的相关规定。

(3)预留孔洞的位置、尺寸、标高应符合设计和施工规范要求。

(4)过楼板的套管顶部高出装饰地面不小于20 mm,卫生间、厨房等容易积水的场合必须高出50 mm,底部与顶棚抹灰面平齐。过墙壁的套管两端与饰面平。管顶上部应留够净空余量。套管固定应牢固,管口平齐,环缝均匀。根据不同介质,填料充实,封堵严密。

(5)螺纹连接应牢固,管螺纹根部应有外露螺纹不多于2~3扣。钢塑复合管和管件的镀锌层无破损,螺纹露出部分防腐蚀良好,接口处应无外露麻丝或胶带。

(6)法兰对接平行紧密,与管子中心线垂直,螺杆露出螺母长度一致,且不大于螺杆直径1/2,螺母在同侧。

(7)管道支、吊、托架要构造正确,埋设平整牢固,排列整齐,支架与管子接触紧密。夹具的数量、位置应符合规范要求。

2.主控项目

(1)热水供应系统安装完毕,管道保温之前应进行水压试验。试验压力应符合设计要求。

(2)热水供应尽量利用自然弯补偿热伸缩,直线段过长则应设置补偿器,补偿器形式、规格、位置应符合设计要求,并按有关规定进行预拉伸。

检验方法:对照设计图纸检查。

(3)热水供应系统竣工后必须进行冲洗。

检验方法:现场观察检查。

3. 一般项目

(1)管道安装坡度应符合设计规定。

检验方法:水平尺、拉线尺量检查。

(2)温度控制器及阀门应安装在便于观察和维护的位置。

检验方法:观察检查。

(3)热水供应管道和阀门安装的允许偏差应符合表5-34的规定。

表5-34 管道和阀门安装的允许偏差和检验方法

项次	项目			允许偏差(mm)	检验方法
1	水平管道纵横方向弯曲	金属管	每米 全长25 m以上	1 ≤25	用水平尺、直尺、拉线和尺量检查
		塑料管 复合管	每米 全长25 m以上	1.5 ≤25	
2	立管垂直度	金属管	每米 全长5 m以上	3 ≤8	吊线和尺量检查
		塑料管 复合管	每米 全长5 m以上	2 ≤8	
3	成排管段和成排阀门		在同一平面上间距	3	尺量检查

(4)热水供应系统管道应保温(浴室内明装管道除外),保温材料、厚度、保护壳等应符合设计规定。保温层厚度和平整度的允许偏差应符合表5-35的规定。

表5-35 管道及设备保温的允许偏差和检验方法

项次	项目		允许偏差(mm)	检验方法
1	厚度		$+0.1\delta$ -0.05δ	用钢针刺入
2	表面平整度	卷材	5	用2 m靠尺和楔形塞尺检查
		涂抹	10	

注:δ为保温层厚度。

第八节　辅助设备安装

一、工艺流程图

辅助设备安装工艺流程见图 5-61。

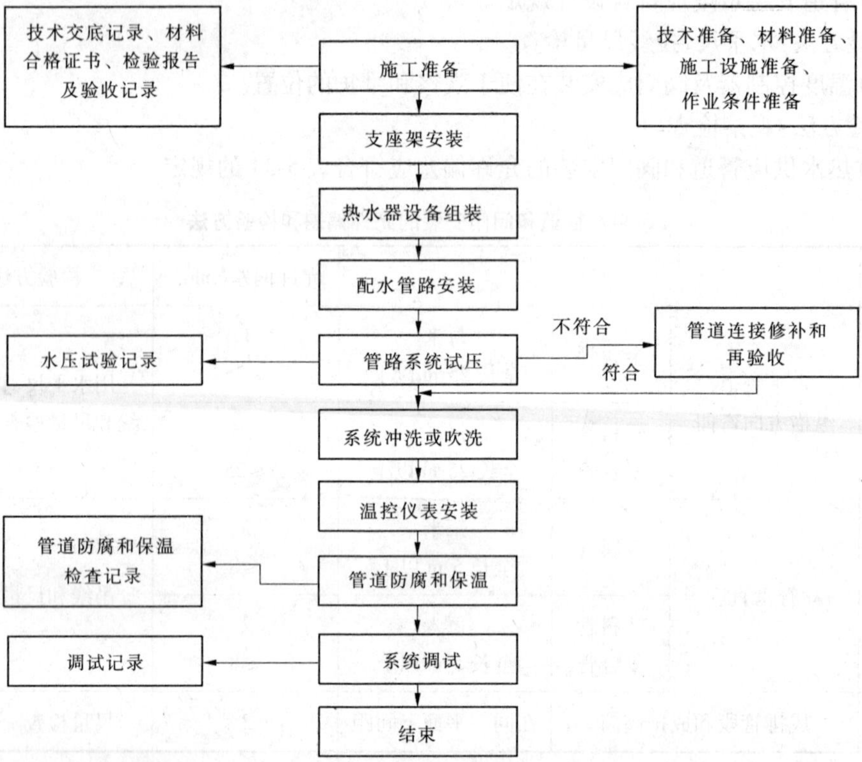

图 5-61　辅助设备安装工艺流程

二、操作工艺

(一)太阳能热水器安装

太阳能热水器的安装参见国家规范《民用建筑太阳能热水系统应用技术规范》(GB 50364—2005)和《建筑给水排水及采暖工程施工质量验收规范》(GB 50242—2002)中的相关内容。

(二)膨胀水箱安装

1. 验核水箱基础

(1)水箱安装前,检查和核对水箱基础或支架的位置、标高、尺寸和强度。

(2)按设计要求进行量尺画线,在基础上作出安装位置的记号。

(3)水箱底部所垫的枕木应刷沥青防腐处理。其断面尺寸、次数、安装间距必须符合设计 。

2. 水箱安装

(1)水箱基础验收合格后,方可将膨胀水箱就位。

(2)膨胀水箱多用钢板焊制而成,可以预制后吊装就位,也可将钢板料下好后运至安装场地就地焊制组装,吊线找平、找正。

(3)水箱基础表面应找平,水箱安装后应与基础接触紧密。安装位置正确、端正平稳。

(4)膨胀水箱安装后进行满水试验,合格后方可保温。

3. 膨胀水箱接管

膨胀水箱的接管及管径,若设计无特殊要求,则按表5-36规定在水箱上配管。

表5-36 膨胀水箱接管及管径

编号	名称	方形		圆形		阀门
		1~8号	9~12号	1~4号	5~16号	
1	溢水管	DN40	DN50	DN40	DN50	不设
2	排污管	DN32	DN32	DN32	DN32	设置
3	循环管	DN20	DN25	DN20	DN25	不设
4	膨胀管	DN25	DN32	DN25	DN32	不设
5	信号管	DN20	DN20	DN20	DN20	设置

4. 水箱保温

膨胀水箱安装在非采暖房间时应在满水试验合格后进行保温。保温材料及厚度等按设计要求。

(三)水泵安装

适合于室内热水供应系统的泵有立式泵、卧式泵、角式泵、管道泵等。

(1)立式泵:有刚性连接安装和柔性连接安装两种方式,每种又各有两种不同的安装组合。

①刚性连接安装:

ⅰ. 直接安装:将泵直接安装在水泥基础上。

ⅱ. 配连接板安装:将泵装在连接板上,再一起安装在基础上。

②柔性连接安装:

ⅰ. 配连接板加隔振器安装:将泵装在连接板上,连接板与隔振器用螺栓连接在一起,隔振器用膨胀螺栓固定在水泥基础上。

ⅱ. 配连接板加隔振垫安装:将泵装在连接板上,连接板用螺栓固定在基础上,连接板与基础中间放隔振垫,适用于小于7.5 kW电动机的泵。

ⅲ. 立式水泵的减振装置不应采用弹簧减振器。

(2)卧式泵:可以直接安装在水泥基础上,也可以采用隔振器安装。安装方法同立式泵。

(3)角式泵:安装方式同立式泵。

(4)泵安装及调试。

水泵就位前应对基础混凝土强度、坐标、标高、尺寸和螺栓孔位置进行复核验收,然后进行开箱检查并做好记录。水泵就位后根据标准要求找平、找正,然后进行管道附件安装,最后进行调试。调试程序如下:

①调试前检查电动机的转向是否与水泵转向一致,各固定连接部位有无松动,各指示仪表、安全保护装置及电控装置是否灵敏、准确可靠。

②泵运转时,检查转子及各运动部件运转是否正常,有无异常声响和摩擦现象。

③检查附属系统运转是否正常,管道连接是否牢固、无渗漏。

④以上检查合格后,在设计负荷下接连运转不少于 2 h,运转中不应有异常振动和声响,各密封处不得泄露,紧固连接部位不应松动。滑动轴承的最高温度不得超过 70 ℃,滚动轴承的最高温度不得超过 75 ℃,做好试运转记录。

⑤水泵试运转结束后将水泵出入口的阀门关闭,排净泵内的积水以防锈蚀。

(四)设备保温

1. 设备胶泥结构保温

(1)设备胶泥保温结构的做法及所用的保温材料与管道保温基本相同,详见图 5-62。

(2)保温钩钉:用$\phi=5\sim6$ mm 的圆钢制作,详见图 5-63。

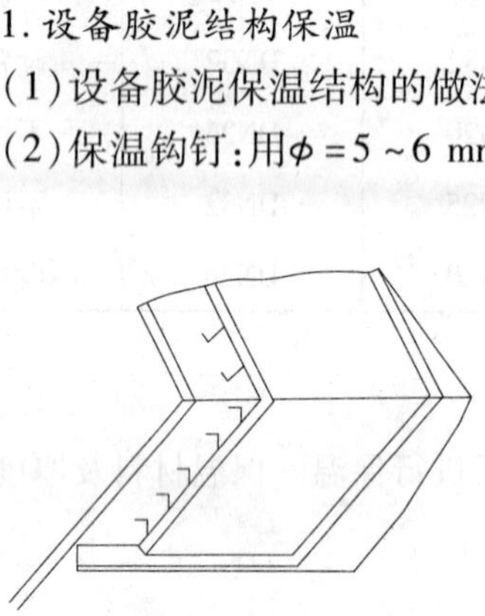

图 5-62　胶泥保温结构

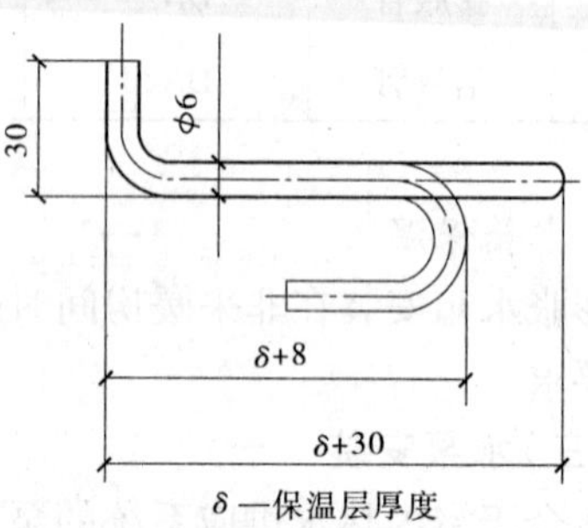

图 5-63　保温钩钉

(3)将设备壁清扫干净后焊保温钩钉,间距 250 ~ 300 mm。

(4)涂抹与外包:刷防锈漆后将已拌好的保温胶泥分层涂抹。

第一层可用较稀的胶泥散敷,厚度 3 ~ 5 mm;待完全干燥后再敷第二层,厚度为 10 ~ 15 mm;待第二层完全干燥后再敷第三层,厚度为 20 ~ 25 mm;以后分层涂抹,直至达到设计要求厚度。然后外包镀锌铁丝网一层,用镀锌铁丝绑在保温钩钉上。如果保温层厚度在 100 mm 以上或形状特殊,可用两层镀锌铁丝网,外面再做 15 ~ 20 mm 的保护层。

2. 设备绑扎结构保温

(1)平壁设备保温。

平壁设备主要包括给水箱、回水箱及其他平板壁形设备。

先将设备表面清扫干净,焊保温钩钉,涂刷防锈漆,保温钩钉的间距应根据保温板材的外形尺寸来布置,一般在 350 mm 左右。然后敷上预制保温板,再用镀锌铁丝借助保温钩钉交叉绑牢。保温预制板的纵横接缝要错开。外做保护层,涂抹时必须有一部分透过镀锌铁丝网与保温层接触。外表面要求平整、光滑、棱角整齐,铁丝或铁丝网不得外露。

(2)立式圆形设备保温。包括立式热交换器、给水箱、软水罐、塔类等。

施工方法与平壁保温结构基本相同,敷设板材最好采用根据筒体弧度制成的保温瓦。最难施工的部位是顶部封头及底部封头。其保温钩钉布置见图5-64、图5-65。板与板之间的缝隙必须用相同的保温材料填充。然后敷设镀锌铁丝网并做保护层。

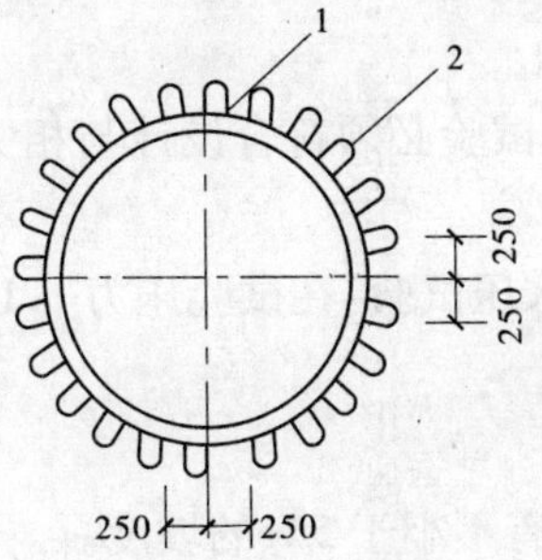

1—筒体;2—保温钩钉

图5-64　筒体上保温钩钉布置

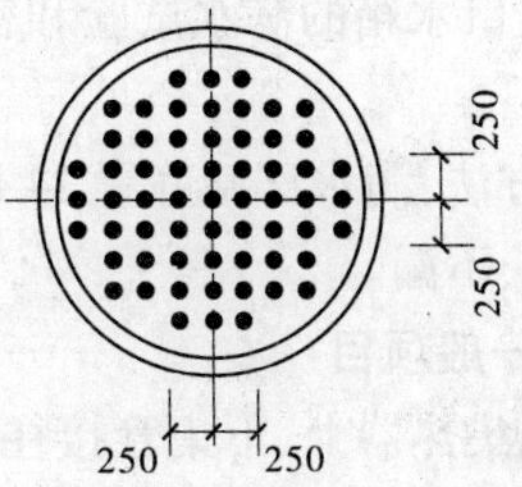

图5-65　顶部及底部封头保温钩钉的布置

(3)卧式圆形设备保温。这类设备有卧式热交换器及其他设备。

施工方法基本与立式圆形设备相同,筒体上焊保温钩钉时上半部要稀些(见图5-66)。要在封头及筒体中间焊接水平支承板,支撑扳的宽度为保温层厚度的3/4。支承板的厚度为5 mm(见图5-67)。

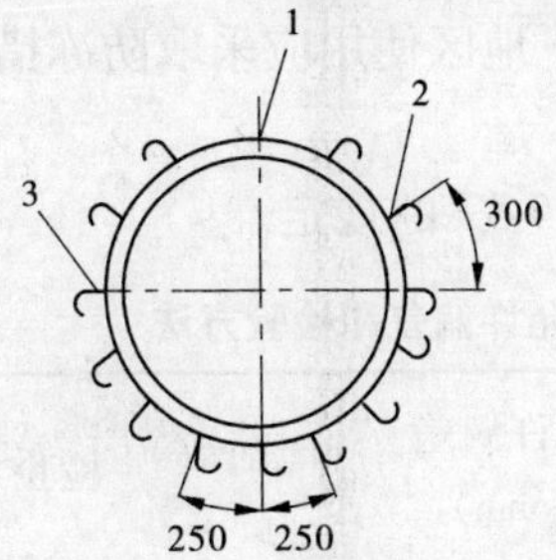

1—卧式圆形设备筒体;2—保温钩钉;3—支承板

图5-66　卧式设备筒体上保温钩钉及支承板布置图

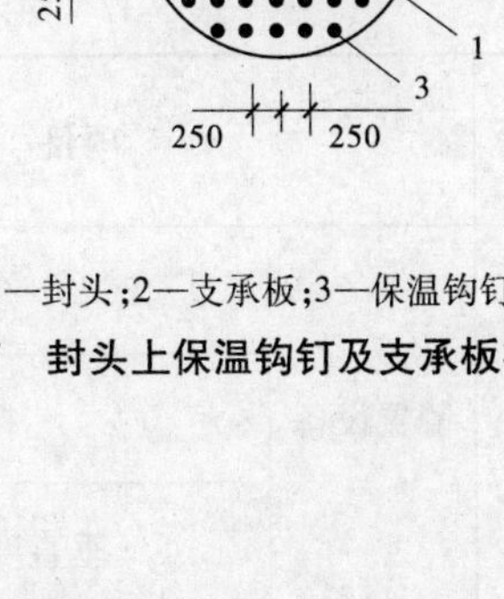

1—封头;2—支承板;3—保温钩钉

图5-67　封头上保温钩钉及支承板布置图

三、质量标准

(一)一般规定

(1)本标准适用于工作压力不大于1.0 MPa,热水温度不超过75 ℃的室内热水供应安装工程的质量与验收。

(2)辅助设备的技术参数、安装方式如本标准未涉及,参照执行各辅助设备生产厂家的企业标准。

(二)主控项目

(1)热交换器应以工作压力的1.5倍做水压试验,蒸汽部分应不低于蒸汽供汽压力加0.3 MPa。

检验方法:试验压力下10 mm内压力不降,不渗、不漏。

(2)水泵就位前的基础混凝土强度、坐标、标高、尺寸和螺栓孔位置必须符合设计要求。

检验方法:对照图纸用仪器和尺量检查。

(3)水泵试运转的轴承温升必须符合设备说明书的规定。

检验方法:温度计实测检查。

(4)敞口水箱的满水试验和密闭水箱(距)的水压试验必须符合设计与相关规范的规定。

检验方法:满水试验静置24 h观察,不渗、不漏;水压试验:在试验压力下10 min压力不降,不渗、不漏。

(三)一般项目

(1)由集热器上、下集管接往热水箱的循环管,应有不小于5‰的坡度。

检验方法:尺量检查。

(2)自然循环的热水箱底部与集热器上集管之间的距离为0.3~1.0 m。

(3)制作吸热钢板凹槽时,其圆度应准确,间距应一致。安装集热排管时,应用卡箍和钢丝紧固在钢板凹槽内。

检验方法:手扳和尺量检查。

(4)热水箱及上、下集管等循环管道均应保温。

检查方法:观察检查。

(5)凡以水作介质的太阳能热水器,在0 ℃以下地区使用应采取防冻措施。

检查方法:观察检查。

(6)热水供应辅助设备安装的允许偏差符合表5-37的规定。

表5-37 热水供应辅助设备安装的允许偏差和检验方法

项次	项目			允许偏差(mm)	检验方法
1	静置设备	坐标		15	经纬仪或拉线、尺量检查
		标高		±5	用水准仪、拉线和尺量检查
		垂直度(每米)		5	吊线和尺量检查
2	离心式水泵	立式泵体垂直度(每米)		0.1	水平尺和塞尺检查
		卧式泵体垂直度(每米)		0.1	水平尺和塞尺检查
		联轴器同心度	轴向倾斜(每米)	0.8	在联轴器相互垂直的四个位置上用水准仪、百分表或测微螺钉和塞尺检查
			径向位移	0.1	

四、质量记录

(1)材料及设备的出厂合格证；
(2)材料及设备的进场检查记录；
(3)管路系统预检记录；
(4)隐蔽工程验收记录；
(5)管道及设备安装记录；
(6)管道及设备试压记录；
(7)设备试运行记录；
(8)管道系统通水、调试记录。

第六章　居住小区给水排水工程

居住小区是指含有教育、医疗、文体、经济、商业服务及其他公共建筑的城镇居民住宅建筑区。

我国现行的《城市居住区规划设计规范》(GB 50180—1993)(2002 年版)按照人口数将城市居住区划分为三类:人口 1 000 ~ 3 000 人的称为居住组团;人口 7 000 ~ 15 000 人的称为小区;人口达到 30 000 ~ 50 000 人的称为城市居住区。《建筑给水排水设计规范》(GB 50015—2003)(2009 年版)将 15 000 人以下的居住小区和居住组团统称为居住小区。本章所指的"居住小区"概念与建筑给排水设计规范中"居住小区"定义相同,即居住人口在 15 000 人以下的居民住宅建筑区。

居住小区的给水排水有其自身的特点,其给水排水工程设计,既不同于建筑给水排水工程设计,也有别于室外城市给水排水工程设计。居住小区给水排水管道,是建筑给水排水管道和市政给水排水管道的过渡管段,其水量及其变化规律与其服务范围有关,因此给水、排水设计流量与建筑内部和室外城市给水、排水设计流量计算方法均不相同。

居住小区的给水排水工程包括居住小区给水工程(含生活给水、消防给水)、排水工程(含生活污水管道、雨水管道和小区污水处理)和中水工程。本章重点介绍居住小区给水工程和生活污水管道、雨水管道的设计与计算,污水处理和中水工程详见有关章节。

第一节　居住小区给水系统

居住小区给水系统主要由水源、管道系统、二次加压泵房和贮水池等组成。

一、居住小区给水水源

居住小区给水系统既可以直接利用现有供水管网作为给水水源,也可以自备水源。位于市区或厂矿区供水范围内的居住小区,应采用市政或厂矿给水管网作为给水水源,以减少工程投资。远离市区或厂矿区的居住小区,可自备水源。对于离市区或厂矿区较远,但可以铺设专门的输水管线供水的居住小区,应通过技术经济比较确定是否自备水源。自备水源的居住小区给水系统严禁与城市给水管道直接连接。当需要将城市给水作为自备水源的备用水或补充水时,只能将城市给水管道的水放入自备水源的贮水(或调节)池,经自备系统加压后使用。在严重缺水地区,应考虑建设居住小区中水工程,用中水来冲厕所、浇洒绿地和道路。

居住小区消防给水水源宜与生活给水水源一致,采用生活消防统一给水系统。如果城镇给水管网能满足小区内火灾时的水量和水压要求,宜采用直接从城镇给水管网中消火栓取水灭火的方式。小区内或小区附近有合适的天然水源(如河流、湖泊、池塘等),可作为小区消防水源,但应设置可靠的取水设施。小区内的游泳池、喷泉、水池以及中水调节池等均贮有大量的水，如果有足够的容积，取水安全、方便、可靠，亦可作为消防水源。

二、居住小区给水系统与供水方式

居住小区供水既可以是生活和消防合用一个给水系统，也可以是生活给水系统和消防给水系统各自独立。若居住小区中的建筑物不需要设置室内消防给水系统，火灾扑救仅靠室外消火栓和消防车，宜采用生活和消防共用的给水系统。若居住小区中的建筑物需要设置室内消防给水系统，如高层建筑，宜将生活和消防给水系统各自独立设置。

居住小区供水方式应根据小区内建筑物的类型、建筑高度、市政给水管网的资用水头和水量等因素综合考虑确定。选择供水方式时首先应保证供水安全可靠，同时要做到技术先进合理，投资省，运行费用低，管理方便。居住小区供水方式可分为直接供水方式、调蓄增压供水方式和分压供水方式。

(一)直接供水方式

直接供水方式就是利用城市市政给水管网的水压直接向用户供水。当城市市政给水管网的水压和水量能满足居住小区的供水要求时，应尽量采用这种供水方式。

(二)调蓄增压供水方式

当城市市政给水管网的水压和水量不足，不能满足居住小区内大多数建筑的供水要求时，应集中设置贮水调节设施和加压装置，采用调蓄增压供水方式向用户供水。

(三)分压供水方式

当居住小区既有高层建筑，又有多层建筑，建筑物高度相差较大时应采用分压供水方式供水。这样既可以节省动力消耗，又可以避免多层建筑供水系统的压力过高。

居住小区的加压给水系统，应根据小区的规模、建筑高度和建筑物的分布等因素确定加压站的数量、规模、水压以及分区水压。当居住小区内所有建筑的高度和所需水压都相近时，整个小区可集中设置一套公用水压给水系统。当居住小区内只有一幢高层建筑或幢数不多且各幢所需压力相差很大时，每一幢建筑物宜单独设调蓄增压设施。当居住小区内若干幢建筑的高度和所需水压接近，且布置集中时，调蓄增压设施可以分片集中设置，条件相近的几幢建筑物公用一套调蓄增压装置。

三、居住小区管道布置和敷设

居住小区给水管道可以分为小区给水干管、小区给水支管和接户管三类。有时将小区给水干管和小区给水支管统称为居住小区室外给水管道。在布置小区管道时，应按干管、支管、接户管的顺序进行。

为了保证小区供水可靠性，小区给水干管应布置成环状或城市管网连成环状，与城市管网的连接管不少于2根，且当其中一条发生故障时，其余的连接管应通过不小于70%的流量。小区给水干管宜沿用水量大的地段布置，以最短的距离向用水大户供水。小区给水支管和接户管一般为枝状。

居住的小区室外给水管道，应沿区内道路平行于建筑物敷设，宜敷设在人行道、慢车道或草地下；管道外壁距建筑物外墙的净距不宜小于1.0 m，且不得影响建筑物的基础。给水管道与建筑物基础的水平净距与管径有关，管径为100 ~ 150 mm 时，不宜小于

1.5 m;管径为50~75 mm时,不宜小于1.0 m。

居住小区室外给水管道尽量减少与其他管线的交叉,不可避免时,给水管应在排水管上面,给水管与其他地下管线及乔木之间的最小水平、垂直净距见表6-1。

表6-1　居住小区地下管线间的最小净距　（单位:m）

种类	给水管		污水管		雨水管	
	水平	垂直	水平	垂直	水平	垂直
给水管	0.5~1.0	0.1~0.15	0.8~1.5	0.1~0.15	0.8~1.5	0.1~0.15
污水管	0.8~1.5	0.1~0.15	0.8~1.5	0.1~0.15	0.8~1.5	0.1~0.15
雨水管	0.8~1.5	0.1~0.15	0.8~1.5	0.1~0.15	0.8~1.5	0.1~0.15
低压煤气管	0.5~1.0	0.1~0.15	1.0	0.1~0.15	1.0	0.1~0.15
直埋式热水管	1.0	0.1~0.15	1.0	0.1~0.15	1.0	0.1~0.15
热力管沟	0.1~0.15		1.0		1.0	
乔木中心	1.0		1.5		1.5	
电力电缆	1.0	直埋0.5 穿管0.25	1.0	直埋0.5 穿管0.25	1.0	直埋0.5 穿管0.25
通信电缆	1.0	直埋0.5 穿管0.15	1.0	直埋0.5 穿管0.15	1.0	直埋0.5 穿管0.15
通信及照明电缆	0.5		1.0		1.0	

注:1.净距指管外壁距离,管道交叉设套管时指套管外壁距离,直埋式热力管指保温管壳外壁距离。

2.电力电缆在道路的东侧(南北方向的路)或南侧(东西方向的路);通信电缆在道路的西侧或北侧,一般均在人行道下。

给水管道的埋深应根据土壤的冰冻深度、外部荷载、管道强度以及其他管线交叉等因素来确定。管顶最小覆土深度不得小于土壤冰冻线以下0.15 m,行车道下的管线最小覆土深度不得小于0.7 m。

为了便于小区管线的调节和检修,应在与城市管网连接处的小区干管上,与小区给水干管连接处的小区给水支管上,与小区给水支管连接处的接户管上及环状管网需调节和检修处设置阀门。阀门应设在阀门井或阀门套筒内。

居住小区内城市消火栓保护不到的区域应设室外消火栓,设置数量和间距应按现行的《建筑设计防火规范》和《高层民用建设设计防火规范》执行。当居住小区绿地和道路需洒水时可设洒水栓,其间距不宜大于80 m。

第二节　居住小区给水系统的水力计算

一、居住小区设计用水量

居住小区设计用水量包括居住小区的居民生活用水量、公共建筑用水量、绿化用水量、水景和娱乐设施用水量、道路和广场浇洒用水量、公共设施用水量、管网漏水水量及未预见水量、消防用水量。

居住小区的居民生活用水量，应按小区人口和住宅最高生活用水定额经计算确定，居住小区公共建筑用水量，应根据其使用性质、规模，按用水单位数和相应的用水定额经计算确定，公用游泳池、水上游乐池的初次充水时间应根据使用性质及城市给水条件等确定，宜小于 24 h，最长不得超过 48 h。水景循环系统的补充水量应根据蒸发、飘失、渗漏、排污等损失确定，室内工程宜取循环水流量的1%～3%，室外工程宜取循环流量的 3%～10%。

居住小区的绿化浇洒用水定额可按浇洒面积 1.0～3.0 L/(m^2·d)计算，干旱地区可酌情增加；居住小区道路、广场的浇洒用水定额可按浇洒面积 2.0～3.0 L/(m^2·d)计算。

居住小区管网漏失水量和未预见水量之和可按最高日用水量的 10%～15%计。

居住小区的消防用水量和水压及火灾延续时间，应按现行的《建筑设计防火规范》及《高层民用建筑设计防火规范》确定。生活、消防公共系统消防用水量仅用于校核管网计算，不属于正常用水量。

二、居住小区给水系统设计流量

居住小区给水系统有其自身的特点，其用水变化规律既不同于城市给水系统，又不同于建筑内给水系统。居住小区设计用水量包括居民生活用水量、公共建筑用水量、消防用水量、浇洒道路和绿化用水量及管网漏损水量和未预见水量等。其中，居民生活用水定额及小时变化系数见表 6-2。

表 6-2　居住小区居民生活用水定额及小时变化系数

住宅卫生器具设置标准	每户设有大便器、洗涤盆，无沐浴设备			每户设有大便器、洗涤盆和沐浴设备			每户设有大便器、洗涤盆、沐浴设备和集中热水供应		
分区	最高日(L/(人·d))	平均日(L/(人·d))	时变化系数	最高日(L/(人·d))	平均日(L/(人·d))	时变化系数	最高日(L/(人·d))	平均日(L/(人·d))	时变化系数
一	85～120	55～90	2.5～2.2	130～170	90～125	2.3～2.1	170～230	130～170	2.0～1.8
二	90～125	60～95	2.5～2.2	140～180	100～140	2.3～2.1	180～240	140～180	2.0～1.8
三	95～130	65～100	2.5～2.2	140～180	110～150	2.3～2.1	185～245	145～185	2.0～1.8
四	95～130	65～100	2.5～2.2	150～190	120～160	2.3～2.1	190～250	150～190	2.0～1.8
五	85～120	55～90	2.5～2.2	140～180	100～140	2.3～2.1	180～240	140～180	2.0～1.8

注：1. 本表所列用水量已包括小区内小型公共建筑用水量，但未包括浇洒道路、大面积绿化和大型公共建筑的用水量。

2. 第一分区包括：黑龙江、吉林、内蒙古的全部，辽宁的大部分，河北、山西、陕西的偏北一小部分，宁夏偏东一部分；第二分区包括：北京、天津、河北、山东、山西、陕西的大部分，甘肃、宁夏、辽宁的南部，河南北部，青海偏东和江苏偏北的一小部分；第三分区包括：上海、浙江的全部，江西、安徽、江苏的大部分，福建北部，湖南、湖北的东部，河南南部；第四分区包括：广东、台湾的全部，广西的大部分，福建、云南南部；第五分区包括：贵州的全部，四川、云南的大部分，湖南、湖北的西部，陕西和甘肃秦岭以南的地区，广西偏北的一小部分；其他地区的生活用水定额，可根据当地气候和人民生活习惯等具体情况，参照相似地区的定额确定。

3. 若当地居民生活用水量与表中的规定有较大出入，其用水定额可按当地生活用水量资料适当增减。

居住小区居住管网的设计流量与居住小区规模、管道布置情况及小区的使用功能等因素有关,应通过多定点长时间实际测量各种居住小区内不同供水范围用水量变化曲线,再用大量资料进行系统分析和处理,求出居住小区给水管网设计流量计算公式。目前我国尚无居住小区供水管网设计流量专用计算公式,但我国现行的《建筑给水排水设计规范》对居住小区给水管网设计流量确定与计算有明确规定。

(一)居住小区室外给水管道设计流量的确定与计算

(1)当居住小区的规模在3 000人以上,室外给水管网为环状管网或与城市管网连成环状,并与城市管网的连接管不少于2根,且当其中一条发生故障时,其余的连接管应通过不小于70%的流量时,其住宅应按最大用水小时的平均秒流量为节点流量;小区内配套的文体、餐饮娱乐、商铺及市场等设施的生活用水也应按最大用水时的平均秒流量为节点流量。

(2)当居住小区的规模在3 000人及以下,且室外给水管网为枝状管网时,其住宅小区内配套的文体、餐饮娱乐、商铺及市场等设施应按其建筑物给水引入管(接户管)的设计流量为节点流量管段流量。

(3)小区内配套的文教、医疗保健、社区管理等设施,以及绿化和景观用水、道路及广场洒水、公共设施用水等,均以平均用水小时的平均秒流量计算节点流量。居住区内大型公共建筑(如宾馆、医院、公共浴室、幼儿园、托儿所、商场、菜市场、学校等建筑)的生活用水定额及小时变化系数与建筑内部相同。浇洒道路和绿化用水量及浇洒次数,可根据路面、绿化、气候和土壤条件按表6-3的规定采用。居住小区消防用水量、水压和火灾延续时间应按现行的《建筑设计防火规范》和《高层民用建筑设计防火规范》执行。

表6-3 浇洒道路和绿化用水量及浇洒次数

项目	用水量(L/(m^2·次))	浇洒次数(次/d)	项目	用水量(L/(m^2·次))	浇洒次数(次/d)
道路	1.0~1.5	2~3	绿化	1.5~2.0	1~2

计算小区室外给水管道设计流量时,未预计水量和管网漏失量不计入,但计算小区管网与城市管网连接的引入管时,应考虑这一部分流量。凡不属于小区配套的公共建筑的水量应另计。

(二)接户管(建筑物给水引入管)设计流量的确定与计算

(1)当建筑内的生活用水全部由室外城市给水管网经小区室外给水管道直接供水时,应取建筑物内的生活用水的设计秒流量为接户管设计流量。

(2)当建筑内的生活用水全部自行加压供给时,接户管设计流量应为储水调节池的设计补水量,一般不宜大于建筑物最大用水小时的平均秒流量,且不得小于建筑物最高日平均时的平均秒流量。

(3)当建筑物内的生活用水既有室外给水管网直接供水,又有自行加压供水时,应按上述两种方法分别确定出室外给水管网直接供水的设计流量和自行加压供水的设计流量,然后将两者叠加作为接户管设计流量。

(三)其他

居住区内大型公共建筑(如宾馆、医院、公共浴室、幼儿园、托儿所、商场、菜市场、学校等建筑)的生活用水定额及小时变化系数与建筑内部相同。

消防用水量、水压和火灾延续时间应按现行的《建筑设计防火规范》和《高层民用建筑设计防火规范》执行。

小区管网漏损水量包括:室内卫生器具漏水量、屋顶水箱漏水量和管网漏水量。未预见水量包括:用水定额的增长、临时修建的工程施工用水量、外来临时人口用水量以及未预见到的其他用水量。这部分水量可按小区最高日用水量的10% ~20%考虑。

三、居住小区给水系统的水力计算

居住小区给水系统水力计算是在确定了供水方式,布置完管线后进行的,计算的目的是确定各管段的管径和水头损失,校核消防和事故时的流量,选择确定升压贮水调节设备。

居住小区给水管网水力计算步骤和方法与城市给水管网水力计算步骤和方法基本相同,首先确定节点流量和管段设计流量,然后求管段的管径和水头损失,最后是校核流量和选择设备。但进行居住小区给水管网水力计算时应注意以下几点:

(1)局部水头损失按沿程水头损失的15% ~20%计算。

(2)管道内水流速度一般可为1 ~1.5 m/s,消防时可为1.5 ~2.5 m/s。

(3)环状管网需进行管网平差计算,大环闭合差应小于等于15 kPa,小环闭合差应小于等于5 kPa。

(4)按计算所得外网需供的流量确定连接管的管径。计算所得的干管管径不得小于支管管径或建筑引入管的管径。

(5)居住小区室外给水管道,无论小区规模及管网形状,均应按最大用水时的平均秒流量为节点流量,在叠加区内一次火灾的最大消防流量(有消防贮水和专用消防管道供水部分应扣除),对管道进行水力计算校核,管道末梢的室外消火栓从地面算起的水压不得低于0.1 MPa。

(6)设有消防栓的室外给水管道,管径不得小于100 mm。

四、水泵、水池、水塔和高位水箱

当城市给水管网供水不能满足居住小区用水需要时,小区需设二次加压泵站、水塔等设施,以满足居住小区用水要求。

水泵扬程应满足最不利配水点所需水压,小区给水系统有水塔或高位水箱时,水泵出水量应按最大时流量确定;当小区内无水塔或高位水箱时,水泵出水量按小区给水系统的设计流量确定。水泵的选择、水泵机组的布置及水泵房的设计要求,按现行《室外给水设计规范》的有关规定执行。

居住小区加压泵站的贮水池有效容积应根据小区生活用水量的调蓄贮水量和消防贮水量确定。其中生活用水的调蓄贮水量,应按流入量和供出量的变化曲线经计算确定,资料不足时可按居住小区最高日用水量的15% ~20%确定。消防贮水量应满足在火灾延续时间室内外消防用水总量的要求,一般可按消防时市政管网仍可向贮水池补水进行计算。为了确保清洗水池时不停止供水,贮水池宜分成容积基本相等的两个格。

水泵－水塔(高位水箱)联合供水时,宜采用前置方式,其有效容积可根据小区内的用水规律和小区加压泵房的运行规律经计算确定,资料不足时可按表6-4确定。

表6-4　水塔和高位水箱(池)生活用水的调蓄贮水量

居住小区最高日用水量(m^3)	<100	101~300	301~500	501~1 000	1 001~2 000	2 001~4 000
调蓄贮水量占最高日用水量的百分数	30%~20%	20%~15%	15%~12%	12%~8%	8%~6%	6%~4%

第三节　居住小区排水系统

一、排水体制

居住小区排水体制分为分流制和合流制,采用哪种排水体制,主要取决于城市排水体制和环境保护要求。同时,也与居住小区是新区建设还是旧区改造以及建筑内部排水体制有关。新建小区一般应采用雨污分流制,以减少对水体和环境的污染。居住小区内需设置中水系统时,为简化中水处理工艺,节省投资和日常运行费用,还应该将生活污水和生活废水分制分流。生活污水进入化粪池时,为减少化粪池容积也应将污水和废水分流,生活污水进入化粪池,生活废水直接排入城市排水管网、水体或中水处理站。

二、居住小区排水管道的布置与敷设

居住小区排水管道的布置应根据小区总体规划、道路和建筑物布置、地形标高、污水、废水和雨水的去向等实际情况,按照管线短、埋深小、尽量自流排出的原则确定。居住小区排水管道的布置应符合下列要求:

(1)排水管道宜沿道路或建筑物平行敷设,尽量减少转弯以及与其他管线的交叉,当不可避免时,与其他管线的水平和垂直最小距离应符合附录A的要求。

(2)干管应靠近主要排水建筑物,并布置在连接支管较多的一侧。

(3)排水管道应尽量布置在道路外侧的人行道或草地的下面,不允许平行布置在铁路和乔木的下面。

(4)排水管道应尽量远离生活饮用水给水管道,避免生活饮用水遭受污染。

(5)排水管道与其他地下管线及乔木之间的最小水平、垂直净距见表6-1。排水管道与建筑物间的水平距离见表6-5。排水管道与建筑物基础间的最小水平净距与管道的埋设深浅有关,当管道埋深浅于建筑物基础时,最小水平净距不小于1.5 m;否则,最小水平间距不小于2.5 m。

表 6-5　排水管道与建筑物、构筑物间的水平距离

建筑物、构筑物名称	水平净距离(m)	建筑物、构筑物名称	水平净距离(m)
建筑物	3.0	围墙	1.5
铁路中心线	4.0	照明及通信电杆	1.0
城市型道路边缘	1.0	高压线杆支座	3.0
郊区型道路边缘	1.0		

居住小区排水管道的覆土厚度应根据道路的行车等级、管材受压强度、地基承载力、土层冰冻等因素和建筑物排水管标高经计算确定。小区干道和小区组团道路下的管道，覆土厚度不宜小于 0.7 m，若小于 0.7 m 应采取保护管道防止受压破损的技术措施；生活污水接户管埋设深度不得高于土壤冰冻线以上 0.15 m，且覆土厚度不宜小于 0.3 m。

居住小区内雨水口的形式和数量应根据布置位置、雨水流量和雨水口的泄流能力经计算确定。雨水口的布置应根据地形、建筑物的位置，沿道路布置。为及时排除雨水，雨水口一般布置在道路交汇处和路面最低点，雨水口建筑物单元出入口与道路交界处，外排水建筑物的水落管附近，小区空地、绿地的低洼点，地下坡道入口处。沿道路布置的雨水口间距宜为 20 ~ 40 m。雨水连接管长度不宜超过 25 m，每根连接管上最多连接 2 个雨水口。平箅雨水口的箅口宜低于道路路面 30 ~ 40 mm，低于土地面 50 ~ 60 mm。雨水口的泄流量按表 6-6 采用。

表 6-6　雨水口的泄流量

雨水口形式 （箅子尺寸为 750 mm × 450 mm）	泄流量 （L/s）	雨水口形式 （箅子尺寸为 750 mm × 450 mm）	泄流量 （L/s）
平箅式雨水口单箅	15 ~ 20	边沟式雨水口双箅	35
平箅式雨水口双箅	35	联合式雨水口单箅	30
平箅式雨水口三箅	50	联合式雨水口双箅	50
边沟式雨水口单箅	20		

三、居住小区内排水管材和检查井

居住小区内排水管道，宜采用埋地排水塑料管、承插式混凝土管和钢筋混凝土管。当居住小区内设有生活污水处理装置时，生活排水管道应采用埋地排水塑料管。居住小区内雨水管道，可选用地埋塑料管、承插式混凝土管、钢筋混凝土管和铸铁管等。

管道的基础和接口应根据地质条件、布置位置、施工条件、地下水位、排水性质等因素确定。

居住小区排水管与室内排出管连接处，管道交汇、转弯、跌头、管径或坡度改变处以及直线管段上一定距离应设检查井。小区内生活排水管道管径小于等于 150 mm 时，检查井间距不宜大于 20 m；管径大于等于 20 mm 时，检查井间距不宜大于 30 m；居住小区内雨水管道和合流管道上检查井的最大间距见表 6-7，检查井井底应设流槽。

表 6-7 雨水检查井最大间距

管径(mm)	最大间距(m)
150(160)	20
200 ~ 300(200 ~ 315)	30
400(400)	40
≥500(500)	50

注:括号内数据为塑料管的外径。

第四节 居住小区排水系统的水力计算

一、居住小区生活污水排水量与排水管道的设计流量

居住小区生活污水排水量是指生活用水使用后能排入污水管道的流量。由于蒸发损失及小区埋地管道的渗漏,居住小区生活污水排水量小于生活用水量。我国现行的《建筑给水排水设计规范》规定,居住小区生活排水系统排水定额是其相应的给水系统用水定额的85% ~95%。确定居住小区生活排水系统的定额时,大城市的小区取高值,小区地埋管采用塑料管时取高值,小区地下水位高时取高值。

居住小区生活排水系统小时变化系数与相应的生活给水系统小时变化系数相同。

公共生活建筑排水系统的排水定额和小时变化系数与相应的生活给水系统的用水定额和小时变化系数相同。

居住小区生活排水管道的设计流量不论小区接户管、小区支管还是小区干管都按住宅生活排水最大小时流量和公共建筑生活排水最大小时流量之和确定。

二、居住小区生活排水管道水力计算

居住小区生活排水管道水力计算的目的是确定排水管道的管径、坡度以及需提升的排水泵站设计。

居住小区生活排水管道水力计算方法与室外排水管道(或室内排水横管)水力计算方法相同,只是有些设计参数取值有所不同。

居住小区生活排水管道的设计流量采用最大小时流量,管道自径流速为0.6 m/s。最大设计流速:金属管为10 m/s,非金属管为5 m/s。

当居住小区生活排水管道设计流量较小,排水管道的管径经水力计算小于表6-8最小管径时,不必进行详细的水力计算,按最小管径和最小坡度进行设计。居住小区生活排水管道最小管径、最小坡度和最大充满度的规定见表6-8。

居住小区排水接户管管径不应小于建筑物排水管管径,下游管段的管径不应小于上游管段的管径,有关居住小区排水管网水力计算的其他要求和内容,可按现行的《室外排水设计规范》执行。

表 6-8　居住小区生活排水管道最小管径和最小设计坡度和最大设计充满度

管别	管材	最小管径(mm)	最小设计坡度	最大设计充满度
接户管	埋地塑料管	160	0.005	0.5
	混凝土管	150	0.007	
支管	埋地塑料管	160	0.005	
	混凝土管	200	0.004	
干管	埋地塑料管	200	0.004	0.55
	混凝土管	300	0.003	

注:接户管管径不得小于建筑物排出管管径。

三、居住小区设计雨水流量与雨水管道水力计算

居住小区雨水排水系统设计雨水流量的计算与城市雨水(或屋面雨水)排水相同,按式(4-2)计算,只是设计重现期、径流系数以及设计降雨历时等参数的取值范围不同。

设计重现期应根据汇水区域的重要程度、地形条件、地形特点和气象特征等因素确定,一般宜选用 1 ~ 3 年。

径流系数采用室外汇水面平均径流系数,即按表 6-9 选取,经加权平均后确定。若资料不足,也可以根据建筑稠密程度按 0.5 ~ 0.8 选用。北方干旱地区的小区一般可取 0.3 ~ 0.6。建筑稠密取上限,反之取下限。

表 6-9　径流系数

地面种类	径流系数
各种屋面	0.9
混凝土和沥青路面	0.9
块石路面	0.6
级配碎石路面	0.45
干砖及碎石路面	0.40
非铺砌路面	0.3
公园绿地	0.15

设计降雨历时按下式计算:

$$t = t_1 + mt_2 \tag{6-1}$$

式中　t——降雨历时,min;

t_1——地面集流时间,min,根据距离长短、地面坡度和地面覆盖情况而定,一般取 5 ~ 10 min;

m——折减系数,小区支管和接户管:$m = 1$,小区干管:$m = 2$,明沟:$m = 1.2$;

t_2——排水管内雨水流行时间,min。

居住小区排水系统采用合流制时，设计流量为生活排水量与设计雨水流量之和。生活排水流量可取平均流量。计算设计雨水流量时，设计重现期宜高于同一情况下分流制小区雨水排水系统的设计重现期。

雨水和合流制排水管道按满管重力流设计，内管流速 v 按式(4-7)计算，但其值不宜小于 0.75 m/s，以免泥沙在管道内沉淀；水力坡度 i 采用管道敷设坡度，管道敷设坡度大于最小坡度，并小于 0.15。

对于位于雨水和合流制排水系统起端的计算管段，当汇水面积较小，计算的设计雨水流量偏小时，按设计流量确定排水管道不安全，也应按最小管径和最小坡度进行设计。居住小区雨水和合流制排水管道最小管径及最小设计坡度见表 6-10。

表 6-10　居住小区雨水和合流制排水管道最小管径及最小设计坡度

管别	最小管径	最小设计坡度	
		铸铁管、钢管	塑料管
小区建筑物周围雨水接户管	200(225)	0.005	0.003
小区道路下干管、支管	300(315)	0.003	0.001 5
沟头的雨水口连接管	200(225)	0.01	0.01

注：表中铸铁管管径为公称直径，括号内数据为塑料管外径。

第七章　建筑中水系统

第一节　建筑中水系统分类与组成

一、中水系统的分类

中水系统是一个系统工程,是给水工程技术、排水工程技术、水处理工程技术及建筑环境工程技术的有机综合。按中水系统服务的范围分为建筑中水系统、小区中水系统和城市中水系统三类。

(一)建筑中水系统

建筑中水系统通常是指一幢建筑,特别是一幢高层建筑及其附属建筑构成的范围内,以其排出的生活废水或生活污水为水源,经适当处理,水质达到中水水质标准后,用专用供水设备的管道回送到原建筑物及其附属建筑或邻近建筑作为低水质用水,系统框图见图 7-1。这种系统,一般以生活废水(洗浴废水、洗涤废水)以及空调排水为中水水源即可满足建筑的中水用水量要求,由于采用的是优质排水,其处理工艺简单,投资少,便于与建筑物的建造统一考虑,也能做到与建筑物的启用同步运行起来,因此是当前最有现实意义的一种节水系统。本章中主要介绍建筑中水系统。

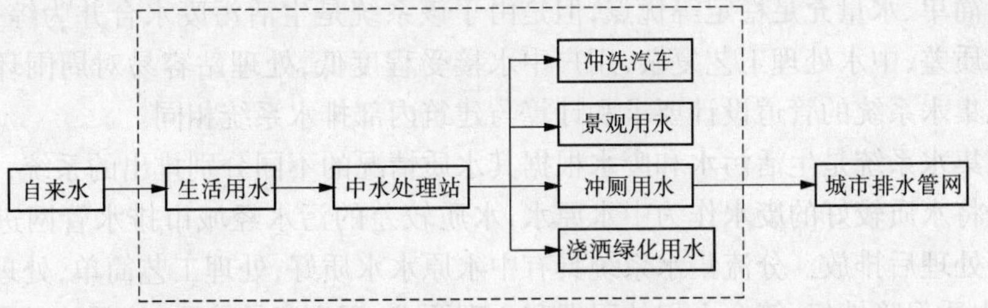

图 7-1　单幢建筑中水系统框图

(二)小区中水系统

小区中水系统的中水原水取自居住小区内各建筑物排放的污废水。根据居住小区所在城市排水设施的完善程度确定室内排水系统,但应使居住小区给水排水系统与建筑内部给水排水系统相配套。目前,居住小区内多为分流制,以杂排水为中水水源。居住小区和建筑内部无塔供水管网分为生活饮用水和杂用水双管配水系统。此系统多适用于居住小区、机关大院和高等院校,尤其是新建小区,可以统一规划、同步实施的建筑。建筑小区中水系统见图 7-2。

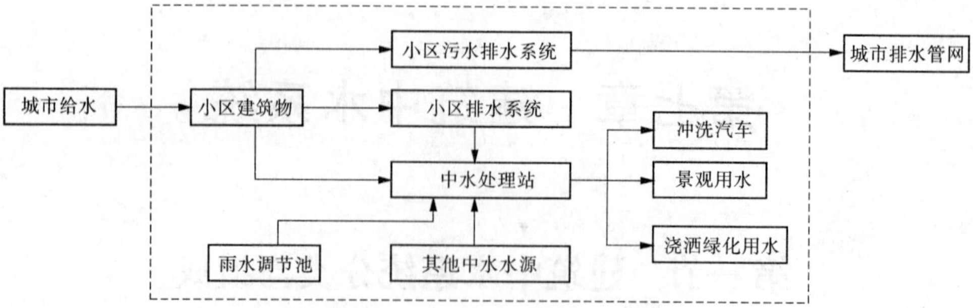

图 7-2　建筑小区中水系统图

(三)城市中水系统

城市中水系统通常是以城市污水二级处理后的水为水源,再经深度处理,然后用专用管道送回城市使用。

二、建筑中水系统的组成

建筑中水系统由中水原水收集系统、建筑中水处理系统和建筑中水供水系统三部分组成。

(一)中水原水收集系统

中水原水收集系统是指收集、输送中水原水到中水处理设施的管道系统和一些附属构筑物。根据中水原水的水质,中水原水集水系统有合流集水系统和分流集水系统两类。合流集水系统是生活污水和废水用一套管道排出的系统,即通常的排水系统。合流集水系统的集流干管可根据中水处理站位置要求设置在室内或室外。这种集水系统具有管道布置设计简单、水量充足稳定等优点,但是由于该系统是生活污废水合并为综合污水,因此原水水质差,中水处理工艺复杂,用户中水接受程度低,处理站容易对周围环境造成污染。合流集水系统的管道设计要求和计算与建筑内部排水系统相同。

分流集水系统是生活污水和废水根据其水质情况的不同分别排出的系统,即污、废分流系统。将水质较好的废水作为中水原水,水质较差的污水经城市排水管网进入城市污水处理厂处理后排放。分流集水系统具有中水原水水质好,处理工艺简单,处理设施造价低,中水水质保障性好,符合人们的习惯和心理要求,用户容易接受,处理站对周围环境造成的影响较小的优点。其缺点是原水水量受限制,并且需要增设一套分流管道,增加了管道系统的费用,给设计带来一些麻烦,分流集水系统适于设置在洗浴设备与厕所分开布置的住宅、公寓,有集中盥洗设备的办公楼、写字楼,旅馆、招待所、集体宿舍,大型宾馆、饭店的客房和职工浴室,以及公共浴室、洗衣房等。

(二)建筑中水处理系统

建筑中水处理系统由前处理、主要处理和后处理三部分组成。前处理除截留大的漂浮物、悬浮物和杂物外,主要是调节水量和水质,这是因为建筑物和小区的排水范围小,中水原水的集水不均匀,所以需要设置调节池。主要处理的作用是去除水中的有机物、无机物等。后处理是对中水供水水质要求很高时进行的深度处理。

(三)建筑中水供水系统

建筑中水供水系统由中水配水管网(包括干管、立管、横管)、中水储水池、中水高位水箱、控制和配水附件、计量设备等组成。其任务是把经过处理的符合杂用水水质标准的中水输送至各个中水用水点。与生活给水供水方式相类似,中水的供水方式也有简单供水、单设屋顶水箱供水、水泵和水箱联合供水及分区供水等多种方式。

第二节 中水水源、水量及水质标准

一、中水水源

建筑中水水源应根据排水的质量、水量、排水状况和中水回用的水质、水量确定。一般取自建筑物内部的生活污水、生活废水、冷却水和其他可利用的水源,建筑屋面雨水可作为中水水源的补充。经消毒处理后的综合医院污水只可作为独立的不与人接触的用于滴灌绿化的中水水源,但严禁传染病医院、结核病医院和放射性废水作为中水水源。

(1)建筑物中水系统规模小,可用作中水水源的排水有7种,按污染程度的轻重,选取顺序如下:

①沐浴排水:是卫生间、公共浴室淋浴和浴盆排放的废水,有机物和悬浮物浓度都较低,但皂液的含量高。

②盥洗排水:是洗脸盆、洗手盆和盥洗槽排放的废水,水质与沐浴排水相近,但悬浮物浓度较高。

③冷却水:主要是空调循环冷却水系统的排污水,特点是水温较高,污染较轻。

④游泳池排污水:水质与沐浴排水相近,但悬浮物浓度较高。

⑤洗衣排水:指宾馆洗衣房排水,水质与盥洗排水相近,但洗涤剂含量高。

⑥厨房排水:包括厨房、食堂和餐厅在进行炊事活动中排放的污水,污水中有机物浓度、浊度和油脂含量都较高。

⑦冲厕排水:大便器和小便器排放的污水,有机物浓度、悬浮物浓度和细菌含量都很高。

上述7种常用的中水水源排水量少,排水不均匀,所以建筑中水水源一般不是单一水源,而是多水源组合,按混合后水源的水质,有优质杂排水、杂排水和生活排水三种组合方式。优质杂排水包括淋浴排水、盥洗排水、冷却排水和游泳池排污水,其有机物浓度和悬浮物浓度都低,水质好,处理容易,处理费用低,应优先选用。杂排水是不含冲厕排水的其他6种排水的组合,有机物和悬浮物浓度都较高,水质较好,处理费用比优质杂排水高。生活排水包含杂排水和厕所排水,有机物和悬浮物浓度都很高,水质差,处理工艺复杂,处理费用高。

(2)建筑小区中水系统的中水水源。

建筑小区中水系统规模较大,可选作中水水源的种类较多。水源的选择应根据水量平衡和技术经济比较确定。首先选用水量充足、稳定,污染物浓度低、水质处理难度小,安全且居民易接受的中水水源。按污染程度的轻重,建筑小区中水水源选取顺序如下:

①小区内建筑物杂排水。

②小区或城市污水处理厂经生物处理后的出水。

③小区附近工业企业排放的水质较清洁、水量较稳定、使用安全的生产废水。

④小区生活污水。

⑤小区内雨水，可作为补充水源。

二、中水水量

（一）建筑物中水原水量

建筑物中水原水量与建筑物最高日生活用水量 Q、建筑物分项给水百分数 b 和折减系数有关，按下式计算：

$$Q_1 = \sum \alpha\beta Q_d b \qquad (7\text{-}1)$$

式中 Q_1——中水原水量，m^3/d；

α——最高日给水量折算成平均日给水量的折减系数，一般为 0.67～0.91，按现行《室外给水设计规范》中的用水定额分区和城市规模取值，城市规模按特大城市、大城市、中小城市，分区按三→二→一的顺序由低至高取值；

β——建筑物按给水量计算排水量的折减系数，一般取 0.8～0.9；

Q_d——建筑物最高日生活用水量，按现行《建筑给水排水设计规范》中的用水定额计算确定，m^3/d；

b——建筑物分项给水百分率，应以实测资料为准，在无实测资料时，可参照表 7-1 选取。

表 7-1　各类建筑物分项给水百分率　（%）

项目	住宅	宾馆、饭店	办公楼、教学楼	公共浴室	餐饮业、营业餐厅
冲厕	21.0～21.3	10.0～14.0	60.0～66.0	2.0～5.0	5.0～6.7
厨房	19.0～20.0	4.0～12.5	—		93.3～95.0
沐浴	29.3～32.0	40.0～50.0	—	95.0～98.0	—
盥洗	6.0～6.7	12.5～14.0	34.0～40.0	—	—
洗衣	22.0～22.7	15.0～18.0	—	—	—
总计	100	100	100	100	100

注：沐浴包括盆浴和淋浴。

（二）建筑小区中水原水量

建筑小区中水原水量可按式(7-1)分项计算各个建筑物的中水原水量，然后累加，采用合流排水系统时，可按下式计算小区综合排水量：

$$Q_1 = Q_d\alpha\beta \qquad (7\text{-}2)$$

式中 Q_1——小区综合排水量，m^3/d；

Q_d——小区最高日给水量，按现行《建筑给水排水设计规范》规定计算；

其他符号意义同前。

三、中水水质标准

(一)中水原水水质

中水原水的水质与建筑物所在地区及使用性质有关,其污染成分和浓度各不相同,应根据实际的水质调查结果经过分析后确定,在无实测资料时,建筑物的各种排水污染物浓度可参照表 7-2 确定。

表 7-2 建筑物的各种排水污染物浓度 (单位:mg/L)

建筑类别	污染物	冲厕	厨房	沐浴	盥洗	洗涤	综合
住宅	BOD_5	300 ~ 450	500 ~ 650	50 ~ 60	60 ~ 70	220 ~ 250	230 ~ 300
	COD	800 ~ 1 100	900 ~ 1 200	120 ~ 135	90 ~ 120	310 ~ 390	455 ~ 600
	SS	450 ~ 500	220 ~ 280	40 ~ 60	100 ~ 150	60 ~ 70	155 ~ 180
饭店、宾馆	BOD_5	250 ~ 300	400 ~ 550	40 ~ 50	50 ~ 60	180 ~ 220	140 ~ 175
	COD	700 ~ 1 000	800 ~ 1 100	100 ~ 110	80 ~ 100	270 ~ 330	295 ~380
	SS	300 ~ 400	180 ~ 220	30 ~ 50	80 ~ 10	50 ~ 60	95 ~ 120
办公楼、教学楼	BOD_5	260 ~ 340			90 ~ 110		195 ~ 260
	COD	350 ~ 450			100 ~ 140		260 ~ 340
	SS	260 ~ 340			89 ~ 110		195 ~ 260
公共浴室	BOD_5	260 ~ 340		45 ~ 55			50 ~ 65
	COD	350 ~ 450		110 ~ 120			115 ~ 135
	SS	260 ~ 340		35 ~ 55			40 ~ 165
餐饮业	BOD_5	260 ~ 340	500 ~ 600				490 ~ 590
	COD	350 ~ 450	900 ~ 1 100				890 ~ 1 075
	SS	260 ~ 340	250 ~ 280				255 ~ 285

当建筑小区采用生活污水作中水原水时,可按表 7-3 中综合水质指标取值;当采用城市污水处理厂出水为中水原水时,可按二级处理实际出水水质确定;利用其他种类水为原水时,水质需进行实测。

表 7-3 二级处理出水标准

指标	BOD_5	COD	SS	NH_3-N	TP
浓度(mg/L)	≤20	≤100	≤20	≤15	1.0

(二)中水用水水质

污水再生利用按用途分为农林牧渔用水、建筑用水、城市杂用水、工业用水、景观环境用水、补充水源水等。建筑中水主要是建筑杂用水和城市杂用水,如冲厕、浇洒道路、绿化用水、消防、车辆冲洗、建筑施工、冷却用水等。建筑中除安全可靠,卫生指标(如大肠菌群数等)必须达标外,还应符合人们的感官要求,以解除人们使用中水的心理障碍,如浊度、色度、臭等，另外，回用的中水不应引起设备和管道的腐蚀与结垢。建筑中水的用途不同，选用的水质标准也不同；建筑中水用于建筑杂用水和城市杂用水，其水质应符合国家标准《城市污水再生利用城市杂用水水质》（GB/T 18920—2002）的规定，城市杂用水水质标准见表 7-4。

建筑中水用于采暖系统补水等其他用途时，其水质应达到相应使用要求的水质标准。当建筑中水同时用于多种用途时，其水质应该按最高水质标准确定。

表 7-4　城市杂用水水质标准

序号	项目	测定方法	执行标准
1	pH 值	pH 值电位法	GB/T 5750
2	色	铂－钴标准比色法	GB/T 5750
3	浊度	分光光度法、目视比浊法	GB/T 5750
4	溶解性总固体	重量法（烘干温度 180 ℃ ±1 ℃）	GB/T 5750
5	五日生化需氧量（BOD_5）	稀释与接种法	HJ 505—2009
6	氨氮	纳氏试剂比色法	GB/T 5750
7	阴离子表面活性剂	亚甲蓝分光光度法	GB/T 7494—1987
8	铁	二氮杂菲分光光度法、原子吸收分光光度法	GB/T 5750
9	锰	过硫酸铵分光光度法、原子吸收分光光度法	GB/T 5750
10	溶解氧	碘量法	GB/T 7489—1987
		电化学探头法	HJ 506—2009
11	总余氯	邻联甲苯铵比色法、 邻联甲苯铵－亚砷酸盐比色法、 N，N－二乙基对苯二胺－硫酸亚铁铵滴定法	GB/T 5750
12	总大肠菌群	N，N－二乙基－1，4－苯二胺分光光度法	HJ 586—2010
		多管发酵法	GB/T 5750

第三节　中水处理工艺及中水泵站

一、中水处理工艺流程与选择

中水处理工艺流程是根据中水原水的水量与水质，供应的中水水量与水质，以及当地的自然环境条件和对建筑环境的要求，如噪声、气味、美观、生态等，经过技术经济比较确定的。其中，中水水源的水质是主要依据。中水处理流程由各种水处理单元优化组合而成，通常包括预处理（格栅、调节池）、主处理（絮凝沉淀或气浮、生物处理、膜分离、土地处理等）和后处理（砂过滤、活性炭过滤、消毒等）三部分。其中，预处理和后处理在各种工艺流程中基本相同。主处理工艺则需根据中水原水的类型和水质选择确定。

（一）优质杂排水或杂排水为中水水源时

当以优质杂排水或杂排水为中水水源时，因水中有机物浓度很低，处理的目的主要是去除原水中的悬浮物和少量的有机物，降低水的浊度和色度，可采用以物理化学为主的工艺流程或采用生物处理和物化处理相结合的处理工艺。物化处理工艺虽然对溶解性有机物去除能力差，但后续消毒处理中消毒剂的化学氧化作用对水中耗氧物质的去除有一定的作用。

当原水中有机物浓度较低和阴离子表面活性剂（LAS）小于 30 mg/L 时，可采用混凝沉淀（或气浮）加过滤的物理化学方法。该工艺具有可间歇运行的特点，适用于客房入住率不稳定、可集流原水水量变化较大或间歇性使用的建筑物。

采用膜处理工艺（膜分离、膜生物反应器等）时，应设计可靠的预处理工艺单元及膜的清洗设施，以保障膜系统的长期稳定运行。

以优质杂排水或杂排水为中水水源时常用的工艺流程有以下几个。

1. 物化处理工艺流程

原水→格栅→调节池→絮凝沉淀→过滤→活性炭→消毒→中水

原水→格栅→调节池→絮凝沉淀→过滤→消毒→中水

原水→格栅→调节池→絮凝沉淀→活性炭→消毒→中水

原水→格栅→调节池→过滤→臭氧氧化→消毒→中水

2. 生物处理和物化处理相结合的工艺流程

原水→格栅→调节池→生物接触氧化→沉淀→过滤→消毒→中水

原水→格栅→调节池→生物转盘→沉淀→过滤→消毒→中水

3. 预处理和膜分离相结合的处理工艺流程

原水→格栅→调节池微絮凝过滤→精密过滤→膜分离→消毒→中水

4. 膜生物反应器处理工艺流程

原水→调节池→预处理→膜生物反应器→消毒→中水

（二）生活排水（含有粪便污水）为中水水源时

当利用生活排水（含有粪便污水）为中水水源时，因中水原水中有机物和悬浮物浓度都很高，中水处理的目的是同时去除水中的有机物和悬浮物，用简单的方法很难达到要求，宜采用二段生物处理和物化处理相结合的处理工艺流程。因规模愈小则水质水量的变化愈大，因而必须有较大的调节池进行水质水量的调节均衡，以保证后续处理工序有较稳定的处理效果。以生活排水为中水水源时常用的工艺流程有以下几个。

1. 生物处理和深度处理结合的工艺流程

原水→格栅→调节池→两段生物接触氧化→沉淀→过滤→消毒→中水

原水→格栅→厌氧调节池→两段生物接触氧化→沉淀→过滤→消毒→中水

原水→格栅→调节池→预处理→曝气生物滤池→消毒→中水

2. 生物处理和土地处理工艺流程

原水→厌氧调节池或化粪池→土地处理(土壤－微生物净化)→消毒→中水

(三)城市污水处理厂二级生物处理出水作为中水水源时

当利用城市污水处理厂二级生物处理出水作为中水水源时,处理目的主要是去除水中残留的悬浮物,降低水的浊度和色度,宜选用物化与生化处理结合的深度处理工艺流程。以城市污水处理厂出水作为中水水源,目前采用的较少,但随着城市污水处理厂的建设和污水资源化的发展,它将成为今后污水再生利用的主要水源。常用的工艺流程有以下几个。

1. 物化深度处理工艺流程

二级处理出水→调节池→混凝沉淀(澄清)→过滤→消毒→中水

2. 物化与升华结合的深度处理流程

二级处理出水→调节池→微絮凝过滤→生物活性炭→消毒→中水

3. 微孔过滤处理工艺流程

二级处理出水→调节池→微孔过滤→消毒→中水

中水用于水景、采暖、空调冷却、建筑施工等其他用途时,若采用的处理工艺达不到相应的水质标准,应再增加深度处理设施,如活性炭、臭氧、超滤或离子交换处理等。

中水处理生产的沉淀污泥、活性污泥和化学污泥,应采取妥善处理措施,当污泥量较小时可排至化粪池处理,污泥量较大的中水处理站,可采用机械脱水装置或其他方法进行处理或处置。

二、中水处理技术

(一)格栅、格网、毛发聚集器

格栅、格网和毛发聚集器用来截留去除原水中较大的漂浮物、悬浮物和毛发等。格栅宜选用机械格栅。当原水为杂排水时,可设置一道格栅,栅条空隙净宽2.5~10 mm;当原水为生活排水时,可设置二道格栅,栅条空隙净宽为10~20 mm,第二道为细格栅,栅条空隙净宽取2.5 mm。当原水为洗浴废水时可选用12~18目的格网。水流通过格栅的流速宜取0.6~1.0 m/s。格栅设在格栅井内时,格栅倾角不宜小于60°。格栅井虚设工作台,其高度应高出格栅前最高设计水位0.5 m。工作台宽度不宜小于0.7 m,格栅井应设置活动盖板。目前在小型中水系统中,格栅大多采用人工清理,少数采用水力筛或机械格栅。

当原水为洗浴废水时,污水泵的吸水管上应设毛发聚集器。毛发聚集器内过滤筒(网)的孔径为3 mm,由耐腐蚀材料制造,其有效过水面积大于连接管面积的2倍。毛发聚集器具有反洗功能和便于清污的快开结构。近几年国内设计的部分中水工程,采用了自动清污的机械细格栅去除毛发等杂物,运行稳定,管理方便。

(二)原水调节池

调节池有曝气和不曝气两种形式。在调节池中曝气不但可以使池中颗粒状杂质保持悬浮状态,避免沉积在池底,还使原水保持有氧状态,防止原水腐败变质,产生臭味。另外,调节池与曝气可以去除部分有机物。所以,调节池内采取预曝气措施是有利的。

原水调节池内预曝气一般用多孔管曝气。曝气负荷为0.6~0.9 $m^3/(m^2 \cdot h)$,调节池底应设有集水坑和泄水管,并应有不小于0.02的坡度,坡向集水坑,中小型中水系统的调节池可兼用作提升泵的集水井。

(三)中水调节池或中水高位水箱

调节中水用水量,应设自来水的经济补水管。补水控制水位应设在缺水报警水位,使补水管只能在系统缺水时补水。同时,应有有效的措施确保自来水不会被中水污染。补水管上应设水表计量补水量,补水管管径按中水最大时供水量计算确定。

(四)沉淀(絮凝沉淀)处理设施

混凝工艺主要去除原水中悬浮状和胶体状杂质,对可溶性杂质去除能力较差,是物化处理的主体工艺单元。混凝剂的种类及投药量的多少应根据原水的类型和水质确定。城市污水处理厂二级出水为中水原水时,聚合铝和聚合铁的效果都较好,聚合铝最佳投药量为5 mg/L,一般不可超过10 mg/L(以 Al_2O_3 计)。

原水为优质杂排水或杂排水时,设置调节池后可不再设置初次沉淀池;原水为生活排水,对于规模较大的中水处理站,可根据处理工艺要求设置初次沉淀池。

当处理水量较小时,絮凝沉淀池和生物处理后的沉淀池宜采用竖流式沉淀池或斜板(管)沉淀池,竖流式沉淀池的表面水力负荷宜采用0.8~1.2 $m^3/(m^2 \cdot h)$,沉淀时间宜为1.5~2.5 h。池子直径或正方形的边与有效水深比值不大于3,出水堰最大负荷不应大于1.70 L/(s·m)。

水量较大时,应参照现行《室外排水设计规范》中有关部分设计。

沉淀与气浮均是混凝反应后的有效固液分离手段,沉淀设备简单而体积稍大,气浮设备稍复杂而体积较小。目前两者均有应用,但是混凝沉淀对阴离子洗涤剂处理效果很差,而混凝气浮对阴离子洗涤剂有一定处理效果。

(五)气浮处理设施

气浮处理池由气浮池、溶气罐、释放器、回流水泵和空压机等组成,宜采用部分回流加压溶气气浮方式,回流比取处理水量的10%~30%,汽水比按体积计算,空气量为回流水量的5%~10%。

矩形气浮池由反应室、接触室和分离室组成,接触室内设置释放器,数量由回流量和释放器性能确定。进入反应时的流速宜小于0.1 m/s,反应时间为10~15 min。接触室水流上升流速一般为10~20 mm/s。分离室内水流流速不宜大于10 mm/s;负荷取2~5 $m^3/(m^2 \cdot h)$,水力停留时间不宜大于1.0 h。气浮池有效水深为2~2.5 m,超高不应小于0.4 m。

在原水泵水管上设投药点,按处理水量比投加混凝剂(必要时还可以同加助凝剂),并充分混合。容器罐罐高为2.5~3.0 m,罐内装1~1.5 m的填料,水力停留时间宜为1~4 min,罐内工作压力采用0.3~0.5 MPa,空压机压力一般选用0.5~0.6 MPa(表压)。

(六)生物处理设施

生物处理主要用于去除水中可溶性有机物,过去多采用生物转盘,经过几年的实践发现,生物转盘盘片与设备间空气直接接触,当污水浓度较高或转盘槽中溶解氧不足时,产生的气味会逸散到处理间及其周围环境中,而宾馆、饭店、机关、居民小区均是对环境条件要求较高的场所。因为可能带来不良影响,在处理场所通风不良是影响比较显著的。另外，生物转盘的易磨损机械部分较多，如减速机构、传动机构、盘片及其零部件，运行中维护保养工作量大。所以，目前生物使用较少，多采用生物接触氧化法。生物接触氧化法操作比较简单，处理效果好，出水水质稳定，管理方便，产生的污泥量较少，运动费用较低，并可在短时间内停止运行，适用于中水水源为优质杂排水，BOD_5 <60 mg/L 的洗浴废水和厨房设隔油装置除油的杂排水。在我国，日处理规模不大的宾馆饭店多采用生物接触氧化法。

生物接触氧化设施由池体、填料、布水装置和曝气系统等部分组成。供气方式宜采用低噪声的鼓风机加布气装置，潜水曝气机或其他曝气设备布气装置的布置使布气均匀，气水比为15∶1～20∶1，曝气量宜为40～80 m^3/($kgBOD_5$)，溶解氧含量应维持在2.5～3.5 mg/L。

当原水为优质杂排水时水力停留时间不应小于2 h；当原水为生活排水时，应根据原水水质情况和出水水质要求确定水力停留时间，但不宜小于3 h。

接触氧化池宜采用挂膜、耐用、比表面积较大、维护方便的固定填料或悬浮填料。填料的体积可按填料容积负荷与平均日污水量计算，容积负荷一般为1 000～1 800 ($gBOD_5$)/(m^3·d)，优质杂排水和杂排水取上限值，生活污水取下限值，计算后按接触时间校核。当采用固定填料时安装高度不应小于2.0 m，每层高度不宜大于1.0 m，采用悬浮填料时，装填体积不应小于池容积的25%。

曝气生物滤池具体有处理负荷高、装置紧凑、省略固液分离单元等优点，已经开始用于中水工程。土地处理亦是一种值得重视的处理工艺，该处理方法利用土壤的自然净化作用，将生物降解、过滤、吸附等多重作用有机结合，对于绿化面积迅速扩大而水资源又十分紧缺的城市和地区，该处理工艺有广泛的应用前景。

（七）过滤设施

过滤是中水处理工艺必不可少的后置工艺，是最常用的深度处理单元，它对保证中水的水质起到决定性作用。滤池的滤料有许多种，如石英砂单层滤料、石英砂无烟煤双层滤料、纤维球滤料、陶粒滤料等。

过滤宜采用滤池或过滤器，采用压力过滤器时，滤料可选用单层或双层滤料。单层滤料压力过滤器多为石英砂，粒径为0.5～1.0 mm，滤料厚度600～800 mm，滤速取8～10 m/h，反冲洗强度12～15 L/(m^2·s)，反洗时间5～7 min。双层滤料压力过滤器的上层滤料为厚500 mm的无烟煤，下层滤料为厚250 mm的石英砂，滤速取12 m/h，反冲洗强度10～12.5 L/(m^2·s)，反洗时间8～15 min。

微絮凝过滤是将絮凝与过滤相结合，工艺紧凑，设备简单，过去采用较多。这种工艺的管理水平要求高。若反冲不彻底，污物易残留在滤料上，积累到一定阶段就会影响处理效果。

（八）活性炭过滤

活性炭过滤置于处理流程的后部，是常用的深度处理单元。主要用于去除常规处理方法难于去除的臭、色及有机物和合成洗涤等。但活性炭价格贵、易饱和，运行费用较高。对于洗浴水为原水的中水系统，采用生物处理能够去除大部分可溶性有机物，一般后面不需要再加活性炭即可达标，而采用物化处理工艺时，由于混凝、过滤等工艺对可溶性有机物去除效果不佳,必要时可加活性炭作为水质保障工艺单元。采用生物活性炭可以将活性炭与生物作用有机结合,大幅度提高活性炭使用周期,可在微絮凝过滤后续接生物活性炭工艺单元,效果很好。

活性炭过滤通常采用固定床,过滤器数目不少于两个,以便换炭维修。过滤器应装有冲洗、排污、取样等管道及必要仪表。

过滤器中炭层高度和过滤器直径比一般为1∶1或2∶1,活性炭高度一般不宜小于3.0 mm,常用4.5~6 m串联进行。设计负荷为0.3~0.8(kgCOD)/(kg炭),接触时间一般采用30 min,反冲洗时间10~15 min,冲洗水量为产水量的5%~10%。

(九)膜分离

膜分离法处理效果好、装置紧凑、占地面积小,是近年来发展迅速的高效处理手段。膜分离工艺置于中水处理流程过后可起到保障作用。膜分离为物理作用,对COD、BOD_5等指标去除效果不显著。随着膜工业的发展,各种膜产品不断推出,膜技术在水处理中的应用越来越广泛。

在以往中水处理系统中,多采用超滤膜组件,由于超滤膜组件孔径较小,膜通量受到限制。近年来多采用膜通量大的微滤膜。膜生物反应器将膜分离与生物处理紧密结合,具有处理效率好、出水水质稳定、流程简化、装置紧凑、设备制造产业化等诸多特点,在中水处理系统中已得到应用。

(十)消毒

中水处理必须设有消毒设施,消毒剂宜采用自动投加方式,并能与被消毒水充分混合接触。采用氯化消毒时,加氯量一般为5~8 mg/L(有效氯),消毒接触时间应大于30 min,当中水水源为生活污水时,应适当添加加氯量,余氯量应控制在0.5~1.0 mg/L。消毒剂宜采用次氯酸钠、二氧化氯、二氯氰尿酸钠或其他消毒剂。

三、中水处理站

(一)中水处理站的布置

中水处理站的位置应根据建筑的总体布局、中水原水的主要出口、中水的用水位置、环境卫生、便于隐藏隔离和管理维护等综合因素确定,注意充分利用建筑空间,少占地面,最好有方便的、单独的道路和进出口,便于进出设备,排除污物等。对于单幢建筑的中水处理站可设在地下室或建筑附近,对于建筑群的中水处理站应靠近主要集水和用水处。应尽量利用中水原水出口高程,使处理过程在重力流动下进行。处理产生的污物,必须合理处理,不允许随意堆放,要考虑预留发展位置。

处理站除有安置处理设施的场所外,还应有值班室、化验室、储藏室、维修间及必要的生活设施等附属房间。处理间必须有必要的通风换气设施,有保障处理工艺要求的采暖、照明和给水排水设施。

设计处理站时,要考虑工作人员的保健和安全问题,应尽量提高处理系统的机械化、自动化程度,尽量采用自动记录仪表或远距离操作,储存消毒剂、化学药剂的房间宜与其他房间隔开,并有直接通向室外的门。对药剂所产生的污染危害,必须妥善处理,采取必要的安全防护措施;用氯作消毒剂产生的氢,厌氧处理产生的可燃气体等处的电器设备,均应采取防爆措施。

(二)中水处理站的隔振消声和防臭

设置在建筑地下室的中水处理站,必须与主体建筑及相邻房间严密隔开,并做建筑隔音处理,以防空气传声;站内设备基座均应安装减震垫,连接设备的管道均应安装减震接头和吊架,以防固体传声。

对于防臭,首先应尽量选择产生臭气比较少的工艺以及封闭性能好的处理设备,其次是对产生臭气的设备加盖、加罩使其尽量少的逸散。对于无法避免散出的臭气,可考虑集中排出稀释(排出口应高出人们活动场所 2 m 以上),或者采用燃烧法、化学法、吸附法、土壤除臭法等进行除臭。

第四节 中水管道系统

一、中水原水集水管道系统

原水集水管道系统一般由建筑内合流或分流集水管道、室外或建筑小区集水管道、污水泵站及有压污水管道和各处理环节之间的连接管道等部分组成。

(一)建筑内集水管道系统

建筑内集水管道系统即通常的建筑内排水管网,其支管、立管和横干管的布置和敷设,均同建设排水设计。

1. 建筑内合流制集水管道系统

合流制系统中的集水干管(收集排水横干管或排出管污水的管道)应根据处理间设置位置及处理流程的高程要求,设计成室内集水干管,也可以设计成室外集水干管。当设置为室内集水干管时,应考虑充分利用排水的水头,即尽可能保持较高的出流高程,便于依靠重力流向下一处理工序。但集流干管要选择合适的位置及设置必要的水平清通口,并在进入处理间或中水调节池之前,设置超越管,以便出现事故时可以直接排放至小区或者城市排水管网。

2. 建筑内分流制集水管道系统

分流制系统要求分流顺畅,这就要求与其他专业协商合作,使卫生间的位置和卫生器具的布置合理、协调。同时注意:洗浴器具与便器最好是分开设置或者分侧设置,以便用单独的支管、立管排出;洗浴器具宜上下对应设置,便于接入同一立管。

明装的污废水立管宜在不同的墙角设置,以利美观。同时,污废水支管不宜交叉,以免横支管标高降低太多。

高层公共建筑的排水系统宜采用污水、废水、通气三管组合管系。

集水干管与上述第 1 点相同。

(二)室外或小区集水管道系统

室外或小区集水管道的布置与敷设亦与相应的排水管道基本相同,最大的区别在于室外集水干管还需将所收集的原水送至室内或附近的中水处理站。

因此,除考虑排水管布置时的一些因素外,应根据地形、中水处理站的位置,主要使管道尽可能较短，一般布置在建筑排水侧的绿地或道路下；力求埋深较浅，使所集污废水能自流到中水处理站；布置时，一要注意与其他（如给水、排水、雨水、通信等）管系综合考虑。在平面上与给水管、雨水管、污水管的净距宜在0.8～1.5 m以上，与其他管道的净距宜在1.0 m以上。与其他管道垂直净距应在0.15 m以上；还应考虑工程分期建设的安排和远期扩建的可行性。

（三）污水泵站及有压污水管道

如果由于地形或其他因素，集水干管的出水不能依靠重力流到中水处理站，就必须设置污水泵将污水加压送至中水处理站。污水泵的数量由污水量确定。污水泵站应根据当地的环境条件而设置。

污水泵出口至中水处理站起始进口之间的管道为有压污水管道。此段管道要求有一定的强度，接头必须严密，严防泄露，还应有一定的耐腐蚀性。

至于中水处理站内各处理环节之间的连接管理，应根据其工艺流程和处理站的布局去确定，做到既符合工艺要求，又能保证运行的可靠性。

二、中水供水管道系统

中水供水管道系统与建筑给水供水系统基本相同。

根据中水的特点应注意的是，中水管道必须具有耐腐蚀性。因为中水中存在有余氯和多种盐类，会产生多种生物学和电化学腐蚀，一般采用塑料管、钢塑复合管和玻璃钢管比较合适，不得采用非镀锌钢管；如遇不可能采用耐腐蚀材料的管道和设备，则应做好防腐处理，并要求表面光滑，使其易于清洗、清垢；中水用水点宜采用使中水不与人直接接触的密闭器具；冲洗汽车、浇洒道路与绿地的中水出口宜用有防护功能的壁式或地下式给水栓。

三、中水系统的安全防护

应用中水系统可以节约水源，减少污染，具有良好的综合效益。但中水水质低于生活饮用水水质，并且与生活给水管道系统在建筑内共存，而我国现阶段大多数人对中水了解不多，故有误用、误饮的可能。为了供水安全可靠，不致造成不应有的危害，在中水系统的设计、安装、运行、使用全过程中应特别注意其安全防护。

中水处理系统应连续、稳定地运行，不宜间断，处理量也不宜时多时少，且出水水质应达到现行《城市杂用水水质标准》。考虑到排水水量和水质的不稳定性，在主要处理设施前应设调节池，处理系统若为连续运行，其调节容积可按日处理量的35%～50%计算。

由于中水处理站的出水量与中水用量不一致，为保证故障或检修时用水的可靠性，应在处理设施后设中水储水池。处理系统如为连续运行，中水贮水池的调节池的调节容积可按日处理水量的25%～35%计算。若必须间歇运行，可按处理设备运行周期计算；为保证用水不中断及水压恒定而设有中水高位水箱时，水箱的容积应不小于日用水量的5%。中水贮水箱宜用玻璃钢等耐腐蚀材料制作。

严格执行现行《建筑中水设计规范》规定，中水管道外部应按有关标准的规定涂色和标志，以便于与其他管道相区别；室内中水管道在任何情况下，均严禁与生活饮用水管道相接；不在室内设置可供直接使用的中水水嘴，以免误用；若需将生活饮用水管作为补充水，该出水口应高于中水水池最高水位 2.5 倍管径以上的空气隔断高度；中水管与排水管平行埋设时，其水平净距不小于 0.5 m，交叉埋设时，中水管应置于饮水管之下、排水管之上，管道净距不小于 0.15 m；水池、水箱、阀门、水表及给水栓、取水口等均应标有明显的“中水”字样；公共场所及绿化的中水取水口应设带锁装置；工程验收时应逐段进行检查，防止误接。

中水处理站的管理人员必须经过专门培训才能上岗，这也是保证运行安全、保证水质的重要因素。

第八章　特殊建筑给水排水

第一节　游泳池

一、游泳池的分类、规模及规格

游泳池的类型按使用性质可分为比赛游泳池（含水球和花样游泳池）、训练游泳池、跳水游泳池、儿童游泳池和幼儿嬉水池；按经营方式可分为公用游泳池和商业游泳池；按建造方式可分为人工游泳池和天然游泳池；按有无屋盖可分为室内游泳池和露天游泳池等。

常见各种类型游泳池及其平面尺寸和水深见表 8-1。游泳池的长度一般为 12.5 m 的倍数，宽度由泳道数量决定。每条泳道的宽度一般为 2.0 ~ 2.5 m，但中、小学校用游泳池的泳道宽度可采用 1.8 m，边泳道的宽度应另增加 0.25 ~ 0.50 m。标准的比赛和训练游泳池其宽度一般为 21 m（8 泳道）或 25 m（10 泳道）。

表 8-1　游泳池的平面尺寸及水深

游泳池类别	水深（m）		池长度（m）	池宽度（m）	说明
	最浅端	最深端			
比赛游泳池	1.8 ~ 2.0	2.0 ~ 2.2	50	21 ~ 25	
水球游泳池	≥2.0	≥2.0			
花样游泳池	≥3.0	≥3.0		21 ~ 25	
	跳板（台）高度	水深			
	0.5	≥1.8	12	12	
	1.0	≥3.0	17	17	
跳水游泳池	3.0	≥3.5	21	21	
	5.0	≥3.8	21	21	
	7.5	≥4.5	25	21,25	
	10.0	≥5.0	25	21,25	
训练游泳池					
运动员用	1.4 ~ 1.6	1.6 ~ 1.8	50	21,25	
成人用	1.2 ~ 1.4	1.4 ~ 1.6	50,33.3	21,25	含大学生
中学生用	≤1.2	≤1.4	50,33.3	21,25	
公共游泳池	1.8 ~ 2.0	2.0 ~ 2.2	50,25	25,21,12.5,10	
儿童游泳池	0.8 ~ 1.6	1.0 ~ 1.2	平面和尺寸视具体情况由设计定		含小学生
幼儿嬉水池	0.3 ~ 0.4	0.4 ~ 0.6			

二、游泳池的给水

(一)给水方式

1. 循环净化给水系统

1)系统设置

循环净化水给水系统是将游泳池和水上游乐池中使用过的池水,按规定的流量和流速从池内抽出,经过滤净化并消毒处理,再送回池子重复使用。该系统由池子回水管路、净化工艺、加热设备和净化水配水管路组成,具有耗水量少的特点,可保证水质卫生要求,但系统复杂,投资大。

游泳池和水上游乐池净化系统的设置,应根据池子的使用功能、卫生标准、使用者特点来确定。竞赛池、跳水池、训练池和公共池以及儿童池、幼儿池均应分别设置各自独立的池水循环净化给水系统,以满足使用要求并便于管理。

对于水上游乐池,当多个池子用途相近、水温要求一致、池子循环方式和循环周期相同时可以共用一个池子净化处理系统,以节约能源和投资。循环净化水由分水器分别接至不同的游乐池,每个池子的接管上设置控制阀门。

2)池水循环方式

池水循环方式是为保证游泳池和水上游乐池的进水水流均匀分布,在池内不产生急流、涡流、死水区,且回水水流不产生短流,使池内水温和余氯均匀而设计的水流组织方式。游泳池和水上游乐池的池水循环方式有逆流式、混合式和顺流式三种,应根据池水容量、池子深度、池子形状、池内设施(指活动池底板、隔板及活动池岸等)、使用性质和技术经济等因素综合比较后确定。

游泳池和水上游乐池中给水口和回水口的布置方式形成了不同的池内水流组织,应保证流水分布均匀、不出现短流和涡流及死水区,使净化水与池水有序混合、交换、更新,有利于池水表面污物清除和环境卫生的保持及管道、设备的施工安装和维修管理。

逆流式循环是将游泳池和水上游乐池的全部循环水量,经设在池壁外侧的溢水槽收集至回水管路,送到净化设备处理后,再通过净化水配水管路送到池底的给水口或水槽进入池内,如图 8-1(a)所示。这种循环方式能够有效地去除池水表面污物和池底沉淀物,池底均匀布置给水口满足水流均匀、避免涡流的要求,使池水均匀有效地交换更新。

混流式循环是指将游泳池或水上游乐场全部循环水 60% ~70% 的水量,经设在池壁外侧的溢流回水槽取回,其余 30% ~40% 的循环水量经设在池底的回水口取回,这两部分循环水两回汇合后进行净化处理,然后经池底给水口送入池内继续使用,如图 8-1(b)所示。这种循环方式除具有逆流式池水循环方式的优点外,由于池面、池底同时回水使水流能冲刷池底的积污,卫生条件更好。

逆流式和混流式是国际泳联推荐的池水循环方式。为了满足池底均匀布置给水口、方便施工安装和维修更换给水口的要求,池底应架空设置或应加大池身(将配水管埋入池底垫层或埋入沟槽),因此基建投资较高、施工难度较大。竞赛游泳池和训练游泳池的池水应采用逆流式或混流式循环方式;水上游乐池的类型较多,形状不规则,布局分散,应结合具体情况选用池水循环方式。

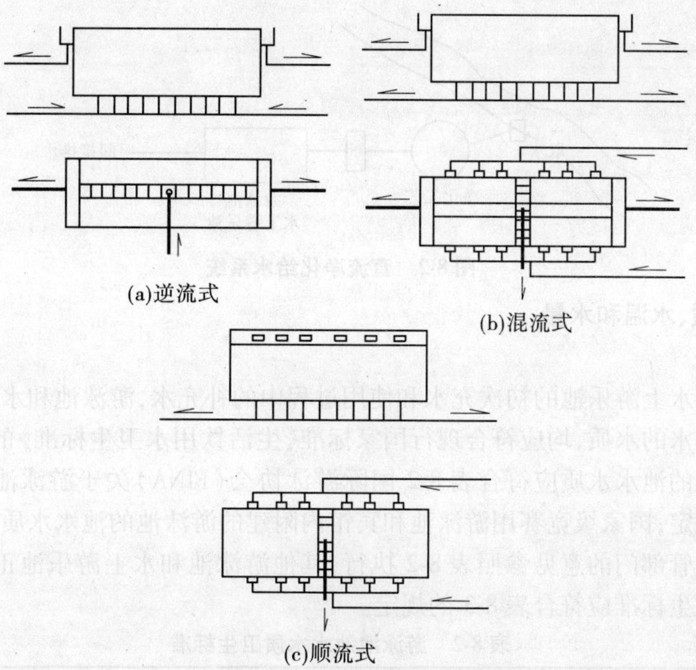

(a)逆流式　(b)混流式　(c)顺流式

图 8-1　池水循环方式

顺流式循环是指将游泳池或水上游乐池的全部循环水量，经设在池子端壁或侧壁水面以下的给水口送入池内，如图 8-1(c)所示。这种循环方式配水较为均匀，底部回水口可与排污口、泄水口合用，结构形式简单，建设费用经济，但是不利于池水表面排污、池内局部沉淀产生，对于公共游泳池和露天游泳池，一般水深较浅，为节省建设施工费用和方便维护管理，宜采用顺流式循环方式。

2. 直流式给水系统

直流式给水系统是将符合水质标准的水流，按设计流量连续不断地送入游泳池或水上游乐场，同时将使用过的池水按进水流量不断地经排水口排出池体。该系统能保证水质、系统简单、投资省、维护方便、运行费用少，但是受到水源条件的约束。当符合水质、水温要求的水源充沛时，可以考虑采用，多用于温泉地区和地下有热水资源地区的温泉游泳池、医疗游泳地；对于幼儿戏水池及儿童游泳池，为保证池水卫生也推荐采用直流式给水系统。

3. 直流净化给水系统

直流净化给水系统是将天然的地面水或地下水。经过过滤净化和消毒杀菌处理达到游泳池水质的标准后，经给水口连续不断地送入游泳池或水上游乐场，同时将与进水体积相同的、使用过的池水经排水口不断排出池体，如图 8-2 所示。建设循环水净化系统投资高，难以满足广大游泳爱好者的需求，所以在靠近水质良好、水温适宜、水量充沛的城镇，当技术经济、社会和环境效益比较合理时，仅夏季使用的露天游泳池和水上游乐池可采用直流净化给水系统。

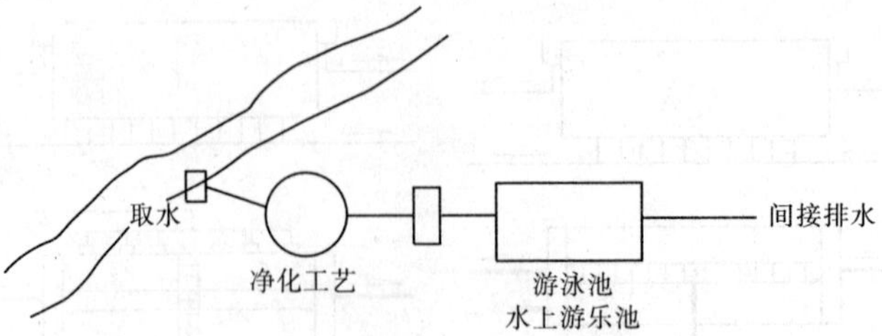

图 8-2　直流净化给水系统

(二)水质、水温和水量

1. 水质

游泳池和水上游乐池的初次充水和使用过程中的补充水,游泳池和水上游乐池饮水、淋浴等生活用水的水质,均应符合现行国家标准《生活饮用水卫生标准》的要求。世界级竞赛用游泳池的池水水质应符合表 8-2 国际游泳协会(FINA)关于游泳池池水水质现行卫生标准的规定;国家级竞赛用游泳池和宾馆内附建的游泳池的池水水质卫生标准,根据经济能力和主管部门的意见参照表 8-2 执行,其他游泳池和水上游乐池正常使用过程中的池水水质卫生标准应符合表 8-3 的规定。

表 8-2　游泳池池水水质卫生标准

序号	项目	水质卫生标准	说明
1	温度	26 ± 1 ℃	
2	pH 值	7.2 ~ 7.6(电阻值 10.13 ~ 10.14 Ω)	宜使用电子测量
3	浑浊度	0.10 FTU	滤后入池前测定值
4	游离性余氯	0.3 ~ 0.6 mg/L	DPD 液体
5	化合性余氯	≤0.4 mg/L	
6	菌落	21 ±0.5 ℃:100 个/mL	24 h、48 h、72 h
		37 ±0.5 ℃:100 个/mL	24 h、48 h
7	大肠埃希氏杆菌	37 ±0.5 ℃:100 个/mL 池水中不可检出	
8	绿脓杆菌	37 ±0.5 ℃:100 个/mL 池水中不可检出	
9	氧化还原电位	≥700 mL	电阻值为 10.13 ~ 10.14 Ω
10	清晰度	能清晰看见整个游泳池底	
11	密度	kg/dm^3	20 ℃时的测定值
12	高锰酸钾消耗量	池水中最大总量 10 mg/L 其他水中最大量 3 mg/L	
13	THM(三卤甲烷)	宜小于 20 μg/L	
14	室内泳池的空气温度	至少比池水温度高 2 ℃	由于建筑原因

表 8-3　人工游泳池池水水质卫生标准

序号	项目	标准
1	水温	22 ~ 26 ℃
2	pH 值	6.5 ~ 6.8
3	浑浊度	≤5(NTU)
4	尿素	≤3.5 mg/L
5	游离性余氯	0.3 ~ 0.5 mg/L
6	细菌总数	≤1 000 个/mL
7	大肠菌数	≤18 个/mL
8	有毒物质	按地面水中有害物质的最高允许浓度

细菌的测试应使用滤膜。过滤后，将滤膜在 37 ℃温度下在胰蛋白酶解蛋白大豆琼脂中保存 2 ~ 4 h，然后将滤膜放入隔离的培养基中。

游泳池和水上游乐池的初次充水、重新换水和正常使用中的补充水，均应采用城市生活饮用水；当采用城市生活引用水不经济或有困难时，公共用游泳池和水上游乐池的初次充水、换水和补充水可采用井水(含地热水)、泉水(含温泉水)或水库水，但水质应符合表 8-3的要求。

2. 水温

游泳池和水上游乐池的池水设计温度根据池子类型和使用对象按表 8-4 采用，为了便于灵活调节供水水温，设计时应留有余地。露天游泳池和水上游乐池的水温，按表 8-5 选用，不考虑冬泳因素。

表 8-4　室内游泳池和水上游乐池的池水设计温度

序号	池子类型	池水设计温度(℃)
1	竞赛游泳池	25 ~ 27
2	训练游泳池、宾馆内游泳池	26 ~ 28
3	公共游泳池	26 ~ 28
4	跳水池	26 ~ 28
5	造浪池	28 ~ 29
6	环流池	28 ~ 29
7	滑道池、休闲池	不低于 23
8	蹼泳池	28 ~ 30
9	按摩池	不超过 40

表 8-5　露天游泳池的池水设计温度

序号	类型	池水设计温度(℃)
1	有加热装置	26 ~ 28
2	无加热装置	22 ~ 23

3. 水量及初次充水时间

影响游泳池和水上游乐池运行过程中每日需要补充水分量的因素包括池水表面蒸发损失、池子排污损失、过滤设备反冲洗用水消耗、游泳者或游乐者带出池外的水量损失和卫生防疫要求。游泳池、游乐池的补充水量按照表 8-6 选用，其中考虑到儿童和幼儿容易受到低于体温池水的刺激，且可能在池内便溺，严重污染水质，故儿童和幼儿戏水池补水量较多。采用直流式给水系统或直流净化给水系统的游泳池和水上游乐池，每小时补充水量不应小于池水容积的 15%。

表 8-6　游泳池、游乐池的补充水量

序号	游泳池、游乐池名称		每日补充水量占泳池水容积的百分数(%)
1	竞赛池、训练池、跳水池	室内	3 ~ 5
		露天	5 ~ 10
2	多功能池、游乐池、公共泳池	室内	5 ~ 10
		露天	10 ~ 15
3	按摩池	公用	10 ~ 15
4	儿童池、幼儿戏水池	室内	不小于 15
		露天	不小于 20
5	环流河		10 ~ 15
6	家庭游泳池	室内	3
		露天	5

注：1. 室内游泳池、水上游乐池的最小补充水量应保持在一个月内池水全部更换一次。

2. 当地卫生防疫部门有规定时，应按卫生防疫部门的规定执行。

游泳池和水上游乐池的初次充水或因突然发生传染病菌等事故泄空池水后重新充水的时间，主要根据池子的使用性质和当地供水条件等因素确定，宜采用 24 ~ 28 h。对于竞赛、训练及宾馆等使用的游泳池，其充水时间宜短一些。其他以健身、娱乐、消夏为主的池子，或是当地用水紧张，大量充水影响周边用户的正常用水时，充水时间可适当放宽。

三、游泳池的排水

(一) 岸边清洗

游泳池岸边若有泥沙、污物，可能会被涌起的池水冲入池内而污染池水。为防止这种现象，池岸应装设冲洗水嘴，每天至少冲洗2次，这种冲洗水应流至排水沟。

(二)溢流与排水

1.溢流水槽

游泳池宜设置池岸式溢流水槽，以用于排除各种原因而溢出游泳池的水体，避免溢出的水回流到池中，带入泥沙和其他杂质。

溢流水槽的槽沿应严格水平，以防溢水短流。槽内排水口间距一般为3 m，仅作为溢水用时，断面尺寸按不小于10%的循环流量确定，槽宽不得小于150 mm；若作为回水槽，则槽内排水管口按循环流量确定，但宽度不得小于250 mm；槽内纵向应有不小于$i=0.01$坡度坡向排水口；岸边溢水槽应设置格栅盖板，其材质参照回水口。

溢水管不得直接与污水管连接，且不得装设存水弯，以防污染及堵塞管道；溢水管宜采用铸铁管或钢管内涂环氧树脂漆以及其他新型管道。

2.泄水口

泄水口用于排空游泳池中的水体，以便于清洗、维修或者停用。

泄水口应与池底回水口合并设置在游泳池底的最低处；泄水口的数量按4 h排空全部池水计算确定；泄水管亦按4 h将全部池水泄空计算管径。

泄水方式应优先采用重力泄水，但应有防污水倒流污染的措施。重力泄水有困难时，采用压力泄水，可利用循环泵泄水。

泄水口的构造与回水口相同。

(三)排污与清洗

1.排污

为保证游泳池的卫生要求，应在每天开放之前，将沉积在池底的污物予以清除。在开放期间，对于池中的漂浮物、悬浮物应随时清除。常有的排污方法有以下几个：

(1)漂浮物、悬浮物的清除方法：主要由游泳池的管理人员利用工具，采用人工拣、捞的方法予以清除。

(2)池底沉积物的清除方法。

管道排污：循环回水、排污管道系统(或真空排污管道系统)设置在游泳池四周排水沟内或池壁上，管道每隔一段距离设置带有阀门的管道接口。排污时，将排污器的排污软管与接口相连开启循环回水泵，移动排污器使池底积污被抽吸排出。此法排污较彻底，节省人力，但设备、管道系统较复杂，需占较多的建筑面积，投资较高。适用于城市中较豪华、设施完善的游泳池。

移动潜污泵法：将潜污泵及与之相连的排污器和部分排污软管置入池底，缓缓地推拉移动，开启潜污泵将污物抽吸排出。此法排污较快，但移动潜污泵和排污器时比较笨重。

虹吸排污法：排污器的排水管口置于较低位置，利用水力作用或真空泵引水造成虹吸，将污物排出。此方法节省电能，但耗水量大(每次达池容积的5%左右)，且排污不太彻底。

人工排污法：用擦板刷或压力水等将池底污物缓缓推到泄水口(或回水口)，然后打开泄水阀或循环水泵将之排除，此法设备简单，但劳动强度大，耗用时间长，若操作过急易扰动积污混于水中，影响排污效果。

后三种排污法一般用于较简易的游泳池。

排污时排出的废水，可直接排放，也可经过过滤处理后回用。

我国目前尚无理想的排污设备和装置，是亟待研究解决的问题。

2. 清洗

游泳池换水时，应对池底和池壁进行彻底刷洗，不得残留任何污物，必要时应用氯液刷洗杀菌。一般采用棕板刷刷洗和压力水冲洗。

清洗水源采用自来水或符合现行《生活饮用水卫生标准》的其他水。

四、游泳池的辅助设施

循环管道由循环给水管和循环回水管组成，水流速度分别为 2.5 m/s 以下、0.7～1.0 m/s。循环管道的材料以防腐蚀为原则，可以采用塑料管、铜管和不锈钢管；采用碳钢管或球墨铸铁管时，管内壁应涂刷或内衬符合饮用水要求的防腐涂料或材料。

循环管道的敷设方法应根据游泳池或水上游乐池的使用性质、建设标准确定。一般室内游泳池或游乐池应尽量在池子周围设置管廊，管廊高度不小于 1.8 m，并应留人孔及吊装孔；室外游泳池或游乐池宜设置管沟布置管道，经济条件不允许时也可以埋地敷设。

游泳池和水上游乐池上给水口和回水口的设置，对水流组织很重要，其布置应符合以下要求：

(1) 数量应满足循环流量的要求。

(2) 位置应使池水水流均匀循环，不发生短流。

(3) 逆流式循环时，回水口应设在溢流回水槽内；混流式循环时回水口分别设置在溢流回水槽和池底最低处；顺流式循环时池底回水口的数量应按淹没流计算，不得少于 2 个。

游泳池和水上游乐池的泄水口应设置在池底最低处，应按 4 h 全部排空池水确定泄水口的面积和数量。重力式泄水时，泄水管需设置空气隔断装置而不应与排水管作直接连接。

溢流回水槽设置在逆流式或混流式循环系统的池子两侧壁或四周，截面尺寸按溢流水量计算，最小截面为 200 mm×200 mm。槽内回水口数量由计算确定，间距一般不大于 3.0 m。槽底以 1% 坡度坡向回水口。回水口与回水管采用等程连接、对称布置管路，接入均衡水池。

游泳池的池岸应设置不少于 4 个冲洗池岸的清洗水嘴，宜设在看台或建筑的墙槽内或阀门井内（室外游泳池），冲洗水量 1.5 L/(m^2·次)，每日冲洗两次，每次冲洗时间为 30 min。

游泳池和水上游泳池还应设置消除池底积污的池底清污器。标准游泳池和水上游乐池宜采用全自动池底消污器；中、小型游乐池和休闲池宜采用移动式真空池底清污器或电动清污器。

第二节　水景工程

一、水景工程概述

水景是利用水流的形式、姿态、声音美化环境，装饰厅堂，提高艺术效果的人工装置，还可以起到增加空气的湿度、增加负氧离子浓度、净化空气、降低气温等改善小区气候的作用，也能兼作消防、冷却喷水的水源。

水景是由各种不同构造的喷头等装置模拟自然水流形成的。各种基本水流形状相互组合构成了多姿多态的水景造型。典型水景工程的组成如图 8-3 所示。

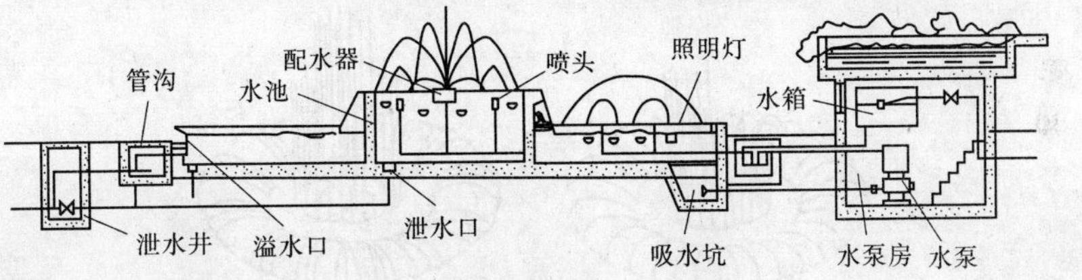

图 8-3　典型水景工程的组成

二、水景的造型、基本形式和控制方式

（一）水景的造型

1. 池水式的水景造型

以静取胜的造型，水面宽阔平静，可将水榭、山石、树木和花草等映入水中形成倒影，可增加景物的层次和美感。

以动取胜的浪池，既可以制成鳞纹细波，也可以制成惊涛骇浪，它具有动感和趣味性，还能加强池水的充氧效果，防止水质腐败。

2. 漫流式的水景造型

灵活巧妙利用地形地物，将溪流、漫流和叠流等有机地配合使用，使山石、亭台、小桥、花木等恰当地穿插其间，使水流平跃曲直、时隐时现、水流淙淙，变化多端。

3. 叠水式的水景造型

利用峭壁高坎或假山，构成飞流瀑布、雪浪翻滚、洪流跌落、水雾腾涌的壮景或凌空飘垂的水幕，让人感到气势宏大。

孔流（如图 8-4 所示）的水柱纤细透明、轻盈妩媚，别具一格，活泼可爱。

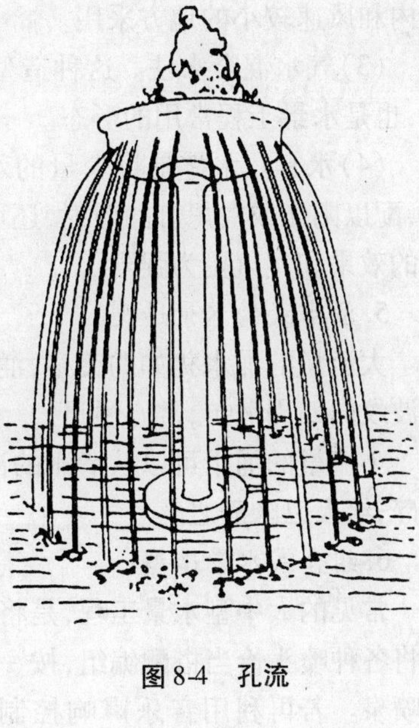

图 8-4　孔流

4. 喷水式的水景造型

喷水式水景是借助水压和多种形式的喷头所构成的，具有更广阔的创作天地。

（1）射流水柱造型。射流水柱可喷得高低远近不同，喷射角度也可任意设置和调节。它是水景工程中最常见的造景手段。图 8-5 为部分造景示意。

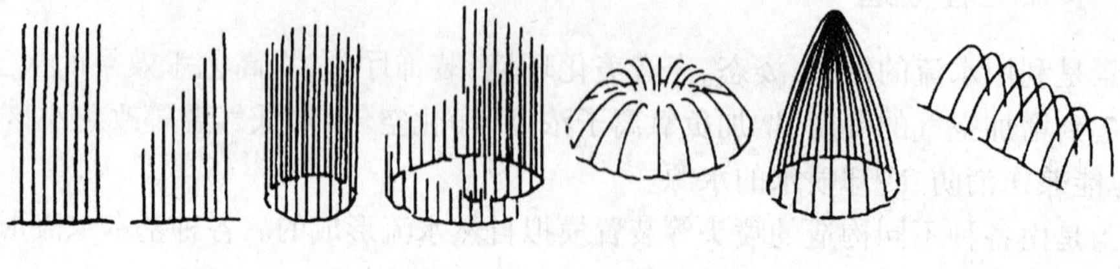

(a)单种水柱组成的

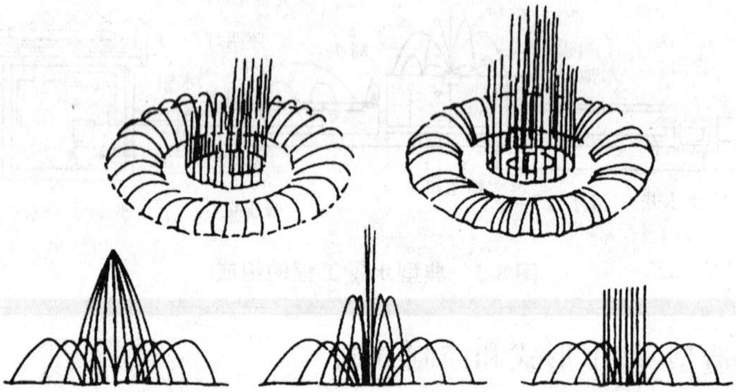

(b)多种水柱组成的

图 8-5　射流水柱组成的水景造型

（2）膜状水流造型。膜状水流造型新颖奇特、噪声低、充氧强，但易受风的干扰，宜在室内和风速较小的地方采用。

（3）气水混合水柱。这种造型水柱较粗，颜色雪白，形状浑厚壮观，但噪声和能耗较大，也是水景工程常用的形态。

（4）水雾。水雾是将少量的水喷洒到很大的范围内，形成水气腾腾、云雾蒙蒙的景象，配以阳光或白炽灯的照射，还可以呈现彩虹映空的美景。其他水流辅以水雾烘托，水景的效果和气氛更为强烈。

5. 涌水式的水景造型

大流量的涌水犹如趵突泉，涌水水面的高度虽不大，但粗壮稳健，气势宏大，激起的粼粼波纹向四周散扩，赏心悦目。

小流量的涌水可以从清澈的池底冒出闪亮的气泡，如珍珠。池底玉珠迸涌，水面粼粼细碎，给人以幽静之感。

6. 组合式水景造型

常见的大中型水景工程，是将各种水流形态组合搭配，其造型变幻无穷。组合式的水景将各种喷头恰当搭配编组，按一定程序依次喷水。若辅以彩灯变换照射，就构成程控彩色喷泉。若再利用音乐声响控制其喷水的高低、角度变化，就构成彩色音乐喷泉。如

图 8-6所示为部分组合水景造型示意。

图 8-6　组合水景造型示例

(二) 水景工程的基本形式

水景工程可根据环境、规模、功能要求和艺术效果,灵活地设置成多种形式。

1. 固定式

大中型水景工程一般都是将构成水景工程的主要组成部分固定设置,不能随意移动,常见的有河湖式、水池式、浅碟式和楼板式等,如图 8-7 ~ 图 8-9 所示。

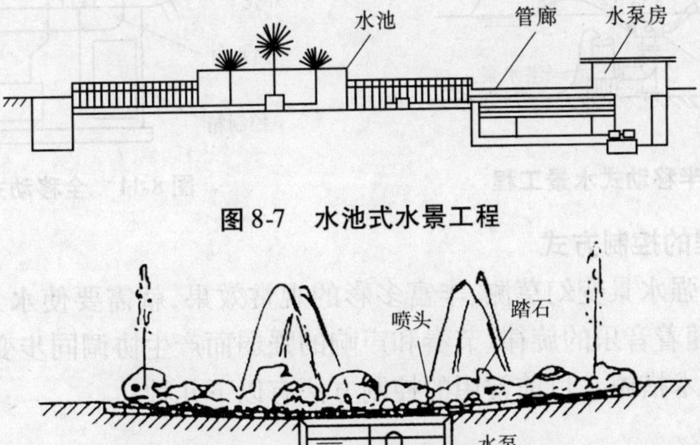

图 8-7　水池式水景工程

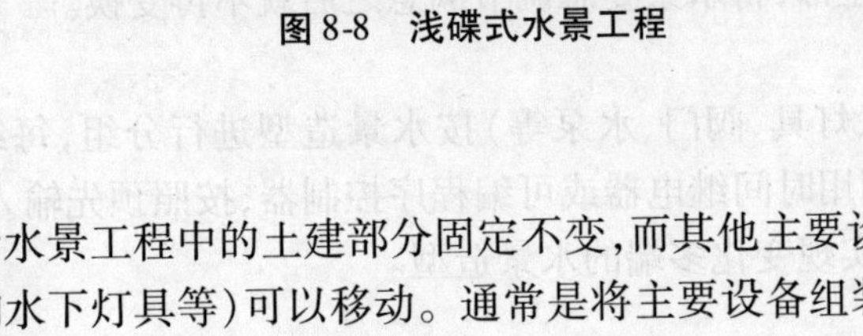

图 8-8　浅碟式水景工程

2. 半移动式

半移动式是指水景工程中的土建部分固定不变,而其他主要设备(如潜水泵、部分管道、配水器、喷头和水下灯具等)可以移动。通常是将主要设备组装在一起或搭配成若干

图 8-9　河湖式水景工程

套路，再按一定的程序控制各套的开停，实现常变常新的水景效果，如图 8-10 所示。

3. 全移动式

全移动式就是将包括水池在内的所有水景设备，全部组合并固定在一起，可以整体任意搬动，这种形式的水景设施能够定型生产制成成套设备，可以放置在大厅、庭院内，更小型的可摆在橱窗内、柜台上和桌子上，如图 8-11 所示。

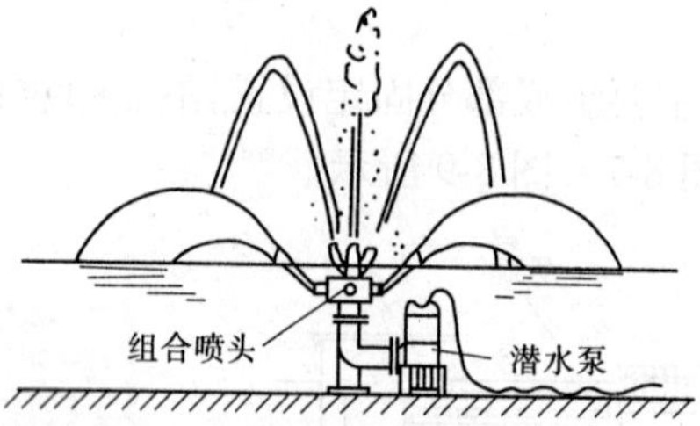

图 8-10　半移动式水景工程

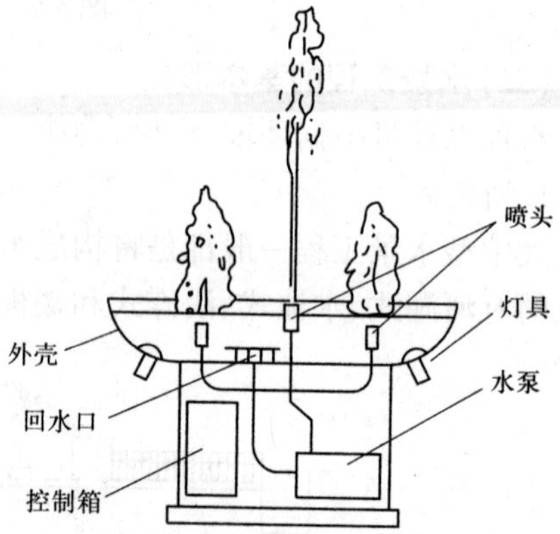

图 8-11　全移动式水景

(三)水景工程的控制方式

为了改善和增强水景变幻莫测、丰富多彩的观赏效果，就需要使水景的水流姿态、光亮照度、色彩变异随着音乐的旋律、节奏和声响的强弱而产生协调同步变化。这就要求采取较复杂的控制技术措施。目前常用的控制方法有以下几种。

1. 手动控制

把水景设备分成若干组或只设定为一组，分别设置控制阀门(或专用水吧)，根据需要可开启一组、几组或全部，将水景姿态调节满意之后就不再变换。

2. 电动程控

将水景设备(喷头、灯具、阀门、水泵等)按水景造型进行分组，每组分别设置专控电阀、电磁阀或气动阀，利用时间继电器或可编程序控制器，按照预先输入的程序，使各组设备依编组循环进行，去实现变化多端的水景造型。

3. 声响控制

在各组喷头的给水干管上设置电动调节阀(或气动调节阀)以及在照明电路中设置电动开关,并在适当位置设置声波转换器,将声响频率、振幅转换成电信号,去控制电动调节阀的开启、开启数量与开启程度等,从而实现水景姿态的变换。

声控的具体方法有:人声直接控制方式、录音带音乐控制方式、直接音乐音响控制方式、间接音响控制方式和混合控制法等。

三、水景给水水量和水质

(一)水量

1. 初次充水量

充水量应视水景池的容积大小而定。充水时间一般按 24 ~ 48 h 考虑。

2. 循环水量

循环水量应等于各种喷头喷水量的总和。

3. 补充水量

水景工程在运行中,由于风吹、蒸发以及溢流、排污河渗漏等因素,要消耗一定的水量,也称水量损失。对于水量损失,一般按循环流量或水池容积的百分数计算,其数值可参照表 8-7 选用。

表 8-7 水量损失

水景形势	风吹损失	蒸发损失	溢流、排污损失(每天排污量占池容积的百分数)(%)
	占循环流量的百分数(%)		
喷泉、水膜、冰塔、孔流等	0.5 ~ 1.5	0.4 ~ 0.6	3 ~ 5
水雾	1.5 ~ 3.5	0.6 ~ 0.8	3 ~ 5
瀑布、水幕、叠流、涌泉	0.3 ~ 1.2	0.2	3 ~ 5
镜池、珠泉等	—	按相关公式计算	2 ~ 4

注:水量损失的大小应根据喷射高度、水滴大小、风速等因素选择。

对于镜池、珠泉等静水景观,每月应排空换水 1 ~ 2 次,或按表 8-7 中溢流、排污百分率连续溢流、排污,同时不断补充等量的新鲜水。为了节约用水,镜池、珠泉等静水景观也可采用循环给水方式。

(二)水质

(1)对于兼作人们娱乐游泳、儿童戏水的水景水池,其初次充水和补充给水的水质应符合现行《生活饮用水卫生标准》的规定,其循环水的水质应符合现行《人工游泳池水质卫生标准》的规定。

(2)对于不与人体直接接触的水景水池,其补给水可使用生活饮用水,也可根据条件使用生产用水或清洁的水源,其水质应符合现行的《景观娱乐用水水质标准》中的规定。

四、水景水池构造

（一）平面尺寸

水池平面尺寸应先满足喷头、池内管道、水泵、进水口、溢流口、泄水口、吸水坑等布置要求，同时应保证在设计风速下水滴不致被大量吹出池外。水滴在风力作用下漂移的距离可用式(8-1)计算：

$$L = 0.029\,6\,\frac{Hu^2}{d} \tag{8-1}$$

式中 L——水滴漂移距离，m；

H——水滴的最大升空高度，m；

u——设计平均风速，m/s；

d——水滴计算直径，mm，可按表 8-8 确定。

表 8-8 水滴直径

喷头形式	水滴直径(mm)	喷头形式	水滴直径(mm)
直流式	3.0～5.0	碰撞式	0.25～0.50
旋流式	0.25～0.50		

设计时，还应保证回落到水面的水滴不会大量溅到池外。故水池的平面尺寸边沿应比计算值再加大 0.5～1.0 m。

（二）水池的深度

水深应按设备、管道的布置要求确定，一般采用 0.4～0.6 m，水池的超高一般采用 0.2～0.3 m。若设有潜水泵，应保证吸水口的淹没深度不小于 0.5 m；若在池内设有水泵吸入口，应保证吸水的淹没深度不小于 0.5 m（可设置集水坑或加拦板以减小水池深度）。

浅碟式集水，最小深度不宜小于 0.1 m。

（三）溢水口

溢水口有堰口式、漏斗式、管口式、联通式等，可根据具体情况选择。大型水池可均匀设置若干个溢水口，溢水口的设置不应影响美观，要便于集污和疏通，溢流口处应设格栅和格网。

（四）泄水口

为便于水池的清洗、检修和防止停用时水质变坏或结冰，需设泄水口。一般应尽量采用重力泄水，若不可能，可利用水泵的吸水口兼作泄水口，利用水泵泄水。池底应有不小于 0.01 的坡度坡向泄水口，泄水口上应设格栅或格网。

（五）水池的结构

小型和临时性水景水池可采用砖结构，但要做素混凝土基础，用防水砂浆砌筑和抹面。对于大型水景水池，常用钢筋混凝土结构，若设有伸缩缝和沉降缝，这些构造缝应设止水带或用柔性防漏材料堵塞。水池底和壁面穿越管道处、水池与管沟或水泵房等连接处都应进行防漏处理。

五、水景造型工艺组成及管道布置

（一）池外管道

水景工程水池之外的给水排水管道布置，应视水池、水源、泵房、排水管网入口位置以及周边环境确定。由于管道较多，一般在水池周围和水池与泵房之间设专用管廊或管沟，以便维护检修。当管道很多时，可设通行或半通行管廊（沟）。管廊（沟）地面应有不小于0.005的坡度坡向水泵或集水坑。集水坑内宜设水位信号装置，以便及时发现漏水现象。管廊（沟）的结构要求与水池相近。

（二）池内管道

大型水景工程的管道可布置在专设管廊（沟）内。一般水景工程的管道可直接设在池内，放置在池底上。小型水池也可埋入池底。为保持每个喷头水压基本一致，宜采用环状配管或对称配管。配水管道的接头应严密平滑，变径处应采用减缩异径管，转弯处应采用曲率半径大的光滑弯头，以尽量减少水头损失，水力坡度一般采用5～10 mmH_2O/m。

（三）其他

每个喷头前宜设阀门以便调节，每组喷头前也应设调节阀，其阀口应设在能看到射流的泵房或附近控制室内的配水干管上。对于高远射程的喷头，喷头前应尽量保证有较长（20倍喷嘴口径）的直线管段或加设整流器。

循环加压泵房应靠近水池，以减少管道的长度。

若生活饮用水作为补充水源，应采取防止回流污染措施，如设置补水池（箱）并保持一定的空气隔断间隙等。

第九章　设计案例

一、建筑给水排水设计程序

一个建筑物的兴起，一般都需要建设单位（又称甲方）根据建筑工程要求，提出申请报告（或称工程计划任务书），说明建设用途、规模、标准、投资估算和工程建设年限，并申报政府建设主管部门批准，列入年度基建计划。经主管部门批准后，由建设单位委托设计单位（也称乙方）进行工程设计。在上级批准的设计任务书及有关文件（如建设单位报告、上级批文及下达的文件等）齐备的条件下，设计单位才接受设计任务，开始组织设计工作。建筑给水排水工程设计是整个工程设计的一部分，其程序与整体设计是一致的。

一般的工程设计项目可划分为初步设计和施工图设计两个阶段。技术复杂、规模较大或较重要的工程项目，也可按三个设计阶段进行，即方案设计阶段、初步设计阶段、施工图设计阶段。

二、建筑给水排水设计内容和要求

（一）方案设计

进行方案设计时，应从建筑总图上了解建筑平面位置、建筑层数及用途、建筑外形特点、建筑物周围地形和道路情况。同时应了解市政给水管道的具体位置和连接引入管处管段的管径、埋深、水压、水量及管材；了解排水管道的具体位置、出户管接入点的检查井标高、排水管径、管材、排水方向和坡度、排水体制。必要时，应到现场进行踏勘，落实上述数据是否与实际相符。

掌握以上情况后才可以进行以下工作：

(1)根据建筑物使用性质，计算总用水量，并确定给水、排水方案。

(2)向建筑专业设计人员提供给水排水设备的安装位置、占地面积等，如水泵房、锅炉房、水池、水箱等。

(3)编写方案设计说明书，一般应包括以下内容：

①设计依据。

②建筑物的用途、性质及规模。

③给水系统。说明给水用水定额及总用水量，选用的给水系统和给水方式，引入管平面管径，升压、贮水设备的型号、容积和位置等。

④排水系统。说明所选用的排水体制和排水方式，出户管的管径，污废水抽升和局部处理构筑物的型号和位置，以及雨水的排除方式等。

⑤消防系统。说明消防系统的选择，消防给水系统的用水量，以及升压贮水设备的选择、位置、容积等。

⑥热水系统。说明热水用水定额，热水总用水量，热水供应方式及循环方式，热媒及热媒耗量，锅炉房位置，以及水加热器的选择等。

（二）初步设计

初步设计是将方案设计确定的系统和设施，用图纸和说明书完整地表达出来。

（1）图纸内容。

①给水排水总平面图。应反映出室内管网与室外管网如何连接。包括室外给水、排水及热水管网的具体平面位置和走向。图上应标注管径、地面标高、管道埋深和坡度（排水管）、控制点坐标以及管道布置间距等。

②平面布置图。表达各系统管道和设备的平面位置。通常采用的比例尺为1∶100，如管线复杂可放大至1∶50或1∶20。图中应标注管径、附件、卫生器具、用水设备和立管（立管应进行编号）的平面位置，以及管径和排水管道的坡度等。通常把各系统的管道绘制在同一张平面布置图上。当管线错综复杂时，一张图很难表达清楚，也可分别绘制各类管道平面布置图。

③系统布置图（简称系统图）。表达管道、设备的空间位置和相互关系。各类管道的系统图要分别绘制。图中应标注管径、立管编号（与平面布置图一致）、管道和附件的标高，排水管道还应标注管道坡度。

④设备材料表。列出各种设备、附件、管道配件和管材的型号、规格、材质、尺寸和数量，供概预算和材料统计使用。

（2）初步设计说明书，内容主要包括：

①计算书。各个系统的水力计算，设备选型计算。

②设计说明。主要说明各种系统的设计特点和技术性能，各种设备、附件、管材的选用要求及所需采取的技术措施（如水泵房的防震、防噪声技术要求等）。

（三）施工图设计

（1）图纸内容。在初步设计的基础上，补充表达不完善的施工过程中必须绘出的施工详图，主要包括：

①卫生间大样图（平面图和管线透视图）。

②地下贮水池和高位水箱的工艺尺寸和接管详略。

③泵房机组及管路平面布置图、剖面图。

④管井的管线布置图。

⑤设备基础留洞位置及详细尺寸图。

⑥某些管道节点大样图。

⑦某些非标准设备或零件详略。

（2）施工说明。施工说明是用文字表达工程绘图中无法表示清楚的技术要求，要求写在图纸上作为施工图纸发出。施工说明主要内容包括：

①说明管材的防腐、防冻、防结露技术措施和方法，管道的固定、连接方法，管道试压、竣工验收要求以及一些施工中特殊技术处理措施。

②说明施工中所要求采用的技术规程、规范和采用的标准图号等一些文件的出处。

③说明工程图中所采用的图例。

所有图纸和说明应编有图纸序号，写出图纸目录。

三、向有关专业设计人员提供的技术数据

（1）向建筑专业设计人员提供的技术数据。

①水池、水箱位置、容积和工艺尺寸要求。

②给水排水设备用房面积和高度要求。

③各管道井位置和平面尺寸要求。

(2)向结构专业技术人员提供的技术数据。

①水池、水箱的具体工艺尺寸,水的荷载重量。

②预留孔洞位置及尺寸。

(3)向采暖、通风专业设计人员提供的技术数据。

①热水系统最大时耗热量。

②预留孔洞位置及尺寸。

③泵房及一些设备用房的温度和通风要求等。

(4)向电器专业设计人员提供的技术数据。

①水泵机组的用电量,用电等级。

②设计图纸。

③协助提供掌握的有关设备单价。

四、设计计算实例

(一)设计任务及设计资料

按照设计任务书的要求:哈尔滨某小区拟建一幢普通 8 层住宅,总面积近 4 800 m^2,每个单元均为 2 户,每户厨房内设洗涤盆 1 个,卫生间内设浴盆、洗脸盆、大便器(坐式)及地漏各 1 个。本设计任务是建筑单位工程中的给水(包括消防给水)、排水和热水供应等工程项目。

(1)建筑设计资料。建筑物所在地的总平面图(见图 9-1)、建筑剖面图(见图 9-2)、

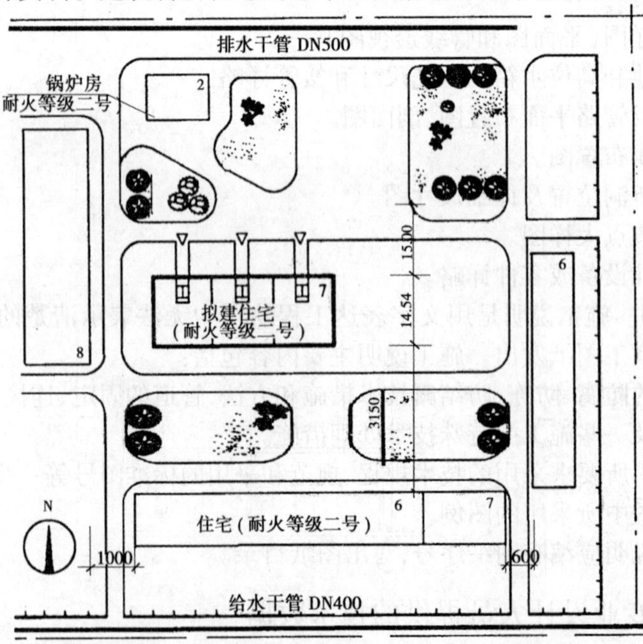

图 9-1　总平面图 1:1 000

单元平面图(见图9-3)和建筑各层平面图(见图9-4、图9-5)。本建筑物为8层,除顶层层高为3.0 m外,其余各层层高均为2.8 m,室内、室外高差为0.9 m,哈尔滨地区冬季冻土深度为2.0 m。

(2)城市给水、排水管道现状。本建筑南侧的道路旁有市政给水干管作为该建筑物的水源,其口径为DN400,常年可提供的工作压力为150 kPa,管顶埋深为地面以下2.20 m。

城市排水管道在该建筑物的北侧,其管径为DN500,管内底距室外地坪2.20 m。

(二)设计过程说明

1.给水工程

根据设计资料,已知室外给水管网常年可保证的给水工作压力为150 kPa,经估算不满足最不利点的用水要求,如果室内设高位水箱供水,则会带来:①建筑物的立面效果被破坏,水箱间的出现,使建筑多了一个设备层;②结构荷载增大,水箱在建筑物的最高层,水箱的重量又比较大,荷载要层层向下传递。因此,选带高位水箱的供水方式不恰当,故室内给水系统的供水应采用水泵和贮水池联合工作的方式,即把室外给水管网所提供的满足现行《饮用水卫生标准》的自来水送至贮水池,再通过水泵加压送到各用户。给水工程设计详见图9-3~图9-7。

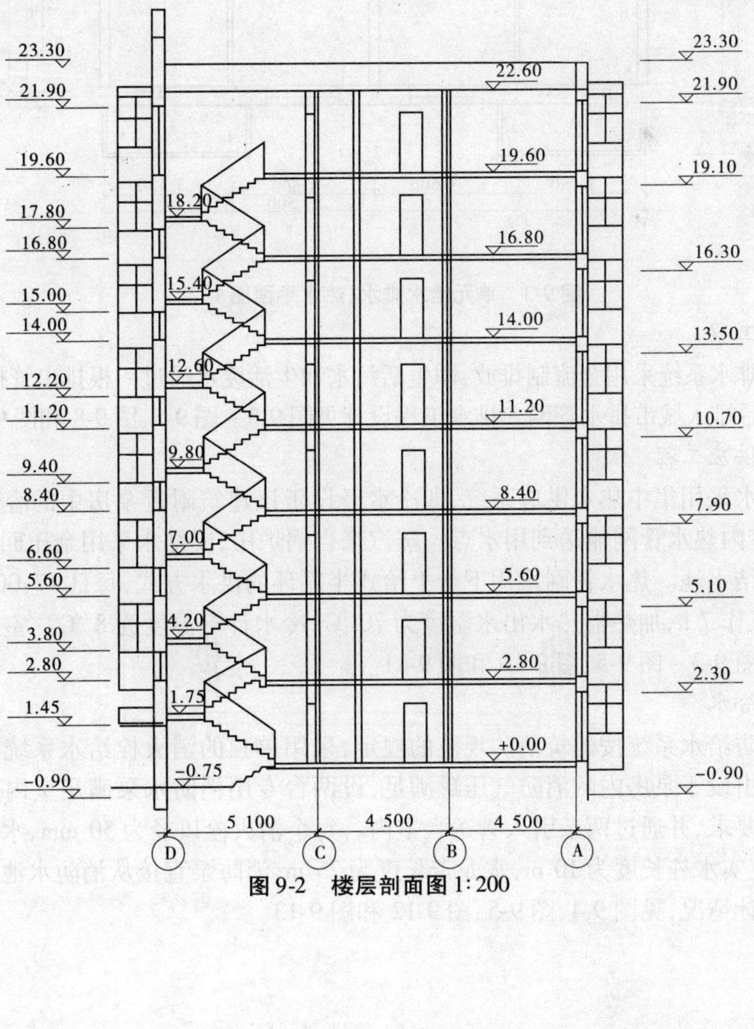

图9-2 楼层剖面图 1:200

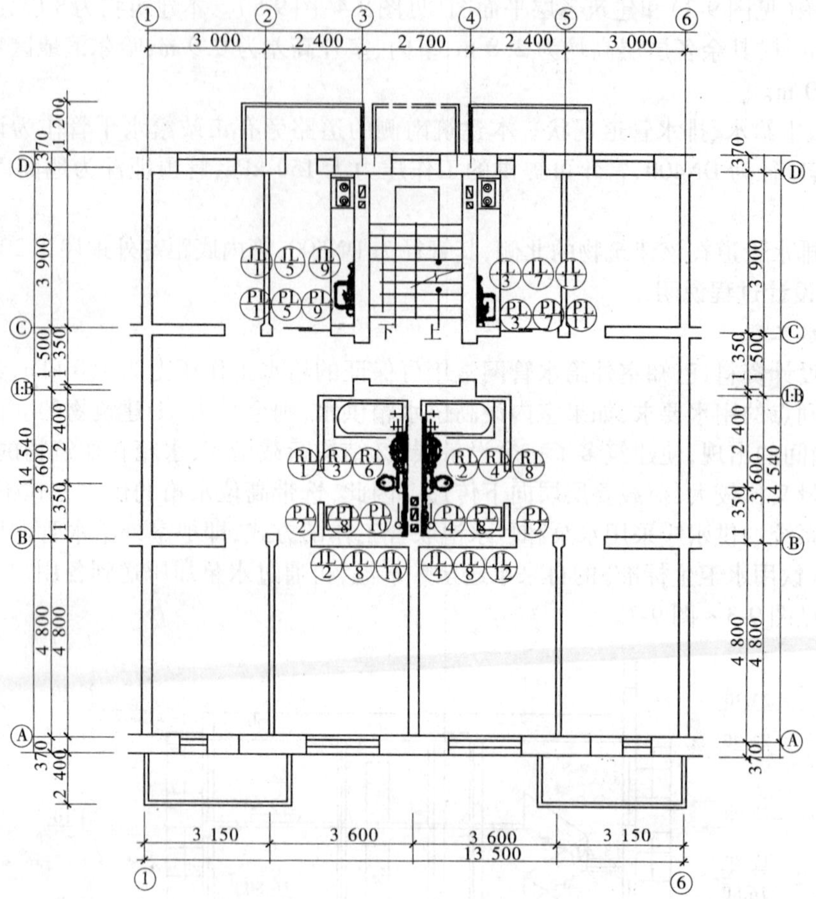

图 9-3　单元给水排水、热水平面图 1:75

2. 排水工程

该建筑排水系统采用合流制排放，即生活污水和生活废水通过一根排出管排向室外，经化粪池处理后排入城市排水管网。排水工程设计见图 9-3 ~ 图 9-5、图 9-8 和图 9-9。

3. 热水供应工程

室内热水采用集中热水供应系统，即冷水经设于该建筑附近泵房中的容积式加热器加热后，经室内热水管网输送到用水点。蒸汽来自锅炉房，凝结水采用余压回水系统流回锅炉房的凝结水池。热水管网采用下行上给式半循环的供水方式，每日 17:00 ~ 24:00 供应热水，共工作 7 h，加热器热水出水温度为 70 ℃，冷水计算温度为 8 ℃。室内热水供应系统设计见图 9-3 ~ 图 9-5、图 9-10 和图 9-11。

4. 消防给水

室内消防给水系统按建筑消防规范的规定，采用单独的消火栓给水系统。10 min 室内消防用水由设于泵房内的消防气压罐满足，设两台专用消防水泵满足室内消防用水的水量和水压要求，并通过两条引入管送入室内。每个消火栓口径为 50 mm，水枪喷嘴直径为 13 mm，充实水柱长度为 10 m，水龙带长度为 25 m，消防泵直接从消防水池抽水。室内消防系统设计情况，见图 9-4、图 9-5、图 9-12 和图 9-13。

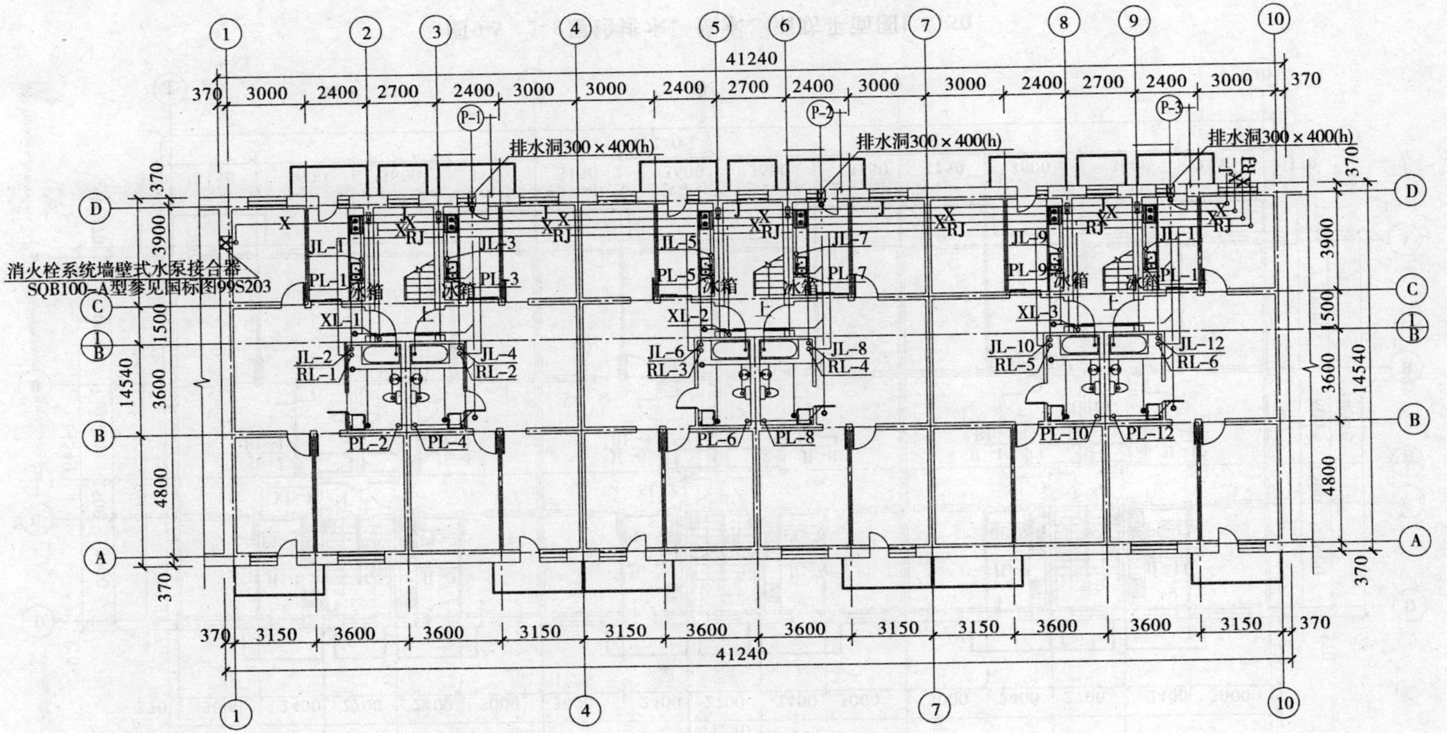

图9-4 底层给排水、热水、消防平面图 1∶150

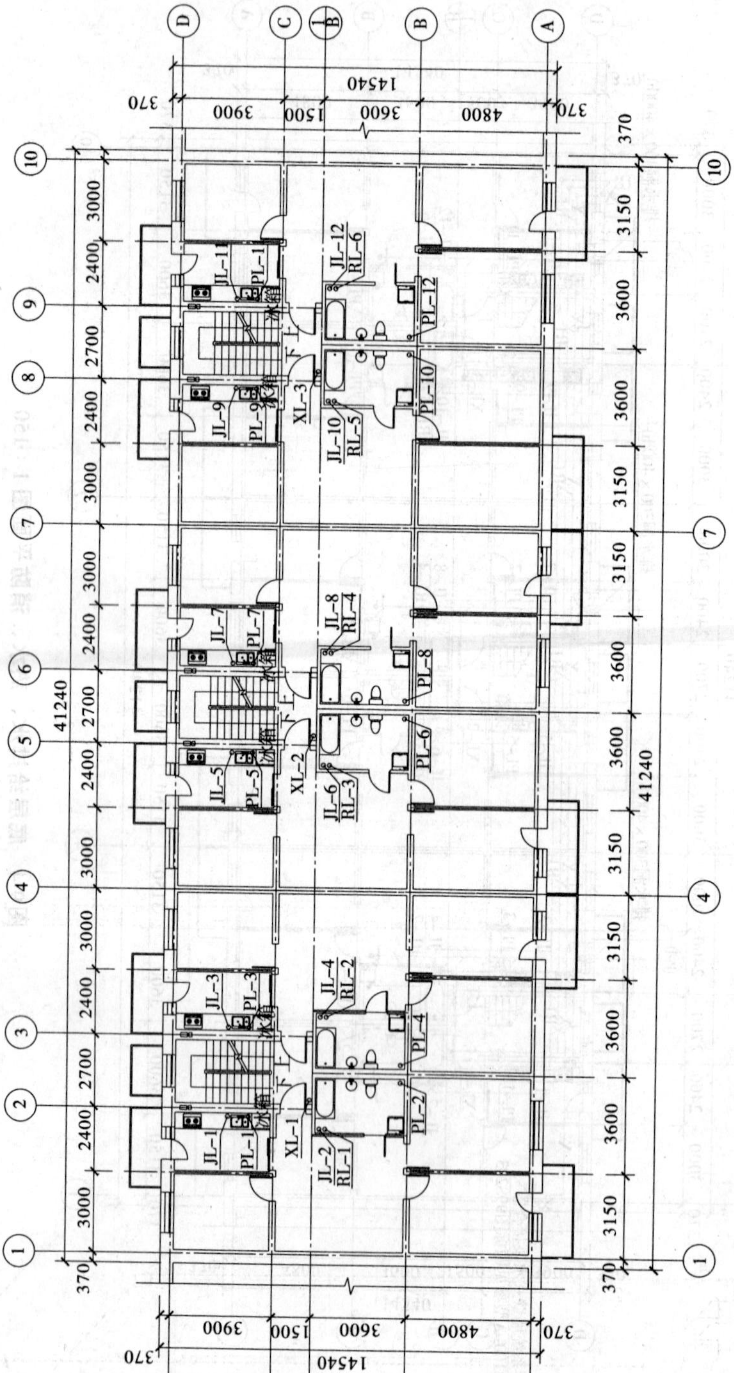

图9-5　2~8层给排水、热水、消防平面图1：150

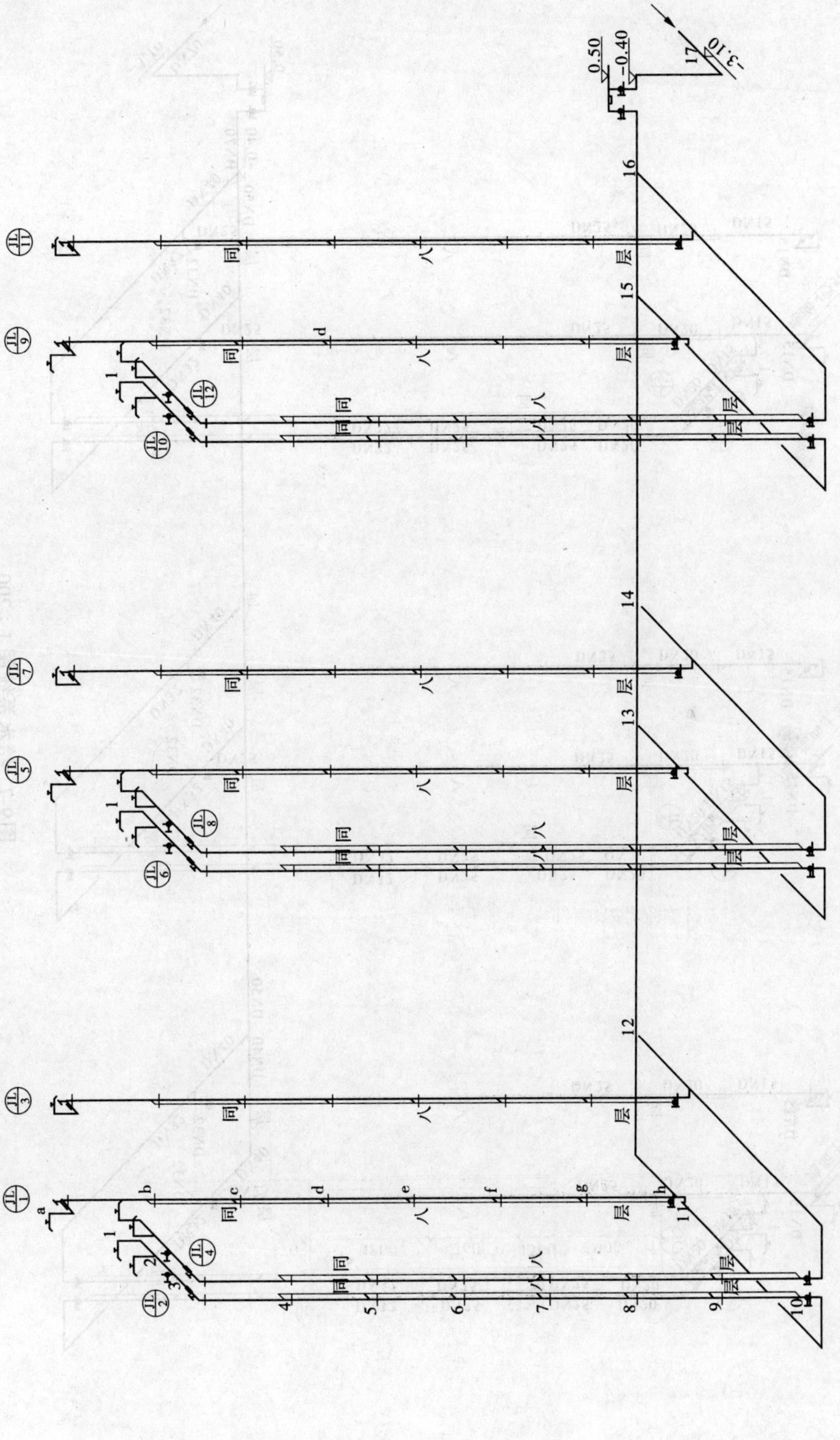

图9-6 给水系统水力计算用图1：200

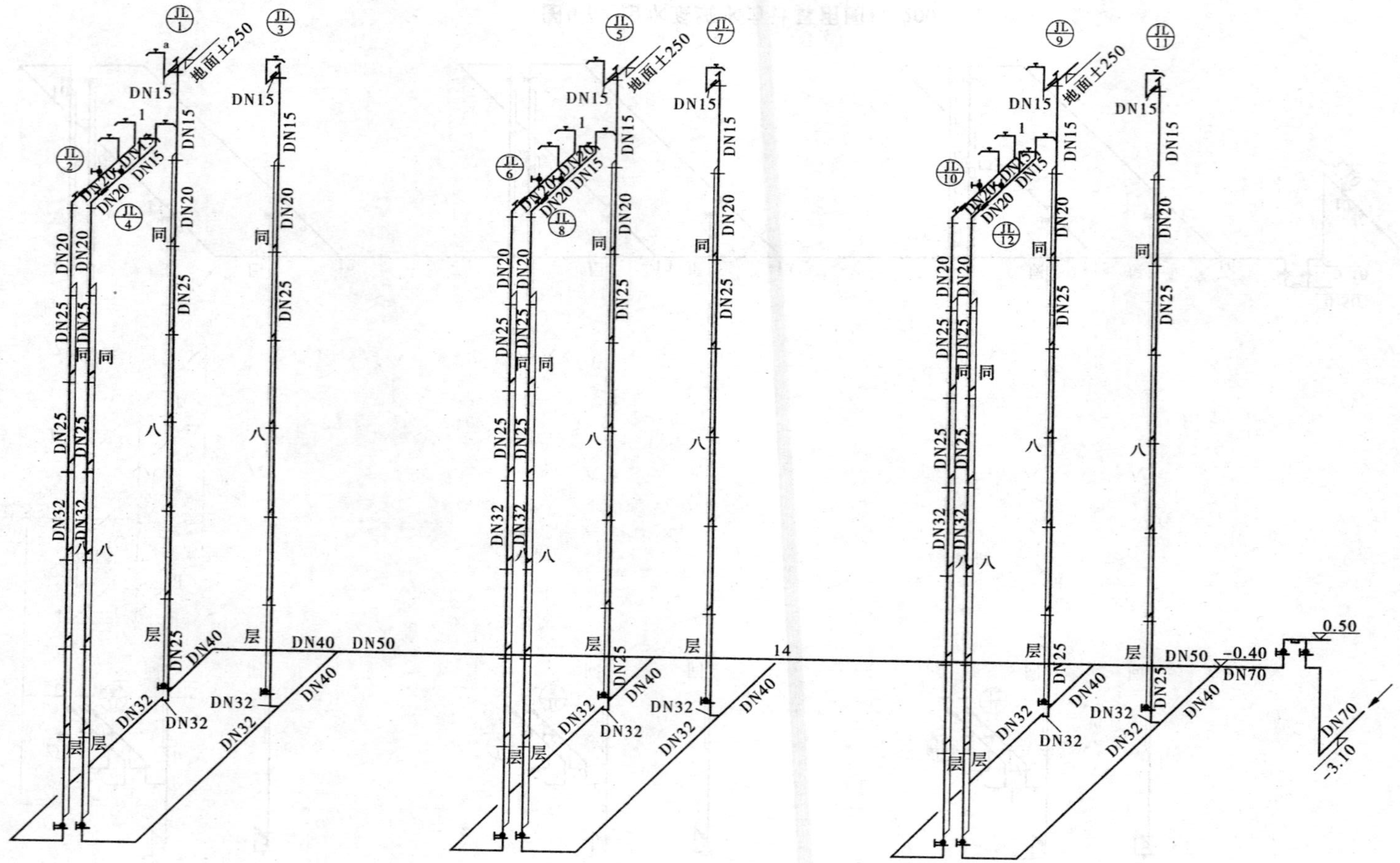

图9-7　给水系统图 1：200

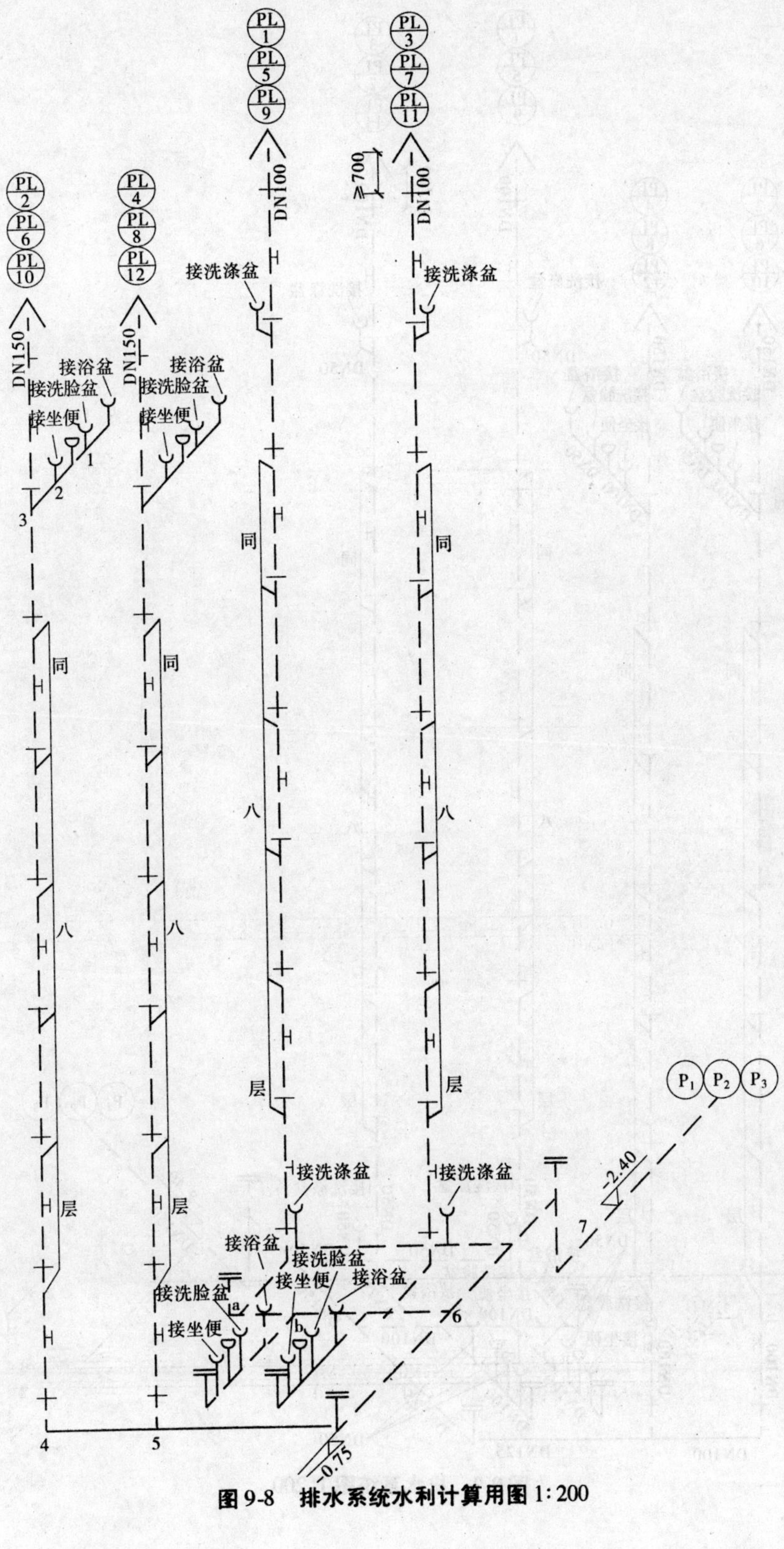

图 9-8　排水系统水利计算用图 1:200

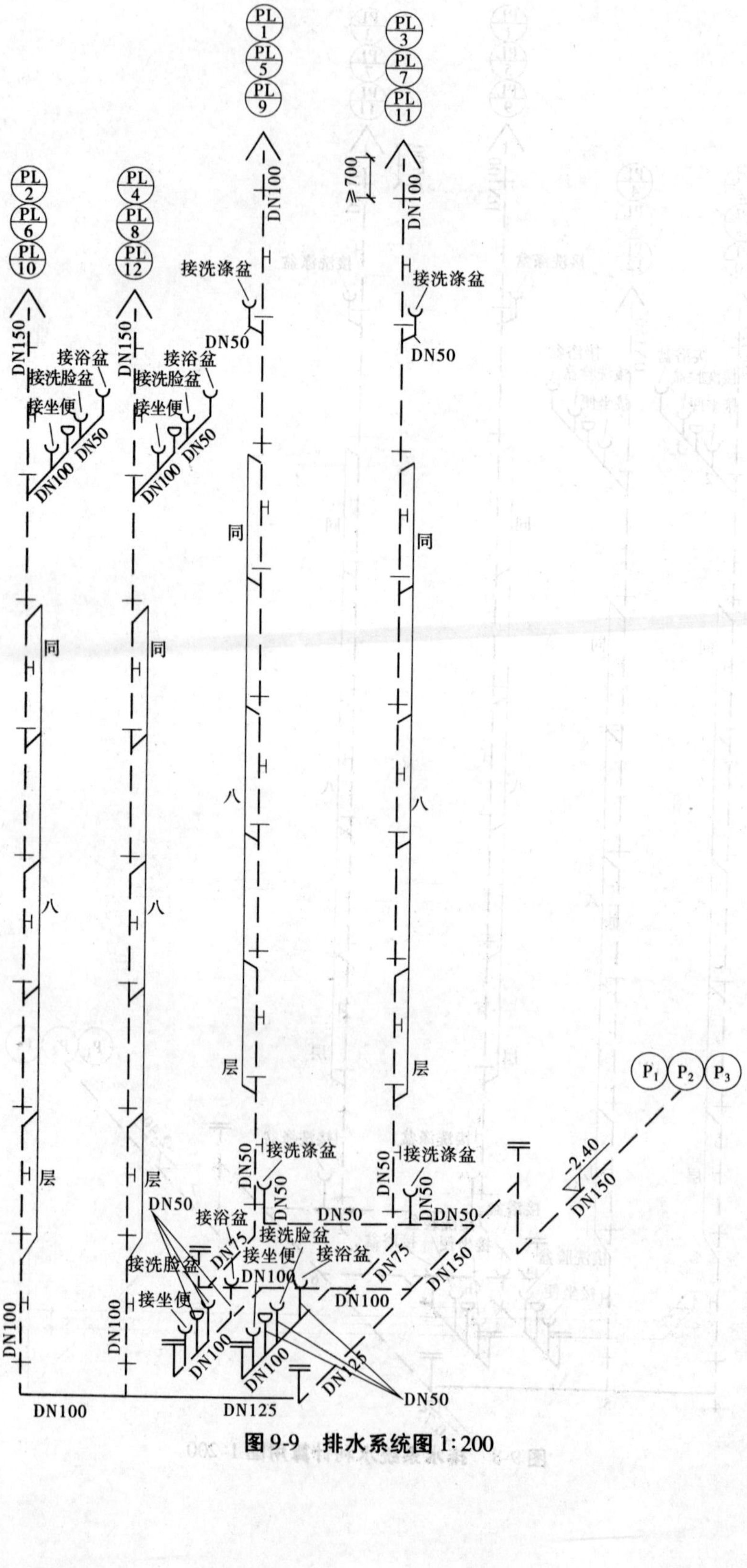

图 9-9　排水系统图 1∶200

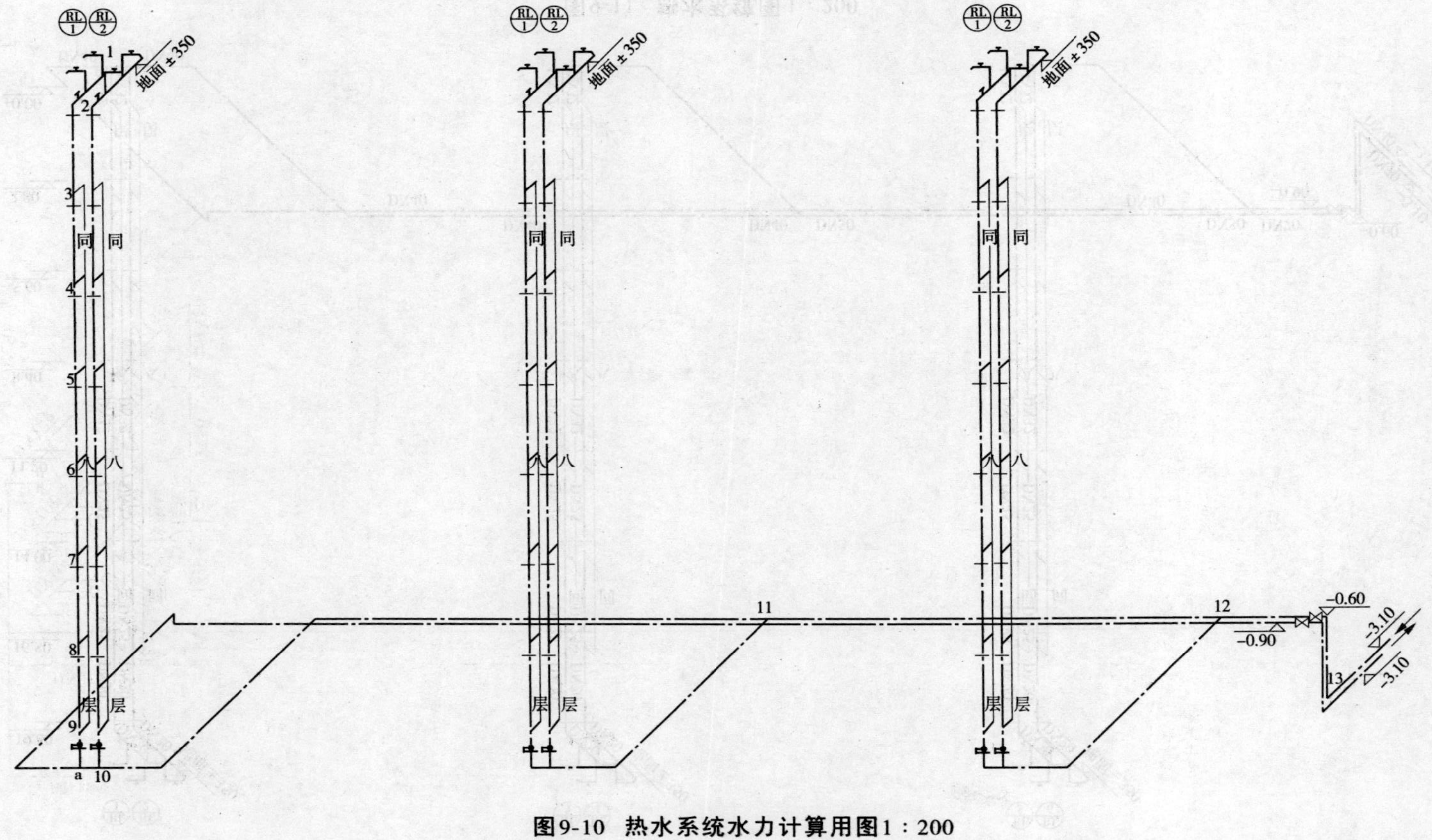

图9-10 热水系统水力计算用图1：200

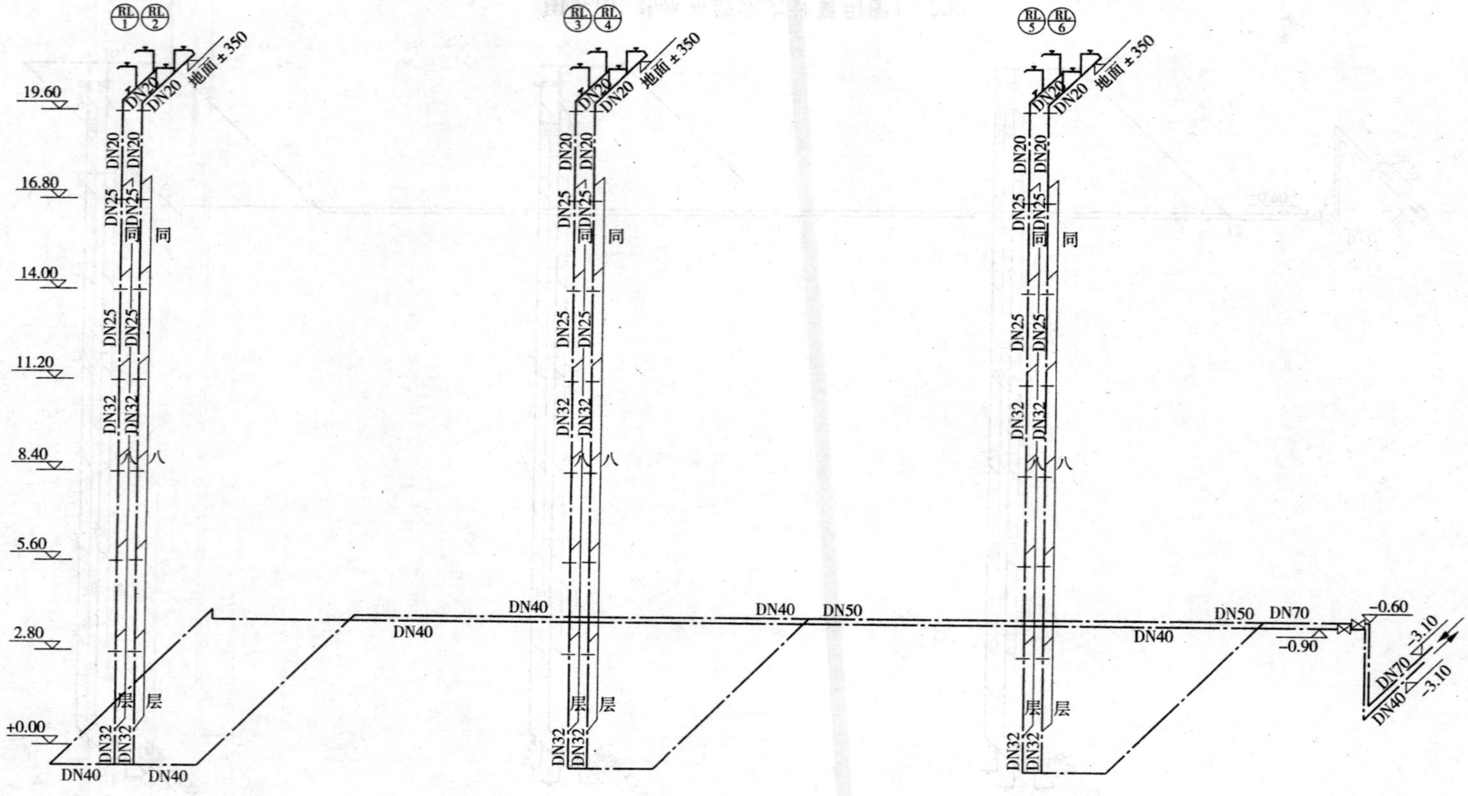

图9-11 热水系统图 1：200

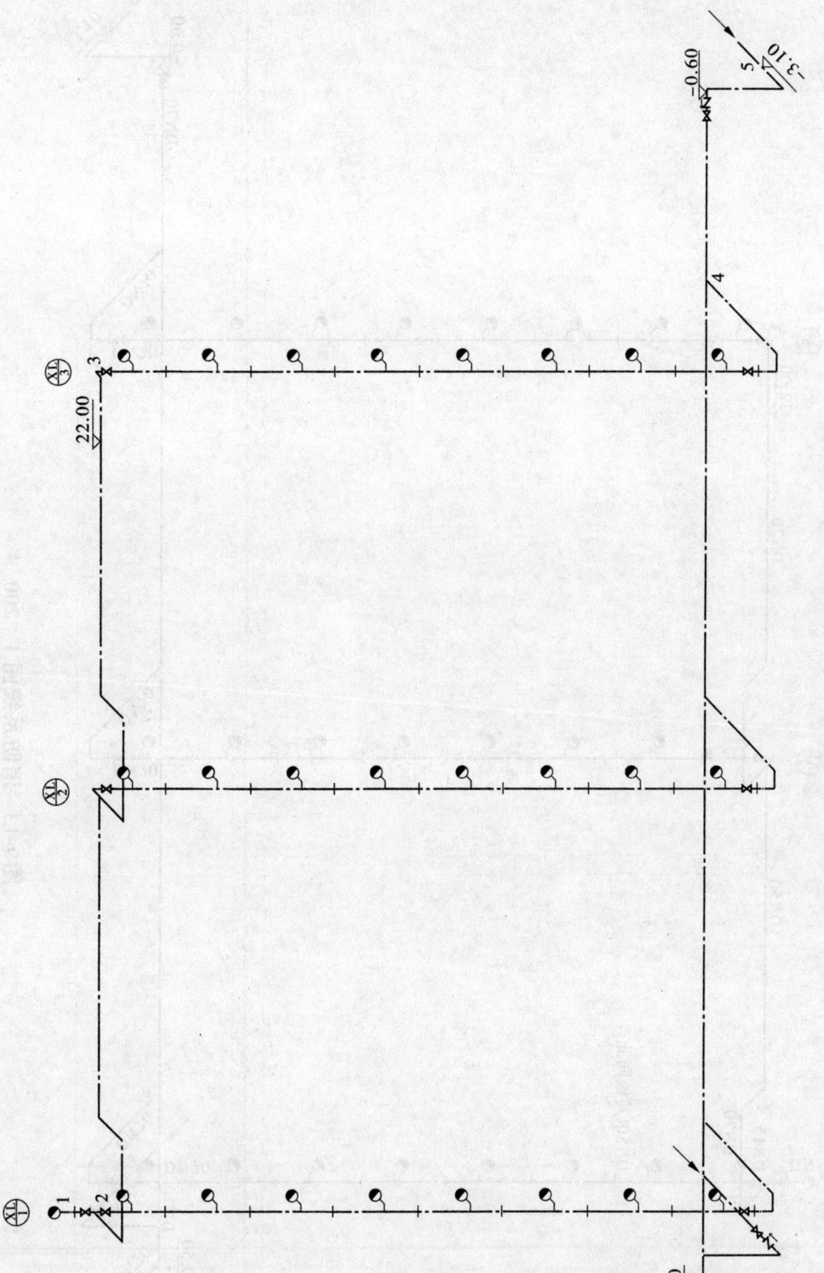

图9-12 消防系统水力计算用图1：200

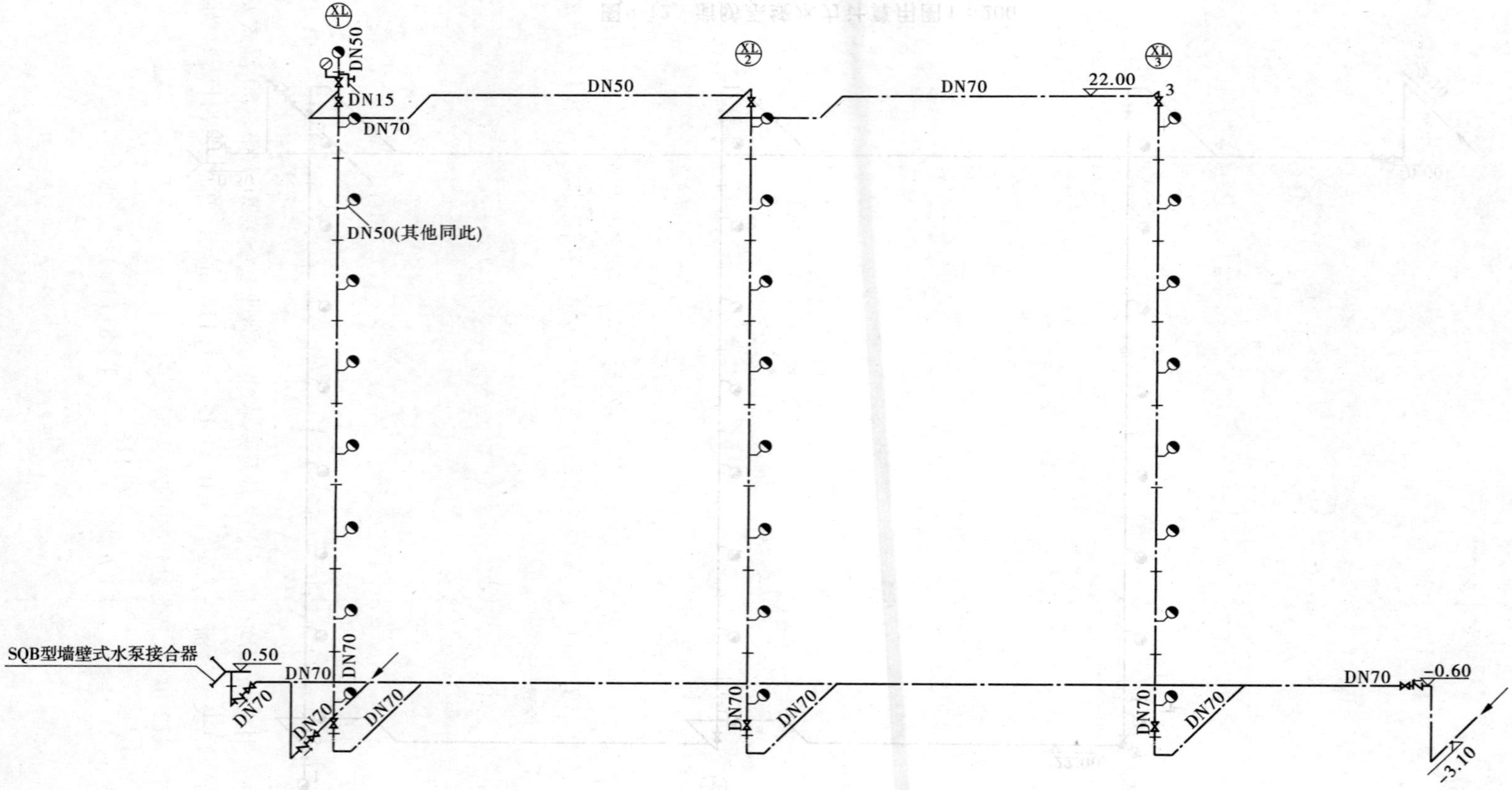

图9-13 消防系统图 1：200

5. 管道的平面布置及管材

室外给水排水管道平面布置见图 9-1。室内给水排水及热水、消防立管、支管均明装。底层给水水平干管、热水水平干管及回水干管、消防给水水平干管和排水横干管均设于一层地面下直埋敷设，见图 9-4。

给水管道的室外部分采用给水铸铁管，室内部分采用铝塑复合管，铜件连接；热水管道采用的管材同给水管道；排水管道的室外部分采用混凝土管，室内部分采用 UPVC 塑料管，粘接。

埋地排水管道采用排水铸铁管，水泥抹口，承插连接；消防管道均采用焊接钢管。

(三)设计计算

1. 给水系统的计算

(1)给水用水量定额及小时变化系数。依据建筑物的性质和室内卫生设备的完善程度，查得 $q_d = 210$ L/d，小时变化系数 $K_h = 2.5$。

(2)最高日用水量按公式计算。

$$Q_d = mq_d$$

m 是用水人数，可按每户 4 人估算，全楼共 48 户，用水人数约为 192 人，则

$$Q_d = mq_d = 192 \times 210/1\ 000 = 40.32(\mathrm{m^3/d})$$

(3)最高日最大时用水量按下式计算，即

$$Q_n = \frac{Q_d}{T}K_h = \frac{40.32}{24} \times 2.5 = 4.2(\mathrm{m^3/h})$$

(4)确定计算管路(见图 9-6、图 9-7)，进行节点编号，则最不利管路为 1—170 各管段设计秒流量按公式计算，即

$$q_g = 0.2UU_g$$

本工程为住宅，先根据公式求出平均出流概率 U_0，查表找出对应的 α_c 值，代入公式求出同时出流概率 U，再代入公式就可求得该管段的设计秒流量 q_g，重复上述步骤可求出所有管段的设计秒流量，计算见表 9-1。

(5)根据各设计管段的设计流量和允许流速查水力计算表，各管段的管径和管道单位长度的压力损失，以及管段的沿程压力损失值，计算见表 9-1(其余各管路的计算方法同此)。

(6)水表的水头损失按下式计算，即

$$h_B = \frac{q_B^2}{K_B}$$

由于住宅用水的不均匀性，分户表及总水表分别选 LXS - 20、LXS - 50 湿式水表。计算管路上的分户表设计流量为 $g_{3-4} = 0.31$ L/s $= 1.116$ m^3/h，总水表设计流量为 $q_{16-17} = 3.17$ L/s $= 11.412$ m^3/h。则分户表的水头损失为

$$h_{分} = \frac{1.116^2}{\frac{5^2}{100}} = 4.98(\mathrm{kPa})$$

表 9-1　室内给水管网水力计算表

序号	管段编号 自	管段编号 至	管段所负担的卫生器具数 n 及当量数 N	卫生器具名称及当量值 浴盆 N=1.0	洗脸盆 N=0.8	坐便器 N=0.5	洗涤盆 N=1.0		当量总数 N_g	同时出流概率 U (%)	设计秒流量 q_g (L/s)	管径 (mm)	流速 v (m/s)	单阻 i (kPa/m)	管长 l(m)	管段水头沿程损失 $h_f=il$ (kPa)
1	2	3	4	5	6	7	8	9	14	15	16	17	18	19	20	21
1	1	2	n	1					1.0	100	0.20	15	0.99	0.940	1.5	1.410
			N	1.0												
2	2	3	n	1	1				1.8	76	0.30	20	0.79	0.422	0.75	0.317
			N	1.0	0.8											
3	3	4	n	1	1	1			2.3	68	0.35	20	0.92	0.563	4.0	2.252
			N	1.0	0.8	0.5										
4	4	5	n	2	2	2			4.6	49	0.50	25	0.76	0.279	2.8	0.781
			N	2.0	1.6	1.0										
5	5	6	n	3	3	3			6.9	40	0.62	25	0.94	0.410	2.8	1.148
			N	3.0	2.4	1.5										
6	6	7	n	4	4	4			9.2	35	0.72	25	1.09	0.534	2.8	1.495
			N	4.0	3.2	2.0										
7	7	8	n	5	5	5			11.5	32	0.74	32	0.73	0.200	2.8	0.560
			N	5.0	4.0	2.5										
8	8	9	n	6	6	6			13.8	29	0.80	32	0.79	0.229	2.8	0.641
			N	6.0	4.8	3.0										
9	9	10	n	7	7	7			16.1	27	0.87	32	0.85	0.266	2.8	0.745
			N	7.0	5.6	3.5										
10	10	11	n	8	8	8			18.4	26	0.96	32	0.94	0.317	8.6	2.726
			N	8.0	6.4	4.0										
11	11	12	n	8	8	8	8		26.4	22	1.26	32	1.14	0.455	6.3	2.867
			N	8.0	6.4	4.0	8.0									
12	12	13	n	16	16	16	16		52.8	16	1.69	40	1.01	0.272	9.8	2.666
			N	16.0	12.8	8.0	16.0									
13	13	14	n	24	24	24	24		79.2	14	2.22	40	1.33	0.438	3.9	1.708
			N	24.0	19.2	12.0	24.0									
14	14	15	n	32	32	32	32		105.6	12	2.53	50	0.96	0.219	9.8	2.146
			N	32.0	25.6	16.0	32.0									
15	15	16	n	40	40	40	40		132.0	11	2.90	50	1.10	0.239	3.9	0.932
			N	40.0	32.0	20.0	40.0									
16	16	17	n	48	48	48	48		158.4	10	3.17	50	1.20	0.271	9.8	2.656
			N	48.0	38.4	24.0	48.0									

合计：$\sum h_f = 23.976$ kPa。

总水表的水头损失为

$$h_{总} = \frac{11.412^2}{\frac{30^2}{100}} = 14.47(\text{kPa})$$

故,水表的总水头损失为

$$H_3 = 4.98 + 14.47 = 19.45(\text{kPa})$$

(7)确定建筑物室内给水系统所需的总压力:

$$H = H_1 + H_2 + H_3 + H_4 = 23.7 \times 10 + 1.3 \times 23.976 + 19.45 + 20 = 307.62(\text{kPa})$$

(8)校核。室内给水管网所需的总压力 $H = 307.62$ kPa,室内管网所能提供的压力 $H_0 = 150$ kPa,$H > H_0$,故需设增压装置。本设计选用水泵作为升压设备。水泵的出流量可按最大时用水量选择,即 $Q_h = 4.2\ \text{m}^3/\text{h}$。

水泵的扬程应按该建筑物所需的总压力与吸水管路、压水管路的压力损失,以及水泵本身阻力与安全水压之和来确定,即

$$H_B = H + \sum h_g + \sum h_d + \sum h_b + H_{安全}$$

水泵吸水管路长 2 m,压水管路长 40 m(经实测计算得出),初选一台工作泵,由所需流量 $Q = 3.17$ L/s 可查得:

吸水管路　　　　$v = 0.90$ m/s, DN = 70 mm, $i = 0.305$

压水管路　　　　$v = 1.49$ m/s, DN = 50 mm, $i = 1.12$

故　　　$H_B = 307.62 + 2 \times 0.305 + 40 \times 1.12 + 20 + 20 = 393.03(\text{kPa})$

据此选得水泵型号为 IS50 - 32 - 200, $Q = 15\ \text{m}^3/\text{h}$, $H = 48$ m, $N = 5.5$ kW。选择两台,一用一备。

(9)贮水池容积的计算。本设计采用水泵、水箱联合供水的给水方式,因为市政给水管道不允许水泵直接从管网吸水,故在泵房内设生活贮水池,其容积按下式计算:

$$W_H = V_T + V_X + V_{sg}$$

由于该建筑消防设有专用的消防贮水池,该建筑又无生产事故用水,故取 $V_X + V_{sg} = 0$,所以

$$W_H = V_T = 20\% Q_d = 20\% \times 40.32 = 8.064(\text{m}^3)$$

选择 15 号方形钢板水箱,尺寸为 3 000 mm × 2 000 mm × 2 000 mm,有效容积为 10 m³。

2. 消火栓给水系统的计算

已知系统采用的管材为低压流体输送用焊接钢管。系统采用 DN50 直角单出口式室内消火栓、长度为 25 m 的直径 50 mm 麻织水带、QZ50 × 13 mm 直流式水枪、800 × 650 × 200 S162(甲型)钢制消火栓箱。

(1)本建筑类型属于住宅,查表可知,消火栓用水量为 5 L/s,同时使用消防水枪数量为 2 支,每支水枪最小出流量为 2.5 L/s,每根竖管最小流量为 5 L/s。

由于本建筑层数超过 6 层,其充实水柱应为 10 m,当喷嘴口径为 13 mm 时,消防水枪出流量为 2.5 L/s,出口压力为 181.3 kPa。

(2)消火栓栓口处需用水压计算。

$$H_{xh} = H_d + H_g = A_d L_d q_{xh}^2 + \frac{q_{xh}^2}{B} = 0.150\,1 \times 25 \times 2.5^2 + \frac{2.5^2}{0.079\,3} = 102.3(\text{kPa})$$

(3)系统压力损失的计算。

①沿程压力损失的计算。为了供水安全，系统立管连成环状，如图 9-12 所示，但仍以枝状管网进行水力计算，并选定 1—2—3—4—5 为最不利计算管路。

根据每根消防竖管最小流量为 5 L/s、管内流速不大于 2.5 m/s 的原则，将各计算值填入表 9-2 中。

表 9-2　消防系统水力计算表

序号	管段号		管段设计流量(L/s)	管径(mm)	流速(m/s)	管段单位长度压力损失(kPa/m)	管段长度(m)	管段沿程压力损失(kPa)
	起	止						
1	1	2	2.5	50	1.18	0.691 6	1.1	0.77
2	2	3	5.0	70	1.42	0.723	32	23.2
3	3	4	5.0	70	1.42	0.723	26.5	19.2
4	4	5	5.0	70	1.42	0.723	11.3	8.2

管路总沿程压力损失 $\sum h_f = 51.37$ kPa。

②局部压力损失计算。局部压力损失按沿程压力损失的 10% 计算，则

$$\sum h_m = \sum h_f \times 10\% = 51.37 \times 0.1 = 5.14(\text{kPa})$$

③管路总压力损失。

$$\sum h = \sum h_f + \sum h_m = 51.37 + 5.14 = 56.51(\text{kPa})$$

④系统设计压力的计算。

$$H = H_1 + H_{xh} + \sum h + H_{安全} = 23.1 \times 10 + 181.3 + 56.51 + 20 = 488.81(\text{kPa})$$

选消防水泵型号为 IS65－40－200，两台(其中一台备用)，流量为 6.94 L/s，扬程为 470 kPa，电机功率为 $W = 7.5$ kW。消防系统水力计算见表 9-2。

3. 排水系统的计算

该建筑由 3 个单元构成，3 个单元的排水系统完全相同，故只计算其中 1 个，见图 9-8。系统 1 包括 16 个洗涤盆，排水当量为 2.0；16 个洗脸盆，排水当量为 0.75；16 个低水箱坐式大便器，排水当量为 6.0；16 个浴盆，排水当量为 3.0，则本系统的当量总数 $N_P = 16 \times (2.0 + 0.75 + 6.0 + 3.0) = 188$，超过相应表(排水管道允许负荷卫生器具当量值)中允许负荷的卫生器具排水当量值，所以该系统排出管的管径及坡度需经计算确定。

(1)排水横支管管径和坡度的确定。立管 PL1、PL8 各层横支管排水当量总数为 2.0，查表(排水管道允许负荷卫生器具当量值)确定其各层横支管管径为 DN50；据表(铸铁排水管道标准坡度和最小坡度)确定其各层横支管坡度为 0.035。立管 PL2、PL4 的各层横支管排水当量分别为 1—2 管段，$N_P = 3.0 + 0.75 = 3.75$，查表(排水管道允许负荷卫生器具当量值)确定支管口径为 DN50，查表(铸铁排水管道标准坡度和最小坡度)确定支管坡度为 0.035；2—3 管段，$N_P = 3.0 + 0.75 + 6.0 = 9.75$，查表(排水管道允许负荷卫生器具当

量值)确定支管口径为 DN100,查表(铸铁排水管道标准坡度和最小坡度)确定支管坡度为0.02。

(2)立管管径的确定。

①立管 PL1、PL3 管径的确定。该立管排水当量总数 $N_P=7\times2.0=14.0$,查相关表格(排水管道允许负荷卫生器具当量值),该立管口径为 DN50。

②立管 PL2、PL4 管径的确定。该立管排水当量总数为 $N_P=7\times(3.0+0.75+6.0)=68.25$,查得该立管口径为 DN100。

(3)排出管的管径和坡度的确定。4—5 管段排水当量总数 $N_P=7\times(3.0+0.75+6.0)=68.25$,查表(排水管道允许负荷卫生器具当量值),可知该管段口径为 DN100,查表(铸铁排水管道标准坡度和最小坡度),可知坡度为 0.02。5—6 管段排水当量总数 $N_P=2\times7\times(3.0+0.75+6.0)=136.5$,超过相关表中规定的允许负荷值,故需由计算确定其管径和坡度。

根据公式 $q_p=0.12\alpha\sqrt{N_P}+q_{max}$,从相关表中查得住宅的 $\alpha=2.5$,q_{max}取低水箱坐式大便器的排水流量 2.0 L/s,所以排水管的设计流量为

$$q_p=0.12\times2.5\times\sqrt{136.5}+2.0=5.51(\text{L/s})$$

根据 $q_p=5.51$ L/s,查建筑内部排水铸铁管水力计算表,可得管径应为 125 mm,设计充满度 $h/D=0.5$,流速 $v=0.90$ m/s,坡度 $i=0.015$。

6—7 管段排水当量总数为 $N_P=2\times8\times(3.0+0.75+2.0+6.0)=188$。

同上,$q_p=0.12\times2.5\times\sqrt{188}+2.0=6.12(\text{L/s})$

根据 $q_p=6.12$ L/s,查附表(建筑内部排水铸铁管水力计算)可得管径 DN = 150 mm,设计充满度 $h/D=0.6$,流速 $v=0.78$ m/s,坡度 $i=0.008$。

a—6 管段排水当量总数为 $N_P=7\times2.0=14.0$,查表(排水管道允许负荷卫生器具当量值)可知,该管段口径为 DN100,查表(铸铁排水管道标准坡度和最小坡度)可知,坡度 $i=0.02$。

b—6 管段排水当量总数为 $N_P=7\times2\times2.0+2\times(3.0+0.75+6.0)=47.5$,查表(排水管道允许负荷卫生器具当量值)可知,该管段口径为 DN100,查表(铸铁排水管道标准坡度和最小坡度)可知,坡度为 $i=0.02$。

(4)通气管管径的确定。由于哈尔滨地区冬季平均气温低于 −13 ℃,所以采用伞形通气帽,通气管口径比所处立管的口径大一个规格,即立管 PL1、PL8 通气管口径为 DN75,立管 PL2、PL4 通气管口径为 DN125。变径处从顶层天棚下 300 mm 处开始。

4. 建筑内部热水系统的计算

(1)热水耗量。按要求取每日供应热水时间总和为 7 h,取计算用的热水供水温度为 70 ℃。冷水温度为 8 ℃,混合水温为 40 ℃。

查表(热水用水定额)可知,65 ℃的热水定额为 120 L/(d·人)。

65 ℃热水的最大日耗量为

$$Q_{dR}=48\times4\times120/1\,000=23.04(\text{m}^3/\text{d})$$

折合成 70 ℃热水的最大日耗量为

$$Q_{dR} = 23.04 \times \frac{65-8}{70-8} = 23.04 \times \frac{57}{62} = 21.2(m^3/d)$$

70 ℃热水的最大日最大时耗量应为

$$Q_R = K_h \frac{Q_{dR}}{7} = 4.45 \times \frac{21.2}{7} = 13.48(m^3/h) = 3.74\ L/s$$

选用标准图 S128 中 7 号容积式水加热器 2 台,每台 $V = 5\ m^3$, $F = 10.37\ m^2$。

(2)小时耗热量为 $Q = C_B(t_r - t_l)\rho_r Q_R = 4.19 \times (70-8) \times 1 \times 3.74 = 971.58(kW)$

(3)容积式加热器计算。已知蒸汽表压力为 1.96×10^5 Pa,即其绝对压强为 2.94×10^5 Pa,相应饱和温度为 $t_s = 133$ ℃。

$$\Delta t_j = \frac{t_{mc} + t_{mz}}{2} - \frac{t_c - t_z}{2} = 133 - \frac{8+70}{2} = 94(℃)$$

查得容积式水加热器的传热系数 $K = 2\ 721\ kJ/(m^2 \cdot h \cdot ℃)$,所需加热面积按公式计算为

$$F = 1.15 \frac{Q}{\varepsilon K \Delta t_j} = 1.15 \times \frac{3\ 501\ 834.4}{0.75 \times 2\ 721 \times 94} = 21(m^2)$$

容积式水加热器可不考虑备用,按下式得

$$V = \frac{0.75Q}{(t_r - t_z)C \times 60} = \frac{0.75 \times 3\ 501\ 834.4}{(70-8) \times 4.19 \times 60} = 168.5(kg/min)$$

(4)热水配水管网的计算。计算草图见图 9-10,配水管网的水力计算见表 9-3。

应该说明的是,配水管网水力计算中的设计秒流量公式与给水管网计算相同,当 $N < 4$ 时按 100% 计,再查热水水力计算表。

(5)热水循环管网的水力计算。本建筑热水循环系统非常简单,由于该建筑热水供应属定时供给,所以热水循环系统只把配水管路延长回锅炉房,对整个热水供应系统而言为异程式系统。循环管网口径比供水管网小两个规格,即为 DN40。由此需调整整个热水系统的口径,重新计算压力损失,则总压力损失为

$$H = H_1 + H_2 + H_3 + H_4 = 23.7 \times 10 + 1.30 \times 33.629 + 0 + 20 = 300.7(kPa)$$

流量为系统设计的秒流量 2.48 L/s。

由此选择水泵,型号为 IS50 - 32 - 200,两台(其中一台备用)。水泵流量为 $Q = 4.17$ L/s,扬程 $H = 480$ kPa,电机功率为 $N = 5.5$ kW。

(6)蒸汽管道的计算。已知小时热耗为 3 501 834.4 kJ/h(每台加热器为 1 750 917.2 kJ/h),小时蒸汽耗量按下式计算。

$$G_{mh} = 1.1 \frac{Q}{r_\eta} = 1.1 \times \frac{3\ 501\ 834.4}{2\ 167} = 1\ 778(kg/h)$$

蒸汽管道的管径可查蒸汽管道管径计算表($\delta = 0.2$ mm),选用 DN = 100 mm(总管),DN = 70 mm(至加热器上蒸汽支管)。

(7)蒸汽凝水管道计算。已知蒸汽参数的表压力为 200 kPa,采用开式重力凝水系统。加热器至疏水器间的管径按表选用。本工程的加热器为 2 台,每台凝水管管径选为 DN70,疏水器后管道的管径选为 DN70,总回水干管的管径为 DN = 100 mm。

表 9-3　室内热水管网水力计算表

序号	管段编号 自	至	管段所负担的卫生器具数 n 及当量数 N	卫生器具名称及当量值 浴盆 $N=1.0$	洗脸盆 $N=0.8$								当量总数 N	流量 q (L/s)	管径 d(mm)	流速 v (m/s)	单阻 i (kPa/m)	管长 l(m)	管段沿程水头损失 h_f (kPa)	说明
1	1	2	n	1									1.0	0.20	15	0.99	0.940	1.5	1.410	
			N	1.0																
2	2	3	n	1	1								1.8	0.30	20	0.79	0.422	3.4	1.435	
			N	1.0	0.8															
3	3	4	n	2	2								3.6	0.44	20	1.16	0.838	2.8	2.346	
			N	2.0	1.6															
4	4	5	n	3	3								5.4	0.54	25	0.82	0.322	2.8	0.902	
			N	3.0	2.4															
5	5	6	n	4	4								7.2	0.63	25	0.96	0.422	2.8	1.182	
			N	4.0	3.2															
6	6	7	n	5	5								9.0	0.71	25	1.08	0.521	2.8	1.459	
			N	5.0	4.0															
7	7	8	n	6	6								10.8	0.78	25	1.18	0.616	2.8	1.725	
			N	6.0	4.8															
8	8	9	n	7	7								12.6	0.85	32	0.84	0.256	2.8	0.717	
			N	7.0	5.6															
9	9	10	n	8	8								14.4	0.91	32	0.89	0.288	1.6	0.461	
			N	8.0	6.4															
10	10	11	n	16	16								28.8	1.34	32	1.31	0.584	22.0	12.848	
			N	16.0	12.8															
11	11	12	n	32	32								57.6	1.96	40	1.18	0.350	13.5	4.725	
			N	32.0	25.6															
12	12	13	n	48	48								86.4	2.48	40	1.488	0.526	8.4	4.418	
			N	48.0	38.4															

(8)锅炉的选择。锅炉每小时供热量按下式计算：

$$Q_g = (1.1 \sim 1.2)\ Q = 1.15 \times 3\ 501\ 834.4 = 4\ 027\ 110 (kJ/h)$$

锅炉的蒸发量应为 4 027 110/2 167 = 1 858(kg/h)，选快装锅炉 KZG2－8 型，其蒸发量为 2 t/h，锅炉外形尺寸为 4.6 m × 2.7 m × 3.8 m。

第十章　建筑给水排水工程施工图

第一节　建筑给水排水工程施工图的组成及内容

建筑给水排水工程施工图是设计人员依据现行国家规范、规程，将工程设计的思想以图纸的形式绘制出来，作为建筑给水排水工程施工的依据，也是给水排水工程施工必须遵守的法律文件。施工人员通过施工图理解设计人员的设计意图，并贯彻到整个建筑给水排水工程施工过程中。

建筑给水排水工程施工图主要由文字部分和图示部分组成。文字部分包括设计说明、图纸目录、设备材料表。图示部分包括平面图、系统图、详图。简单工程可不列设备材料表。

一、文字部分

（一）设计施工说明

设计图样上用图或符号表达不清楚的问题，或有些内容用文字能够更简单明了说清的问题，可用文字加以说明。

设计施工说明的主要内容有：设计依据；设计范围；设计概况及技术指标，如给水方式、排水体制的选择等；施工说明，如图中尺寸采用的单位，采用的管材及连接方式，管道防腐、防结露的做法，保温材料的选用、保温层的厚度及做法等，卫生洁具的类型及安装方式，施工注意事项，系统的水压试验要求，施工验收应达到的质量标准等。

一般中、小工程的文字部分直接写在图样上，工程较大、内容较多时则要另用专业编写。若有水泵、水箱等设备，还必须写明型号、规格及运行要点等。

（二）图纸目录

根据设计顺序，按设计施工说明（含设备材料明细表、图例等）、平面图、系统图、详图依次排列编号。

（三）设备材料明细表

设备材料明细表中应列出图样中用到的主要设备的型号、规格、数量及性能要求等，用于在施工备料时控制主要设备的性能。对于重要工程，为了使施工准备的材料和设备符合图样的要求，并且便于备料，设计人员应编制一个主要设备材料明细表，包括主要设备材料的序号、名称、型号规格、单位、数量、备注等项目。此外，施工图中涉及的其他设备、管材、阀门、仪表等也均应列入表中。对于一些不影响工程进度和质量的零星材料，可不列入表中。

简单工程可不编制设备及材料明细表。

(四)图例

施工图中的管道及附件、管道连接、卫生洁具、设备仪表等,一般采用统一的图例表示。《建筑给水排水制图标准》(GB/T 50106—2010)中规定了工程中常用的图例,凡在该标准中未列入的可自设。一般情况下,图纸应专门画出图例,并加以说明。建筑给水排水工程施工图中常用图例见表 10-1。

表 10-1　建筑给水排水工程施工图常用图例

名称	图例	说明	名称	图例	说明
管道		用于一张图纸上,只有一种管道	皮带水龙头	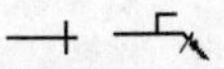	左为平面图 右为系统图
	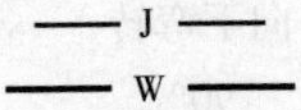	用汉语拼音字头表示管道类别	淋浴喷头	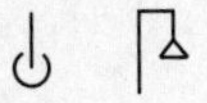	左为平面图 右为系统图
	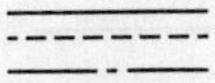	用线型区分管道类别	圆形地漏	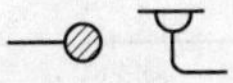	左为平面图 右为系统图
闸阀			清扫口	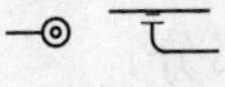	
截止阀	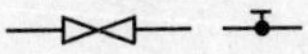	左为 DN > 50 右为 DN < 50	检查口	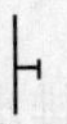	
止回阀			存水弯	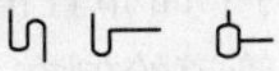	
减压阀			洗脸盆		
蝶阀			洗涤盆	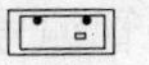	
角阀	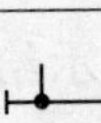		自动排气阀		左为平面图 右为系统图
可曲挠接头	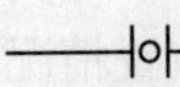		浴盆	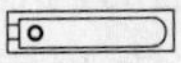	
波纹管			大便器	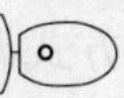	
单出口消火栓		左为平面图 右为系统图	通气帽	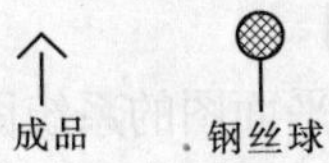	左为成品 右为钢丝球
双出口消火栓	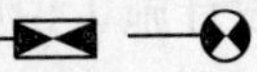	左为平面图 右为系统图	伸缩节	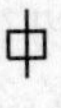	

续表 10-1

名称	图例	说明	名称	图例	说明
柔性防水套管	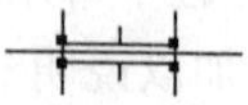		压力表		
管道立管	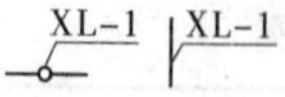	左为平面图 右为系统图	水表井		
放水龙头		左为平面图 右为系统图	水表		
交叉管	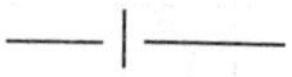	管道交叉不连接，在下方和后方的管道应断开	弯折管	管道向后及向下弯转 90°	
三通连接			法兰堵盖		

二、图示部分

(一)平面图

平面图是给水排水施工图的基本图示部分。它反映了卫生洁具、给水排水管道、附件等在建筑物内的平面布置情况。通常情况下，建筑的给水系统、排水系统不是很复杂，将给水管道、排水管道绘制在一张图上，称为给水排水平面图。

平面图所表达的主要内容有：建筑物内与给水排水有关的建筑物的轮廓、定位轴线及尺寸线、各房间的名称等，卫生洁具、水箱、水泵等平面布置、平面定位尺寸，给水引入管、污水排出管的平面布置、平面定位尺寸、管径及管道编号，给水排水横干管、立管、横支管的位置、管径及立管编号等。

(二)系统图

系统图也称轴测图，一般按 45° 正面斜轴测图绘制。系统图表示给水排水系统空间位置及各层间、前后、左右间的关系。给水系统图、排水系统图应分别绘制。

系统图所表达的内容有：自引入管，经室内给水管道系统至用水设备的空间走向和布置情况；自卫生洁具，经室内排水管道系统到排出管的空间走向和布置情况；管道的管径、标高、坡度、坡向及系统编号和立管编号；各种设备（包括水泵、水箱等）的接管情况、设置位置和标高、连接方式及规格；管道附件的种类、位置、标高；排水系统通气管设置方式、与排水立管之间的连接方式，伸顶通气管上的通气帽的设置及标高等。

(三)详图

给水排水平面图的系统图表示了卫生洁具及管道的布置情况，而卫生洁具的安装、管道的连接，需有施工详图作为依据。常用的卫生设备安装详图，通常套用全国通用给水排水标准图集 99S304 卫生设备安装中的图样，不必另行绘制，只要在设计施工说明或图纸目录中写明所套用的图集名称及其中的详图号即可。当没有标准图时，设计人员需自行绘制。

第二节　建筑给水排水工程施工图的绘制与识读

一、建筑给水排水工程施工图的绘制

(一) 平面图的绘制

绘制建筑给水排水平面图首先是抄绘建筑平面图。建筑给水排水平面图主要反映管道系统各组成部分的平面位置,因此房屋的轮廓线应与建筑施工图一致,一般只需抄绘房屋的墙体、柱子、门窗洞、楼梯等主要部分,至于房屋的细部尺寸、门窗代号等均可省去。为使土建施工与管道设备的安装一致,在各层给排水平面图上,均须标明定位轴线,并在平面图的定位轴线间标注尺寸;同时还应标注出各层平面图上的相应标高。

平面图在绘制时应注意以下几个方面。

1. 平面图的比例

平面图是建筑给水排水工程施工图的主要部分,一般采用与建筑平面图相同的比例,常用1:50、1:100,大型车间可用1:200。

2. 平面图的数量

平面图的数量视卫生器具和给水排水管道布置的复杂程度而定。对于多层房屋,底层由于设有引入管和排出管且管道需与室外管道相连,宜单独画出一个完整的平面图(若能表达清楚与室外管道的连接情况,也可只画与卫生设备和管道有关的平面图),楼层平面图只需抄绘与卫生设备和管道布置有关的平面图,一般应分层抄绘,若楼层的卫生设备和管道布置完全相同,只需画出相同楼层的一个平面图,称为标准层平面图。设有屋顶水箱的楼层可单独画出屋顶给水排水平面图,但当管道布置不太复杂时,也可在最高楼层给水排水平面图中用中虚线画出水箱的位置。

3. 平面图的剖切位置

房屋的建筑平面图是从门窗部位水平剖切的,而管道平面图的剖切位置则不限于此高度,凡是为本层设施配用的管道均应画在该层平面图中,底层还应包括埋地或地沟内的管道;如有地下层,引入管、排出管、汇集横干管可绘于地下层内。

4. 管道画法

室内给水排水各种管道,不论直径大小,一律用粗单线表示。可用汉语拼音字头为代号表示管道类别,也可用不同线型表示不同类别的管道,如给水管用粗实线,排水管用粗虚线。在平面图中,不论管道在楼面或地面的上下,均不考虑其可见性。给水排水立管是指穿过一层及多层的竖向供水管道和排水管道。平面图上有各种立管的编号,底层给排水平面图中各种管道按系统编号,一般给水以每个引入管为一个系统;排水以每个排出管为一个系统。标注方法如图10-1所示。立管在平面图中以空心小圆圈表示,并用指引线注明管道类别代号,其标注方法是用分数的形式,分子为管道类别代号,分母为同类管道编号,其标

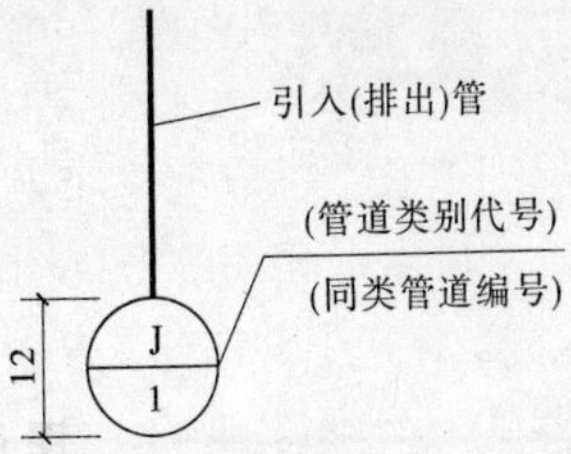

图10-1　管道系统编号的表示方法

注方法如图 10-2(a)所示。当一种系统的立管数量多于一根时,还宜用阿拉伯数字编号。

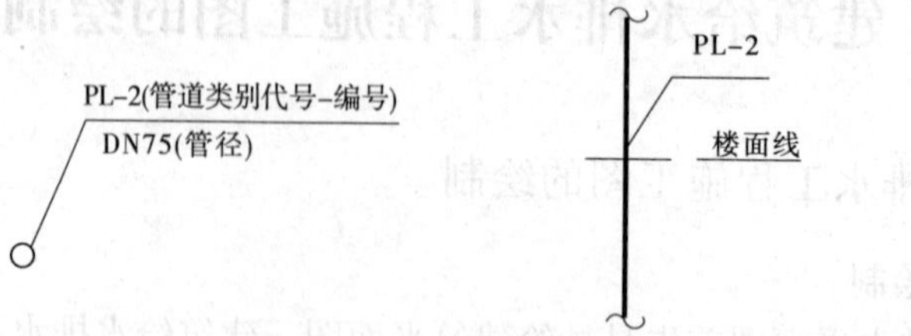

(a)平面图上的表示方法　(b)系统图上的表示方法

图 10-2　立管编号的表示方法

5. 管径的表示

给水排水管的管径尺寸以毫米(mm)为单位,金属管道(如焊接钢管、铸铁管)以公称直径 DN 表示,如 DN15、DN50 等;塑料管一般以公称外径 De 表示,如 De20 等。管径一般注在该管段的旁边,当位置不够时,也可用引出线引出标注。各种附件或设备均可用表 10-1中的图例表示,也可根据习惯自行设计图例。由于管道长度是在安装时根据设备间的距离直接测量截割的,所以在图中不必标注管长。

(二)系统图的绘制

给水排水系统图上各立管和系统的编号应和平面图上一一对应,在给水排水系统图上还应画出各楼层地面的相对标高。绘制给水排水系统图的比例宜选用 1:200、1:100、1:50。当采用与给水排水平面图相同的比例,在绘图时,按轴向量取长度较为方便。当按一定比例绘制时图线重叠,允许不按比例绘制,可适当将管线拉长或缩短。

建筑给水排水制图标准规定,给水排水系统图宜用 45°正面斜轴测投影法绘制,我国习惯都采用 45°正面斜轴测来绘制系统图,其轴间角和轴向变形系数如图 10-3 所示。由于通常采用与给水排水平面图相同的比例,沿坐标轴 *OX*、*OY* 方向的管道,不仅与相应的轴测轴平行,而且可从给水排水平面图中量取长度,平行于坐标轴 *OZ* 方向的管道,则也应与轴测轴 *OZ* 相平行,且可按实际高度以相同的比例做出。凡不平行于坐标轴方向的管道,则可通过做平行于坐标轴的辅助线,从而确定管道的两端点而连成。为了便于绘制和阅读,立管平行于 *OZ* 轴方向,平行房屋长度方向的水平管道,沿 *OX* 轴方向绘制,平行于房屋宽度方向的水平管道沿 *OY* 轴方向绘制。卫生器具、阀门等设备用图例表示。

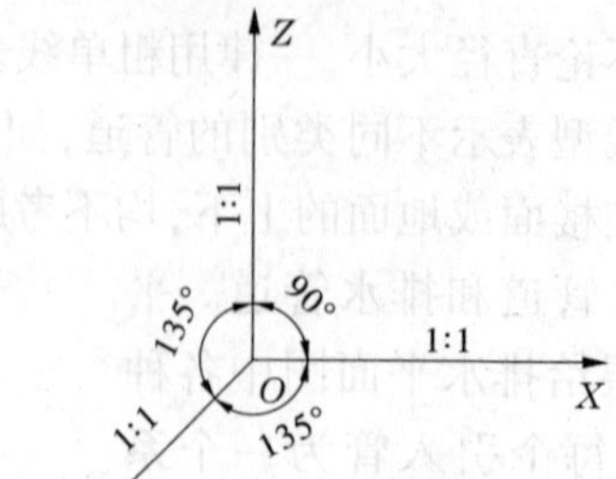

图 10-3　正面斜轴测图及轴向变形系数

给水、排水系统图中的管道都用粗实线表示，不必与平面图中那样，用不同线型的粗线来区分不同类型的管道，其他图例和线宽仍按原规定。在系统图中不必画出管件的接头形式，管道的连接方式可用文字写在施工说明中。

在管道系统中的给水附件，如水表、截止阀、水龙头、消火栓等，可用图例画出。相同布置的各层，可只将其中的一层画完整，其他各层只需在主管分支处用折断线表示。

在排水系统图中，可用相应图例画出卫生设备上的存水弯、地漏或检查口等。排水横管虽有坡度，但由于比例较小，故可按水平管道绘制，但宜注明坡度与坡向。由于所有卫生器具和设备已在给水排水平面图中表达清楚，故在排水管道系统图中就没有必要画出。

为了反映管道和房屋的联系，系统图中还要画出管道穿越的墙、地面、楼层、屋面的位置，一般用细实线画出地面和墙面，并加轴测图中的材料图例线，用两条靠近的水平细实线画出楼面和屋面。

对于水箱等大型设备，为了便于与各种管道连接，可用细实线画出其主要外形轮廓的轴测图。

当在同一系统中的管道因互相重叠和交叉而影响该系统图的清晰性时，可将一部分管道平移至空白位置画出，称为移置画法或引出画法。将管道从重叠处断开，用移置画法移到图面空白处，从断开处开始画，断开处应标注相同的符号，如“a”，以便对照读图。

管道的管径一般标注在该管段旁边，标注位置不够时，可用引出线引出标注，室内给水排水管道标注公称直径用 DN，公称外径用 De。管道各管段的管径要逐段标出，当连续几段的管径都相同时，可以仅标注它的始段和末段，中间段可省略不标注。

凡有坡度的横管(主要是排水管)，都要在管道旁边或引出线上标注坡度，如 0.5%，数字下面的单边箭头表示坡向(指向下坡的方向)。当排水横管采用标准坡度(或称为通用坡度)时，则在图中可省略不注，而在施工图的文字说明中写明。

管道系统图中标注的标高是相对标高，即以建筑标高的 ±0.000 m 为 ±0.000 m。在给水系统图中，标高以管中心为准，一般要注出引入管、横管、阀门、水龙头、卫生器具的连接支管、各层楼地面及屋面等的标高。在排水系统图中，横管的标高以管内底为准，一般应标注立管上检查口、排出管的起点标高。其他排水横管的标高，一般根据卫生器具的安装高度和管件的尺寸，由施工人员决定。此外，还要标注各层楼地面及屋面等的标高。

(三)详图的绘制

详图的比例较大，可按需选用1:10、1:20、1:30，也可用1:5、1:40、1:50 等。安装详图必须按施工安装的需要表达得详尽、具体、明确，一般都用正投影的方法绘制，设备的外形可以简化画出，管道可用单线表示，也可用双线表示。安装尺寸应注写得完整和清晰，主要材料表和有关说明都要表达清楚。常用卫生间内卫生器具，如洗脸盆、浴盆、大便器等安装详图，都可套用国家标准图集 99S304 卫生设备安装图集中的标准图。

二、建筑给水排水工程施工图的识读

(一)建筑给水排水工程施工图识读注意事项

建筑给水排水施工图的主要图纸是平面图和系统轴测图，识图时必须将平面图和系统图对照起来看，以便相互说明和相互补充，使管道、附件、器具、设备等在头脑里转换成

空间的立体布置。对于某些卫生器具或用水设备的安装尺寸、要求、接管方式等不了解时,还必须辅以相应的安装详图。通过详图的识读搞清具体的细部安装要求,只有这样才能真正地将施工图阅读好。

具体的识图方法是以系统为单位,沿水流方向看下去,即给水管道的看图顺序是自引入管、干管、立管、支管至用水设备或卫生器具的进水接口(或水龙头);排水管道的看图顺序是自器具排水管(有的为存水管)、排水横支管、排水立管至排出管。

(二)建筑给水排水工程施工图的识读

图10-4 ~ 图10-10是某小区住宅楼的给水排水施工图,现以此套施工图为例,说明多层建筑给水排水施工图识图步骤。

(1)看文字部分。本工程设有生活给水系统、生活排水系统及太阳能热水系统。在施工说明里,对各系统所使用的管材、管道附件及相应的连接方式都进行了说明,对管道安装注意事项进行了详细的说明。

(2)看平面图,查看建筑物情况及主要用水单位。

结合设计、施工说明和一层管道平面图,了解建筑物基本情况。这是一幢6层楼的住宅楼,共3个单元,每单元房屋设置情况相同,都是一梯四户,分为B1和B2两种户型。主要的用水单位是每户的卫生间、厨房和阳台的洗衣机。

(3)看平面图,查看卫生洁具、用水设备和升压设备的类型、数量、安装位置、定位尺寸等。

查看首层平面图、标准层平面图,本例一至六层卫生间、厨房、洗衣机用水设备布置数量、位置等情况相同,以第一单元为例,看户型给排水详图,B1户型:卫生间和厨房布置在轴线Ⓗ和Ⓚ,①和②之间,总开间3.6 m,总进深3.3 m,其中卫生间设置1个洗手盆、1个坐便器、1个地漏、1个淋浴,厨房设置1个洗菜池。阳台与客厅相连,设置在北边,位于Ⓛ和Ⓜ,②和④轴线之间,长×宽=4.1 m×1.5 m,沿墙放置洗衣机,配洗衣机水龙头1个,洗衣机专用地漏1个。卫生间里自门向北,洗手盆中心线与墙面距离600 mm,坐便器中心线与洗手盆中心线相距800 mm,地漏中心距坐便器中心380 mm。淋浴器设于地漏对面。

B2户型:卫生间和厨房位于轴线Ⓓ和Ⓗ,②和②'之间,总开间5.7 m,总进深1.8 m,其中卫生间设置1个洗手盆,1个坐便器,1个地漏,1个淋浴,厨房设置1个洗菜池,卫生洁具及用水设备尽量沿轴线②布置,洗手盆中心线距卫生间北墙450 mm,自北向南,坐便器中心线与洗手盆中心线相距750 mm,地漏中心线距排烟道420 mm。阳台在客厅东南角,Ⓑ和Ⓓ,③和⑤轴线之间,长×宽=2.1 m×1.8 m,沿墙、窗户放置洗衣机,配洗衣机水龙头1个,洗衣机专用地漏1个。

(4)结合平面图和系统图,查看室内给水系统形式、管路的组成、平面位置、标高、走向、敷设方式。查明管道、阀门及附件的管径、规格、型号、数量及其安装要求。

本例的给水系统有生活给水系统,采用市政直接给水方式,系统编号为J/1,J/2,J/3,J/4。J/1系统给水引入管为DN50的镀锌钢管,管道上设DN50的截止阀,DN50的止回阀,防止给水倒流,引入管进入室外集中水表井,接DN100分水器一分为六,连接旋翼式水表6个,集中水表的具体做法参考标准图集05YS10。每只水表接De25 PPR管,在②轴

设计说明

一、工程概况及设计范围

××××××××、××××××××，位于××××××××，东临××××××××,用地近似矩形。

本校区周围尚未建设市政给水管网，校区给水采用自备水源，由水泵–气压罐供水设备经DN150给水环网供水，保证校区管网水压0.35 MPa，其水质应符合《生活饮用水卫生标准》(GB/T 5749—2006)的要求。本工程室内外消防给水采用区域临时高压给水系统，由消防水池、消防供水泵、屋顶消防水箱联合供水。其中消防水池、消火栓供水泵均设于室外；屋顶消防水箱及增压稳压设备在综合楼屋面(为校区最高建筑)。消防水池的容量、消火栓供水泵流量和扬程、屋顶消防水箱容量均满足本工程消防设计要求。

本工程为教师公寓，地上六层，均为普通多层住宅。室内外高差0.6 m，建筑总高度为18.90 m,建筑面积为7359.81 m^2。

二、设计范围

本工程设有生活给水、排水系统。

屋面雨水、空调冷凝水由建筑专业解决，见建筑专业施工图纸。

三、设计依据

1.《建筑给水排水设计规范》(GB 50015—2003)(2009年版)。

2.《建筑设计防火规范》(GB 50016—2006)。

3.《住宅设计规范》(GB 50096—1999)(2003年版)。

4.《住宅建筑规范》(GB 50368—2005)。

5.《民用建筑设计通则》(GB 50352—2005)。

6.《民用建筑太阳能热水系统应用技术规范》(GB 50364—2005)。

四、生活给水系统：

本工程生活用水直接接自小区内从市政给水管网引入的生活给水管。水表集中设置于户外水表井内。本工程最高日用水量为84 mL/d，最大小时用水量为8.75 mL/h。

五、生活排水系统

1.本工程污、废水采用合流制。生活排水系统采用伸顶通气的单立管排水系统。

2.本工程污、废水采用合流制。室内±0.000以上污废水重力自流排入室外污水管，污废水经化粪池处理后，排入市政污水管。最高日排水量75.6 mL/d。化粪池的位置、数量见室外管网设计图纸。

六、太阳能热水系统

1.本工程采用分户集热、分户储热水箱太阳能热水系统。集热器和储热水箱均安装于屋面，采用顶水法取热水。本次设计仅预留每户内冷热水供水管道，屋顶太阳能储热水箱和集热器的安装、调试及安全设置条件均由具有专业资质的厂家负责完成。

2.要求：每户储热水箱(承压式)容积不少于100 L,并配置电辅加热器2 kW(必须带有保证使用安全的装置)，太阳能集热器面积不少于2 m^2。储热水箱自带控制器(主要为调温温控器和超温温控器)和防电墙功能；储热水箱必须设置安全止回阀，储热水箱电源插座宜设置独立回路；电气线路应符合安全和防火要求敷设配线；应采用防溅水型、带开关的接地插座。塑料给水管与热水器之间用不小于400 mm的给水用薄壁不锈钢管过渡连接。

七、本工程主要节水、节能、减排技术措施

1.在各户给水引入口及单独需计量用水量处均设置水表。

2.住宅设置太阳能热水给水系统。

3.生活排水系统采用新型环保降噪管材。

4.选用节水型卫生洁具及配件。

建筑	结构	电气	给排水

					2012.3	工程号 PROJECT NO	ZZ-SJ-1201-4
主持人	设计	校核	审核	专业负责人 GHIEF D	日期	图号	3-2-3-07
				工程 PROJ.			
				项目			
文件名 施工图	比例		专业 给水排水	图名			

图 10-4　给排水设计总说明

施工说明

一、管材

1.生活给水管:生活给水管管材采用PPR管，连接采用热熔连接。用水点处附近用管件连接。接太阳能热水出水PPR管管材及管件采用压力等级为S3.2，冷水PPR管管材及管件采用压力等级为S5。

2.生活排水管：排水管采用建筑排水用PP静音聚丙烯管，承插密封圈连接。立管与横支管连接配件为45° 斜三通。

二、阀门及附件

1.阀门：给水系统内，阀门采用截止或闸阀。热水系统内，均采用全铜截止阀。

2.止回阀:采用普通止回阀。

3.附件：

1)存水弯及带水封的卫生器具水封高度不小于50 mm。地漏顶面应低于安装处地面1 cm。

地面清扫口材质与之连接管道同质，清扫口表面与装饰地面平。排水立管检查口距地面或楼板面1.0 m。

2)全部给水配件均采用节水型产品，不得采用淘汰产品。

三、管道敷设：

1.给水管穿楼板、内外墙应设钢套管。穿无防水要求楼板、内外墙时，应预埋普通钢套管；穿有防水要求的墙、楼板时、应预埋刚性防水套管。防水套管大小按02S404选取。安装在楼板内的套管，下底面与楼板底面平齐，其顶部应高出装饰地面20 mm;安装在卫生间楼板内的防水套管，其顶部高出装饰地面50 mm。安装在墙壁内的套管两端与装饰面相平。套管与管道之间缝隙应用阻燃密实材料和防水油膏填实，端面光滑。卫生间内给水支管均沿墙明装或根据使用方要求定。

2.排水立管穿楼板应预留洞，安装时在穿楼板处加装止水翼环；排水立管穿屋面应预埋刚性防水套管。套管与管道之间缝隙应用阻燃密实材料和防水油膏填实。卫生器具排水管留洞参见卫生间大样图，也可根据所买卫生器具尺寸要求定，卫生间排水管道安装完成后将孔洞严密捣实。污水横管与横管的连接，不得采用正三通和正四通。污水立管偏置时，应采用排水系统专用弯头。立管底部弯管处应设支墩或采取固定措施。

3.管道坡度：

1)生活排水管横管须有水平坡度，坡向立管或室外，注意防止坡度不足或倒坡，其坡度为排水横支管0.026；排水横干管为:De50,0.025;De75，0.015;De110，0.012;De160，0.007。

2)生活给水管按0.002的坡度坡向立管或泄水装置。

4.管道支吊架：

1)管道支吊架或管卡应固定在楼板上或承重结构上。

2)生活给水塑料管水平安装支吊架间距及立管管卡安装要求，按《建筑给水排水及采暖工程施工质量验收规范》GB 50242—2002之3.3.9条规定施工。

3)建筑排水PP静音聚丙烯管立管在穿楼板处按固定支座施工，层高≤4 m设动支座；层高大于4 m，立管设增设一个滑动支座。建筑排水用PP静音聚丙烯管横管(埋地部分除外)横管滑动支架不宜大于1.2 m，在管道承插口处设固定支架。

四、管道和设备保温

1.暴露于冷热水管均需做保温；吊顶内的生活水给水横管、吊顶内的排水管均做防结露保冷。

2.保温材料采用橡塑管壳，保温厚度30 mm；防结露保冷厚度为20 mm；室内保护层采用玻璃布缠绕，外刷防火漆二道后最外刷二道调和漆；室外保护层采用玻璃钢(以玻璃布为基材，外涂不饱和聚酯树脂两层)。

3.保温应在管道完成试压及冲洗合格后进行。

五、防腐及油漆

在涂刷底漆前，应清除表面的灰尘、污垢、锈斑、焊渣等物。涂刷油漆厚度应均匀，不得有脱皮、起泡、流淌和漏涂现象。钢制管道支吊架除锈后刷红丹两道，再刷银粉漆两道。管道试压：

1.生活给水管试压应分区分段进行。生活给水管水压试验的方法、步骤及合格标准按管材工程技术规程和施工与验收规范执行。所有冷水PPR支管试验压力均为0.9 MPa；热水PPE支管试验压力均为1.2 MPa。

2.生活排水系统应注水高度以一层楼的高度为标准，在30 min内不渗不漏为合格。排出管道应以最低层排水设备至室外排水检查井之全高程注满水试验，在30 min内不渗不漏为合格。

3.水压试验的试验压力表应位于系统或试验部分的最低部位。

4.屋顶太阳能系统试压依据厂家产品性能试压、验收。

六、管道冲洗

1.生活给水管道在系统运行前须用水冲洗和消毒，要求以不小于2.0 m/s的流速进行冲洗，并符合《建筑给水排水及采暖工程施工质量验收规范》(GB 50242—2002)中4.2.3条的规定。

2.排水管冲洗以管道通畅为合格且应做通球试验。

七、其他

1.图中所注尺寸除标高以m计外，其余以mm计。

2.本图所注管道标高：给水压力管指管中心；污废水等重力流管道和无水流的通气管指管内底。

3.给排水专业应与土建专业密切配合，做好孔洞预留及钢套管预埋。

4.本工程施工除有关以上设计要求外，还须符合《建筑给排水及采暖工程施工质量验收规范》(GB 50242—2002)的规定。本设计未说明部分均按国家现行有关施工及验收规范执行。

					2012.3	工程号 PROJECT NO	ZZ-SJ-1201-4
主持人	设计	校核	审核	专业负责人 GHIEF D	日期	图号	3-2-3-07
				工程 PROJ.			
				项目			
文件名 施工图	比例		专业 给水排水	图名			

续图 10-4

使用标准图集目录

序号	标准图编号	图集名称	页次
1	09S304	卫生设备安装	
		单柄水嘴双槽厨房洗涤盆安装图	33
		4″单柄水嘴台下式洗脸盆安装图	45
		连体式下排水(普通连接)坐便器安装图	72
		双管管件淋浴器安装图	129
2	04S301	建筑排水设备附件选用安装	
		铸铁有水封地漏构造图	26
		塑料有水封地漏构造图(一)、(二)	27,28
		不锈钢有水封密闭型地漏构造及安装图	34
		铸铁有水封带网框式地漏构造及安装图	48
3	10S406	建筑排水塑料管道安装	全册
4	02S404	防水套管	全册
5	03S402	室内管道支架及吊架	全册
6	05YS8	管道及设备防腐保温	全册
7	06J908-6	太阳能热水器选用与安装	全册
8	05YS10	住宅供水“一户一表、计量出户”设计和安装	全册

图纸目录

序号	专业	图号	图名	图纸规格
1	给水排水	3-2-3-01	给排水设计总说明	A2+1/4
2	给水排水	3-2-3-02	目录、主材表	A2+1/4
3	给水排水	3-2-3-03	系统原理图	A2+4/4
4	给水排水	3-2-3-04	首层给排水平面图	A2+4/4
5	给水排水	3-2-3-05	二层~六层给排水平面图	A2+4/4
6	给水排水	3-2-3-06	屋顶给排水平面图	A2+4/4
7	给水排水	3-2-3-07	B1、B2户型给排水大样图及支管系统图	A2+4/4

图例及材料表

序号	图例	名称	型号	单位	数量
1	—J—	生活冷水给水管			
2	—R—	生活热水给水管			
3	------	排水管			
4		生活给水引入管编号			
5		生活排水排出管编号			
6		洗脸盆	参图集选用	套	120
7		厨房洗涤盆	参图集选用	套	120
8		坐便器(节水型)	参图集选用	套	120
9		污水池	参图集选用	套	
10		水龙头	参图集选用	套	
11		洗衣机水龙头	参图集选用	套	120
12		淋浴器	参图集选用	套	120
13		截止阀			
14		角阀			
15		闸阀	DN50	个	20
16		止回阀	DN50	个	20
17		刚性防水套管			
18		洗衣机地漏	De50	个	120
19		圆形地漏	De50	个	120
20		S、P形存水弯	De50	个	
21		清扫口	De110	个	
22		通气帽(成品)	De75/De110	个	6/9
23		检查口	De75/De110	个	18/27
24		室外集中水表井		座	20

					2012.3	工程号 PROJECT NO	ZZ-SJ-1201-4
主持人	设计	校核	审核	专业负责人 GHIEF D	日期	图号	3-2-3-07
				工程 PROJ.			
				项目			
文件名	施工图	比例		专业	给水排水	图名	

图 10-5　目录、主材表

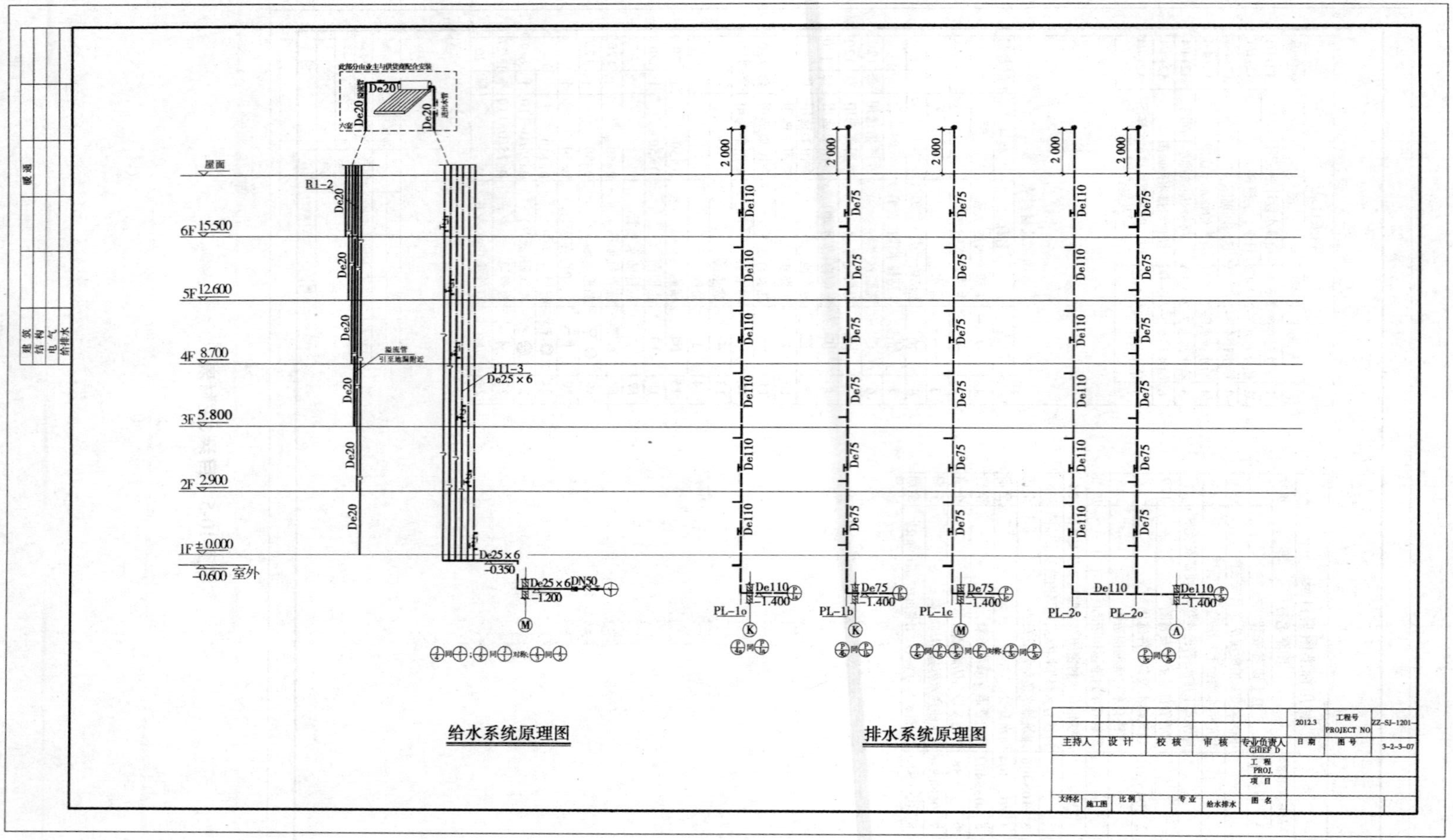
给水系统原理图
排水系统原理图
屋面
6F 15.500
5F 12.600
4F 8.700
3F 5.800
2F 2.900
1F ±0.000
-0.600 室外
R1-2
De20
J11-3
De25×6
-0.350
DN50
-1.200
De110
De75
2 000
-1.400
PL-1o
PL-1b
PL-1c
PL-2o
主持人
设 计
校 核
审 核
日 期
图 号
2012.3
工程号
PROJECT NO
ZZ-SJ-1201
3-2-3-07
施工图
专 业
给水排水
图 名
建 筑
结 构
电 气
给排水
暖 通

图 10-6　系统原理图

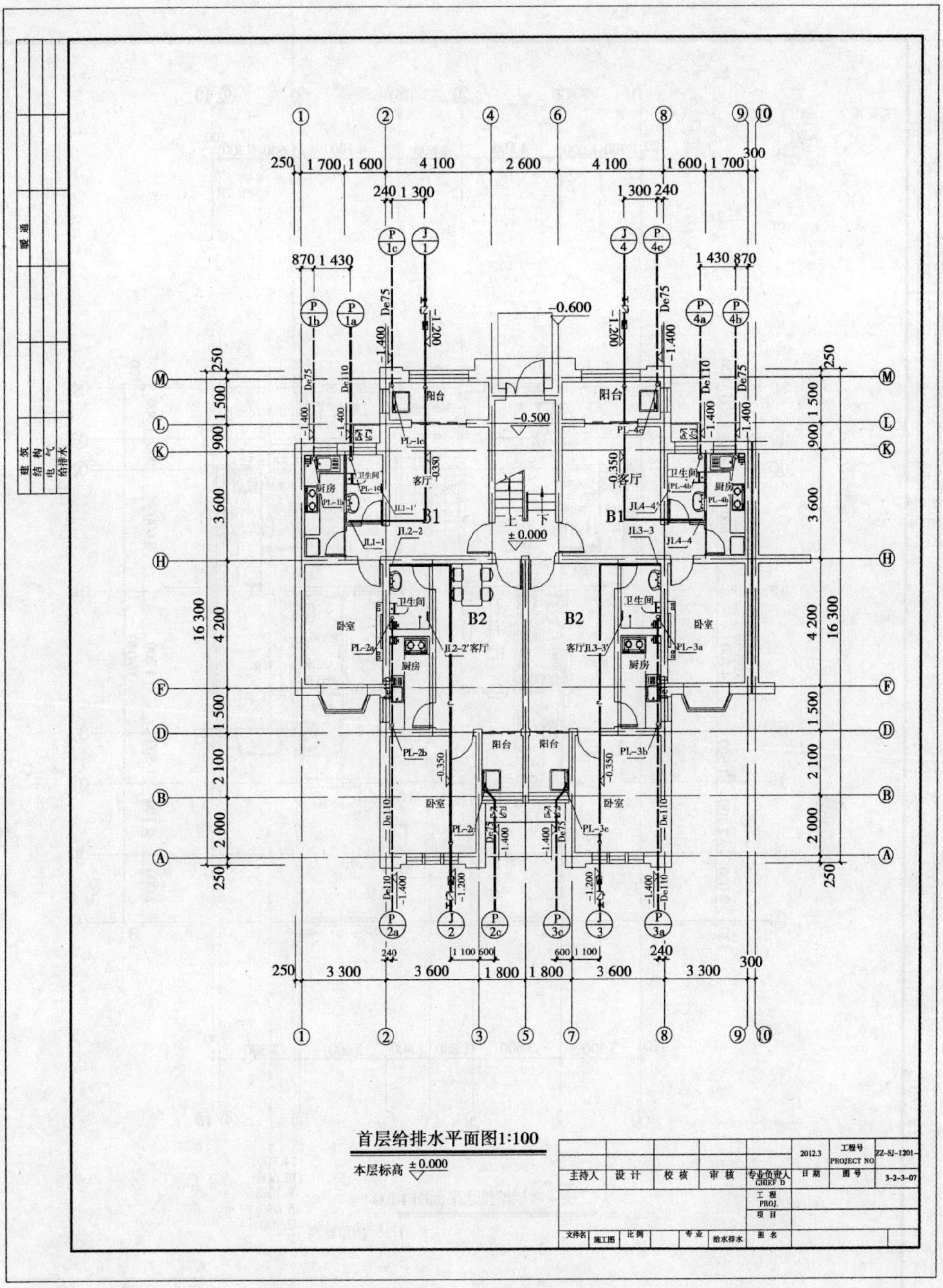

图 10-7 首层给排水平面图

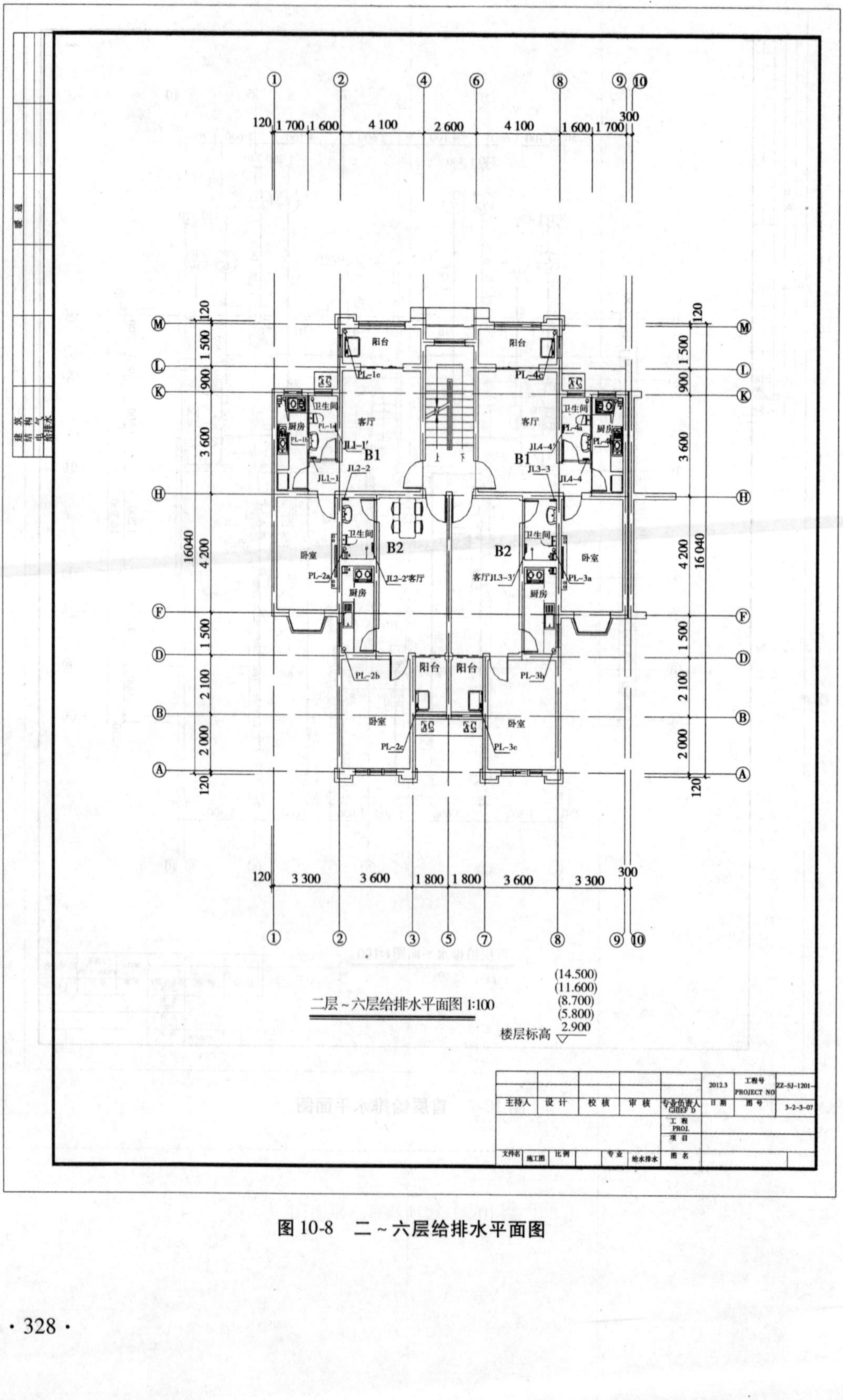

图 10-8　二～六层给排水平面图

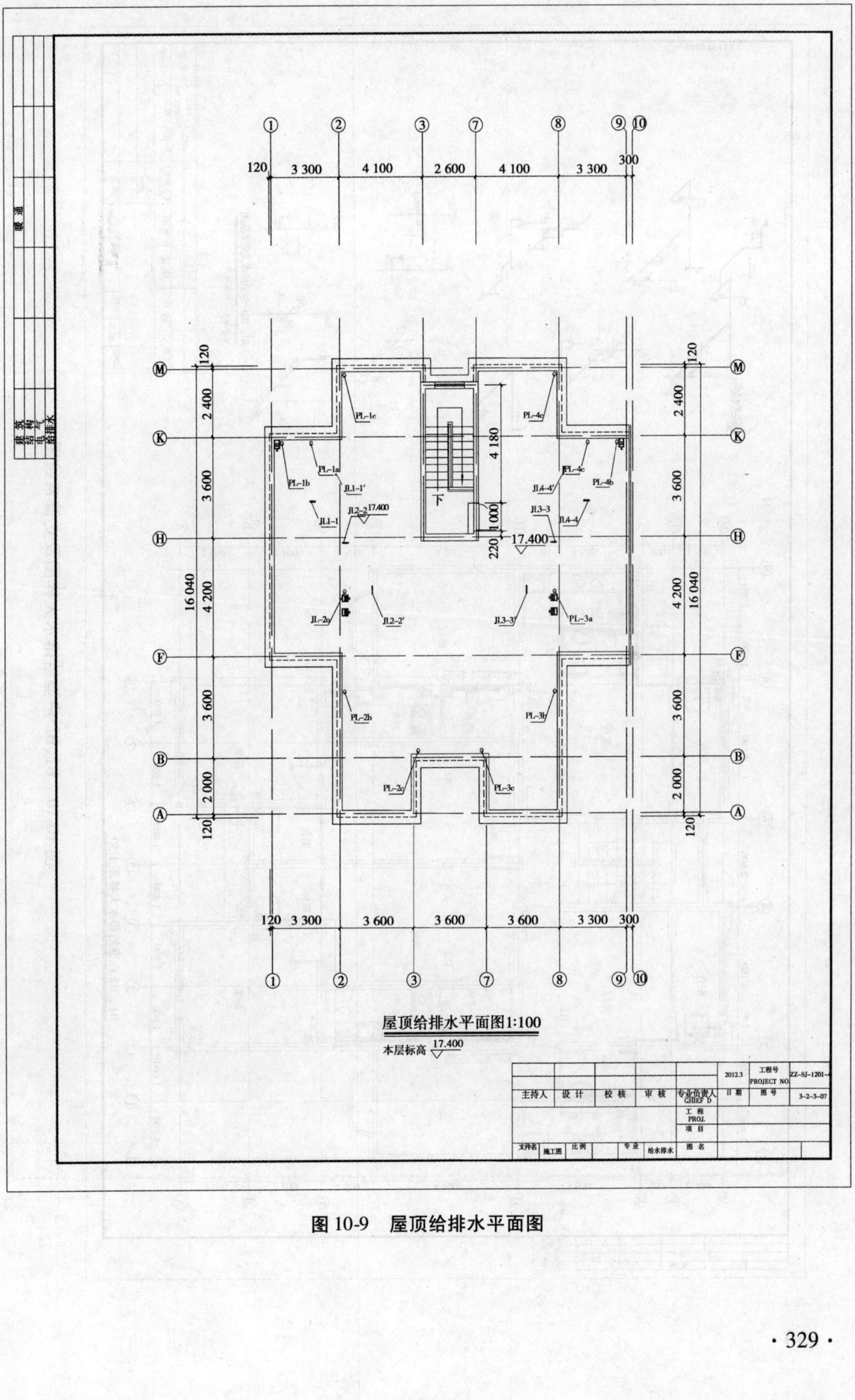

图 10-9　屋顶给排水平面图

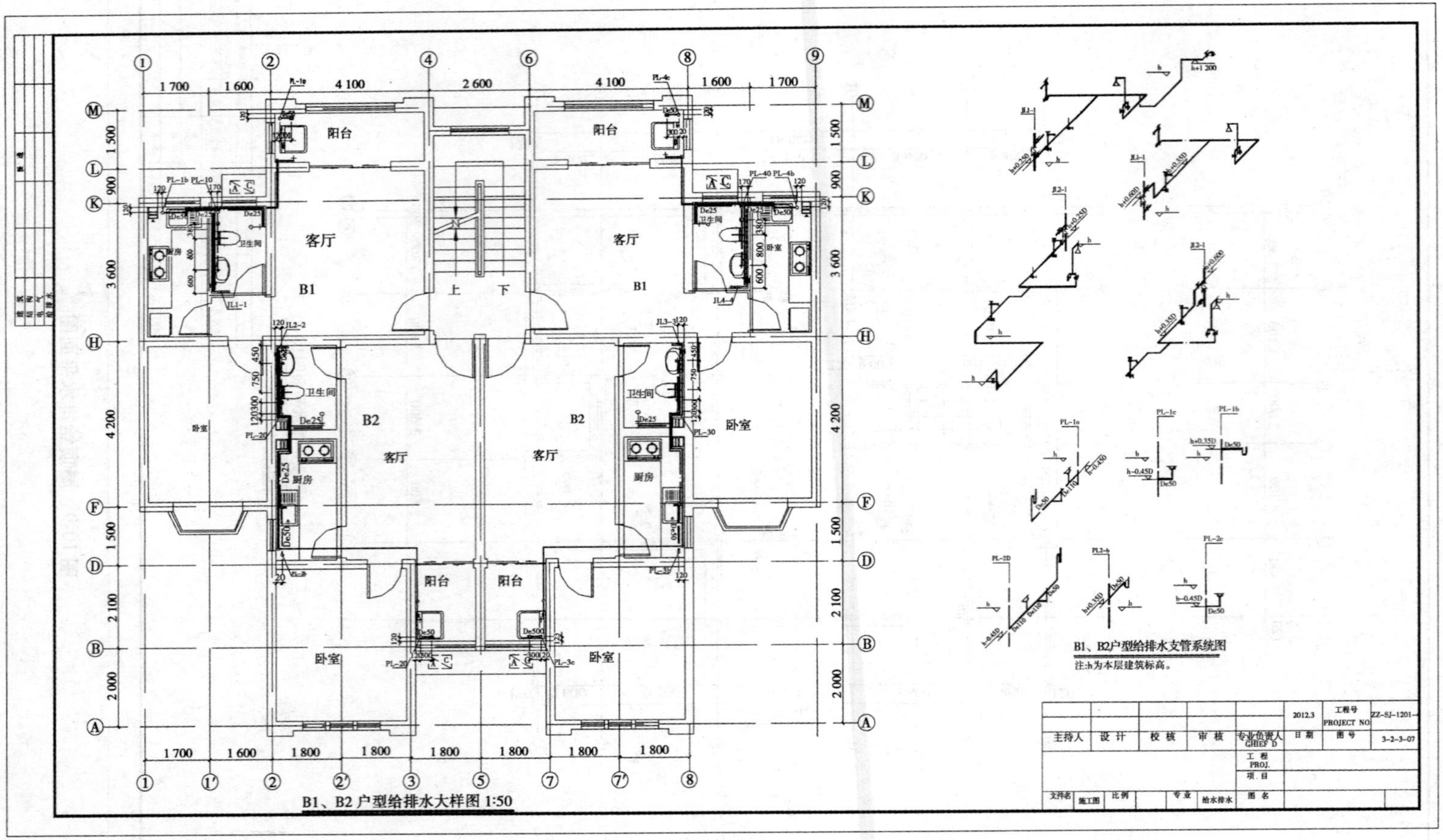

图 10-10　B1、B2 户型给排水大样图及支管系统图

线东面 1 540 mm 处，由北向南穿越Ⓜ轴线进入建筑物，管道埋深（一般为管道中心线）－1.200 m，入户登高至－0.350 m，每支给水干管对应楼层接给水立管，分别为 JL1－1～JL1－6，每根立管均为 De25 的 PPR 管，伸顶接入每户设在屋顶的太阳能贮水罐底部进水口。在每根立管出地面后，每层楼地面标高上方 0.250 mm 处接入每户给水支管，立管再往上设截止阀、止回阀，在地面标高上方 0.600 mm 处接入每户热水支管。

JL1－1 立管自地下出地面进入 B1 户型每户卫生间，在标高＋0.250 m 处设一顺水三通，接出 De25 的 PPR 管向 B1 户型业主供水，给水支管沿 轴线自南向北明装在墙壁上，起端装截止阀，中间设三通、角阀向洗手盆供水，洗手盆的安装方法、要求、尺寸参考标准图集 09S304 中 4″单柄水嘴台下式洗脸盆安装图，后设三通、角阀向坐便器供水，坐便器的安装方法、要求、尺寸参考标准图集 09S304 连体式下排水（普通连接）坐便器安装图。行至Ⓚ轴线接三通分东、西两支，西支管沿Ⓚ轴线向西末端装弯管、角阀向厨房洗涤盆供水，关于厨房洗涤盆安装方法、要求、尺寸见标准图集 09S304 单柄水嘴双槽厨房洗涤盆安装图；东支沿Ⓚ轴线行至②轴线转南向卫生间淋浴器供水，淋浴器的安装方法、要求、尺寸参考标准图集 09S304 双管管件淋浴器安装图。东支管在卫生间Ⓚ、②轴线交会点引出另一路管向阳台上的洗衣机供水，这路支管向下到地面找平层内，接弯管向东穿越②轴线至客厅，在客厅找平层内沿轴线②向北穿越Ⓛ轴线至阳台，接弯管出地面＋1.200 m 处向东一段距离后装皮带水龙头向洗衣机供水。J/1 系统其他立管情况与 JL1－1 相同。

J/2 系统的引入管（DN50 镀锌钢管在③西面 1 100 mm 处，穿越Ⓐ轴线进入建筑物）、集中表井、给水干管（De25×6，行至Ⓗ轴线）、立管情况与 J/1 系统相同，在给水支管上与 J/1 不同。

JL2－1 立管出地面进入 B2 户型每户卫生间，在标高＋0.250 m 设三通接 De25 的管向卫生间供水，支管沿轴线②自北向南明装在墙壁上，起端设一 DN25 的截止阀，向南设 2 三通、2 角阀分别向洗手盆、坐便器供水，其安装要求、方法、尺寸如 B1 户型。支管行至排烟道向东、再向南至卫生间南墙，分两路给水支管，一路沿轴线Ⓖ向东行至淋浴器，接三通、角阀给淋浴器供水，淋浴器安装要求、方法、尺寸如 B1 户型；一路穿越Ⓖ轴线进入厨房，贴排烟道向南再向西至②轴线，在支管上接三通、角阀，给厨房洗涤盆供水，其安装要求、方法、尺寸如 B1 户型。支管在Ⓓ、②轴线墙壁交会处接弯管向下至地面找平层，沿Ⓓ轴线行至③轴线向南至阳台，一段距离后接弯管出地面＋1.200 m 处装皮带水龙头向洗衣机供水。给水支管管径均为 De25 PPR 管。J/2 系统其他立管情况与 JL2－1 相同。J/3 系统同 J/1，J/4 系统同 J/2。

（5）在给水管道上安装水表时必须查明水表的型号、规格、安装位置以及水表前后阀门设置情况。

本建筑采用“一户一表，计量出户”，每户水表统一安装在室外集中水表井里。其中水表井具体安装见图集 05YS10。图 10-11 表示室外集中式水表井在给水系统中的安装位置，图 10-12 表示室外集中水表中分水器和水表的安装方式。

（6）当有热水供应时，热水管往往画在室内给水排水施工图上，如本例。识图时弄清楚热水的加热方式、加热设备、热水管的布置和走向，以及各部接管情况。

本例中设计了分户集热、分户储热水箱的太阳能热水系统。太阳能热水器是利用太

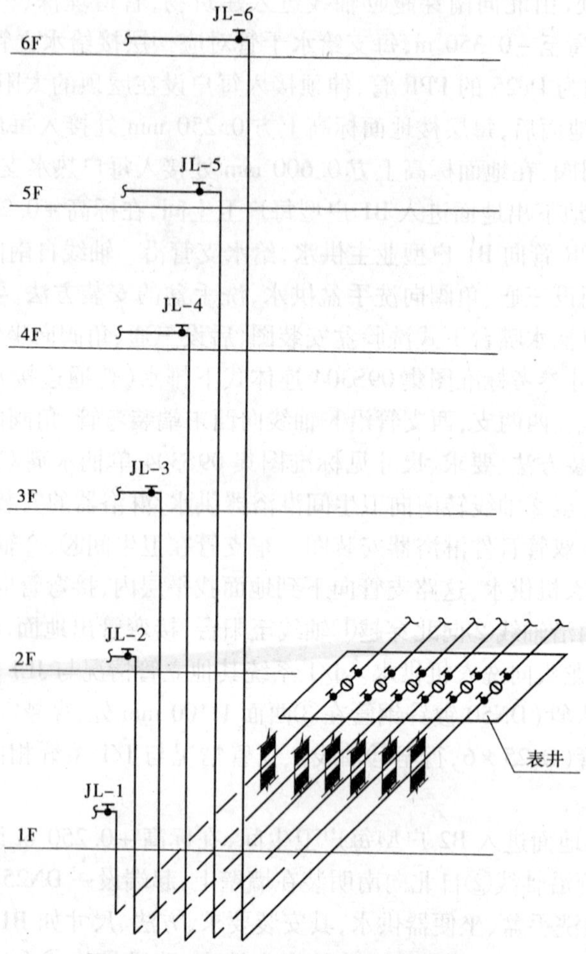

图 10-11　室外集中式水表井给水系统图

阳的热能将水加热的装置，不消耗有限的能源，利用天然的能源，运行费用低，维护方便、安全。典型的太阳能热水器由集热器、水箱、连接管道、辅助部件（如水位计、温控、仪表、水泵等）几部分构成。本例中每户的集热器和储热水箱安装在屋面，其安装、调试及安全设置条件详见图集 06J908－6《太阳能热水器选用及安装》。下面就太阳能热水系统的冷水热水连接管道作介绍。

结合系统原理图和各层平面图，可以看出本例太阳能热水系统采用紧凑式落水法，原理见图 10-13。

每户给水立管接给水支管上方均设一截止阀、一止回阀，后立管伸顶接入太阳能储热水箱底部，给水立管既是水箱的冷水给水管，也是用户热水供水管（用点画线表示）。水箱顶部接出溢水管，对应接入每户卫生间地漏附近。

向水箱供水时，将立管上截止阀打开，通过给水立管 De25，水进入屋顶水箱，当水箱中的水达到一定水位后，水箱里的水通过溢流管 De20，流出到室内卫生间，当人们看到溢流管出水后关闭截止阀，停止向水箱供水。

屋顶水箱里的水经过太阳能集热器加热后，水温升高。当用户需要用热水时，打开家

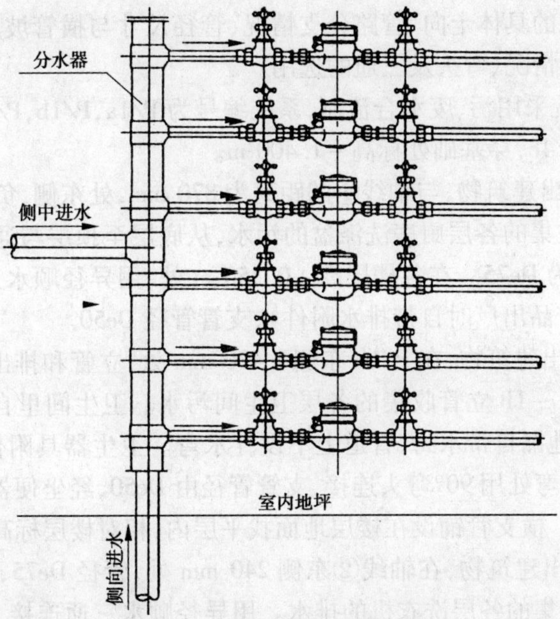

图 10-12　水表井安装系统图

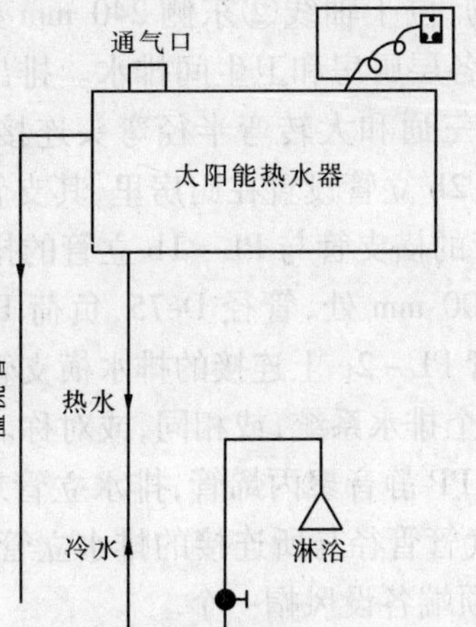

图 10-13　太阳能紧凑式落水法

里热水管道上的阀门,水箱里的热水通过原冷水给水管,由自身重力向用户供水。此时给水立管上止回阀不允许水逆向流动,截止阀是关闭状态,用户家里冷水、热水是分开供水的。

热水给水立管在楼层上方标高 +0.600 m 接出 De25 的横支管,首先横支管上设一 DN25 截止阀,除去向洗衣机、坐便器供应热水的管路,其管路铺设走向与给水立管相应的冷水横支管一样,铺设标高位于相对于冷水管道上方 +0.100 m 处。

(7)结合平面图和系统图,了解排水系统的排水体制,查明管路的平面布置及定位尺寸,弄清楚管路系统的具体走向、管路分支情况、管径尺寸与横管坡度、管道各部标高、存水弯形式、清通设置情况、弯头及三通的选用。

本工程排水系统采用污、废水合流制,系统编号为 P/1a,P/1b,P/1c,P/2a,P/2c,P/3a,P/3c,P/4a,P/4b,P/4c,穿基础处标高 -1.400 m。

P/1b 经轴线Ⓚ出建筑物,与轴线①的距离为 870 mm,处东侧,负荷设置在 B1 户型厨房内 PL-1b 立管收集的各层厨房洗涤盆的污水,从底层至顶层与通气立管连接,排水立管和排出管管径均为 De75。在各楼层高 +0.350 m 处,用异径顺水三通连接支管。洗涤盆设 P 形存水弯(产品出厂时自带排水附件),支管管径 De50。

P/1a 经轴线Ⓚ出建筑物,在 P/1b 东侧 1 430 mm 处,立管和排出管管径 De110,负荷 B1 户型卫生间内 PL-1b 立管收集的各层卫生间污水。卫生间里自南向北,洗手盆设 S 形存水弯,坐便器、地漏自带水封,管道上不设存水弯。卫生器具附件与支管连接均采用顺水三通,有管道转弯处用 90°弯头连接,支管管径由 De50,经坐便器变为 De110,直至顺水三通与立管连接。横支管铺设在楼层地面找平层内,相对楼层标高 -0.450 m。

P/1c 穿轴线Ⓜ出建筑物,在轴线②东侧 240 mm 处,管径 De75,负荷设在 B1 户型阳台上 PL-1c 立管收集的各层洗衣机的排水。用异径顺水三通连接 De50 的横支管,铺设在找平层 -0.450 m 内,洗衣机排水用专用洗衣机地漏,不设存水弯。

P/2a 经轴线Ⓐ出建筑物,位于轴线②东侧 240 mm 处,负荷 B2 户型厨房和卫生间 PL-2b、PL-2a 立管收集的各层厨房和卫生间排水。排出管管径 De110,PL-2b 立管与排出管用 De110×75 的异径三通和大转弯半径弯头连接,PL-2a 立管与排出管用两个 45°De110 的弯头连接。PL-2b 立管设置在厨房里,其支管情况与 PL-1b 立管的排水横支管情况相似。PL-2a 立管的横支管与 PL-1b 立管的排水横支管情况相似。

P/2c 位于轴线③东侧 600 mm 处,管径 De75,负荷 B2 户型阳台上各层洗衣机的排水,穿轴线Ⓑ出建筑物。立管 PL-2c 上连接的排水横支管情况与 PL-1c 情况相似。

其余排水系统与其上 5 个排水系统,或相同,或对称。

本例排水系统统一采用 PP 静音聚丙烯管,排水立管地面以上 1.000 m 处设检查口,六层以上与通气管连接,通气管管径与所连接的排水立管管径相同,通气管伸出屋面(标高 17.4 m)向上 2 000 mm,顶端各设风帽一个。

(8)了解管道支、吊架形式及设置要求,弄清楚管道油漆、涂色、保温及防结露等要求。

室内给水排水管道的支、吊架在图样上一般都不画出来,有施工人员按有关规程和习惯做法自己确定,如本例的给水管道为明装,可采用管卡,按管线的长短、转弯多少及器具设置情况,按管径大小提出各种规格管卡的数量。排水立管用立管卡子,装设在排水管道承口下面,每层设一个,排水横管则采用吊卡,间距不超过 2 m,吊在承口上。管道的防腐、防结露、保温等根据管材特点按图纸说明及有关规定执行。

附 录

附录 A 居住小区地下管线(构筑物)间最小净距

表 A 居住小区地下管线(构筑物)间最小净距 (单位:m)

种类	给水管		污水管		雨水管	
	水平	垂直	水平	垂直	水平	垂直
给水管	0.5~1.0	0.10~0.15	0.8~1.5	0.10~0.15	0.8~1.5	0.10~0.15
污水管	0.8~1.5	0.10~0.15	0.8~1.5	0.10~0.15	0.8~1.5	0.10~0.15
雨水管	0.8~1.5	0.10~0.15	0.8~1.5	0.10~0.15	0.8~1.5	0.10~0.15
低压煤气管	0.5~1.0	0.10~0.15	1.0	0.10~0.15	1.0	0.10~0.15
直埋式热水管	1.0	0.10~0.15	1.0	0.10~0.15	1.0	0.10~0.15
热力管沟	0.5~1.0	—	1.0	—	1.0	—
乔木中心	1.0	—	1.5	—	1.5	—
电力电缆	1.0	直埋 0.50 穿管 0.25	1.0	直埋 0.50 穿管 0.25	1.0	直埋 0.50 穿管 0.25
通信电缆	1.0	直埋 0.50 穿管 0.15	1.0	直埋 0.50 穿管 0.15	1.0	直埋 0.50 穿管 0.15
通信及照明电缆	0.5	—	1.0	—	1.0	—

注:1. 净距指管外壁距离,管道交叉设套管时指套管外壁距离,直埋式热力管指保温管壳外壁距离。

2. 电力电缆在道路的东侧(南北方向的路)或南侧(东西方向的路);通信电缆在道路的西侧或北侧,均应在人行道下。

附录 B 阀门和螺纹管件的摩阻损失的折算补偿长度

表 B 阀门和螺纹管件的摩阻损失的折算补偿长度

管件内径(mm)	各种管件的折算补偿长度(m)						
	90°标准弯头	45°标准弯头	标准三通90°转角流	三通直向流	闸板阀	球阀	角阀
9.5	0.3	0.2	0.5	0.1	0.1	2.4	1.2
12.7	0.6	0.4	0.9	0.2	0.1	4.6	2.4
19.1	0.8	0.5	1.2	0.2	0.2	6.1	3.6
25.4	0.9	0.5	1.5	0.3	0.2	7.6	4.6
31.8	1.2	0.7	1.8	0.4	0.2	10.6	5.5
38.1	1.5	0.9	2.1	0.5	0.3	13.7	6.7
50.8	2.1	1.2	3.0	0.6	0.4	16.7	8.5
63.5	2.4	1.5	3.6	0.8	0.5	19.8	10.3
76.2	3.0	1.8	4.6	0.9	0.6	24.3	12.2
101.6	4.3	2.4	6.4	1.2	0.8	38.0	16.7
127.0	5.2	3.0	7.6	1.5	1.0	42.6	21.3
152.4	6.1	3.6	9.1	1.8	1.2	50.2	24.3

注:本表的螺纹接口是指管件无凹口的螺纹，即管件与管道在连接点内径有突变，管件内径大于管道内径。当管件为凹口螺纹，或管件与管道为等径焊接，其折算补偿长度取本表值的1/2。

附录 C　给水管段设计秒流量计算表

表 C-1　给水管段设计秒流量计算表　　（单位：U，%；q，L/s）

U_0	1.0		1.5		2.0		2.5	
N_g	U	q	U	q	U	q	U	q
1	100.0	0.20	100.0	0.20	100.0	0.20	100.0	0.20
2	70.94	0.28	71.20	0.28	71.49	0.29	71.78	0.29
3	58.00	0.35	58.30	0.35	58.62	0.35	58.96	0.35
4	50.28	0.40	50.60	0.40	50.94	0.41	51.32	0.41
5	45.01	0.45	45.34	0.45	45.69	0.46	46.06	0.46
6	41.10	0.49	41.45	0.50	41.81	0.50	42.18	0.51
7	38.09	0.53	38.43	0.54	38.79	0.54	39.17	0.55
8	35.65	0.57	35.99	0.58	36.36	0.58	36.74	0.59
9	33.63	0.61	33.98	0.61	34.35	0.62	34.73	0.63
10	31.92	0.64	32.27	0.65	32.64	0.65	33.03	0.66
11	30.45	0.67	30.80	0.68	31.17	0.69	31.56	0.69
12	29.17	0.70	29.52	0.71	29.89	0.72	30.28	0.73
13	28.04	0.73	28.39	0.74	28.76	0.75	29.15	0.76
14	27.03	0.76	27.38	0.77	27.76	0.78	28.15	0.79
15	26.12	0.78	26.48	0.79	26.85	0.81	27.24	0.82
16	25.30	0.81	25.66	0.82	26.03	0.83	26.42	0.85
17	24.56	0.83	24.91	0.85	25.29	0.86	25.68	0.87
18	23.88	0.86	24.23	0.87	24.61	0.89	25.00	0.90
19	23.25	0.88	23.60	0.90	23.98	0.91	24.37	0.93
20	22.67	0.91	23.02	0.92	23.40	0.94	23.79	0.95
22	21.63	0.95	21.98	0.97	22.36	0.98	22.75	1.00
24	20.72	0.99	21.07	1.01	21.45	1.03	21.85	1.05
26	19.92	1.04	21.27	1.05	20.65	1.07	21.05	1.09
28	19.21	1.08	19.56	1.10	19.94	1.12	20.33	1.14
30	18.56	1.11	18.92	1.14	19.30	1.16	19.69	1.18
32	17.99	1.15	18.34	1.17	18.72	1.20	19.12	1.22
34	17.46	1.19	17.81	1.21	18.19	1.24	18.59	1.26

续表 C-1

U_0	1.0		1.5		2.0		2.5	
N_g	U	q	U	q	U	q	U	q
36	16.97	1.22	17.33	1.25	17.71	1.28	18.11	1.30
38	16.53	1.26	16.89	1.28	17.27	1.31	17.66	1.34
40	16.12	1.29	16.48	1.32	16.86	1.35	17.25	1.38
42	15.74	1.32	16.09	1.35	16.47	1.38	16.87	1.42
44	15.38	1.35	15.74	1.39	16.12	1.42	16.52	1.45
46	15.05	1.38	15.41	1.42	15.79	1.45	16.18	1.49
48	14.74	1.42	15.10	1.45	15.48	1.49	15.87	1.52
50	14.45	1.45	14.81	1.48	15.19	1.52	15.58	1.56
55	13.79	1.52	14.15	1.56	14.53	1.60	14.92	1.64
60	13.22	1.59	13.57	1.63	13.95	1.67	14.35	1.72
65	12.71	1.65	13.07	1.70	13.45	1.75	13.84	1.80
70	12.26	1.72	12.62	1.77	13.00	1.82	13.39	1.87
75	11.85	1.78	12.21	1.83	12.59	1.89	12.99	1.95
80	11.49	1.84	11.84	1.89	12.22	1.96	12.62	2.02
85	11.05	1.90	11.51	1.96	11.89	2.02	12.28	2.09
90	10.85	1.95	11.20	2.02	11.58	2.09	11.98	2.16
95	10.57	2.01	10.92	2.08	11.30	2.15	11.70	2.22
100	10.31	2.06	10.66	2.13	11.05	2.21	11.44	2.29
110	9.84	2.17	10.20	2.24	10.58	2.33	10.97	2.41
120	9.44	2.26	9.79	2.35	10.17	2.44	10.56	2.54
130	9.08	2.36	9.43	2.45	9.81	2.55	10.21	2.65
140	8.76	2.45	9.11	2.55	9.49	2.66	9.89	2.77
150	8.47	2.54	8.83	2.65	9.20	2.76	9.60	2.88
160	8.21	2.63	8.57	2.74	8.94	2.86	9.34	2.99
170	7.98	2.71	8.33	2.83	8.71	2.96	9.10	3.09
180	7.76	2.79	8.11	2.92	8.49	3.06	8.89	3.20
190	7.56	2.87	7.91	3.01	8.29	3.15	8.69	3.30
200	7.38	2.95	7.73	3.09	7.11	3.24	8.50	3.40
220	7.05	3.10	7.40	3.26	7.78	3.42	8.17	3.60
240	6.76	3.25	7.11	3.41	7.49	3.60	6.88	3.78

续表 C-1

U_0	1.0		1.5		2.0		2.5	
N_g	U	q	U	q	U	q	U	q
260	6.51	3.28	6.86	3.57	7.24	3.76	6.63	3.97
280	6.28	3.52	6.63	3.72	7.01	3.93	6.40	4.15
300	6.08	3.65	6.43	3.86	6.81	4.08	6.20	4.32
320	5.89	3.77	6.25	4.00	6.62	4.24	6.02	4.49
340	5.73	3.89	6.08	4.13	6.46	4.39	6.85	4.66
360	5.57	4.01	5.93	4.27	6.30	4.54	6.69	4.82
380	5.43	4.13	5.79	4.40	6.16	4.68	6.55	4.98
400	5.30	4.24	5.66	4.52	6.03	4.83	6.42	5.14
420	5.18	4.35	5.54	4.65	5.91	4.96	6.30	5.29
440	5.07	4.46	5.42	4.77	5.80	5.10	6.19	5.45
460	4.97	4.57	5.32	4.89	5.69	5.24	6.08	5.60
480	4.87	4.67	5.22	5.01	5.59	5.37	5.98	5.75
500	4.78	4.78	5.13	5.13	5.50	5.50	5.89	5.89
550	4.57	5.02	4.92	5.41	5.29	5.82	5.68	6.25
600	4.39	5.26	4.74	5.68	5.11	6.13	5.50	6.60
650	4.23	5.49	4.58	5.95	4.95	6.43	5.34	6.94
700	4.08	5.72	4.43	6.20	4.81	6.73	5.19	7.27
750	3.95	5.93	4.30	6.46	4.68	7.02	5.07	7.60
800	3.84	6.14	4.19	6.70	4.56	7.30	4.95	7.92
850	3.73	6.34	4.08	6.94	4.45	7.57	4.84	8.23
900	3.64	6.54	3.98	7.17	4.36	7.84	4.75	8.54
950	3.55	6.74	3.90	7.40	4.27	8.11	4.66	8.85
1 000	3.46	6.93	3.81	7.63	4.19	8.37	4.57	9.15
1 100	3.32	7.30	3.66	8.06	4.04	8.88	4.42	9.73
1 200	3.09	7.65	3.54	8.49	3.91	9.38	4.29	10.31
1 300	3.07	7.99	3.42	8.90	3.79	9.86	4.18	10.87
1 400	2.97	8.33	3.32	9.30	3.69	10.34	4.08	11.42
1 500	2.88	8.65	3.23	9.69	3.60	10.80	3.99	11.96
1 600	2.80	8.96	3.15	10.07	3.52	11.26	3.90	12.49
1 700	2.73	9.27	3.07	10.45	3.44	11.71	3.83	13.02

续表 C-1

U_0	1.0		1.5		2.0		2.5	
N_g	U	q	U	q	U	q	U	q
1 800	2.66	9.57	3.00	10.81	3.37	12.15	3.76	13.53
1 900	2.59	9.86	2.94	11.17	3.31	12.58	3.70	14.04
2 000	2.54	10.14	2.88	11.53	3.25	13.01	3.64	14.55
2 200	2.43	10.70	2.78	12.22	3.15	13.85	3.53	15.54
2 400	2.34	11.23	2.69	12.89	3.06	14.67	3.44	16.51
2 600	2.26	11.75	2.61	13.55	2.97	15.47	3.36	17.46
2 800	2.19	12.26	2.53	14.19	2.90	16.25	3.29	18.40
3 000	2.12	12.75	2.47	14.81	2.84	17.03	3.22	19.33
3 200	2.07	13.22	2.41	15.43	2.78	17.79	3.16	20.24
3 400	2.01	13.69	2.36	16.03	2.73	18.54	3.11	21.14
3 600	1.96	14.15	2.13	16.62	2.68	19.27	3.06	22.03
3 800	1.92	14.59	2.26	17.21	2.63	20.00	3.01	22.91
4 000	1.88	15.03	2.22	17.78	2.59	20.72	2.97	23.78
4 200	1.84	15.46	2.18	18.35	2.55	21.43	2.93	24.64
4 400	1.80	15.88	2.15	18.91	2.52	22.14	2.90	25.50
4 600	1.77	16.30	2.12	19.46	2.48	22.84	2.86	26.35
4 800	1.74	16.71	2.08	20.00	2.45	13.53	2.83	27.19
5 000	1.71	17.11	2.05	20.54	2.42	24.21	2.80	28.03
5 500	1.65	18.10	1.99	21.87	2.35	25.90	2.74	30.09
6 000	1.59	19.05	1.93	23.16	2.30	27.55	2.68	32.12
6 500	1.54	19.97	1.88	24.43	2.24	29.18	2.63	34.13
7 000	1.49	20.88	1.83	25.67	2.20	30.78	2.58	36.11
7 500	1.45	21.76	1.79	26.88	2.16	32.36	2.54	38.06
8 000	1.41	22.62	1.76	28.08	2.12	33.92	2.50	40.00
8 500	1.38	23.46	1.72	29.26	2.09	35.47	—	—
9 000	1.35	24.29	1.69	30.43	2.06	36.99	—	—
9 500	1.32	25.1	1.66	31.58	2.03	38.50	—	—
10 000	1.29	25.9	1.64	32.72	2.00	40.00	—	—
11 000	1.25	27.46	1.59	34.95	—	—	—	—
12 000	1.21	28.97	1.55	37.14	—	—	—	—

续表 C-1

U_0	1.0		1.5		2.0		2.5	
N_g	U	q	U	q	U	q	U	q
13 000	1.17	30.45	1.51	39.29	—	—	—	—
14 000	1.14	31.89	$N_g=13\,333$ $U=1.5$ $q=40$		—	—	—	—
15 000	1.11	33.31			—	—	—	—
16 000	1.08	34.69			—	—	—	—
17 000	1.06	36.05	—	—	—	—	—	—
18 000	1.04	37.39	—	—	—	—	—	—
19 000	1.02	38.70	—	—	—	—	—	—
20 000	1.00	40.00	—	—	—	—	—	—

表 C-2　给水管段设计秒流量计算表　（单位：U，%；q，L/s）

U_0	3.0		3.5		4.0		4.5	
N_g	U	q	U	q	U	q	U	q
1	100.00	0.20	100.00	0.20	100.00	0.20	100.00	0.20
2	72.08	0.29	72.39	0.29	72.70	0.29	73.02	0.29
3	59.31	0.36	59.66	0.36	60.02	0.36	60.38	0.36
4	51.66	0.41	52.03	0.42	52.41	0.42	52.80	0.42
5	46.43	0.46	46.82	0.47	47.21	0.47	47.60	0.48
6	42.57	0.51	42.96	0.52	43.35	0.52	43.76	0.53
7	39.56	0.55	39.96	0.56	40.36	0.57	40.76	0.57
8	37.13	0.59	37.53	0.60	37.94	0.61	38.35	0.61
9	35.12	0.63	35.53	0.64	35.93	0.65	36.35	0.65
10	33.42	0.67	33.83	0.68	34.24	0.68	34.65	0.69
11	31.96	0.70	32.36	0.71	32.77	0.72	33.19	0.73
12	30.68	0.74	31.09	0.75	31.50	0.76	31.92	0.77
13	29.55	0.77	29.96	0.78	30.37	0.79	30.79	0.80
14	28.55	0.80	28.96	0.81	29.37	0.82	29.79	0.83
15	27.64	0.83	28.05	0.84	28.47	0.85	28.89	0.87
16	26.83	0.86	27.24	0.87	27.65	0.88	28.08	0.90
17	26.08	0.89	26.49	0.90	26.91	0.91	27.33	0.93
18	25.40	0.91	25.81	0.93	26.23	0.94	26.65	0.96

续表 C-2

U_0	3.0		3.5		4.0		4.5	
N_g	U	q	U	q	U	q	U	q
19	24.77	0.94	25.19	0.96	25.60	0.97	26.03	0.99
20	24.20	0.97	24.61	0.98	25.03	1.00	25.45	1.02
22	23.16	1.02	23.57	1.04	23.99	1.06	24.41	1.07
24	22.25	1.07	22.66	1.09	23.08	1.11	23.51	1.13
26	21.45	1.12	21.87	1.14	22.29	1.16	22.71	1.18
28	20.74	1.16	21.15	1.18	21.57	1.21	22.00	1.23
30	20.10	1.21	20.51	1.23	20.93	1.26	21.36	1.28
32	19.52	1.25	19.94	1.28	20.36	1.30	20.78	1.33
34	18.99	1.29	19.41	1.32	19.83	1.35	20.25	1.38
36	18.51	1.33	18.93	1.36	19.35	1.39	19.77	1.42
38	18.07	1.37	18.48	1.40	18.90	1.44	19.33	1.47
40	17.66	1.41	18.07	1.45	18.49	1.48	18.92	1.51
42	17.28	1.45	17.69	1.49	18.11	1.52	18.54	1.56
44	16.92	1.49	17.34	1.53	17.76	1.56	18.18	1.60
46	16.59	1.53	17.00	1.56	17.43	1.60	17.85	1.64
48	16.28	1.56	16.69	1.60	17.11	1.54	17.54	1.68
50	15.99	1.60	16.40	1.64	16.82	1.68	17.25	1.73
55	15.33	1.69	15.74	1.73	16.17	1.78	16.59	1.82
60	14.76	1.77	15.17	1.82	15.59	1.87	16.02	1.92
65	14.25	1.85	14.66	1.91	15.08	1.96	15.51	2.02
70	13.80	1.93	14.21	1.99	14.63	2.05	15.06	2.11
75	13.39	2.01	13.81	2.07	14.23	2.13	14.65	2.20
80	13.02	2.08	13.44	2.15	13.86	2.22	14.28	2.29
85	12.69	2.16	13.10	2.23	13.52	2.30	13.95	2.37
90	12.38	2.23	12.80	2.30	13.22	2.38	13.64	2.46
95	12.10	2.30	12.52	2.38	12.94	2.46	13.36	2.54
100	11.84	2.37	12.26	2.45	12.68	2.54	13.10	2.62
110	11.38	2.50	11.79	2.59	12.21	2.69	12.63	2.78
120	10.97	2.63	11.38	2.73	11.80	2.83	12.23	2.93
130	10.61	2.76	11.02	2.87	11.44	2.98	11.87	3.09

续表 C-2

U_0	3.0		3.5		4.0		4.5	
N_g	U	q	U	q	U	q	U	q
140	10.29	2.88	10.70	3.00	11.12	3.11	11.55	3.23
150	10.00	3.00	10.42	3.12	10.83	3.25	11.26	3.38
160	9.74	3.12	10.16	3.25	10.57	3.38	11.00	3.52
170	9.51	3.23	9.92	3.37	10.34	3.51	10.76	3.66
180	9.29	3.34	9.70	3.49	10.12	3.64	10.54	3.80
190	9.09	3.45	9.50	3.61	9.92	3.77	10.34	3.93
200	8.91	3.56	9.32	3.73	9.74	3.89	10.16	4.06
220	8.57	3.77	8.99	3.95	9.40	4.14	9.83	4.32
240	8.29	3.98	8.70	4.17	9.12	4.38	9.54	4.58
260	8.03	4.18	8.44	4.39	8.86	4.61	9.28	4.83
280	7.81	4.37	8.22	4.60	8.63	4.83	9.06	5.07
300	7.60	4.56	8.01	4.81	8.43	5.06	8.85	5.31
320	7.42	4.75	7.83	5.02	8.24	5.28	8.67	5.55
340	7.25	4.93	7.66	5.21	8.08	5.49	8.50	5.78
360	7.10	5.11	7.51	5.40	7.92	5.70	8.34	6.01
380	6.95	5.29	7.36	5.60	7.78	5.91	8.20	6.23
400	6.82	5.46	7.23	5.79	7.65	6.12	8.07	6.46
420	6.70	5.63	7.11	5.97	7.53	6.32	7.95	6.68
440	6.59	5.80	7.00	6.16	7.41	6.52	7.83	6.89
460	6.48	5.97	6.89	6.34	7.31	6.72	7.73	7.11
480	6.39	6.13	6.79	6.52	7.21	6.92	7.63	7.32
500	6.29	6.29	6.70	6.70	7.12	7.12	7.54	7.54
550	6.08	6.69	6.49	7.14	6.91	7.60	7.32	8.06
600	5.90	7.08	6.31	7.57	6.72	8.07	7.14	8.57
650	5.74	7.46	6.15	7.99	6.56	8.53	6.98	9.08
700	5.59	7.83	6.00	8.40	6.42	8.98	6.83	9.57
750	5.46	8.20	5.87	8.81	6.29	9.43	6.70	10.06
800	5.35	8.56	5.75	9.21	6.17	9.87	6.59	10.54
850	5.24	8.91	5.65	9.60	6.06	10.30	6.48	11.01
900	5.14	9.26	5.55	9.99	5.96	10.73	6.38	11.48

续表 C-2

U_0	3.0		3.5		4.0		4.5	
N_g	U	q	U	q	U	q	U	q
950	5.05	9.60	5.46	10.37	5.87	11.16	6.29	11.95
1 000	4.97	9.94	5.38	10.75	5.79	11.58	6.21	12.41
1 100	4.82	10.61	5.23	11.50	5.64	12.41	6.06	13.32
1 200	4.69	11.26	5.10	12.23	5.51	13.22	5.93	14.22
1 300	4.58	11.90	4.98	12.95	5.39	14.02	5.81	15.11
1 400	4.48	12.53	4.88	13.66	5.29	14.81	5.71	15.98
1 500	4.38	13.15	4.79	14.36	5.20	15.60	5.61	16.84
1 600	4.30	13.76	4.70	15.05	5.11	16.37	5.53	17.70
1 700	4.22	14.36	4.63	15.74	5.04	17.13	5.45	18.54
1 800	4.16	14.96	4.56	16.41	4.97	17.89	5.38	19.38
1 900	4.09	15.55	4.49	17.08	4.90	18.64	5.32	20.21
2 000	4.03	16.13	4.44	17.74	4.85	19.38	5.26	21.04
2 200	3.93	17.28	4.33	19.05	4.74	20.85	5.15	22.67
2 400	3.83	18.41	4.24	20.34	4.65	22.30	5.06	24.29
2 600	3.75	19.52	4.16	21.61	4.56	23.73	4.98	25.88
2 800	3.68	20.61	4.08	22.86	4.49	25.15	4.90	27.46
3 000	3.62	21.69	4.02	24.10	4.42	26.55	4.84	29.02
3 200	3.56	22.76	3.96	25.33	4.36	27.94	4.78	30.58
3 400	3.50	23.81	3.90	26.54	4.31	29.31	4.72	32.12
3 600	3.45	24.86	3.85	27.75	4.26	31.68	4.67	33.64
3 800	3.41	25.90	3.81	28.94	4.22	32.03	4.63	35.16
4 000	3.37	26.92	3.77	30.13	4.17	33.38	4.58	36.67
4 200	3.33	27.94	3.73	31.30	4.13	34.72	4.54	38.17
4 400	3.29	28.95	3.69	32.47	4.10	36.05	4.51	39.67
4 600	3.26	29.96	3.66	33.64	4.06	37.37	N_g = 4 444 U = 4.5% q = 40.00	
4 800	3.22	30.95	3.62	34.79	4.03	38.69		
5 000	3.19	31.95	3.59	35.94	4.00	40.40		
5 500	3.13	34.40	3.53	38.79	—	—	—	—
6 000	3.07	36.82	N_g = 5 714 U = 3.5% q = 40.00		—	—	—	—
6 500	3.02	39.21			—	—	—	—
6 667	3.00	40.00			—	—	—	—

表 C-3　给水管段设计秒流量计算表　　（单位：U,%；q,L/s）

U_0	5.0		6.0		7.0		8.0	
N_g	U	q	U	q	U	q	U	q
1	100.00	0.20	100.00	0.20	100.00	0.20	100.00	0.20
2	73.33	0.29	73.98	0.30	74.64	0.30	75.30	0.30
3	60.75	0.36	61.49	0.37	62.24	0.37	63.00	0.38
4	53.18	0.43	53.97	0.43	54.76	0.44	55.56	0.44
5	48.00	0.48	48.80	0.49	49.62	0.50	50.45	0.50
6	44.16	0.53	44.98	0.54	45.81	0.55	46.65	0.56
7	41.17	0.58	42.01	0.59	42.85	0.60	43.70	0.61
8	38.76	0.62	39.60	0.63	40.45	0.65	41.31	0.66
9	36.76	0.66	37.61	0.68	38.46	0.69	39.33	0.71
10	35.07	0.70	35.92	0.72	36.78	0.74	37.65	0.75
11	33.61	0.74	34.46	0.76	35.33	0.78	36.20	0.80
12	32.34	0.78	33.19	0.80	34.06	0.82	34.93	0.84
13	31.22	0.81	32.07	0.83	32.94	0.96	33.82	0.88
14	30.22	0.85	31.07	0.87	31.94	0.89	32.82	0.92
15	29.32	0.88	30.18	0.91	31.05	0.93	31.93	0.96
16	28.50	0.91	29.36	0.94	30.23	0.97	31.12	1.00
17	27.76	0.94	28.62	0.97	29.50	1.00	30.38	1.03
18	27.08	0.97	27.94	1.01	28.82	1.04	29.70	1.07
19	26.45	1.01	27.32	1.04	28.19	1.07	29.08	1.10
20	25.88	1.04	26.74	1.07	27.62	1.10	28.50	1.14
22	24.84	1.09	25.71	1.13	26.58	1.17	27.47	1.21
24	23.94	1.15	24.80	1.19	25.68	1.23	26.57	1.28
26	23.14	1.20	24.01	1.25	24.98	1.29	25.77	1.34
28	22.43	1.26	23.30	1.30	24.18	1.35	25.06	1.40
30	21.79	1.31	22.66	1.36	23.54	1.41	24.43	1.47
32	21.21	1.36	22.08	1.41	22.96	1.47	23.85	1.53
34	20.68	1.41	21.55	1.47	22.43	1.53	23.32	1.59
36	20.20	1.45	21.07	1.52	21.95	1.58	22.84	1.64
38	19.76	1.50	20.63	1.57	21.51	1.63	22.40	1.70
40	19.35	1.55	20.22	1.62	21.10	1.69	21.99	1.76
42	18.97	1.59	19.84	1.67	20.72	1.74	21.61	1.82
44	18.61	1.64	19.48	1.71	20.36	1.79	21.25	1.87
46	18.28	1.68	19.15	1.76	21.03	1.84	20.92	1.92
48	17.97	1.73	18.84	1.81	19.72	1.89	20.61	1.98

续表 C-3

U_0	5.0		6.0		7.0		8.0	
N_g	U	q	U	q	U	q	U	q
50	17.68	1.77	18.55	1.86	19.43	1.94	20.32	2.03
55	17.02	1.87	17.89	1.97	18.77	2.07	19.66	2.16
60	16.45	1.97	17.32	2.08	18.20	2.18	19.08	2.29
65	15.94	2.07	16.81	2.19	17.69	2.30	18.58	2.42
70	15.49	2.17	16.36	2.29	17.24	2.41	18.13	2.54
75	15.08	2.26	15.95	2.39	16.83	2.52	17.72	2.66
80	14.71	2.35	15.58	2.49	16.46	2.63	17.35	2.78
85	14.38	2.44	15.25	2.59	16.13	2.74	17.02	2.89
90	14.07	2.53	14.94	2.69	15.82	2.85	16.71	3.01
95	13.79	2.62	14.66	2.79	15.54	3.95	16.43	3.12
100	13.53	2.71	14.40	2.88	15.28	3.06	16.17	3.23
110	13.06	2.87	13.93	3.06	14.81	3.26	15.70	3.45
120	12.66	3.04	13.52	3.25	14.40	3.46	15.29	3.67
130	12.30	3.20	13.16	3.42	14.04	3.65	14.93	3.88
140	11.97	3.35	12.84	3.60	13.72	4.84	14.61	4.09
150	11.69	3.51	12.55	3.77	13.43	4.03	14.32	4.30
160	11.43	3.66	12.29	3.93	13.17	4.21	14.06	4.50
170	11.19	3.80	12.05	4.10	12.93	4.40	13.82	4.70
180	10.97	3.95	11.84	4.26	12.71	4.58	13.60	4.90
190	10.77	4.09	11.64	4.42	12.51	4.75	13.40	5.09
200	10.59	4.23	11.45	4.58	12.33	4.93	13.21	5.28
220	10.25	4.51	11.12	4.89	11.99	5.28	12.88	5.67
240	9.96	4.78	10.83	5.20	11.70	5.62	12.59	6.04
260	9.71	5.05	10.57	5.50	11.45	5.95	12.33	6.41
280	9.48	5.31	10.34	5.79	11.22	6.28	12.10	6.78
300	9.28	5.57	10.14	6.08	11.01	6.61	11.89	7.14
320	9.09	5.82	9.95	6.37	10.83	6.93	11.71	7.49
340	8.92	6.07	9.78	6.65	10.66	7.25	11.54	7.84
360	8.77	6.31	9.63	6.93	10.56	7.56	11.38	8.19
380	8.63	6.56	9.49	7.21	10.36	7.87	11.24	8.54
400	8.49	6.80	9.35	7.48	10.23	8.18	11.10	8.88
420	8.37	7.03	9.23	7.76	10.10	8.49	10.98	9.22

续表 C-3

U_0	5.0		6.0		7.0		8.0	
N_g	U	q	U	q	U	q	U	q
440	8.26	7.27	9.12	8.02	9.99	8.79	10.87	9.56
460	8.15	7.50	9.01	8.29	9.88	9.09	10.76	9.90
480	8.05	7.73	9.91	8.56	9.78	9.39	10.66	10.23
500	7.96	7.96	8.82	8.82	9.69	9.69	10.56	10.56
550	7.75	8.52	8.61	9.47	9.47	10.42	10.35	11.39
600	7.56	9.08	8.42	10.11	9.29	11.15	10.16	12.20
650	7.40	9.62	8.26	10.74	9.12	11.86	10.00	13.00
700	7.26	10.16	8.11	11.36	8.98	12.57	9.85	13.79
750	7.13	10.69	7.98	11.97	8.85	13.27	9.72	14.58
800	7.01	11.21	7.86	12.58	8.73	13.96	9.60	15.36
850	6.90	11.73	7.75	13.18	8.62	14.65	9.49	16.14
900	6.80	12.24	7.66	13.78	8.52	15.34	9.39	16.91
950	6.71	12.75	7.56	14.37	8.43	16.01	9.30	17.67
1 000	6.63	12.26	7.48	14.96	8.34	16.69	9.22	18.43
1 100	6.48	14.25	7.33	16.12	8.19	18.02	9.06	19.94
1 200	6.35	15.23	7.20	17.27	8.06	19.34	8.93	21.43
1 300	6.23	16.20	7.08	18.41	7.94	20.65	8.81	22.91
1 400	6.13	17.15	6.98	19.53	7.84	21.95	8.71	24.38
1 500	6.03	18.10	6.88	20.65	7.74	23.23	8.61	25.84
1 600	5.95	19.04	6.80	21.76	7.66	24.51	8.53	27.28
1 700	5.87	19.97	6.72	22.85	7.58	25.77	8.45	28.72
1 800	5.80	10.89	6.65	23.94	7.51	27.03	8.38	30.15
1 900	5.74	21.80	6.59	25.03	7.44	28.29	8.31	31.58
2 000	5.68	22.71	6.53	26.10	7.38	29.53	8.25	33.00
2 200	5.57	24.51	6.42	28.24	7.27	32.01	8.14	35.81
2 400	5.48	26.29	6.32	30.35	7.18	34.46	8.04	38.60
2 600	5.39	28.05	6.24	32.45	7.10	36.89	$N_g=2\ 500$	
2 800	5.32	29.80	6.17	34.52	7.02	39.31	$U=8.0\%$	
3 000	5.25	31.35	6.10	36.59	$N_g=2\ 857$		$q=40.00$	
3 200	5.19	33.24	6.04	38.64	$U=7.0\%$		—	—
3 400	5.14	34.95	$N_g=3\ 333$		$q=40.00$		—	—
3 600	5.09	36.64	$U=6.0\%$		—	—	—	—
3 800	5.04	38.33	$q=40.00$		—	—	—	—
4 000	5.00	40.00	—	—	—	—	—	—

附录 D　当量长度表

管件名称	管件直径(mm)								
	25	32	40	50	70	80	100	125	150
45°弯头	0.3	0.3	0.6	0.6	0.9	0.9	1.2	1.5	2.1
90°弯头	0.6	0.9	1.2	1.5	1.8	2.1	3.1	3.7	4.3
三通或四通	1.5	1.8	2.4	3.1	3.7	4.6	6.1	7.6	9.2
蝶阀				1.8	2.1	3.1	3.7	2.7	3.1
闸阀				0.3	0.3	0.3	0.6	0.6	0.9
止回阀	1.5	2.1	2.7	3.4	4.3	4.9	6.7	8.3	9.8
异径接头	32/25	40/32	50/40	70/50	80/70	100/80	125/100	150/125	200/150
	0.2	0.3	0.3	0.5	0.6	0.8	1.1	1.3	1.6

附录 E　管道的比阻值 *A*

管道种类	公称管径(mm)	$Q(m^3/s)$	$Q(L/s)$
焊接钢管	DN15	8 809 000	8.809
	DN20	1 643 000	1.643
	DN25	436 700	0.436 7
	DN32	93 860	0.093 86
	DN40	44 530	0.044 53
	DN50	11 080	0.011 08
	DN70	2 898	0.002 898
	DN80	1 168	0.001 168
	DN100	267.4	0.000 267 4
	DN125	86.23	0.000 086 23
	DN150	33.95	0.000 033 95
铸铁管	DN75	1 709	0.001 709
	DN100	365.3	0.000 365 3
	DN150	41.85	0.000 041 85
	DN200	9.029	0.000 009 029
	DN250	2.752	0.000 002 752
	DN300	1.025	0.000 001 025

参 考 文 献

[1] 中华人民共和国住房和城乡建设部,中华人民共和国国家质量监督检验检疫总局. GB 50015—2003 建筑给水排水设计规范(2009 年版)[S]. 北京:中国计划出版社,2009.

[2] 陈耀宗,等. 建筑给水排水设计手册[M]. 北京:中国建筑工业出版社,2006.

[3] 中华人民共和国建设部,中华人民共和国国家质量监督检验检疫总局. GB 50016—2006 建筑设计防火规范[S]. 北京:中国计划出版社,2006.

[4] 南京建筑工程学院. CECS57:94 居住小区给水排水设计规范[S]. 上海:全国建筑给水排水工程标准技术委员会出版,1994.

[5] 王增长. 建筑给水排水工程[M]. 北京:中国建筑工业出版社,2010.